U0826594

英国宝石协会和宝石检测实验室

宝石学基础教程

陈钟惠 译

中国地质大学出版社

图书在版编目(CIP)数据

宝石学基础教程/英国宝石协会和宝石检测实验室编;陈钟惠译. —武汉:中国地质大学出版社,2004.1(2014.5 重印)

ISBN 978-7-5625-1811-2

Ⅰ.宝…
Ⅱ.①英…②陈…
Ⅲ.宝石-教材
Ⅳ.P578

中国版本图书馆 CIP 数据核字(2007)第 066025 号

宝石学基础教程 陈钟惠 译

责任编辑:赵颖弘 赵来时 技术编辑:阮一飞 陈晓君 责任校对:张咏梅

出版发行:中国地质大学出版社(武汉市洪山区鲁磨路 388 号) 邮政编码:430074
电话:(027)67883511 传真:67883580 E-mail:cbb @ cug.edu.cn
经 销:全国新华书店 http://www.cugp.cn

开本:880 毫米×1230 毫米 1/16 字数:765 千字 印张:26.5 彩版:26
版次:2004 年 1 月第 1 版 印次:2014 年 5 月第 7 次印刷
印刷:荆州市鸿盛印务有限公司 印数:3 401—3 900 册

ISBN 978-7-5625-1811-2 定价:280.00 元

如有印装质量问题请与印刷厂联系调换

译者的话

英国宝石协会宝石学初级教程的中文版于1992年出版发行，修订本于1997年出版发行。这两个版本都曾多次印刷，对推动我国的宝石学教育无疑发挥了重要作用。

众所周知，原先英国宝石协会的宝石学初级课程只是为学习证书课程打基础，通过初级课程考试的并不发给任何证明或证书。现英国宝石协会决定，从2004年开始将原初级课程提升为一门独立的课程，改称基础宝石学（The Foundation Course in Gemmology）。凡修完基础宝石学并通过考试的将可获得基础宝石学证书（Foundation Certificate in Gemmology）。有意深造的，可在此基础上学习证书课程并获取FGA证书。对于那些因各种原因不可能再学习证书课程的人士，基础课程学习也将能保证他们获得必要的宝石学知识和实践技能。

现在译成中文出版的就是英国宝石协会新近完成的宝石学基础教程。它与原初级教程的基本体系没有太大的变化，除内容有扩充并补充一些新资料外，最主要的是实践部分显著加强，以适应作为一门独立课程的需要。英国宝石协会设在我国大陆、香港和台湾的几个联合教学中心以及世界其他地方用中文参加考试的考生从2004年开始都将使用本教程学习这门课程。国内其他宝石学教育培训机构和课程以及广大读者相信也会从本书受益。

初级教程改版为基础教程后，其章节和内容在与老的证书教程的衔接上出现一些问题。譬如，原初级教程共18章，证书教程从第19章开始，而现在基础教程已扩充成20章。相信英国宝石协会将会尽快着手解决这个问题。一旦我们得到修订的证书教程，将在中译本再版时作出相应的修订。

译　者

2003年10月

在本教程和宝石观察指南的彩色图版中英文缩写的含义是：

© 版权所有

Gem-A　英国宝石协会

Gem-A　Instruments 英国宝石协会仪器公司

GTL　英国宝石协会宝石检测实验室

NHM，London　伦敦，英国自然历史博物馆

DTC　戴比尔斯国际钻石贸易公司

DTC Research　DTC 研究所

坦桑石和钻石吊坠
©Hirsh London

欢迎学习英国宝石协会宝石学基础课程

宝石学基础课程是为准备参加英国宝石协会宝石学基础课程考试而开设的一门独立的课程。

宝石学基础课程的主要目的是：

（1）使你能懂得宝石学的原理；

（2）使你在宝石学知识方面打下一个良好的基础并熟悉许多重要的宝石；

（3）使你能学会适用于有效观察和测试各种常见宝石材料的方法；

（4）使你能明确地给出结果和结论；

（5）使你能参加英国宝石协会宝石学基础课程证书考试；

（6）使你能进一步学习宝石学证书课程。

宝石学基础教程目录

导 言

0.1 检验单

请检查你随本教程已收到：
(1) 《宝石观察指南》；
(2) 10×放大镜；
(3) 笔式手电筒；
(4) 手持式分光镜；
(5) 擦宝石布；
(6) 宝石镊子；
(7) 两颗宝石标本；
(8) 一套晶体结构模型元件（见导言最后的说明）。

你在课程开始后很快会用到所有这些东西。
如果你没收到其中任何一件东西，请与英国宝石协会教育办公室联系。

学生在参加基础课程考试时要带上自己的10×放大镜、笔式手电筒、分光镜和擦宝石布。

0.2 《宝石观察指南》

宝石学基础课程的内容包含宝石的实际观察和宝石的基本测试方法。《宝石观察指南》提供了与本课程实践环节相关的资料、说明和指南。它能帮助你准备基础课程考试。为对实践环节的要求有更多的了解，你可阅读本教程末尾的《课程和考试指南》。

0.3 课程和考试指南

《课程和考试指南》一章在本教程的末尾。
我们建议你在学习本课程的全过程中经常参阅该指南。
《课程和考试指南》一章包括如下内容：
(1) 课程指南，有如何进行复习和写报告的建议；
(2) 考试指南，有如何进行总复习和准备考试的建议；
(3) 考试大纲；
(4) 考试所需的数据表。

0.4 英国宝石协会

英国宝石协会的成立可追溯到1908年。世界上最早的颁发证书的宝石学课程源于伦敦，1913年颁发了首份证书。1921年首次开设了宝石学函授课程。1931年，宝石协会成为独立的机构。1990年与英国宝石检测实验室合并，称为“英国宝石协会和宝石检测实验室”，英文缩写为GAGTL。2001年起以Gem-A标示取代了原来的缩写。

Gem-A的教育工作在组织世界各地的宝石和钻石课程和考试方面居领先地位。

Gem-A 的总部位于伦敦市中心靠近哈顿公园（Hatton Garden）处，有教育办公室、宝石学辅导中心、会籍办公室、宝石检测实验室和 Gem-A 仪器公司。

(1) **宝石学辅导中心** 为初学者以及较有经验的宝石学家开设各种各样的科目。你可从教育办公室，也可从 Gem-A 的网站（www.gem-a.info）得到各种课程的日程表。

(2) **会籍和会费** 你可在任何时候申请成为协会（普通）会员（member）而无需先持有宝石学证书。Gem-A 在很大程度上靠会费和教育活动维持。会籍对协会至关重要，非常欢迎新会员。有关细节请在 Gem-A 网上查询或向会籍秘书提出申请。

(3) **宝石检测实验室** 成立于 1925 年，为商界和会员提供实验室服务，包括钻石分级报告、宝石鉴定、宝石产地和热处理的判别以及珍珠的鉴定。

(4) **Gem-A 仪器公司** 是学生和从业宝石学家所需各种书籍、仪器和宝石材料的主要供应者。价目单可来函索取，也可从 Gem-A 网上查询。订货可邮寄到世界各地。

导　言

晶体模型

萤石八面体模型制作指南

萤石的晶体结构是由用绿色塑料原子中心表示的氟原子（F）和用银色塑料原子中心表示的钙原子（Ca）组成。每个原子都用绿色塑料管连接以表示同等的键并把整个模型聚合在一起。需要有 3 层才能制作出一个完整的八面体模型。你将使用：

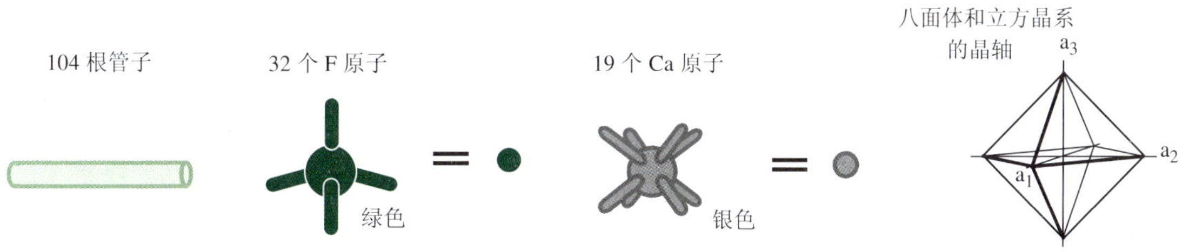

• 第一层

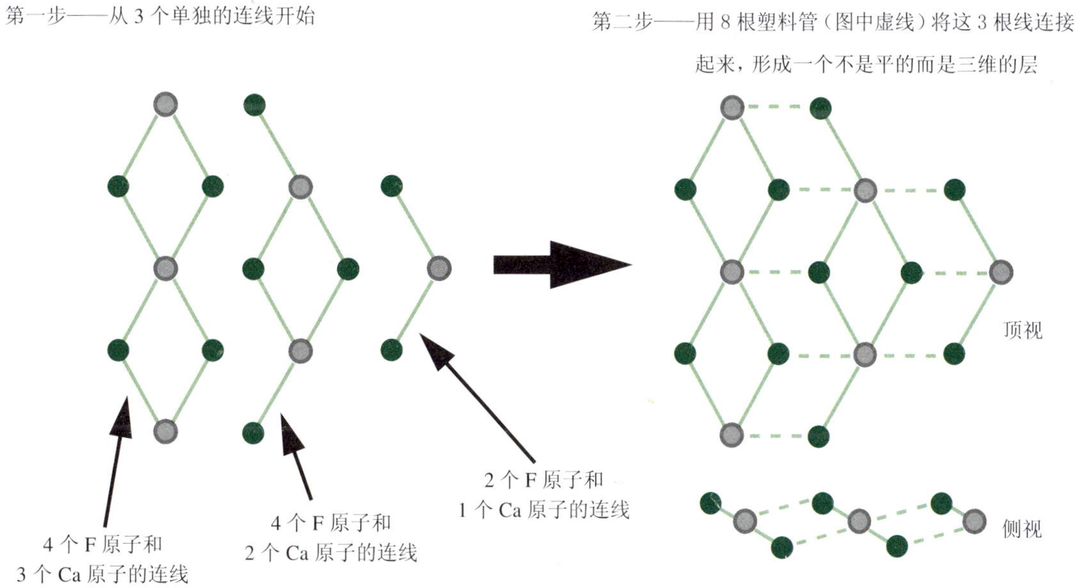

● 第二层

第一步——从下图所示的 3 个单独的连线开始

第二步——用 10 根塑料管将这 3 根线连接

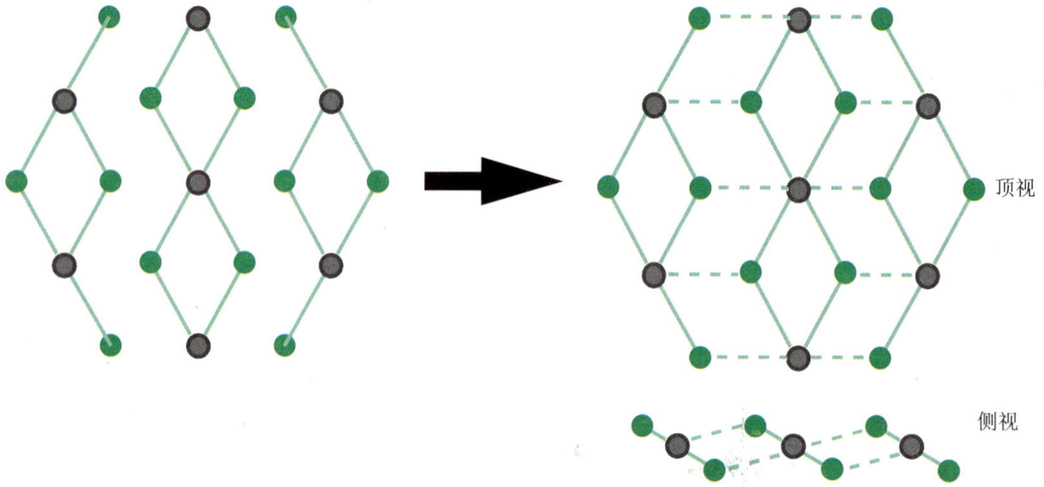

● 第三层

重复第一层的操作，而后将它翻转过来，使顶朝下

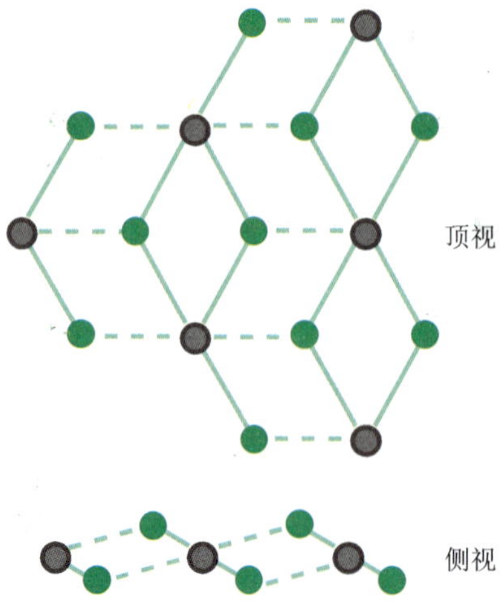

● 将三层连接到一起

第一步——把 16 根塑料管插入第一层每个朝上的叉（键）中，而后把第二层固定到这些键上

第二步——把 13 根塑料管插入第二层每个朝上的叉中，而后把第三层固定到上面

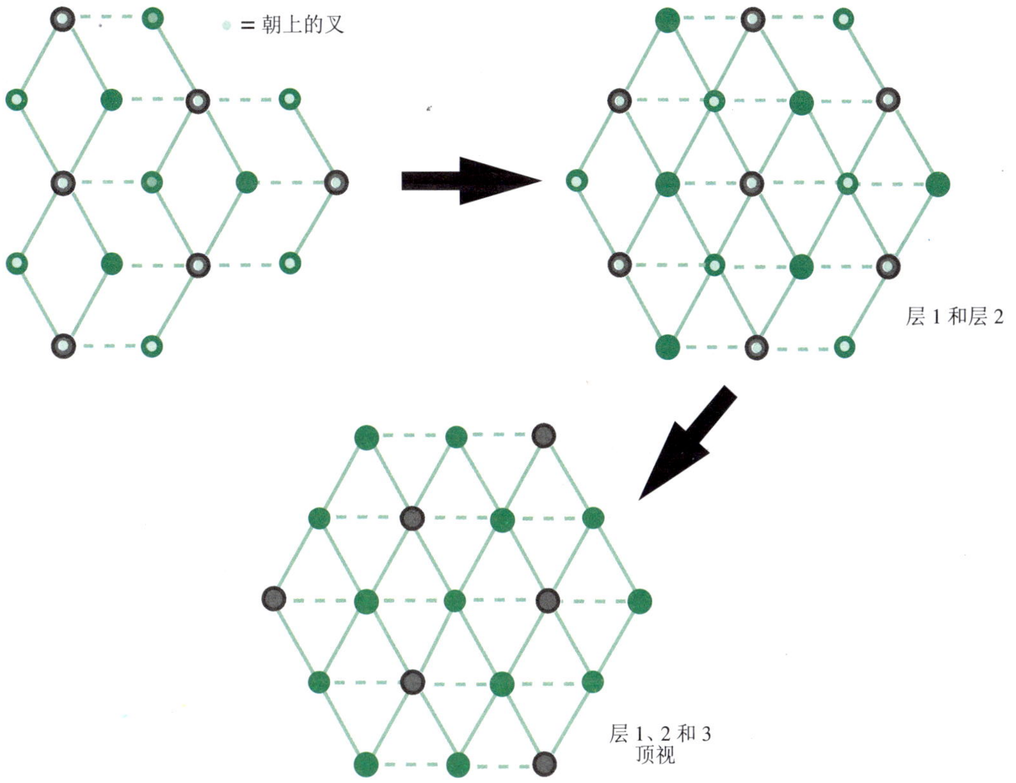

● 八面体侧视图

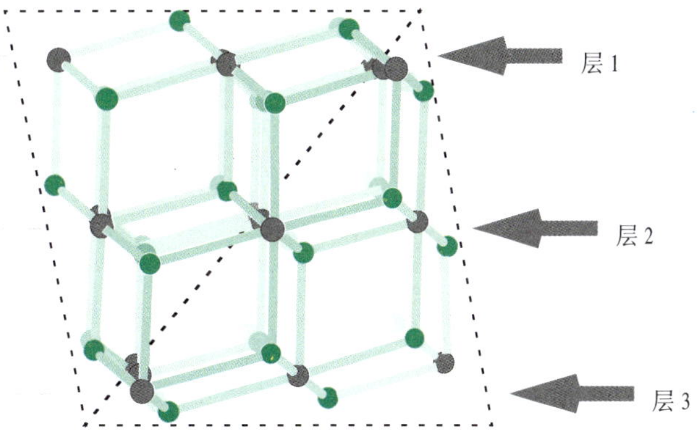

第一章　宝石材料

第一章　宝石材料

1.1　导言

宝石材料属我们所在星球最稀有和最令人喜爱的产物之列。它们是国民经济的主要支柱，也是人类历史上大量戏剧性事件的重要原因。

什么是宝石？宝石的内部秘密何在？宝石是如何生成的？如何观察和检测宝石？为何我们需要知道所有这些？

本教程前两章的目的就是回答一些关键的问题，为你领悟如何研究和鉴赏各种各样的宝石铺平道路。

1.1.1　什么是宝石？

当看到一颗美丽的宝石时，人们通常要问“它是真的吗？”和“它值钱吗？”。要回答这两个问题，首先要弄清什么是宝石和宝石材料。

宝石材料这个词可理解为用于饰品或装饰并具有特殊属性或价值因素的任何材料。

最显著的价值因素是**瑰丽、耐久性、稀有性**和**可接受性**。

有许多材料可视为宝石。钻石晶体、刻面紫晶、大理石片、塑料仿煤精块、养殖珍珠或玻璃和石榴石的拼合石全都可描述为宝石材料。

如果一件未加工的材料被认为有加工成宝石或饰品的价值，那不论它现在是否瑰丽，都可称为“原石”（rough）。对大多数宝石原石材料来说，其全部瑰丽只是在熟练的宝石工匠雕琢或切磨这些材料以最大限度地揭示其颜色和光学效应后才得以看到。

宝石和装饰材料

宝石材料最多的用途是制作饰品。通常是把宝石切磨和抛光后镶在首饰上。戒指或胸针上镶的刻面钻石和蓝宝石就是突出的例子。

在宝石商贸中，除钻石外的所有宝石都被称为“有色宝石”，尽管其中也有些是无色的，例如水晶。

装饰材料常用于制作装饰（装璜）品，例如小雕刻品、桌面、大的雕像和建筑贴面石等，但也用于个人饰品。在用于装饰品的材料和用于首饰的宝石材料之间并无明显的分界。例如，玛瑙既可雕琢成装饰品，也可内嵌到胸针上。

晶体和矿物

宝石材料也和其他材料一样是由无数的原子组成的。在大多数宝石中，这些原子呈有序、规则重复的排列。具这种有序原子结构的材料被称为是**晶质**的，而每种不同的原子排列被称为**晶体结构**。

大多数宝石和装饰材料是**矿物**。矿物这个术语是指由地球内部或表面的地质过程形成的无机和晶质的天然材料。严格说来矿物这个术语不包括有机（植物或动物）成因的材料。它也不包括诸如合成蓝宝石等人造材料，以及玻璃等非晶质材料。地质过程是地球自然历史的一部分，而矿物又是地质过程的一个部分。有些矿物被认为可用作“天然宝石”。

在本教程的第二章和第三章中我们将讨论宝石矿物的成因和结晶度。大多数宝石材料的有序结构常使我们能识别或判断出它们是什么宝石。宝石材料的有序结构也以奇特的方式增强宝石的瑰丽，例如星光宝石。

晶体结构与光的相互作用是实用宝石学大部分领域的基础，因而也是宝石学基础课程和证书课程的基础。大多数宝石材料的晶质性质也影响到许多观察和测试。为此，我们把晶质物质的本质放在课程的最前面。对宝石材料这种基本结构的了解的确是宝石学的基础。

真正的

对于什么叫“真正的”，仍待作出解释。“真正的宝石”通常是指除经切磨和抛光工匠的加工外未作其他任何处理的天然形成的宝石。

合成宝石材料是人工生产的并具有与其天然对应物相同的化学和物理性质。举例说，合成钻石的的确确是真的钻石，但在消费者的感觉中它们仍然是“仿制品”或“假品”。

因为合成宝石就其化学性质和结构而言，与其天然对应物一样确实是“真正的”，因而从严格的科学意义讲，它们是“真正的”宝石。所以，很大程度上混淆是术语的用法造成的。当用合成蓝宝石来仿钻石，即用“真正的”蓝宝石仿钻石时，“真正的”这个词的使用就更复杂化了。所以，“真正的”这个词在描述宝石时用处不大，也不准确。

当购买宝石时，顾客应被告知他们所要购买的是什么宝石。把宝石是否经过处理或是否人造的告诉顾客叫“**申明**”（披露）（disclosure）。当顾客已经知道宝石是天然的或是人造和经过处理的之后，就可放心地把注意力集中到他们应注意的地方，例如，首饰设计的水准和宝石的瑰丽上。

珍贵的和半珍贵的

过去通常把宝石材料分为**珍贵的**和**半珍贵的**两个档次（precious stone 和 semi-precious stone，中文译为宝石和半宝石——译者注），但两者并无明显的划分界限。譬如，红宝石和祖母绿常被认为是“珍贵的”宝石，但可以找到价格不高、质量低的红宝石和祖母绿。反之，碧玺（电气石）虽被说成是典型的“半珍贵的”，但碧玺的稀有品种可很昂贵。

以货币形式表现的价值主要应考虑质量，但价值也受到稀有性、时新需求和材料可用性乃至汇率的影响。最好是对所有这些宝石材料都采用统一的术语“宝石”（gem 或 gemstone）。这些材料由于不同原因都具珍贵性；术语“半珍贵的”没有实用意义并带来误解。

价值、可接受性、鉴别和检测

价值是在买和卖的过程中确定的，估价要靠市场阅历。然而，最重要的是在估价前要鉴别出这是什么材料。本课程的目的是帮助你为鉴别和检测做好准备；在鉴别和检测基础上作出的估价是商业阅历的重要补充。

在宝石市场上，供需情况和稀有性有关。稀有的材料会作为值钱和珍贵的东西被接受和赞赏。

此外，尽管人工生产和处理的工艺已能提供与天然品相同或甚至更佳的外观，但天然和未经处理的材料更易被接受，因而也更有价值。

必须在鉴别和检测工作之后才能对宝石材料作出估价，现在这已是宝石学的一个重要观点。这是因为现在市场上处理的和人造的（包括合成的）材料越来越多，也还因为有些人希望能少花些钱而买到这样的材料。

为适应这一形势，首先必须对宝石材料以及鉴别和检测工作的实际步骤有所了解，而这种了解有一部分是通过你对正确观察过程和选择相关测试的学习获得的。

当你鉴别或检测并尝试作出结论时，你始终要存有疑虑。你需要知道自己能在多大程度上给出结论，以及何时需要有另外的意见，譬如来自知名宝石检测实验室的意见。

人们由于各种原因，包括为装饰自己和周边环境而收集和拥有宝石和装饰材料。他们在决定买什么时一定会挑选，但他们的选择常受到别人意见的影响。可接受性和瑰丽感随社会认可度、时新和个人口味而异。时新尽管经常是短暂的，但会导致一种社会习俗并变成一种传统。譬如，玉具有巨大的历史社会意义并特别地被世界各地有远东文化背景的人们所接受。

要成为社会能接受的，价高和珍贵的物品必须能得到普遍赞赏；它最好是耐久的，如果是供佩戴的，还应有可接受的尺寸。社会的可接受性还受到对环境态度的影响。譬如，新的象牙已被普遍认为不能用于首饰和雕刻品。

重量和价格

和其他许多产品一样，宝石的销售不只是按尺寸，也按重量。较大件的，例如装饰品和原石，可按其千克（kg）重或克（g）重销售，但宝石通常是按克拉（ct）重销售。

克拉（carat）一词源自地中海沿岸的一种槐树名（carob）（学名为 *Ceratonia siliqua*）。这种树的干种子因重量很稳定，都在 0.2 克左右，故一度曾被商人用作宝石的重量单位。

成品宝石（裸石）的重量以克拉为度量单位。

克拉（carat）的缩写是 ct：　1 ct = 0.2　克（g）
　　　　　　　　　　　　　　5 ct = 1 克（g）

为度量居间的重量，每克拉被划分为 100 个分（point，缩写为 pt）：

1.00ct = 100pt
0.50ct = 50pt
0.01ct = 1pt

克拉价(每克拉的价格)通常随宝石尺寸(因而也随宝石重量)的增大而增大。

第二十章中有关于宝石材料的估价及宝石在首饰中的应用和测试的较详细说明。

1.2　抓紧你的学习

为帮助你在学习本课程过程中巩固你的学业，请使用我们所建议的快速复习方法来恢复你的记忆和加强你的理解。课程复习应经常进行，直到最后的总复习。即便在结束本课程和考试后，这种复习也依然有用。以下就介绍这种方法。要经常参阅本教程末尾的《课程和考试指南》一章，那里有关于复习、编写报告和考试技巧的指南。

1.2.1 复习之一

对“它是真的吗？”和“它值钱吗？”这两个问题的复习能导出一些很有趣的、重要的和广泛的话题。在一张草稿纸上写下复习的条目，而后通过思考，在这些词的旁边写出相关的要点。以下是本章中各要点涉及的内容：

⑴ 我们讨论了“宝石”和“宝石材料”这两个词，并介绍了一些重要的相关词，如**瑰丽**、**耐久性**、**稀有性**和**可接受性**等属性。

⑵ **装饰材料**、**原石**、**晶质**和**矿物**这些词对理解什么是宝石也是非常重要的。

⑶ 复习“真正的”这个词使我们会思考**天然的**、**合成的**及本章稍后出现的**处理的**、**仿制品**、**拼合石**和**申明**等术语的含义。

⑷ 为弄清价值因素，我们要复习**珍贵**和**半珍贵**这两个词。讨论宝石材料的**可接受性**会使我们进一步了解**鉴别**和**检测**这一宝石学主要内容的极端重要性。

利用这种复习方法使你能理解和使用这些词。它们对你研究和应用本科目有重要意义，对你日常工作及在珠宝首饰行业的任何探索也至关重要。

列在每章末尾的强化题和家庭作业会对你在学习本课程每个阶段的复习有帮助。

1.3 地球作用、原子和晶体

本章的这一部分将讨论宝石材料的本质。地球令人惊奇的作用导致宝石不间断地自然形成。我们将概述这些作用，并着重讨论由这些作用形成并作为晶质地球材料的天然宝石产物的本质。

在第二章中，我们将进一步讨论这个极有趣的问题。这些背景知识无疑会成为你了解各种有趣的宝石和装饰材料及观察和检测方法的基础。

1.3.1 宝石材料是如何形成的?

地球活动和化学组成

地球处在不停的变化中。有些变化是如此缓慢，只有用精密科学仪器和研究才能检测出。有些变化则非常明显，例如，火山爆发、滑坡和大的地震。在所有这些活动中，在温度、水和运动的影响下，在地球内部和表面形成了宝石材料。像红宝石、钻石、玉、托帕石和石英等宝石会在不断变化的各种环境中结晶出来。地球作用从未停止过。在地球内部和近表面的许多地方，宝石迄今仍在形成。单个宝石矿物一旦形成，永不休止的地球作用还会导致宝石的自然富集，通常是富集在砂砾层中。

地球的天然产物被用来制作人造宝石材料，例如玻璃、合成蓝宝石和立方氧化锆。这些人造宝石材料有许多是用来仿天然宝石的。有机成因的宝石，例如，珍珠、煤精和象牙，其组成物质也完全来自靠摄取地球矿物化学成分生活的动物或植物。

1.3.2　地球活动和化学

哪些活动影响到地球?地球是由什么组成的?哪些活动和成分参与了宝石的形成?

在随后章节中讨论这几个问题之前，让我们先概略了解一下地球的内部（图 1-1）。

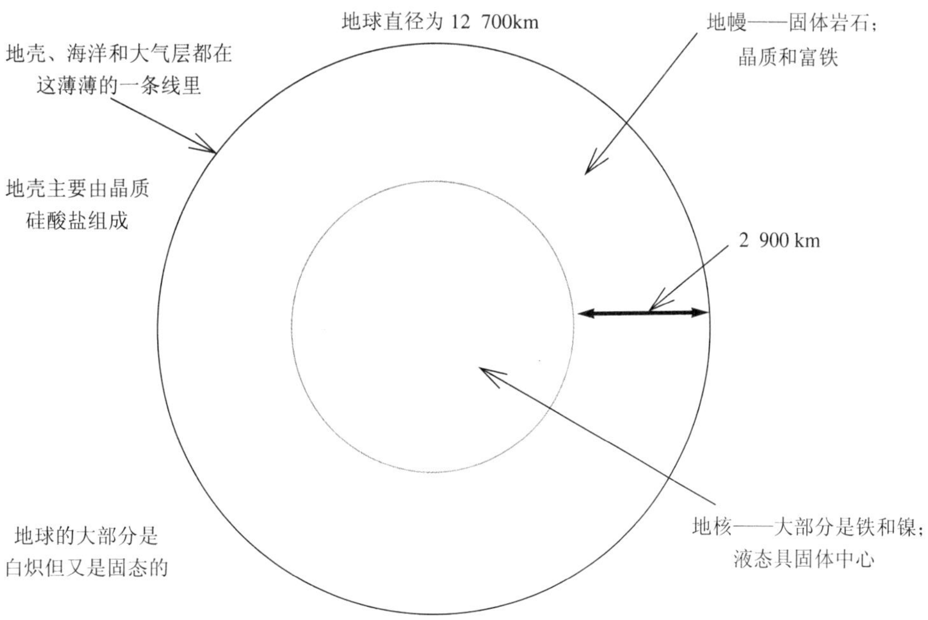

图 1-1　地球的结构和化学组成

如果我们能把整个地球液化并测其化学成分，我们会发现构成地球质量的最丰富的元素是铁。整个地球按其组成的不同，可划分为三个部分。它们是**地核**、**地幔**和**地壳**。占地球体积十分之一的地核主要由铁组成。占地球体积十分之八以上的地幔由晶质富铁岩石组成。地核和地幔加在一起几乎构成了地球体积的全部。

大陆地壳的厚度在 50 千米（km）左右，主要由固体的花岗岩和其他岩石组成。地壳的厚度对我们来说虽似很厚，但相对 12 700km 的地球直径而言却是极薄。然而，非常薄的地壳是和我们关系最密切的，因为它是固体地球中我们有直接接触的部分，也是我们人类源出的部分。

大多数宝石和装饰材料形成于地壳中。从地壳中我们开采出各种有经济价值的化合物和包括宝石材料在内的矿物，还有用于生产人造宝石材料的原料。

1.3.3 地质学和宝石

宝石和装饰材料的成因和随后的自然历史与许多地质过程有关。

地球是不同元素原子的“化学库”。这个库不停地改组，矿物结晶和重结晶，新的岩石形成和再形成。

大多数宝石材料形成于地壳中。宝石材料现在仍在地壳中和地壳下形成。随着岩石缓慢挠曲和剪切产生的压力以及受热和熔化，也随着水逐步渗入并与炽热的固体地壳接触而产生的化学作用，新的宝石结晶出来。由于地质过程的作用时间漫长，地球创造了奇迹。然而，我们在一生中只能对整个作用过程做“短暂的”一眺。

对地球及其活动的许多研究属于**地质学**的范畴。对采自地球并为我们所用和服务于工业的材料所进行的研究称为**经济地质学**。对矿物的研究称为**矿物学**。从 19 世纪末开始的对宝石的研究发展成一门新的学科——**宝石学**。

成因、产出和产地

区分术语“**成因**”、“**产出**”和“**产地**”是重要的。譬如，钻石的地质成因是指其在地幔岩高压和高温条件下的生成。

钻石矿的地质产出可以是含钻石的火山岩筒，也可以是古代的海滩砂砾层。

宝石矿床的地理产地只不过是该矿床所在的地区，譬如产出在西澳大利亚 Argyle 的含钻石岩筒以及产出在纳米比亚 Oranjemund 的钻石砂矿。

宝石矿床几乎在世界所有国家都有发现。一些地区所开采的宝石材料在品种和数量上特别丰富，譬如巴西的 Minas Gerais、缅甸的 Mogok，还有斯里兰卡。

1.3.4 复习之二

请再次参阅本教程末尾《课程和考试指南》一章中的**复习**和**总复习**部分，并对本章的后半部分做一次快速复习。看看以下每个部分的强化题，这对你的复习过程会有帮助。

本章后半部分的复习可包括如下内容：
(1) 地球活动从未停止。宝石仍在形成；
(2) 地球的主要组成部分是地壳、地幔和地核；
(3) 地壳是我们可直接接触的部分，大多数宝石和装饰材料形成于地壳中；
(4) 从地壳中我们开采各种有经济价值的化合物和包括宝石材料在内的矿物；
(5) 地球是不同元素原子的“化学库”；
(6) 对地球和其活动的研究称为地质学；
(7) 对采自地球的材料所进行的研究称为经济地质学；
(8) 对宝石提取的研究是经济地质学的一个部分；

(9) 对矿物的研究称为矿物学；
(10) 对宝石的各种研究称为宝石学；
(11) 地质成因是指宝石矿物的形成或“诞生”；
(12) 地质产出是指能发现宝石矿物的地质环境；
(13) 宝石矿床的地理产地是指矿床分布的地区。

经过复习，你会发现更易记住和理解这些术语。这又会使你更易把这些术语作为理解课程随后内容的基础。它还会提高你观察、测试宝石和给出结论的能力。此外，它对你完成家庭作业题和考试题会有很大帮助：给出这些题目的目的是帮助你把知识和理解用于你的工作和日常活动中。

第一章强化题

对强化题的回答是很简短和专门的。不需要总的报告或陈述。你应设法尽可能快地回答所有的问题，譬如用 10 到 20 分钟时间。对于无把握或忘掉的地方可先空下，而后再看教程的相关内容。在附录 2 中有所有强化题的答案。

1. 说出 4 种能使我们认为材料是宝石的属性。
2. 说出 2 种耐久的宝石材料。
3. 我们把所有未加工的宝石材料叫什么？
4. 大多数宝石材料是如何使用的？
5. 说出 3 种装饰用宝石材料。
6. 什么词用于描述具有序的规则重复原子排列的材料类型？
7. 合成蓝宝石、玻璃和琥珀能分类为矿物吗？是/否
8. 术语“真正的”和半宝石在宝石分类中有用吗？是/否
9. 用于度量宝石重量的国际单位叫什么？几个这种重量单位构成 1 克？
10. 大多数宝石材料是在地球的哪个带中生成和发生的？
11. 天然宝石材料迄今仍在形成吗？是/否
12. 说出 3 个世界知名的宝石产地。

家庭作业

基础教程的每一章都附有家庭作业。在附录 2 中有第一个作业题的答案。这个答案将有助于你掌握我们所建议的用于完成所有作业题的考试题的方法。即便你是完全按照这个实例的模式完成了你的家庭作业，还是要把你完成的作业交给指导教师审阅。

在我们准备的实例中我们使用了在教程末尾的**课程指南**中详细论述的 5 点注意事项。经过适当训练，这 5 点注意事项可确保你的答案能在规定的时间里展示你的理解并达到所要求的详细程度。

在课程进行过程中，对信息和知识进行复习是最基本的。关于复习，我们在本章中已两次提及，在第十章中也提到。在本教程末尾的**课程指南**和**考试指南**中还再次强调。

家庭作业题所涉及的信息有些是先行章节的，而强化题则只涉及本章的内容。

我们恳切希望你定期地完成强化题和家庭作业题。定期地参阅对复习的建议和关于答题注意事项的详细劝告。这些建议和劝告来自往届考生的反馈，也来自考官。所以，在你的课程学习中，它们对你要达到的目的特别有价值。

时间：完成第一个家庭作业所需的时间会比你经过训练后完成后续各章作业所需的时间长一些。开始时可能要用 40 到 60 分钟完成一道题，以后则要控制在每 30 分钟完成一道题。

第一章家庭作业

1（a）一位朋友询问为何你把某种材料视为宝石。你在给出回答时会考虑哪些因素？结合实例解释这些因素。（14 分）

（b）你向顾客展示一个镶有大的黄色宝石的胸针。你被问及“这是真正的宝石吗？”和“这是半宝石吗？”。请解释为有助于回答顾客的问题，你应考虑哪些要点。（6 分）

2（a）天然宝石材料迄今仍在形成。简单解释这是为什么。（4 分）

（b）大多数宝石材料形成和产出于地球的哪一部分？（2 分）

（c）解释下列术语的含义：

（i）宝石材料的成因；（ii）宝石材料的产出；（iii）宝石材料的产地（14 分）

在本教程的附录 2 中有第一章作业题和答案。请不要把作为例子的答案视为“完善的”或“标准的”。对于你在现实生活中遇到的每一个问题，都不会有**标准的**答案。你必须自己去思考。根据你自己的知识、理解和经验给出回答，而这些因素会通过准备复习、写报告和答题的过程得到加强。

如果你是函授生，你应在英国宝石协会指定的指导教师指导下完成这些作业。联合教学中心的学生也可利用这些题目来复习你的知识并训练考试技巧。联合教学中心的学生只应把答案交给你的中心的指导教师而不要交到英国宝石协会。

第二章　宝石材料的本质

第二章　宝石材料的本质

2.1　导言

本章中，在简述地壳中最丰富的化学组成及其在宝石中的重要性后，将说明主要宝石的成因。我们还将概要地探讨宝石矿物与其在地球内部和表面产出之间的关系，以及如何通过人类的开采活动将其采出。

2.2　宝石的自然历史

有 92 种天然产出的元素构成了地壳中的岩石。其中，只有 8 种元素构成了地壳的几乎全部质量。

元素	符号	质量%
氧	O	47
硅	Si	28
铝	Al	8
铁	Fe	5
钙	Ca	3.5
钠	Na	3
钾	K	2.5
镁	Mg	2

大多数宝石矿物由这 8 种化学元素中的至少 2 种组成。譬如，石英由氧和硅组成；红宝石和蓝宝石由氧和铝组成；祖母绿由氧、硅和铝组成；翡翠由氧、硅、铝和钠组成。

关于原子、元素和化学组成，我们将在本章稍后部分较详细地讨论。现在，我们首先更深入地探究一下我们所在的星球。

把地球划分为地核、地幔和地壳，使人觉得地球的构造似乎是固定的。然而，火山、地震和山脉都是地球内部活动的证据。尤其地幔总是处在不断的大规模的循环中。在一些地方，如图 2-1 中的×处所见，这种循环运动挖掉了地壳的一部分并把它带到了很深的部位。凡出现这种情况的地方，将产生新的陆壳（大陆地壳），并有新的宝石矿物形成。地幔不间断的循环现仍在发生并导致太平洋沿岸活火山带的地震和火山喷发。

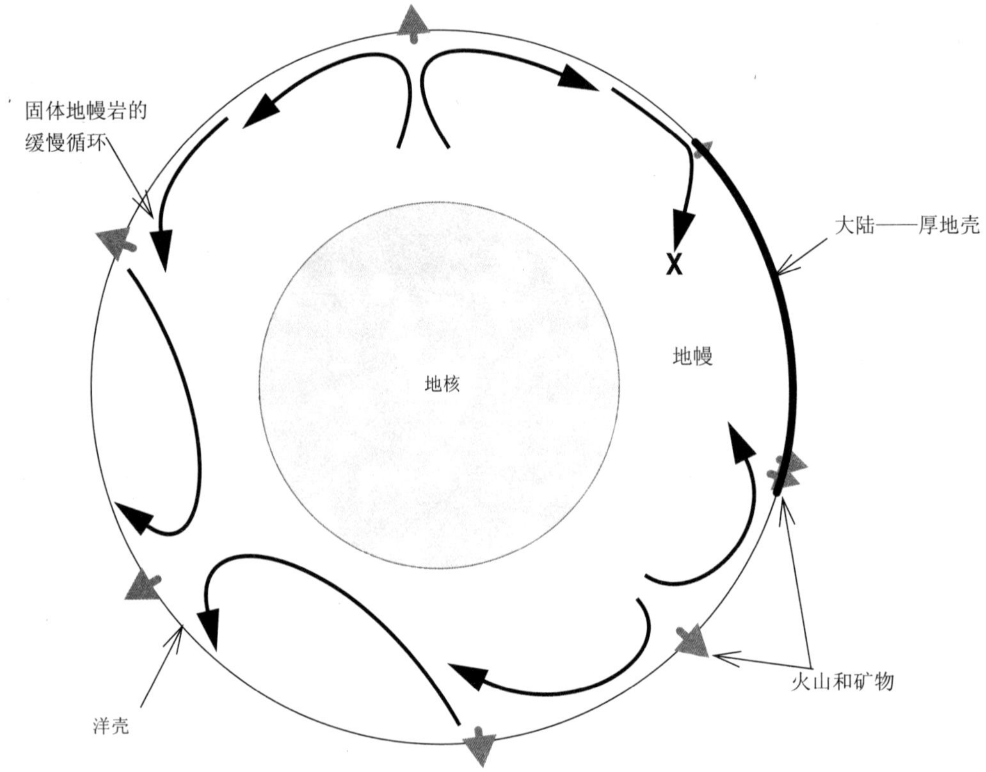

图 2-1 地球的横截面，展示活动的地幔

岩石、矿物和宝石在地球不间断的活动中形成和变化。以下介绍 4 种主要作用过程。

熔化

地球内部的绝大部分处于炽热温度条件下。经由地壳到地幔，随深度的加大，岩石的温度显著增高。随深度的加大，压力也显著增大，这阻碍了大多数热的岩石熔化，然而，在诸如环太平洋活火山带这样一些地带的下方，有一小部分热的岩石熔化了并形成岩浆。岩石中存在的少量水促进了熔化过程。

岩浆穿过固体地幔和地壳向上抬升，逐渐冷却并结晶成火成岩。对我们来说，可庆幸的是有少量的岩浆上升到了地球表面。当这种情况发生时，由岩浆中释放的气体驱动了火山爆发。喷出的岩浆是温度很高和液态的，但偶尔也会是温度较低和粘稠的并有大大小小的很多矿物晶体。喷出的有固体碎屑和细的火山灰，还有部分固化的岩石例如**斑岩**。岩浆在地球表面释放出所含的许多气体后快速地冷却，只能形成小的晶体，甚至是黑曜岩和浮石等玻璃态的火成岩。取决于喷发时的温度、体积和能量，火山爆发可形成熔岩和火山灰的山，或形成广布的熔岩湖，甚至还能炸开地壳，留下一个大的凹坑。

在岩浆作用的这种熔化和冷却过程中，除形成了斑岩、花岗岩和黑曜岩等装饰用岩石外，还形成了锆石、尖晶石、橄榄石、月光石及一些红宝石和蓝宝石。从岩浆中结晶的条件被模拟，用于在实验室的称为熔剂的人造岩浆中生长合成祖母绿、红宝石和蓝宝石的晶体。

第二章　宝石材料的本质

重结晶作用

地壳和地幔中的岩石也可不经熔化而发生变化。在地壳和地幔的温度和压力作用下，组成岩石的矿物可在固体状态下重组。在这种逐个原子置换的缓慢过程中，矿物在大小和形状上发生变化，甚至转换成化学成分不同的另一些矿物。这种未经任何熔化的重结晶作用被称为变质作用（metamorphism）。这是一个来自希腊文的术语，意思是"交代"（也相当于来自拉丁文的术语（transformation）。

与地幔循环和大陆漂移作用一道，水也对时间通常在数百万年以上的这种热的受压岩石的转化过程起了推动作用。所形成的经过变化的岩石是**变质的**，称为**变质岩**。翡翠、软玉和一些石榴石、红宝石、蓝宝石是以这种方式形成的变质岩和矿物。大理岩是变质的石灰岩。

沉积作用

风化、侵蚀和沉积作用一道导致地球表面矿物的破坏和形成。水在这些过程中起了非常重要的作用。风化可以是机械作用，也可以是化学作用。它是在地表或近地表发生的岩石交代或重结晶的过程，通常使岩石变得易被侵蚀。侵蚀作用通过破裂或磨蚀将材料从岩石移开，并通常将碎屑搬离它们的形成地。大多数岩石侵蚀产物以砂、砾或巨砾形式在水中搬运，或（作为被溶解的矿物）在溶液中搬运。

这些搬运物质以沉积物形式重新堆积。被溶解的物质可从溶液中重新沉积，例如欧泊、玉髓和方解石（"条纹状大理岩"品种）。许多被溶解和被搬运的物质在活的有机体内或借助于活的有机体的活动，通过生物化学作用结晶出来。珍珠、珊瑚、骨头和牙质都是生物化学作用下重新沉积的材料，而且大部分是晶质的。大多数石灰岩是生物化学作用形成的。在组成该岩石的颗粒间常混有可见的动物和植物遗体并可保存为化石。许多石灰岩被用作装饰材料并常被错称为"大理石"。

随时间的推移，大多数沉积物被压实，形成沉积岩。砂岩和砾岩就是两种这样的岩石。一些沉积矿床含有经风化和侵蚀作用而从较老的岩石搬运来的宝石矿物碎屑，如产于砂砾层中的钻石、蓝宝石、锆石、石榴石、尖晶石、玛瑙和托帕石。这些矿床称为**砂矿**。砂矿（见本章后面部分）是易开采的有色宝石的最重要来源地。它们也是世界上许多宝石级钻石的来源地。

矿化作用

矿化作用一词在这里用来描述一种或几种矿物的不同寻常的富集。矿化通常是从含水的流体或岩浆中直接结晶的结果，例如含宝石的伟晶岩（见下文的**产出**部分）。矿化也发生在当流体或岩浆与周围岩石特别是石灰岩产生化学反应并形成接触矿床和交代矿床的情况下。萤石、玉髓、赤铁矿和孔雀石等各种装饰材料是矿化流体作用的产物。

在地壳内的岩石裂缝和孔洞中，水能溶解许多在地表条件下为不可溶的矿物。水对矿物的溶解作用因温度、压力和时间而大大增强。随后，若条件发生变化，地壳中的水上升到温度和压力较低的地方，矿物可在称为**水热矿化**的过程中（见下文中的**产出**部分）从水中沉淀。水热条件可在实验室中人工创造，用来合成某些宝石材料，例如水热法合成的祖母绿和紫晶。

2.3 宝石材料的重要产出

宝石材料的地质产出是指有这些材料出现在其中,因而也就有可能发现这些材料的地质环境。有多种地质产出，这里讨论其中的 4 种。

它们是： 伟晶岩矿床
水热矿床
钻石火山矿床
冲积层、砂矿和“宝石砾”

伟晶岩矿床

种类繁多的宝石与火成岩特别是与花岗岩共生。当岩浆形成并从上地幔和地壳上升时，它逐渐固化而不是在某个特定温度下突然变成固体。取决于它的化学组成，有些矿物先结晶并随流体岩石的逐渐冷却而继续形成。当花岗岩浆冷却时，长石和石英最先结晶，剩余的流体变得更富水和含更高浓度的较稀有的化学元素。

在进一步冷却过程中，残余流体偶尔会分离成富水溶液和硅酸盐熔体。较稀有的化学元素富集在富水流体中，随后结晶成充满大个晶体的花岗岩状矿床。这种矿床被称为**伟晶岩**矿床（图 2-2）。它们有时含宝石矿物如绿柱石、托帕石和碧玺（电气石）的大而透明的晶体。这些矿物的晶体结构有一部分是由铍和硼等较稀有的化学元素组成。含大而透明晶体的伟晶岩是宝石极有价值的源地。当然，出现什么矿物取决于是哪些元素存在于原始岩浆中以及哪些富集在残余流体中。

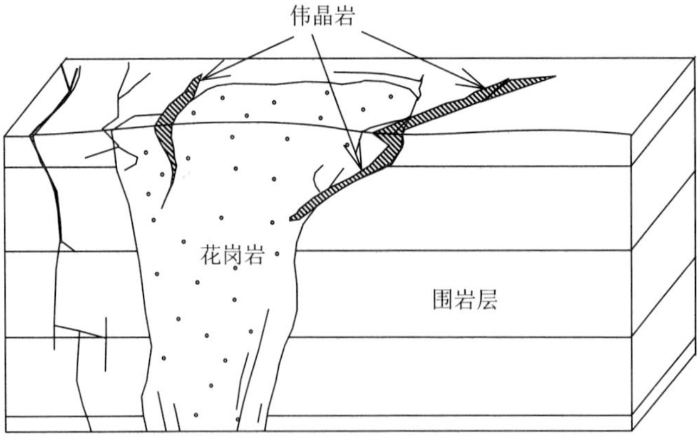

图 2-2　花岗岩体内部和附近的伟晶岩

水热矿床

矿物材料是从岩石裂缝和孔洞的热水中或海底软泥中沉淀的。这一过程称为**水热矿化作用**。

溶解盐及高的温度和压力都有助于矿物在长时期内的水热沉积和水热置换。随时间、温度和压力发生变化，水的矿物含量也在变化。由于这些变化，矿物结晶并充填在裂缝和孔洞中。通常因条件的变动，矿物以层状或带状沉积在脉和孔洞中。

流动的水热溶液中所含的元素可使条件变得有利于周围岩石组分的置换。譬如，某些祖母绿矿床就是由含铍的水与含铬的岩石相互作用形成的（图 2-3）。

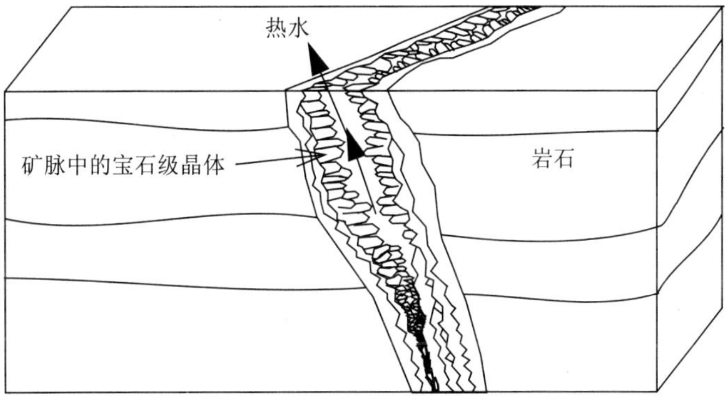

图 2-3　水热矿脉

天然“矿泉水”可来自地下水的储层，它可缓慢地沉淀出石膏或方解石矿物。有宝石学意义的水热矿物包括玉髓和“水晶”石英。

钻石火山矿床

一些火成岩是由熔融的岩石和气体形成的，气体驱使熔融的岩石从地幔深处沿裂缝状的通道快速冲向地球表面。由于压力降低，许多气体从岩浆中释放出，同时有大量的岩石碎块从通道的壁上崩落。如果这样的混合物到达地表，它会使通道系统的顶部因剧烈火山喷发的冲击和爆裂而加宽，形成岩筒（图 2-4）。

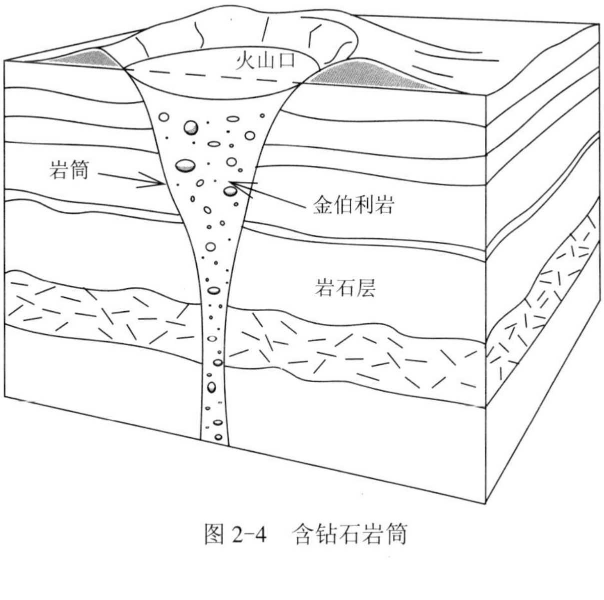

图 2-4　含钻石岩筒

这种岩石的著名类型是**金伯利岩**，它构成了非洲、俄罗斯、加拿大和世界其他地方的含钻石的岩筒和其他火山通道矿床。尽管大多数的金伯利岩是不含钻石的，但有些则是钻石的主要来源。钻石是这类岩浆上升通过上地幔岩石的过程中偶然捕获的。

其他宝石如石榴石也可出现。它们的出现通常是可能有钻石的良好标志。

冲积层、砂矿和宝石砾

许多宝石发现于**冲积层**中。冲积层由河流和洪水搬运来的被破坏岩石的碎屑组成，主要是砾、砂和粉砂。较重的矿物因不易被水搬运，多滞留在靠母岩较近处，而较轻的矿物则被搬运到较远的地方。这些较重的矿物被通俗地称为**"重矿物"**，尽管从物理学角度这个术语并不正确。较硬和韧性较高的以及化学上较稳定的矿物，包括许多宝石矿物，不像耐久性差的矿物那样容易被磨损。化学风化作用对它们影响很小或几乎无影响，所以它们在化学上没什么变化。钻石、锆石、石榴石和金等"重矿物"在砂和砾石中的天然富集被称为**砂矿**或**砂矿床**（图 2-5）。

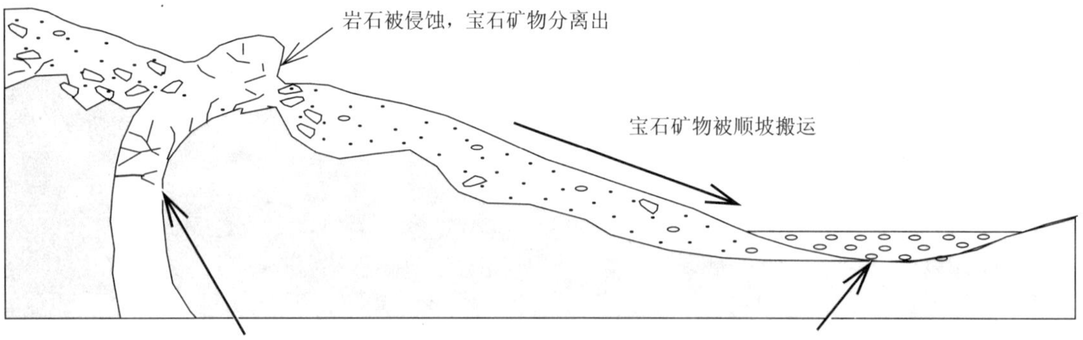

图 2-5　砂矿的成因

砂矿的矿物成分取决于经风化或侵蚀形成砂矿的母岩的矿物成分。在冲积砂矿中，较轻和耐久性较差的矿物被分离和搬运到较远处，硬的耐久性高的宝石材料则留下并在冲积的"宝石砾"中富集。较重的矿物大都富集在水流和水量减低处。

在冲积层内，蓝宝石和金绿宝石等矿物的损伤程度低于石英和长石等耐久性较差的矿物。韧性较高和耐久性较好的矿物有更多的机会保留其某些晶形。然而，随着长时间的持续磨擦和滚动，即便是耐久性较好的矿物也会变成圆的水蚀卵石。许多较软的和易破裂或具初始裂缝的宝石通常被搬运和侵蚀过程所破碎。那些经过搬运和侵蚀仍能保存下来并具有所需颜色和净度的矿物乃是潜在的宝石材料，一些砂矿含有比例很高的优质宝石材料。

钻石的硬度极高，这使它能在沉积过程中比其他任何材料所受的损伤都少。然而，与较靠近母岩区的钻石相比较，那些经过长距离搬运而后堆积在冲积砂砾层中的钻石，其质量要更好些，矿床中宝石级晶体的比例更高些。

河流中的冲积砂矿

当河水穿过较陡的地域流到较平缓的地方时，水流变慢，较重的碎屑将最先从悬浮矿物载荷中沉积下来。河流在流向大海的途中常出现蛇曲的河道。冲积物大量堆积在弯曲河段的内侧，这里水的流速慢得多。在水流减慢处，较重的矿物会富集（图 2-6）。

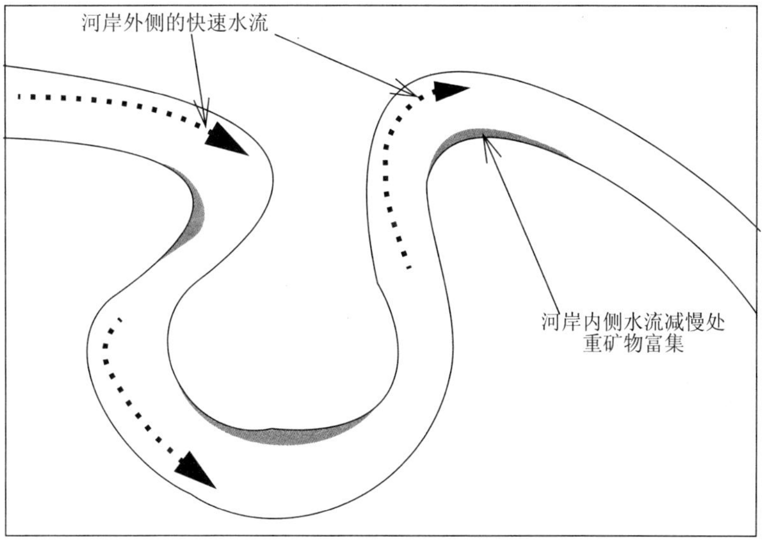

图 2-6　河曲和砂矿

相对于漫长的地质时间而言，河流是一个短暂的现象。矿物和宝石矿床既与古代河床有关，也与现今仍活动的河流有关。古代河流沉积物是由现已消亡的河流堆积成的并可被随后的沉积物所覆盖。现代或活动河流的沉积物是由河流现今沿其泛滥平原堆积的冲积物组成。

海岸和滨外砂矿

许多河流在接近和到达大海时扩展成河湾和三角洲。冲积物在岸线和滨外的广大地区堆积。这类矿床，例如沿纳米比亚海岸带的矿床，成了世界上钻石最富的地方。经过长距离的搬运，最高质量的钻石晶体得以富集。纳米比亚海岸带的钻石有 95%左右是宝石级的。

2.4　宝石的开采和回收

宝石的开采可划分为主要的两类：“有色宝石”（除钻石外的任何宝石）的开采和钻石的开采。

宝石矿物主要是从目前地质活动平静的矿床开采。然而，在河流的洪泛期，依然会有大量的砂砾堆积。

“有色宝石”矿床的开采

不论是在基岩型或砂矿型的大多数宝石矿床中，宝石的产出大都是不规则和不可预测的。所以，很难对可能的回收率作出可靠的评价。大多数矿床是小型的，许多是位于遥远的、不易接近的地区。在许多地区，各种因素的综合使得用大型和高度机械化的方式开采这类矿床在经济上不合算。因而，许多宝石矿床是由单个矿工或一小群矿工用简单的方法和设备开采。一些钻石矿床也用这种方式开采。

未固结的砾石层是很常见也最易开采的矿床（图 2-7）。例如在缅甸、斯里兰卡和巴西的一些宝石砾已用手工方法开采了几个世纪。这些宝石砾多沿已干涸的河床分布，距地表可达 20 米。靠近地表的宝石砾可挖露天矿坑开采。对埋藏较深的宝石砾则通常是先打个竖井，而后再从底部挖一些水平巷道。尽管从未固结的砾石层开采宝石材料相对较容易，但未固结的砾石层有可能浸透了水，挖掘时易崩塌。

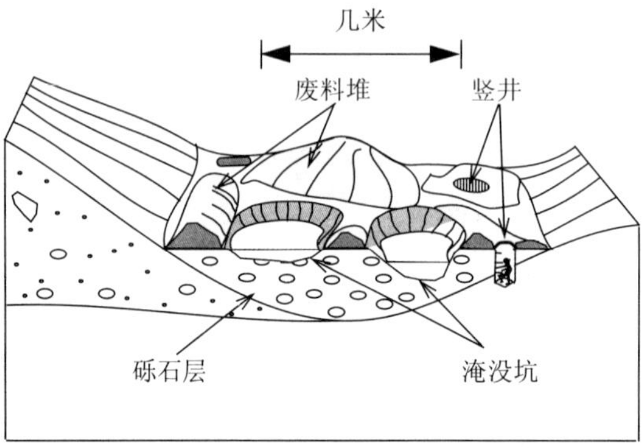

图 2-7　宝石砾的挖掘

基岩或固结砾石层中的宝石矿床可用镐和钻孔器进行开采。若预计矿床有较多资源，也可采用较大型的设备。采集宝石材料常靠重体力劳动。基岩可用炸药爆破，但这有可能使宝石级的材料产生裂缝或破裂。砾石采出后先冲洗，而后按大小和密度分选，最后从精矿中手拣宝石级材料。

在一些新近发现的宝石矿床中，开拓和开采工作已远为系统并高度机械化。譬如，先打钻以确定矿床的范围和可能的回收率，而后剥离表土层并堆放到别处。用大型推土设备采集宝石砾，再用大型转鼓或滚筒筛进行粒度分级。把较小的粒级通过脉动跳汰机以使较重的矿物富集。最后从精矿中手选宝石材料并分级。把挖出的表土回填以恢复地貌。

开采宝石砾的 3 个重要和历史悠久的地区是：

(1)　斯里兰卡——蓝宝石、尖晶石、锆石、金绿宝石、碧玺和石榴石等宝石的产地。

(2)　缅甸——许多有色宝石，尤其是优质红宝石和翡翠的产地。

(3)　巴西——碧玺、海蓝宝石、金绿宝石、托帕石、黄晶和紫晶的产地。

地质条件与斯里兰卡相似的马达加斯加，近年来成为全球有色宝石的重要供应地，特别是红宝石、各色蓝宝石、托帕石、石榴石、锆石和金绿宝石。

钻石的开采

钻石的开采过程与所有其他宝石有显著不同。当开采“有色宝石”（除钻石外的所有宝石）时，只采集达到宝石级的。而钻石则不论质量和大小如何，都是有用的。数量上占大多数的非宝石级钻石被大量用于工业目的。因而，钻石的勘探和开采规模比任何其他宝石要大得多，系统化

伟晶岩矿床中的
绿柱石晶体
© GTL

冲积砂矿中用淘盘选钻石
©DTC

钻石露天矿开采，展示矿坑的台阶
©DTC

热液孔洞中的石英，德国伊达—奥伯斯坦
©I Mercer

海滩砾石层中（左）和金伯利岩中的钻石晶体
© NHM, London

纳米比亚海岸带的钻石开采，展示露出的基岩和沙墙
© DTC

回收钻石时使用的油脂平台
©DTC

和机械化的程度也高得多。

钻石或是从金伯利岩或类似岩石的火山岩体中开采，或是从剥蚀这些岩石后经搬运堆积的河流和海滩砾石层中开采。因宝石级钻石的价格比工业级的要高许多，故矿床必须有足够高比例的宝石级材料才能使开采在经济上合算。在有经济价值的矿床中，平均每 100 吨（1 亿克）金伯利岩矿石含 25 克拉（5 克）左右的钻石，其中只 5 克拉（1 克）是宝石级的。

纳米比亚著名的海滩砂矿虽从每 150 吨挖出的砂砾中只能回收 5 克拉钻石，但几乎都是宝石级的，因而开采从经济上是合算的。纳米比亚的这些矿床都是大型露天矿坑开采。用坑中挖出的海岸砂筑成防海水的堤，在堤的背后有步骤地开采挖掘较深部的古代含钻石海滩砂矿。

含钻石的火山岩筒先用露天矿坑开采。露天开采方法较简单，先从岩筒顶部把覆盖层搬掉，而后通过在基岩中开出台阶来挖掘矿石（图 2-8）。

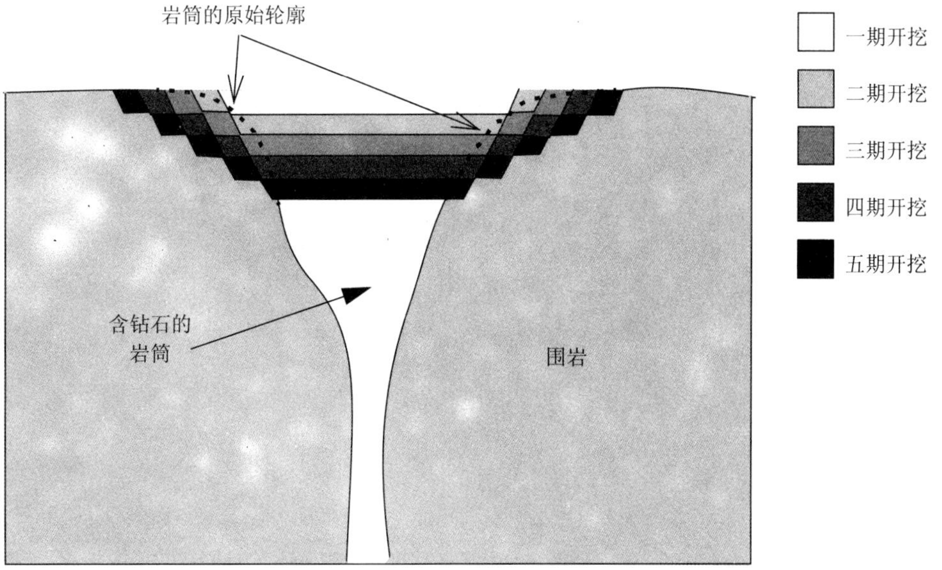

图 2-8　含钻石岩筒的台阶式开采

随露天矿坑的逐渐加深，有越来越多的围岩需要搬掉。因搬掉围岩所需的成本不断加大，致使在达到一定深度后，采用成本较高的地下开采法已变得比用露天开采更经济合算。对许多矿床，这个深度大致为 300 米。

钻石矿床的地下开采有多种方法，最常用的是矿块崩落法（图 2-9）。该方法就是在一系列进出平巷的上方挖出洞室，使上面的金伯利岩有控制地崩落到平巷中。

从平巷中运出后，这些矿石被破碎，包括钻石在内的重矿物集中到精矿中。钻石的密度比大部分矿石高，用密度介于矿石和钻石之间的液体进行分选可使钻石富集。

为最终从重矿物中分离出所存在的少量钻石，可利用钻石的两个特殊的性质。将重矿物通过 X 射线束，钻石发荧光而被分流到一个收集器中。另一个办法是在油脂传送带上用水冲洗，其他重矿物被水流冲走，而钻石因被油脂粘住而留在了传送带上。

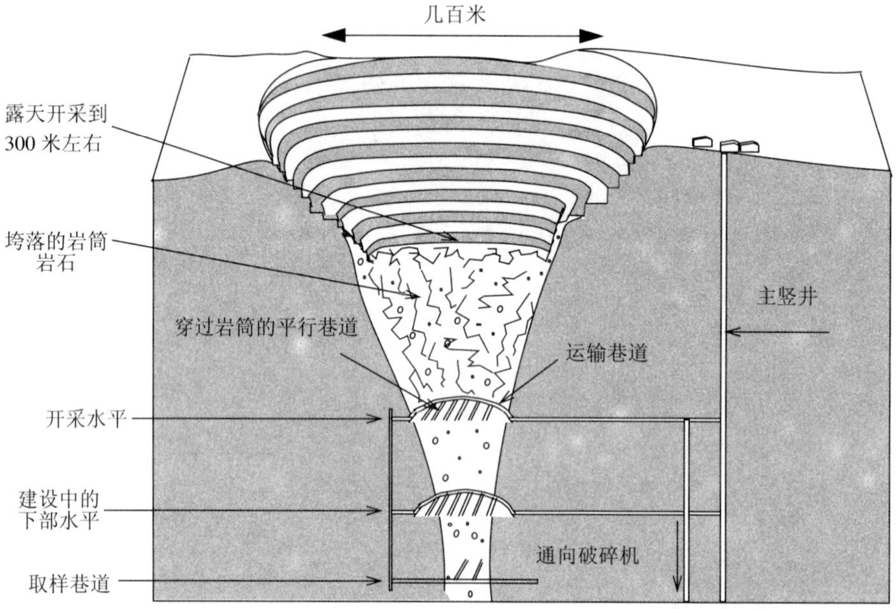

图 2-9　钻石的地下开采

复习之一

我们建议你复习本章的这一部分。请参阅第一章中的复习之一和之二以及本教程末尾的《课程和考试指南》。

2.4　宝石矿物和原子

2.4.1　晶体和矿物

构成地球的绝大多数材料是由不同化学元素组合而成。这些元素的原子以化学方式键合到一起。

在大多数固体材料中，原子以整齐和规则的方式键合。这种材料被说成是**晶质的**，它们的有序原子格架被称作**晶体结构**。结晶性在宝石学和宝石观察及检测中特别重要。我们将在第三章中对晶质材料的意义作进一步讨论。

由地质作用形成的天然无机的晶质材料称为**矿物**。“矿物”一词的定义一般包括 3 个准则：天然的、无机的和晶质的。有的还加了一条：化学成分固定的。事实上，材料的晶质特性已决定了它必定具固定的化学成分。

大多数宝石是矿物或矿物的集合体。钻石、橄榄石、石榴石、锆石、碧玺和绿松石等都是宝石矿物。

一些非晶质的天然无机材料虽也作为宝石来切磨，还经常作为矿物收藏品，譬如欧泊和黑曜岩，但它们因没有结晶性，严格说来不能分类为矿物。天然形成的冰应该算是矿物，但很难将其

第二章　宝石材料的本质

标本固定收藏！

“**无机的**”这个词意指没有活的有机体参与材料的形成。由活的有机体形成的或借助于活的有机体形成的材料被称为“**有机的**”。这些材料因其生物成因，故严格说来不能分类为矿物。有些有机成因的宝石材料，例如珍珠和珊瑚，至少是部分晶质的，而另一些如琥珀和煤精则没有规则的原子结构，因而是**非晶质的**。

岩石是矿物的天然集合体，只少数天然火山玻璃如黑曜岩等例外。大多数岩石是由矿物的晶质颗粒组成。颗粒可全属于一种矿物，例如如果纯的话，称为大理岩的岩石全由方解石组成，而称为翡翠的岩石如果纯的话全由硬玉矿物组成。然而，大多数岩石是由两种或两种以上的矿物组成。譬如花岗岩主要由石英和长石矿物颗粒组成。青金岩是由几种矿物组成的岩石。

原子和元素

地球和地球上的所有物质，不论是气体、液体还是固体，都是由原子组成。有许多类型的原子。每种类型称为一种**化学元素**。以下是关于原子和元素的一些要点：

(1)　元素是完全由化学上相同原子组成的物质。

(2)　原子是化学元素最小的能保持该元素特性的单元。

(3)　原子不能被化学作用分割，因而靠化学作用不能把一种元素变成另一种元素。

(4)　地球上的大多数原子是相互结合的，即它们是键合的。我们日常生活中所熟悉的固体物质，包括岩石和宝石，是由键合的原子组成的。

原子的典型尺寸约为十分之一纳米。一纳米（1nm）是百万分之一毫米（1mm）。纸片的厚度大致是原子直径的一百万倍，即厚 10 万纳米。

元素可认为是组成宝石所需的原料。每种元素都是由原子构成，而原子又是由具特定排列和数量的亚原子粒子组成。**电子**就是一种亚原子粒子。

电子有如“粘结剂”一样把原子键合到一起。电子和键形成了晶质材料的有序样式，对此我们将在第三章中讨论。这也是我们理解光和颜色的关键。电子和键在整个化学科目中居中心地位。

宝石的化学成分

化学是研究化学元素和键合及所发生的化学变化和所形成的化合物的科学。

化学性质是指由化学变化所决定的各种现象。物理性质则是指对物理力或能量，譬如光波或锤击产生的压力，所产生的反应。

在地球上发生的诸如洪泛、火山灼热或造山等任一自然活动中，有无数的化学键被破坏，又有无数的化学键形成。在无穷尽的电子活动中，原子相互交换、分散和重新键合。大多数物质是由两种或更多种元素靠原子键合化合到一起的。铝是一种浅银色的软的金属，氧是一种无色气体。铝和氧原子的化学键合形成了化合物——氧化铝。刚玉这种硬的密度大的矿物就是晶质的氧化铝。红宝石则是一种含杂质的刚玉。钻石通常只由一种元素组成:即几乎全由碳原子组成，纯的钻石可视为单一的碳元素。

在本章最前面我们提到，在地壳内存在 92 种天然产出的元素，而构成地壳质量主体的只是 8 种元素。我们还提到，大多数宝石材料含有这 8 种元素中的至少 2 种：

氧	O
硅	Si
铝	Al
铁	Fe
钙	Ca
钠	Na
钾	K
镁	Mg

采用简写形式或符号系统来表示各种元素。这些符号由代表其名称的一个或两个字母组成，第一个字母照例是大写，而第二个字母如果有的话则总是小写。

除上述元素外，宝石学家碰到的其他元素有：
(1) 碳（C） 它组成钻石。
(2) 氟（F） 在本教程所提供的萤石晶体结构模型中曾与钙一道叙述过。
(3) 铬（Cr） 红宝石和祖母绿中的致色元素。

在探讨宝石材料中的原子如何结晶并形成宝石之前，我们先讨论一下矿物和晶体中的原子和化学元素。

原子可通过几种途径键合到一起。将两个原子结合到一起的力称为**键**，它是由电子相互作用导致的相邻原子的连结。

当原子获得、失去或共用电子时，它们成为键合的。这些作用使所卷入的原子结合到一起。键的强度随每个原子所拥有的电子样式的状况而变化。

在观察宝石时，你观察的是宝石材料中电子的状态所产生的效应。颜色、光学效应、荧光、硬度、晶体结构和解理等都是以材料组成原子间的电子配置和交换为基础的。

通常认为**分子**是元素或化合物能在自由状态下存在的最小单位。分子通常或由一种化学元素的两个或更多个原子组成，或由两种或更多种元素组成。当两个或更多个不同的元素化学键合时，所形成的物质称为**化合物**。石英就是硅和氧的化合物。

2.4.2 宝石成分

含氧的矿物，特别是氧与硅和碳以及常见金属元素键合成的矿物,在宝石学中特别重要：大多数岩石、矿物和宝石都是含氧的化合物。

大多数宝石材料是晶质的化合物。基础课程大纲中的许多宝石材料从化学和结构角度可做如下划分：

第二章　宝石材料的本质

氧化物

由一种或多种化学元素与氧相结合组成的化合物通常称为氧化物。一些耐久性很高的宝石材料是氧化物。

宝石	化学成分	符号
刚玉	氧化铝	Al_2O_3
尖晶石	镁铝氧化物	$MgO \cdot Al_2O_3$
金绿宝石	铍铝氧化物	$BeO \cdot Al_2O_3$

碳酸盐

碳酸盐是碳和氧与其他元素键合成的化合物。

一个例子是碳酸钙（$CaCO_3$）。这种碳酸盐化合物有方解石和文石这样两个同质多象变体（见第三章）。方解石或呈称为冰洲石的透明材料，或呈组成大多数大理岩和石灰岩的半透明颗粒，也组成珊瑚的晶质部分。冰洲石用于光学仪器，例如二色镜。另一同质多象变体——文石，是珍珠的主要晶质组成。

磷酸盐

绿松石是铜和铝的复杂含水磷酸盐。

有机材料

煤精是富碳的非晶质的石化木。它是煤的一种形式。琥珀是非晶质的石化树脂，主要由碳（C）和氢（H）原子组成，是一种碳氢化合物。

硅酸盐

在矿物和宝石按化学成分的分类中最重要的是硅酸盐。

大多数构成地壳的岩石是由各种硅酸盐矿物组成的，世界上的许多宝石是硅酸盐。根据晶体结构可把硅酸盐分成许多类。

硅酸盐宝石包括如下一些：

宝石	化学成分	符号
绿柱石	铍铝硅酸盐	$Be_3Al_2(SiO_3)_6$
铁铝榴石	铁铝硅酸盐	$Fe_3Al_2(SiO_4)_3$
翡翠	钠铝硅酸盐	$NaAl(SiO_3)_2$
橄榄石	铁镁硅酸盐	$(Mg, Fe)_2SiO_4$★
托帕石	铝氟羟硅酸盐	$Al_2(F, OH)_2SiO_4$★
碧玺	铝和其他元素的复杂硼硅酸盐	
锆石	硅酸锆	$ZrSiO_4$
石英和玉髓★★	二氧化硅	SiO_2

★ 式中的逗号表示可能的成分变化——见第三章中的**类质同象**部分。

★★ 从化学角度，石英和玉髓是氧化物，然而，它们具硅酸盐矿物的晶体结构。

你只需知道化学名称而无需记住化学式。然而，化学式能更精确地表示材料中存在的原子以及原子之间的关系。

欧泊是部分晶质的材料。因常规宝石检测不能说明其结晶性，故在宝石学中分类为非晶质宝石材料。欧泊由二氧化硅（而不是石英）和水分子一道组成。本教程的后文中将讨论欧泊的特殊结构。

硅、二氧化硅和硅酸盐

区分这几个术语很重要。硅是由硅原子构成的化学元素。二氧化硅是由氧原子和硅原子键合成的材料。硅酸盐材料是键合的氧和硅原子单元又与其他元素或单元相键合。

硅—氧键是非常重要的一种化学键。它存在于基础教程大纲所列的大多数宝石中。在所有硅酸盐宝石材料中，这种键是一种结构连接（图 2-10）。氧和硅的键合非常坚固。

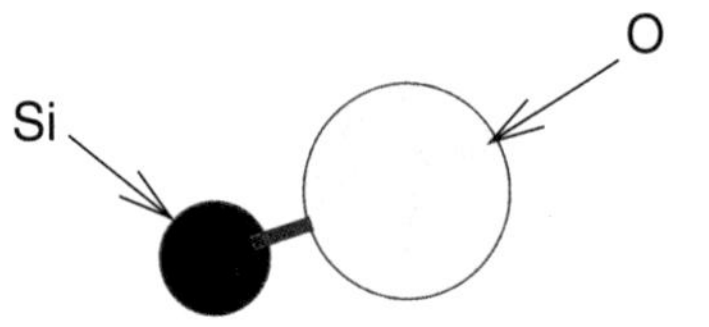

硅酸盐晶体中 Si 和 O 的键合

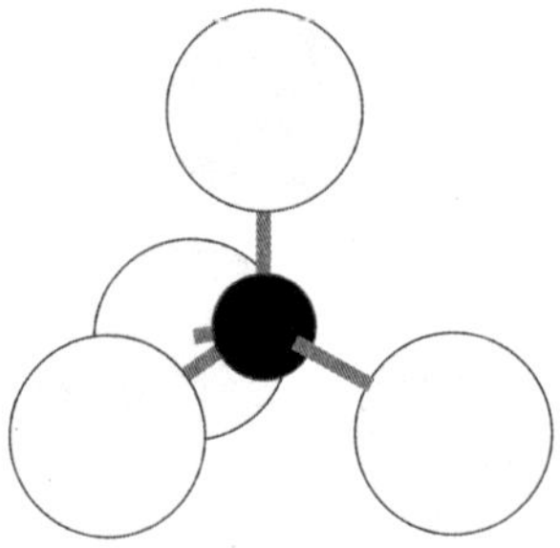

1 个硅原子和 4 个氧原子的强键合四面体单元 =[SiO_4]

图 2-10　硅—氧键和“硅酸盐四面体”

整个[SiO_4]离子单元与其他单元相键合，或与铁（Fe）或钙（Ca）等各种金属元素相键合，形成各种各样的硅酸盐材料。橄榄石是铁和镁原子与[SiO_4]四面体单元离子键合而成的矿物。地壳体积的大部分是由晶体结构中含[SiO_4]四面体单元的硅酸盐矿物组成。

纯的二氧化硅完全由键合的硅酸盐四面体单元组成。石英是最常见的二氧化硅矿物。石英的化学式是 SiO_2，即每个硅原子只配 2 个氧原子，这是因角顶的氧是由键合的[SiO_4]四面体单元共有的。因石英的结构与所有硅酸盐一样是四面体单元，所以从结构角度可划分为硅酸盐。然而，从化学角度，它可简单地描述为氧化物。两个分类从各自的角度都是对的。

随着你学习本课程取得的进步，你对宝石名称的相互关系和不同材料的结构差别会有更多了解。在第三章中我们将讨论所存在的各种结构。

复习之二

我们建议你复习本章的这一部分。请参阅第一章中的复习之一和之二以及本教程末尾的《课程和考试指南》。

第二章　宝石材料的本质

第二章强化题

1. 什么化学元素出现在大多数宝石材料中并构成地球体积的最主要组成？
2. 什么是岩浆？
3. 说出两种从岩浆或在岩浆中形成的宝石。
4. 变质岩是如何形成的？
5. 说出两种在变质过程中形成的宝石。
6. 说出宝石材料的两种重要的产出。
7. 堆积在宝石砾中的矿物拥有哪两种重要性质？
8. 钻石最重要的产出是哪两种？
9. 说出钻石拥有的能在矿山回收厂中把它与其他矿物分离开的两个特性。
10. 什么是矿物？
11. 从下列组别中各给出一种宝石或装饰材料的实例：
    （a）氧化物；　　（b）碳酸盐；　　（c）硅酸盐
12. 什么是有机成因的宝石材料？
13. 固体材料中原子是连接到一起的。用于表述原子连接的术语是什么？

第二章家庭作业

1（a）说出两个世界上重要的有长期从宝石砾开采宝石历史的地区。（4 分）
（b）说出 4 种从宝石砾开采的宝石矿物的名称。（4 分）
（c）解释某些矿物的特性如何能使它们在宝石砾矿床中富集。（12 分）

2（a）什么是含钻石岩筒的成因？（6 分）
（b）说出含钻石岩筒的两个矿产地。（2 分）
（c）概述含钻石岩筒的开采方法。（12 分）

3（a）说出在宝石学中有重要意义的 3 种化学元素的名称。（3 分）
（b）把原子键合到一起并位于整个化学物质中心的亚原子粒子叫什么？（2 分）
（c）确定为矿物的 3 个基本要素是什么？（3 分）
（d）说出两种严格说来不能算为矿物的宝石材料。（2 分）
（e）解释为何硅氧键合在宝石世界中如此重要。（10 分）

第三章　晶质材料

第三章　晶质材料

3.1　导言

我们已在第二章中说明，地球是由无数原子所构成的元素组成的。这些原子大多数是呈有序、固定的排列。具这种有序原子排列的材料被称为**“晶质的”**，每种不同的原子排列被称为**“晶体结构”**。

大多数天然和人造宝石材料是晶质的。本章将讨论晶体结构、它们的分类以及与宝石学的关系。

在一个晶体结构中，原子和它们的电子键呈规则重复样式。这对理解宝石学和宝石检测非常重要。这些我们将在随后各章中说明。

为帮助你具体理解本章中提出的一些概念，教程中提供了萤石的晶体结构模型。如果你还未组装这个模型，你可在教程开头导言一章的末尾找到组装模型的指南。

3.2　晶体结构

本教程所附的晶体结构模型将帮助你具体理解晶体内部原子键合的有序性质。

晶体结构　是键合原子的规则、重复和三维的排列

晶质材料是那些具有晶体结构的材料或由结合或生长到一起的不同晶质单体组成的材料（图 3-1）。由许多晶体组成的材料称为**“多晶质的”**。如果晶质单体必须放大才能看出，可称为**“微晶质的”**。

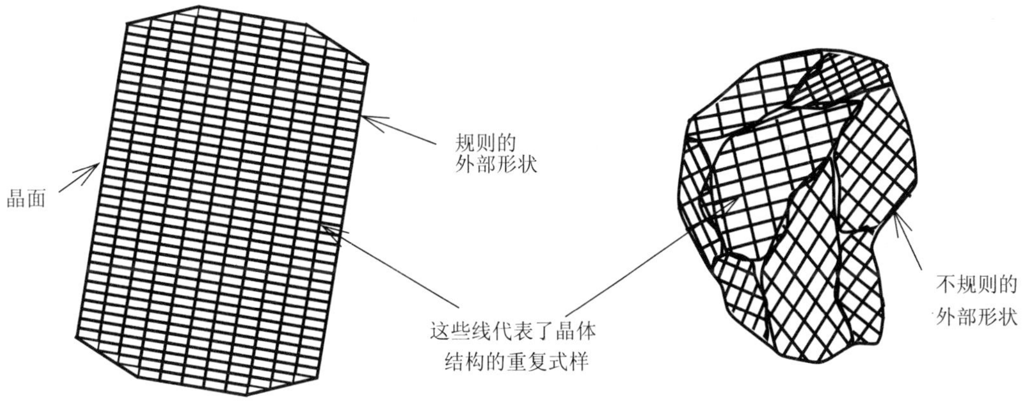

图 3-1　单晶和多晶质材料示意图

晶体（crystal）这个词通常用于描述有晶面的单个晶体。这个词也用于描述尽管外表面是不规则、磨损或破裂的或经过切磨或成型的但也是由单个内部晶体结构组成的材料（图 3-2）。

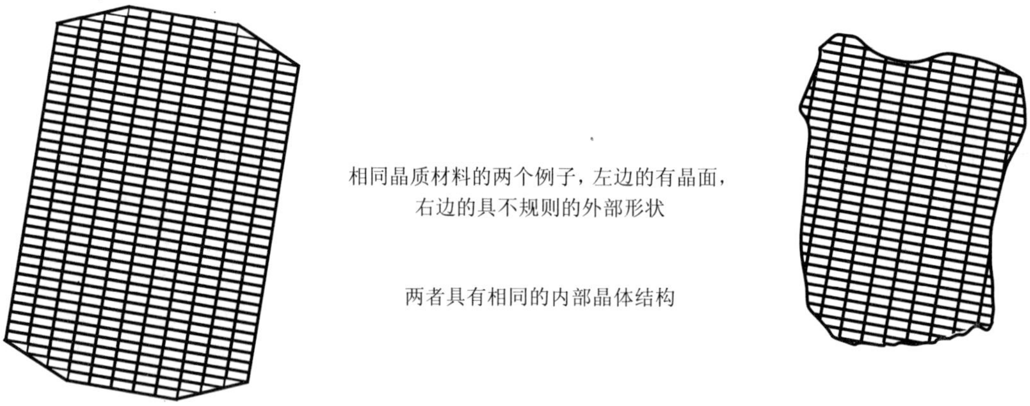

图 3-2　具晶形的晶体和具不规则外形的晶体

“crystal”这个词在日常生活中被错误地用来描述制成碗、碟和杯子的玻璃。这种材料并没有晶质宝石材料所具的规则内部结构。在宝石学中，不应用“crystal”一词来描述玻璃。

当固体晶体结构生长时，材料被说成是结晶了。不论何时，只要原子靠近到足以形成稳定的原子团，固体材料就生长。该原子团将借助更多的原子继续构筑刚性的结构。

固体材料的构筑通常很少是任意和无序的。原子非常有效地键合成有序晶体结构，在这种结构中原子和键在整个三维空间以精致和规则重复的顺序排列。通常条件下原子自然堆积为最有序的结构，电子键也以有序的方式排列。

有序键合，相互作用和宝石学

晶体结构中有序和规则重复排列的键与物理力或化学活动系统地相互作用。所产生的效应包括解理、双折射、多色性、定向表面标志和定向包裹体等一系列可观察到的特性。

这些与晶质材料的相互作用构成了本教程中所叙述的许多宝石学检测和观察的基础。

关于光和晶体结构相互作用的重要性，我们以氧化铝为例来说明。铝和氧原子能构筑一种特殊的“三通的”有序排列。所形成的氧化铝晶体结构称为刚玉，这是一种无色、致密的固体。如果铝部分地被铬取代，晶体结构中的有序电子键与光波的相互作用将有所不同。透过的光呈红色，我们称这种材料为红宝石。

光与包括刚玉在内的许多晶体的另一非常重要的相互作用是形成“重新排列的”或偏振化的光。关于双折射和多色性等偏振化效应，我们将在课程随后部分说明。

结晶作用是自然力驱动下的自然过程。然而，不论何时，只要晶体是在实验室中生长，该过程就在一定程度上由人控制。合成晶体具有与其天然对应物相同的物理和化学特征，有相同的晶体结构和化学组成。

3.2.1　晶体结构中的对称性

不同的晶体结构与诸如光波等物理力之间可发生不同的相互作用。它们还可显示出不同的可识别的晶体形状和晶面标志。

我们将在随后的几章中讨论光波与晶体结构相互作用的一些效应。在常规宝石检测中你能观察或度量某些这样的效应。当观察不同宝石原石时，晶面间的夹角能提示其晶体结构的样式。

出现这些差别的根本原因在于晶体结构有不同的有序度：某些晶体结构不如别的那么“精致和整齐”。晶体结构的有序度可用其**对称性**来表示。

晶体对称性　是描述晶质材料中原子和键的结构排列重复性的一种方法

对称性对通过观察来识别晶体和宝石原石材料是重要的，它也是分类的基础。晶体根据对称性和结构所遵循的样式来分类。

对称要素和对称性操作

在基础课程中我们只讨论**对称轴**和**对称面**这两种对称性。对于较容易的一些步骤，你可先用纸面上的二维图形（图 3-3），再用盒子等三维物品来为自己演示对称性。随后用晶体结构模型来建立三维晶体结构中对称性的概念。

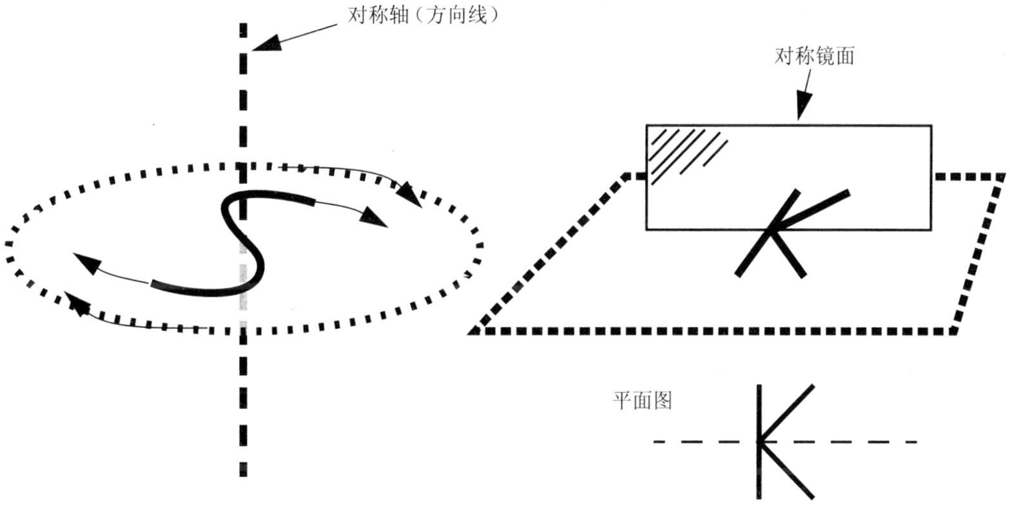

图 3-3　二维物品相对于一条线和一个平面的对称性

每个对称轴或对称面称为一个**对称要素**。当你观察或推测一个物品的对称性时，你就是在进行**对称性操作**。对称要素只确定相对于晶体结构的方向，而不确定穿过晶体的任何具体位置。以下两个重要定义对我们观察晶体对称性很重要：

对称轴　是一条假想线，它指示了穿过晶体结构的一个方向，当结构围绕该方向转动一圈时相同情况出现 2、3、4 或 6 次。

对称面 是一个假想镜面，它把晶体结构划分成两部分，任一部分可由镜面反映并显示与另一部分相同。

对于规则重复的二维图形，譬如编织品和瓷砖的图形，你可操作对称要素来旋转和反映该图形。在操作对称要素后，你将在相同取向上获得相同的图形（图 3-4）。这使你能对该图形的对称性进行分类。三维图形的对称性操作见图 3-5。

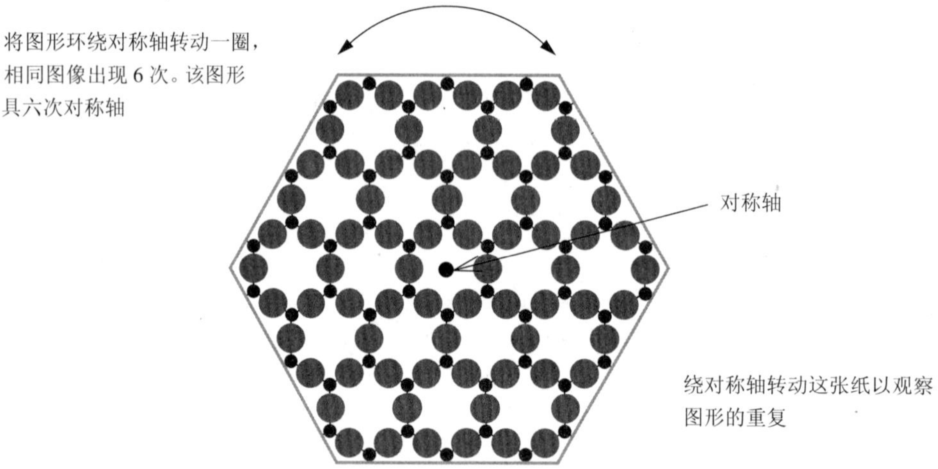

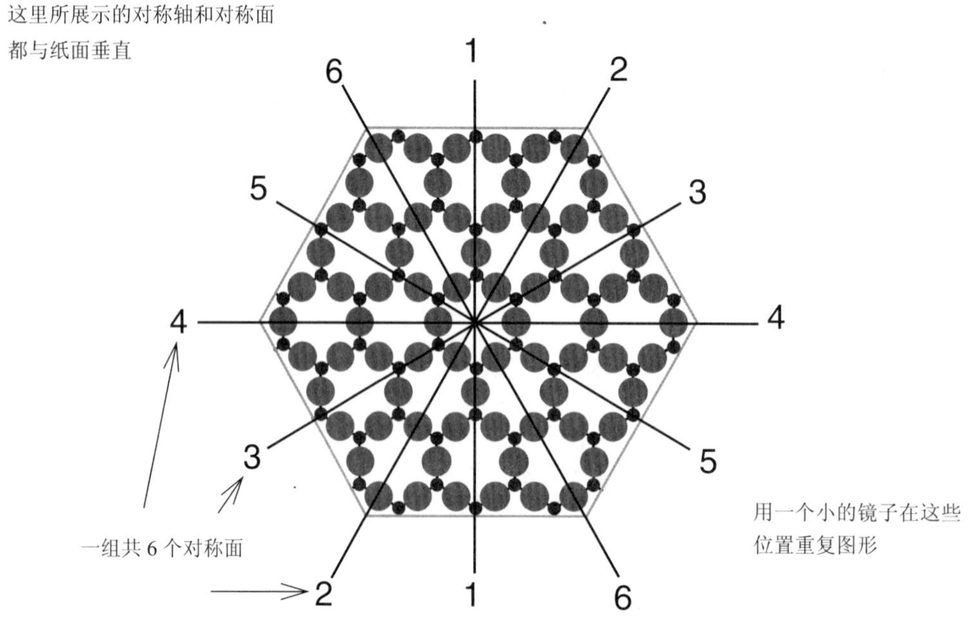

图 3-4 二维图形中的对称轴和对称面

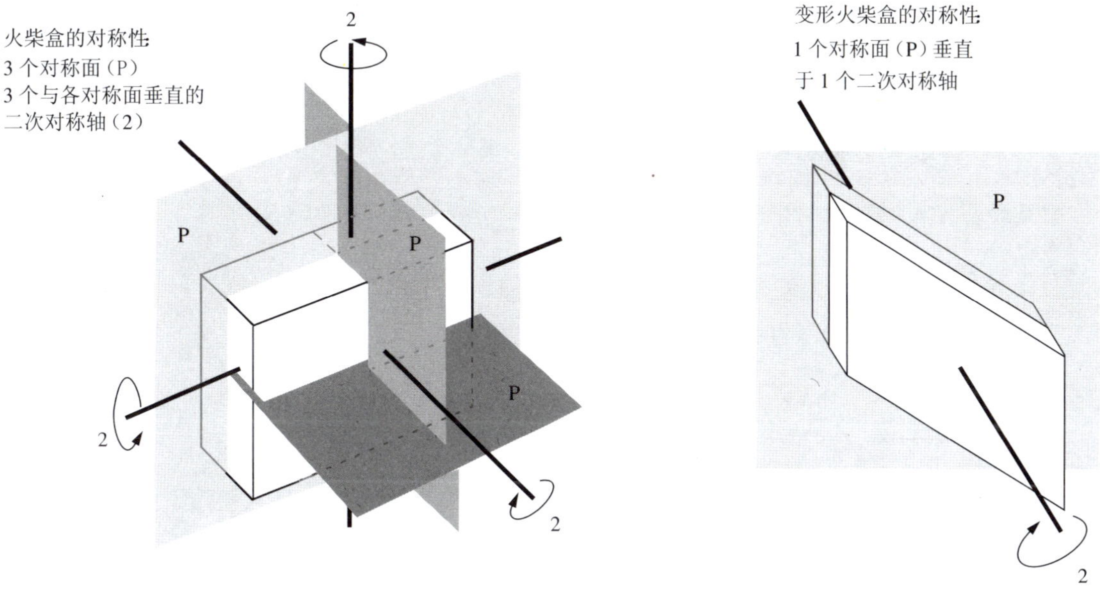

图 3-5　固体物品中的三维对称性

转动并观察你的萤石晶体结构模型。你将发现有一个图形，其中结构看上去是“正方形的”，所有的键都以直角相交。以你的视线为轴，转动该模型并保持键相互间一直为直角。转动一圈，结构看上去有 4 次是相同的。你视线所沿的是该结构的四次对称轴方向（图 3-6）。

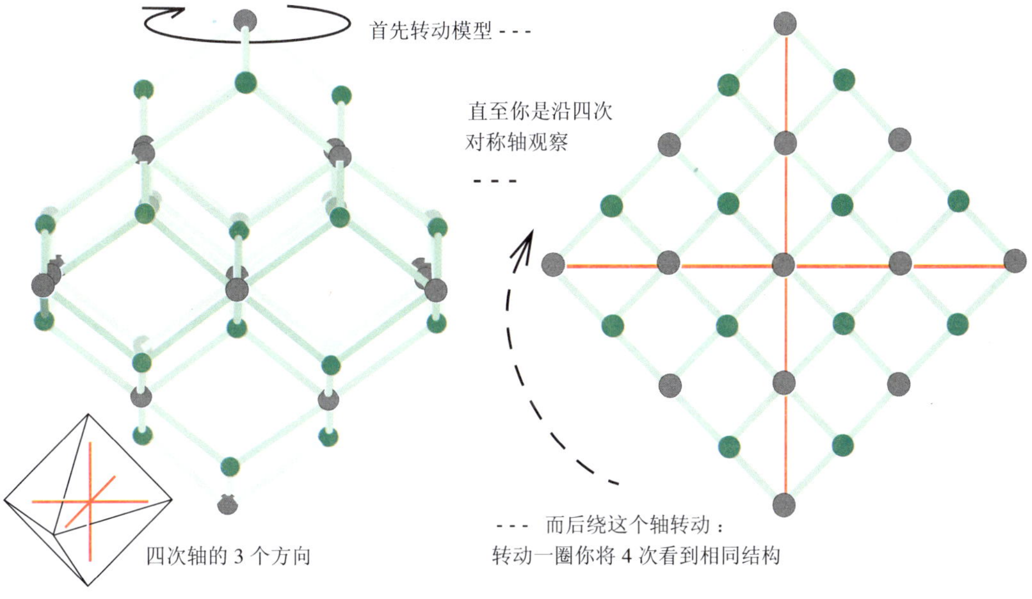

图 3-6　萤石晶体模型中的四次对称轴

注意，模型的外表面或“晶面”也显示 4 次同样的角度取向。在萤石晶体模型中有 3 个沿着它你能看到四次对称性的方向。

还可发现 4 个三次对称轴：所有立方晶体都有 4 个三次对称轴。通过直视八面体的一个三角形面，看看你能否找到 1 个三次对称轴。有 6 个不同方向的二次对称轴。萤石晶体结构是非常对称的。

实际晶体和宝石原石材料中的对称性

只很少一部分晶质材料显示晶面，而能描述为“完全”或“理想”的更是极少。

对于有晶面的晶质材料，对称要素重复晶面间的夹角（图 3-7）。这是因为每个晶面都是固定的内部晶体结构的最外层。

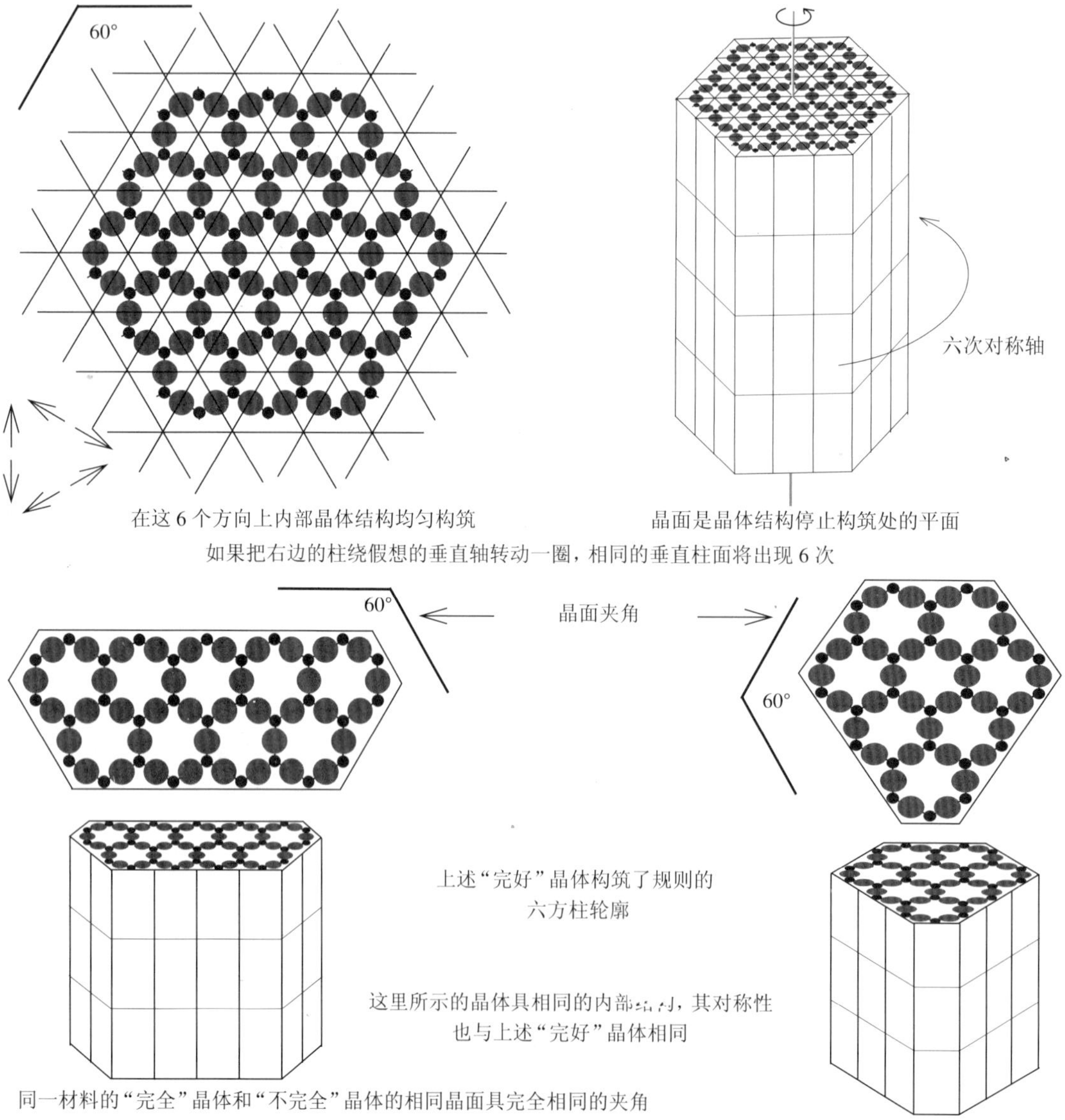

图 3-7　晶体结构、晶面、对称性和晶面的不对称发育

晶面的形状和大小不能说明对称性并可能把人引入歧途。要查看的是具体晶面之间的角度关系。有对称关系的晶面可有相同的生长标志或条纹，但并不是所有的内部对称性都可由晶面揭示。然而，在任一晶体中，受其内部晶体结构的控制，其晶面夹角是固定的。

3.2.2　基准轴

对称性是晶体分类的一个组分。为能在一个简便的分类方案中描述包括所有天然和人造晶质宝石在内的所有可能的晶体结构，还需要另外一个基本的组分。

这第二个组分涉及到穿过晶体结构的另一种方向，它被称为**基准轴**或**晶轴**。该方向与晶体结构的构筑方式有关。

晶　格

所有晶体结构都是由原子和键的规则、重复排列组成。如果这种排列的所有相同部分都被设想成一个结点的话，那么任一晶体结构可用一规则的三维点图形来表示。每个点表示了结构的相同部分沿特定的重复方向重复出现的位置。因为每个晶体结构都是规则的，故它的代表性的点将构成规则、重复的点图形。这种点图形被称为**晶格**。

所以，晶格乃是原子和键的所有实际晶体结构以之为基础的简单、基本的样式，不论这些结构是天然还是人造的，也不论这些结构有多复杂。

晶格中结点的重复方向就是**基准轴**。

轴的长度代表了沿轴的方向结点之间的重复距离。每个轴代表了主要的晶格重复方向。

基准轴或晶轴　是穿过晶体结构的一条假想线，它表明了晶格结点的重复方向，也表明了结点沿该方向的相对重复距离。

为展示晶体结构、晶格和基准轴的相互关系，最好是先看二维图（图 3-8）。规则、重复的二维图形包括编织品、墙纸和瓷砖的图形。

代表实际晶体结构的三维晶格可想象成是“叠加的”二维晶格。

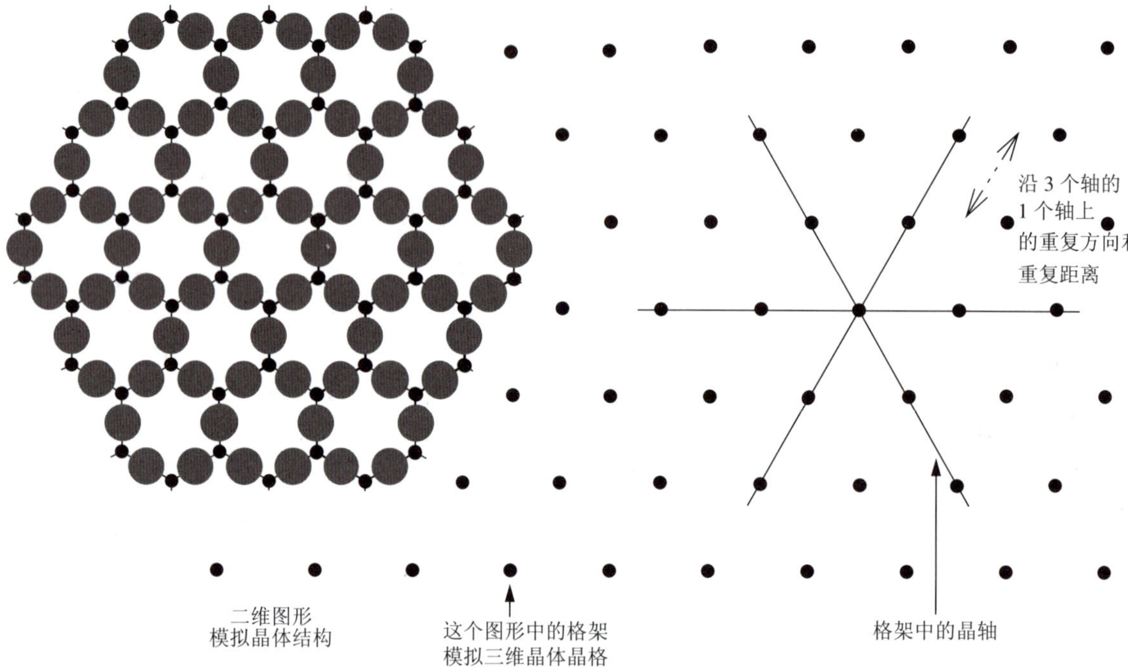

图 3-8　二维图形及其格架和基准轴

轴架由 3 个或 4 个相交的基准轴组成。轴架中的轴都交会于一个点，该点称为**原点**。这 3 个或 4 个基准轴代表了完全限定单晶中重复方向和距离的全部方向（图 3-9）。

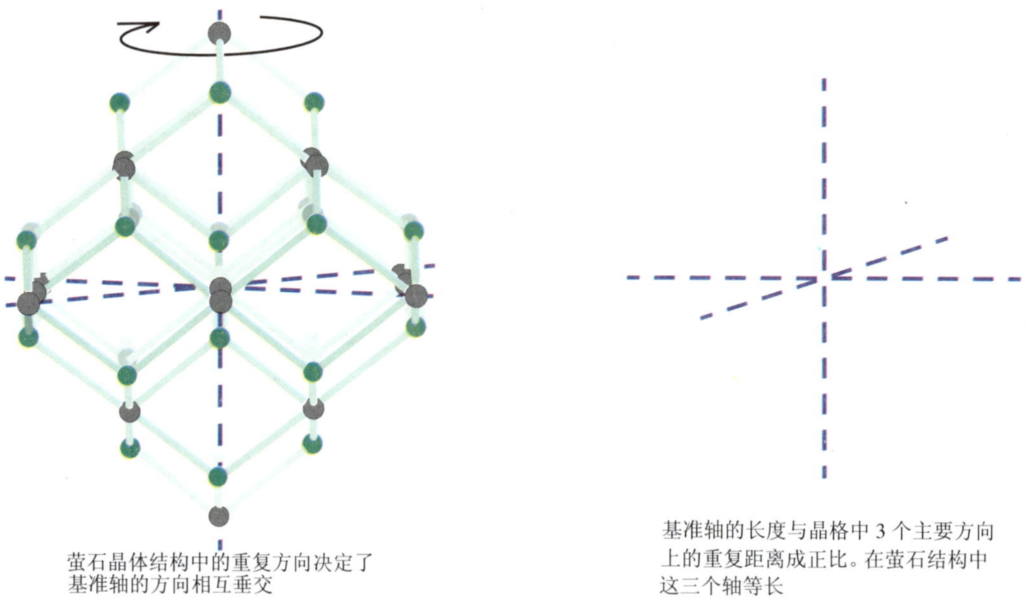

图 3-9　基准轴：轴架

第三章 晶质材料

基准轴对描述单晶和晶质材料表面和内部的面、层和方向的取向非常有用。对称轴和对称面的方向能不费力地相对于基准轴进行描述。晶体的物理性质，包括晶体结构与光的相互作用，又都与晶体对称性有关。所以，晶质材料的物理性质，譬如钻石中晶面的取向及不同硬度方向和解理方向以及红宝石中不同颜色的方向，都可相对于它们的基准轴给出最佳的说明。

请记住，基准轴和对称轴不是一回事。然而，在许多对称性较高的晶体结构中，这两种轴是平行的。所有的轴都只表明方向而不是位置。

3.2.3 晶系

现在你已明白穿过晶体结构的两种重要的方向类型如何能用来（i）描述对称性和（ii）作为原子排列样式的基准。

对称性和基准轴作为两个重要的组分被一道用来编制有效、简便的晶体分类方案。

这个分类是**晶系**或“对称系”的分类。

有 7 种不同的对称要素基本组合可用于界定所有的晶体结构。这 7 种不同的对称要素组合又与相关的基准轴一道界定了 7 个晶系。

由于有一套特定的基准轴（晶轴）适用于两种不同的基本对称性（一个具三次对称轴，另一个具六次对称轴），有些书中只界定了 6 个晶系，再把其中一个细分。然而，只要你明白分类代表了什么，就不会有任何问题。7 个基本和特征的晶系（对称系）是：

特征的对称轴 （存在的轴可以不止这些）	**晶系**
4 个三次对称轴	立方晶系
1 个三次对称轴	三方晶系
1 个四次对称轴	四方晶系
1 个六次对称轴	六方晶系
3 个二次对称轴	斜方晶系
1 个垂直于对称面的二次对称轴	单斜晶系
无对称轴	三斜晶系

6 个不同的轴架被用来与这些对称性配套以界定这 7 个晶系（图 3-10 至图 3-15）。

立方晶系

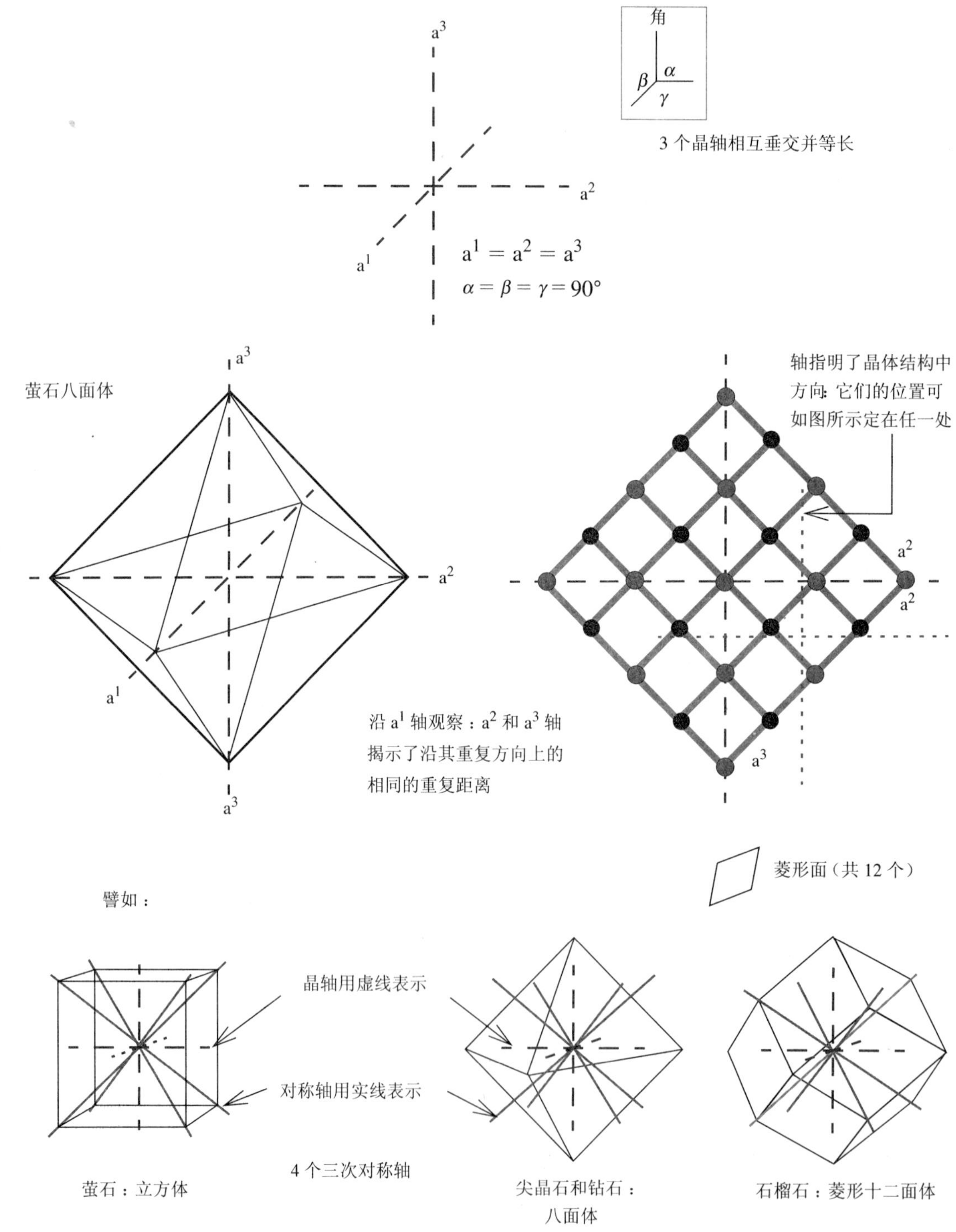

图 3-10　立方晶系

四方晶系

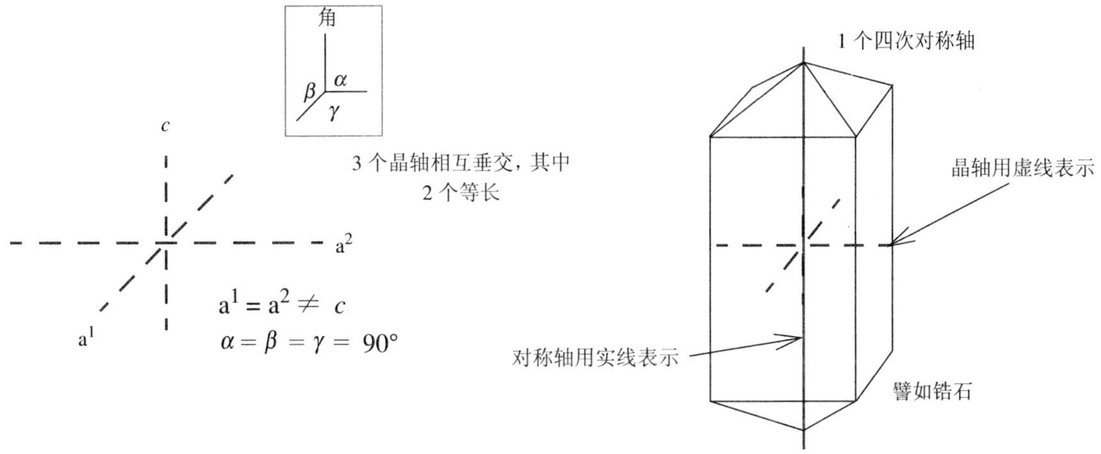

图 3-11 四方晶系

斜方晶系

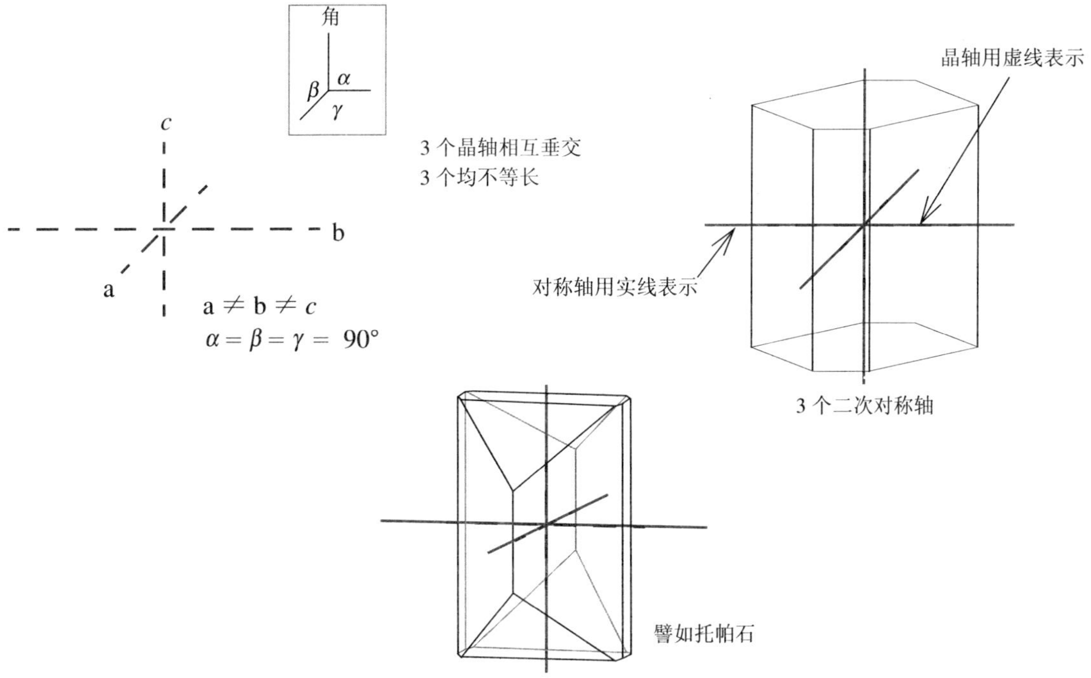

图 3-12 斜方晶系

三方和六方晶系

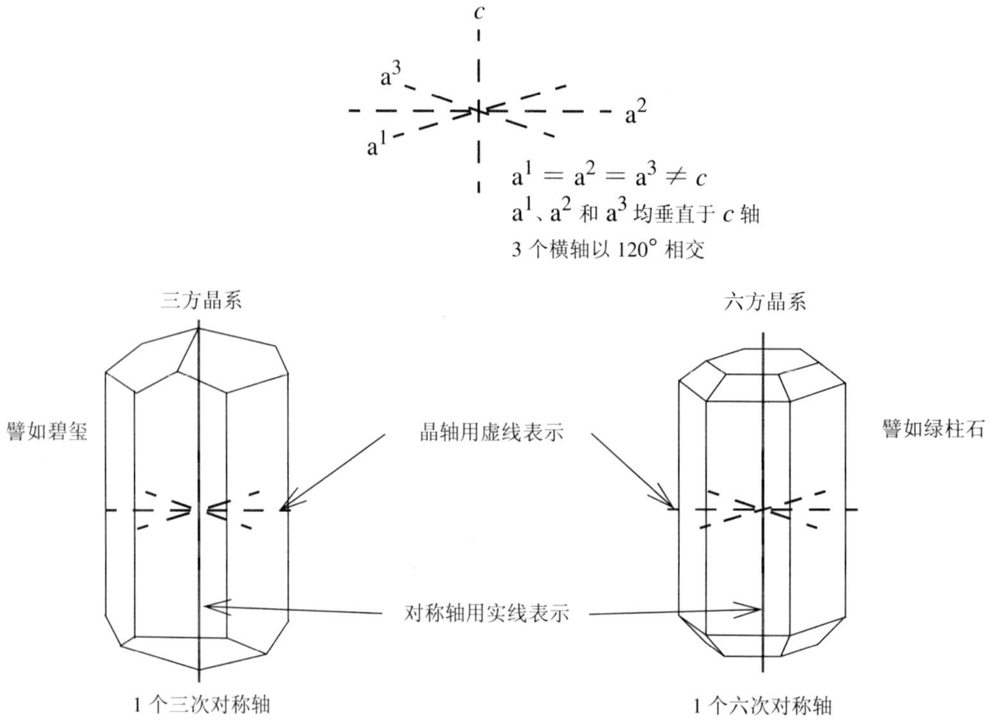

图 3-13　三方和六方晶系

单斜晶系

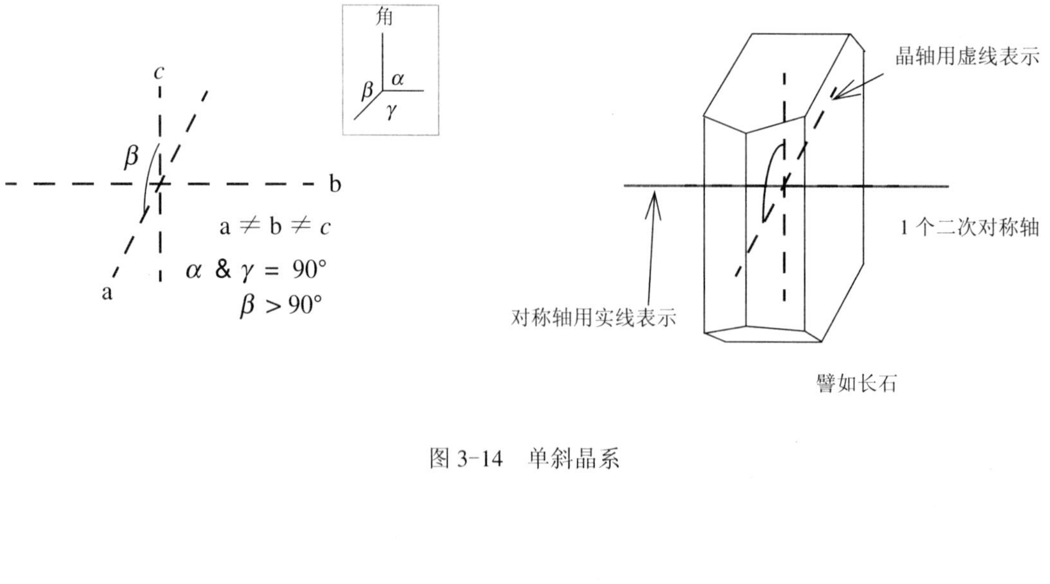

图 3-14　单斜晶系

三斜晶系

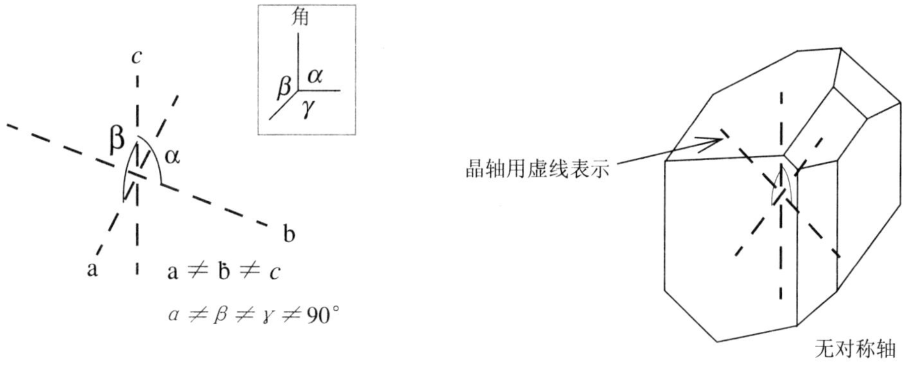

图 3-15　三斜晶系

观察

当你观察晶面时，尽管它们的发育不均匀，仍能为你确定材料的品种提供线索。当练习观察晶体时，最基本的是察看**晶面夹角**和条纹以及其他晶面标志并设法判明对称性。除此之外，不论是否存在任何晶面，你还可观察解理、光学效应、色带和生长带。这些内部特征都与晶体结构有关。基准轴能帮助你把所有这些表面和内部特征以及对称性正确定向（图 3-16）。

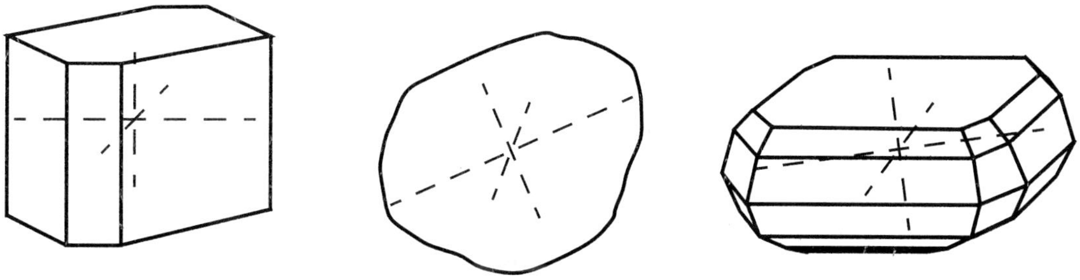

"完好"晶体　　单晶卵石　　单晶切磨成的宝石

图 3-16　托帕石中的基准轴；二次对称轴与这些轴平行

3.2.4　双晶

晶体结构中的重复方向可有变化并形成双晶。双晶晶体结构的组成部分与正常的对称性无关，而与双晶反映面或反映轴有关，或与两者都有关。结构的双晶化可由于偶然生长，也可由于生长后的应力或温度变化。

所以，双晶是由具结构连续性但又互不相同的两个或更多个部分组成的晶体。

晶体中的双晶现象通常可根据存在晶面间的内凹角以及晶体内部或表面可见的双晶层来识别。在刚玉和金绿宝石中可看到呈薄层的**页片双晶**（聚片双晶）。它们通常在晶体中最明显，但薄层在成品宝石中也能看到（图 3-17）。

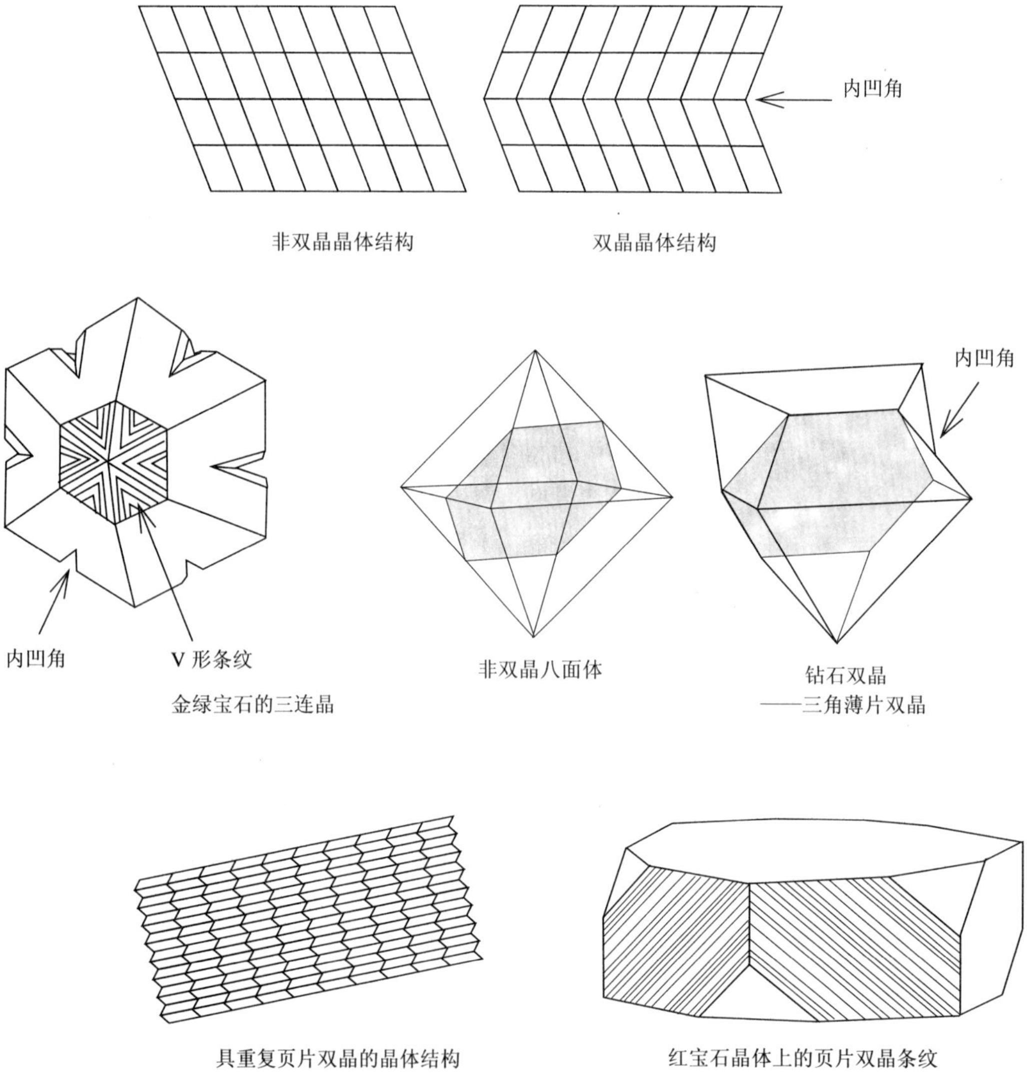

图 3-17　晶体结构和晶体标本中的双晶

复习之一

如果你还未进行复习的话，我们建议你把本章迄今已介绍的内容复习一遍。

3.3　晶体标本和观察

如果你尽可能多地观察和摆弄课程大纲所列的宝石材料,你的兴趣会增强,学习本课程也会更容易。你可先从收集一些原石晶体开始，破碎或完整的均可。你会渐渐地熟悉你标本中的那些缺陷的物理细节和缺陷所提供的宝石学证据。

常用放大镜和笔式手电筒或其他好的光源来观察。这将使你能观察到各种已切磨材料彼此之间的细微而重要的差别。利用《宝石观察指南》来学习怎样去注意，来改进你的技巧和检验该注意的地方。

3.3.1　晶形

晶面是晶体结构的外层或表层。晶面大都是原子最紧密堆积的结构层。晶体结构中相关的具相同原子排列样式和间距的各组平面可发展成为若干个相同的晶面。

这些相同的晶面都与晶体结构的对称性有关。它们统称为**晶形**（图 3-18）。

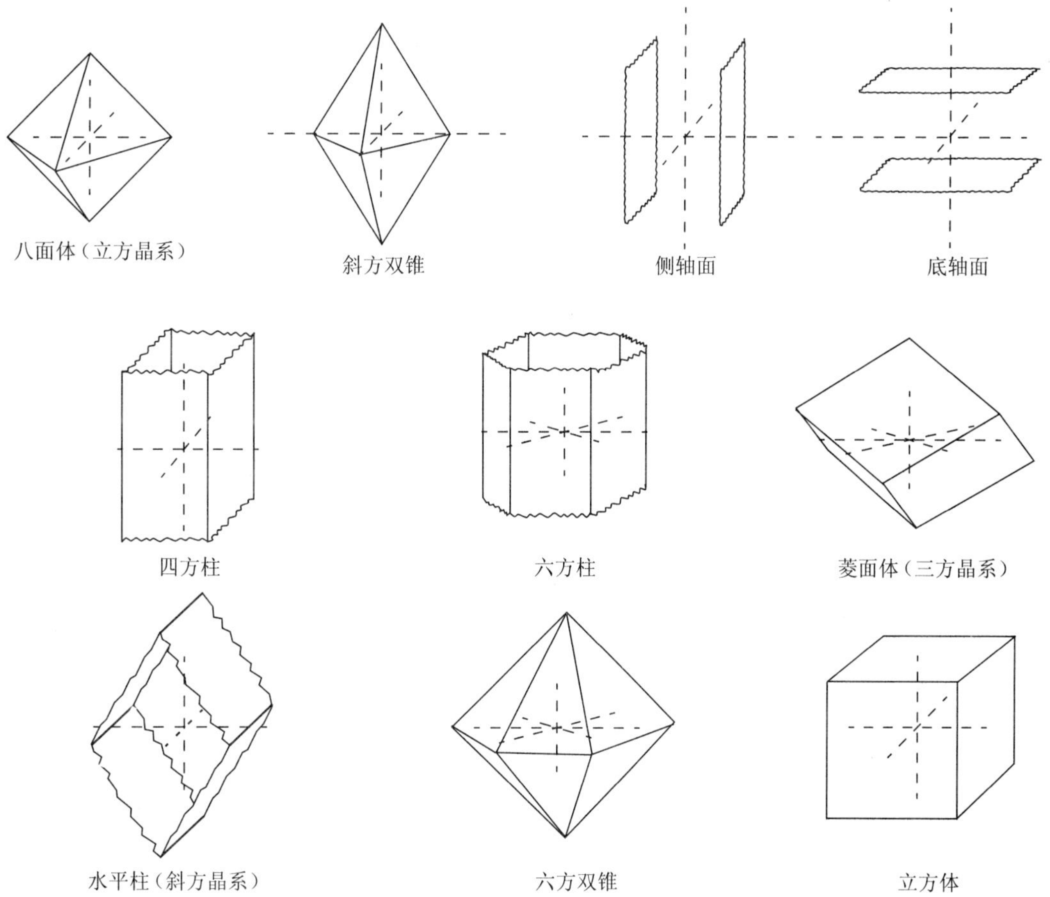

图 3-18　一些晶形及它们的基准轴

不同的晶形可由不同数量的晶面组成。有一种晶形只有一个晶面，但大多数晶形有两个或更多的晶面。一些晶形构成完全的“闭”形，而另一些则是“开”形，它们除非与别的晶形相结合，否则不能单独存在。

如你的晶体结构模型所示，八面体面是一种单形。每个晶面与其他晶面的关系都遵循结构对称性。斜方晶系晶体的对称性较差，双锥单形代替了八面体。八面体和双锥是闭形的例子，它们可单独存在。而开形（图 3-18 中边棱为波折线的）则不能单独存在。

3.3.2 结晶习性

晶体或一组晶体的习性是指其整体形状。该形状是由晶体生长的一种或若干种晶形组成。

结晶习性（晶体习性）可定义为一种晶形的发育或两种或更多种晶形的相对发育（图 3-19）。

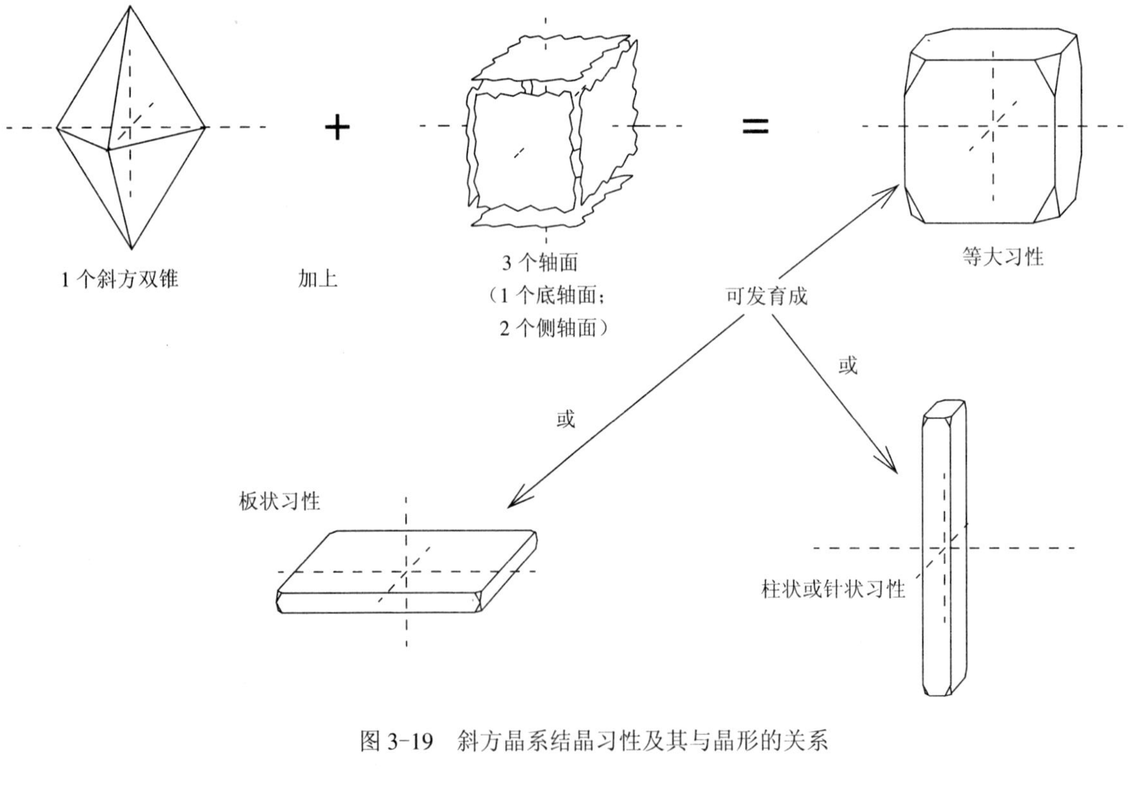

图 3-19　斜方晶系结晶习性及其与晶形的关系

晶体的不同生长和产出表现为不同的习性。由晶体所显示的一种或几种晶形取决于各种变量，如生长时的温度、生长速度、化学杂质以及是否具生物成因或无机成因。

3.3.3　晶体观察图表

材　料	通常可观察到的晶体特征
绿柱石 （六方晶系）	六方柱单形 柱状习性，有时为长柱状。蚀痕可揭示对称性 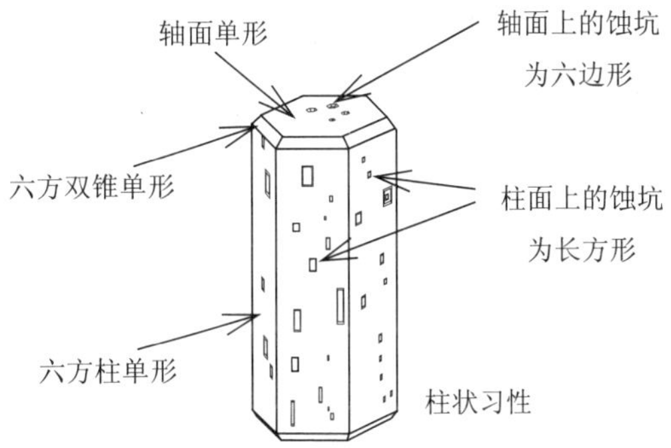
方解石 （三方晶系）	将单晶放在印有字的纸上，可容易地看到双折射。明显可见的三组解理方向。常有初始解理显示的晕彩及解理面上显示的珍珠光泽 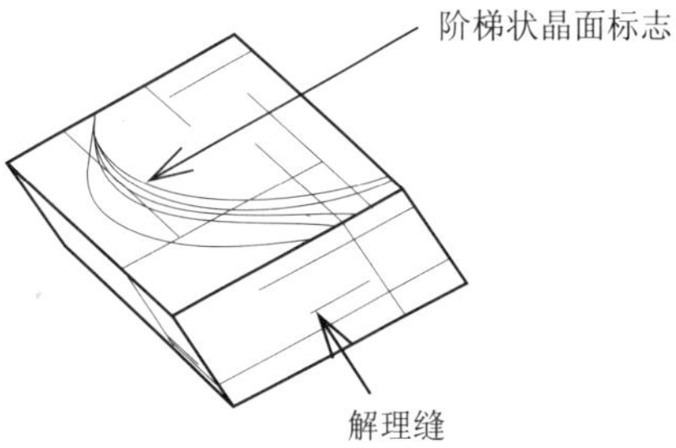 当用 10 ×放大镜观察时，在大理岩的方解石颗粒中可见到这些解理特征 “解理菱面体” 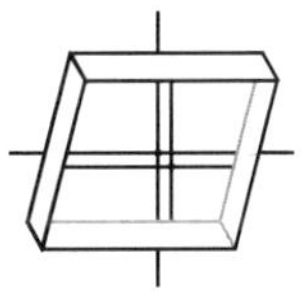 表面常布满划痕和小的解理
金绿宝石 （斜方晶系）	常有轴面（平行双面）靠具条纹的“六方的”角和内凹角可识别出三连晶  光泽可很明亮 在表面和内部可看到以条纹形式显示的聚片双晶

材 料	通常可观察到的晶体特征
刚玉 （三方晶系）	红宝石常具板状习性：短的柱面和小的菱面体面。蓝宝石常呈长而陡的双锥体，有时为“桶状” 可具有能说明三方对称性的色带和纤维状包裹体 轴面（平行双面）常具有能揭示三方对称性的三角形生长标志 常显示非常明亮的玻璃光泽，有时稍显金属状外观 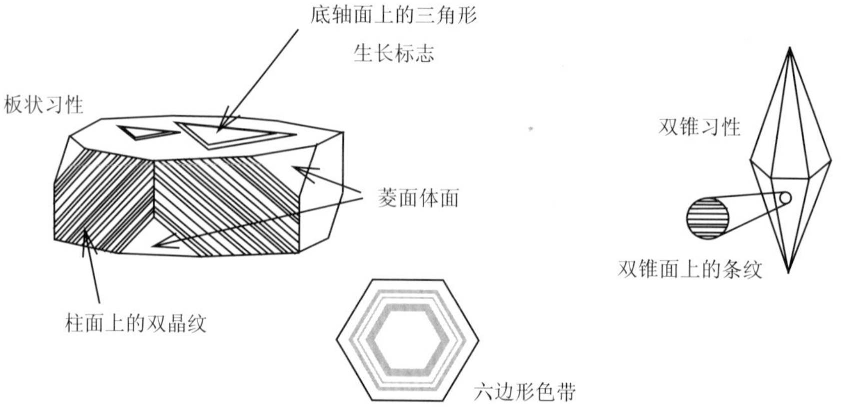
钻石 （立方晶系）	八面体和十二面体是最常见的单形。八面体常有“三角凹痕”标志。有一些更复杂的晶形，并常具圆化的晶面。三次对称方向通常可察觉。三角薄片双晶可在角顶显内凹角 具金刚光泽 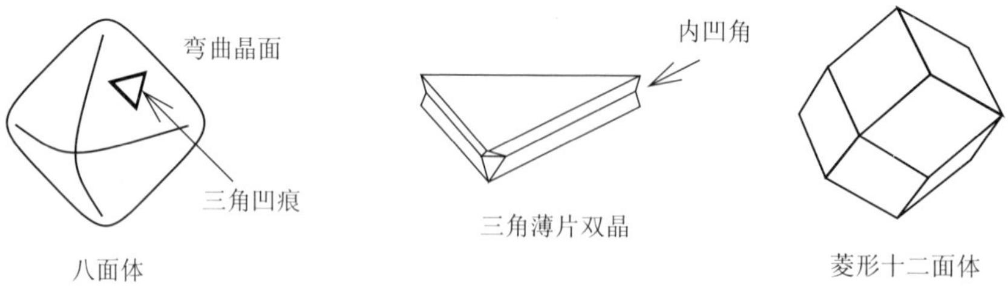

第三章　晶质材料

材　料	通常可观察到的晶体特征
长石 （单斜晶系）	大多数原石是碎块状的，显示两个解理方向 无色，浅蓝或黄色或淡肉红色。玻璃光泽，解理面上可显珍珠光泽。有些晶体或碎块显示出由特定晶面取向产生的晕彩状内反射效应（在月光石和拉长石中最明显） 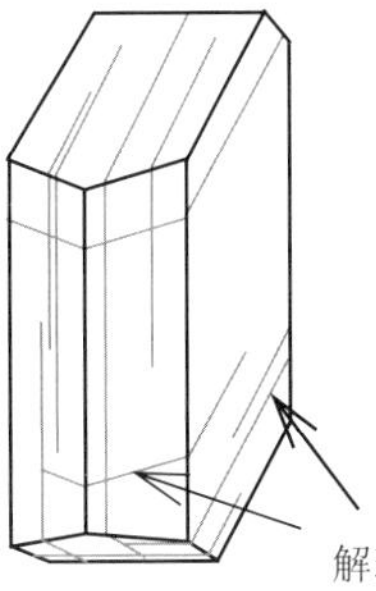
萤石 （立方晶系）	大多数晶体具立方体单形，常有方形的阶梯状生长标志 暗淡玻璃光泽 大多数晶体有解理缝，许多立方体有截切立方体角顶的解理面。这种完全的八面体解理使得经常有可能制做并销售显示 4 个解理方向的“解理八面体”形状 色带和生长带通常平行于立方体面方向 立方体 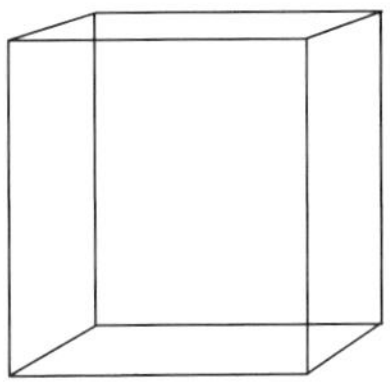 解理八面体 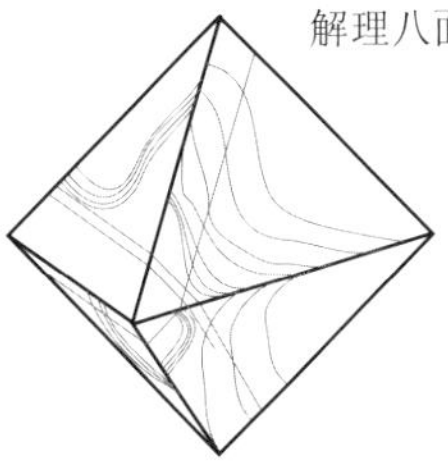 萤石八面体解理面上的阶梯状晶面标志和解理缝；珍珠光泽
石榴石 （立方晶系）	几乎所有晶体都是菱形十二面体或四角三八面体单形。不均匀的生长会导致误认，但三次对称轴通过训练可看出 可看到定向的纤维状包裹体 颜色变化从黑色经褐色、红色到各种淡色 明亮玻璃光泽 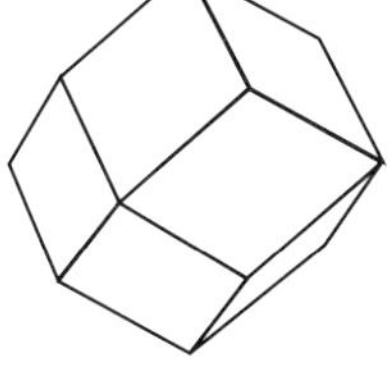 菱形十二面体 两种单形的聚形常见 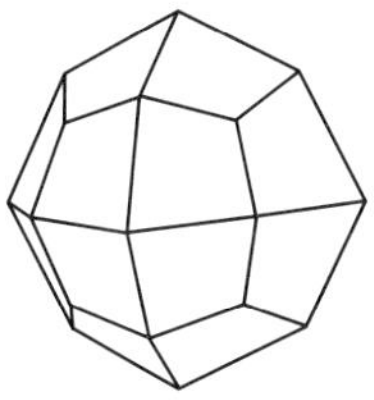 四角三八面体

材　料	通常可观察到的晶体特征
橄榄石 （斜方晶系）	垂直的斜方柱，具菱形横截面 玻璃光泽，常破裂或磨圆并具暗淡玻璃光泽或油脂光泽 显著的双折射。绿色 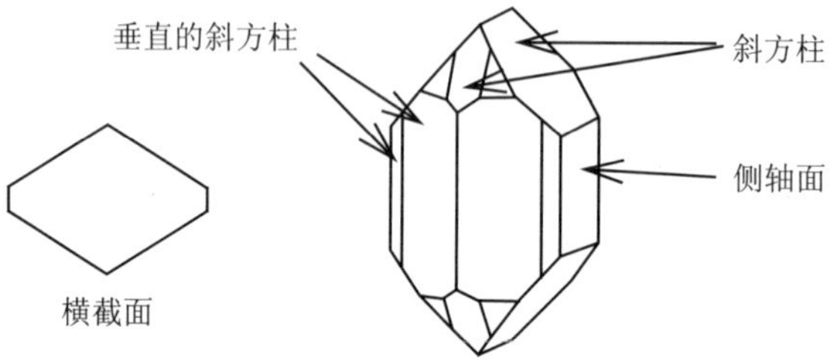
黄铁矿 （立方晶系）	黄铜色的立方体、八面体和五角十二面体单形 常有晶面条纹。相邻晶面上的条纹总是相互垂直。沿晶棱和角顶常有因脆性破裂而产生的缺口 密度大。金属光泽 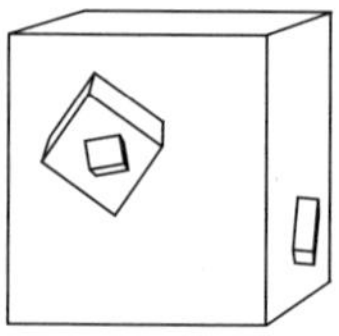
石英 （三方晶系）	六方柱单形有非常发育的垂直 c 轴的条纹。通常有两个菱面体单形，看上去像一个双锥；除非这两个菱面体不均匀发育，否则将难于看出三方对称性。晶体通常是一头大一头小 紫晶常显示色带和生长带 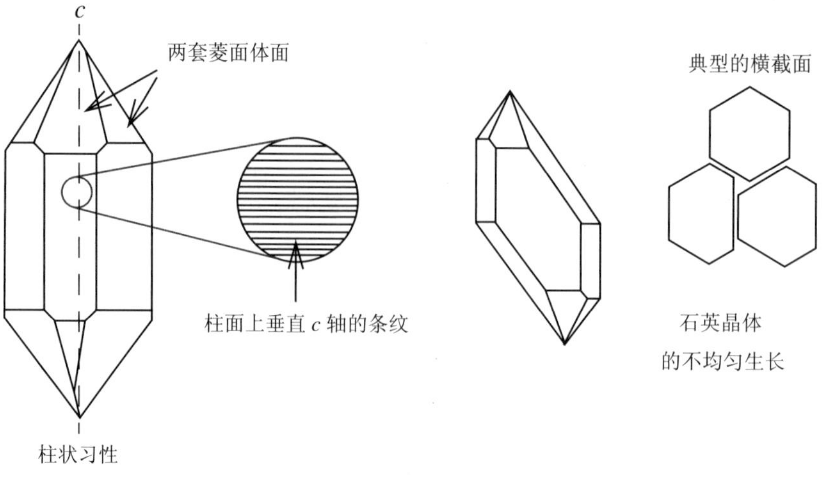

第三章 晶质材料

材　料	通常可观察到的晶体特征
尖晶石 （立方晶系）	通常以八面体单形出现。晶面可很平坦，像似抛光过。晶面上有时有三角形生长标志或三角形蚀痕 明亮玻璃光泽 双晶大都很扁，像崩了角的三角形。角顶常有小的内凹角 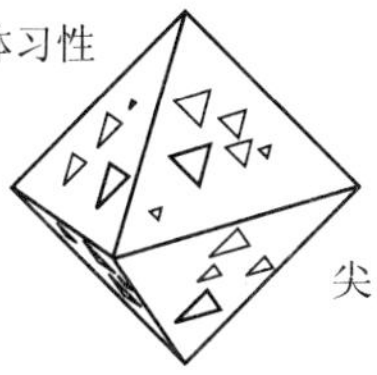 尖晶石八面体上的蚀痕 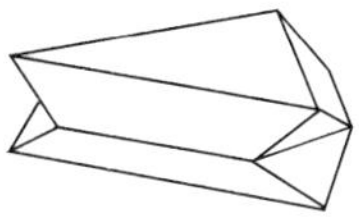 尖晶石双晶：显示内凹角和扁平三角形习性
坦桑石 （斜方晶系）	尽管坦桑石多数是碎块，但也找到过晶体 通常为柱状晶体，有大致为长方形的横截面 某些晶面上有条纹 晶体通常一端破裂 玻璃光泽。蓝到红紫色。明显多色性 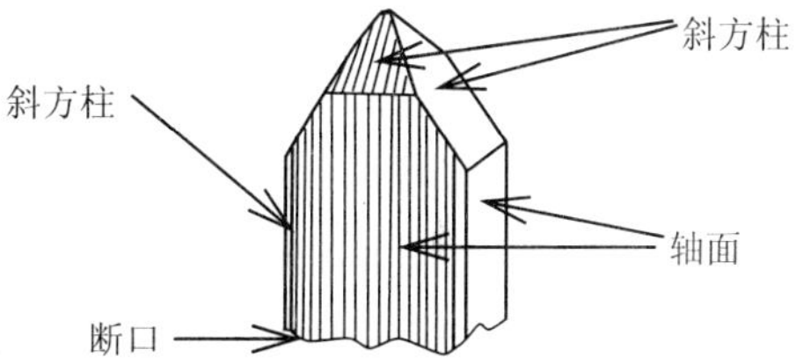
托帕石 （斜方晶系）	主要的斜方柱单形通常是长的并常有条纹，有时条纹很深。横截面通常为菱形 解理常见于内部，也表现为外部破裂。完全解理，并只在一个方向：垂直于 c 轴的方向 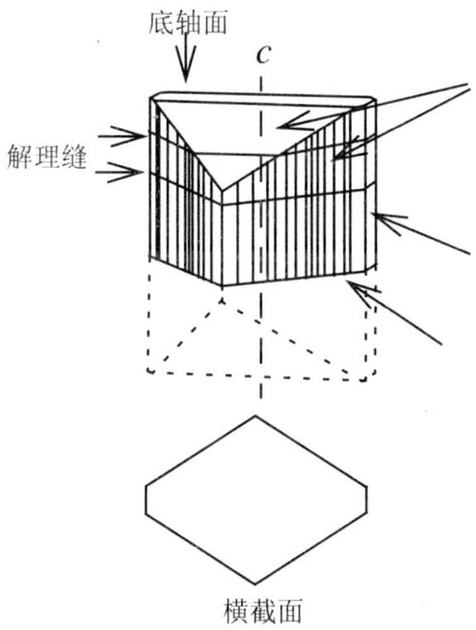 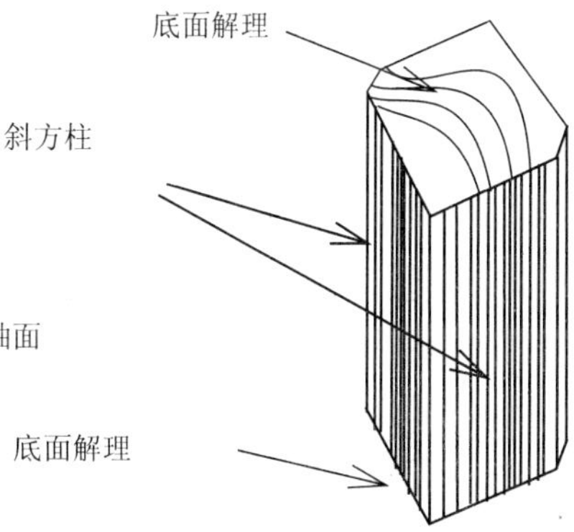 柱状习性：一端或两端常终止于解理面

<table>
<tr><th>材　料</th><th>通常可观察到的晶体特征</th></tr>
<tr><td>碧玺
（三方晶系）</td><td>三方柱通常是长的并有深的条纹。横截面为凸圆三角形

分带性大都遵循三方对称性

一些晶体沿伸长方向有颜色变化

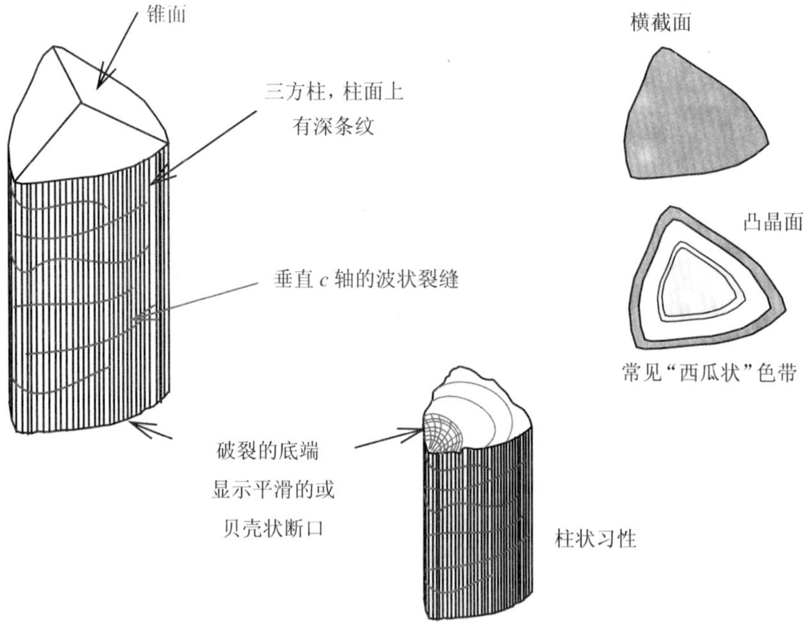
</td></tr>
<tr><td>锆石
（四方晶系）</td><td>正方或长方形截面的四方柱可以是长的或很短的。与四方双锥相组合，表现为简单的柱状习性

极明亮玻璃光泽到金刚光泽，即便在一些严重磨蚀的晶体上也可看到

晶棱常因许多小的破裂而出现缺口

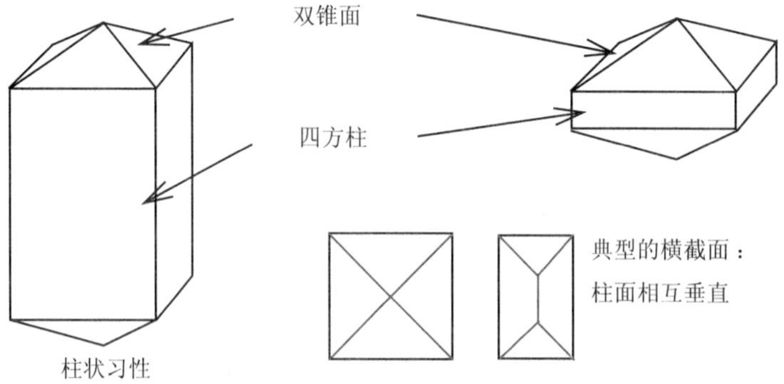
</td></tr>
</table>

请参阅《宝石观察指南》以了解更多的细节

绿柱石晶体
© Gem-A

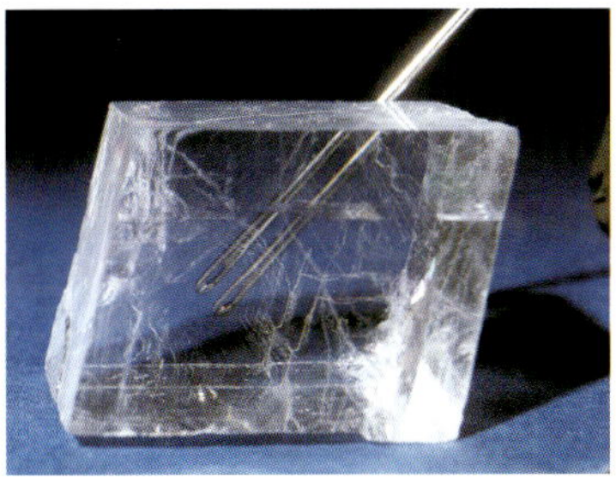

劈裂的方解石晶体，展示其双折射
© NHM, London

金绿宝石的三连晶和碎块
© Gem-A

双锥状和板状的刚玉晶体
© Gem-A

不均匀生长的钻石八面体
© DTC

钻石三角薄片双晶
© DTC

萤石呈穿插生长的破裂的立方体和劈裂的八面体
©Gem-A

石榴石晶体，展示其菱形十二面体和四角三八面体
©Gem-A

黄铁矿的立方体、穿插立方体和五角十二面体晶体
©Gem-A

橄榄石晶体
© Gem-A

石英晶体
© Gem-A

水蚀的托帕石晶体
© Gem-A

碧玺晶体
© Gem-A

锆石晶体
©Gem-A

3.4　非晶质材料

原子和键大都以规则、重复的顺序排列，因而大多数固体材料是晶质的。然而，如若周围液体中充满了已键合的链或原子团，那它们就不会有足够的机会来结晶。这妨碍了有序结构的构筑。

第二章中解释过的硅酸盐四面体单元[SiO_4]对说明非晶质材料的形成非常重要。这些单元连接到一起，也与金属离子相结合，形成结构岛或长链。这一过程在熔融的液体如岩浆（熔岩）和熔融的玻璃中产生某种有序的结构。单元的结合使流体变成“粘稠的”或粘性的，因而难于流动。其结果，当突然冷却时这些单元没有足够时间改组成大尺度的晶体结构。此时这种固体材料的内部结构只有微小、分散的晶质有序区。

具二氧化硅四面体这类无序原子格架的非晶质材料称为**玻璃**。天然玻璃宝石材料包括黑曜岩和玻陨石，前者是玻璃质火山熔岩，后者是天体不寻常地撞击地球时的玻璃熔滴形成物。

由于缺少明显的晶体结构，这些材料不能显示晶质材料的特征效应，如解理和多色性，也没有外部的晶质有序性，特别是没有晶面。由于明显地缺少外部的有序性或“形态”，这些无序的材料被称为非晶质的或“无定形的”（图 3-20）。

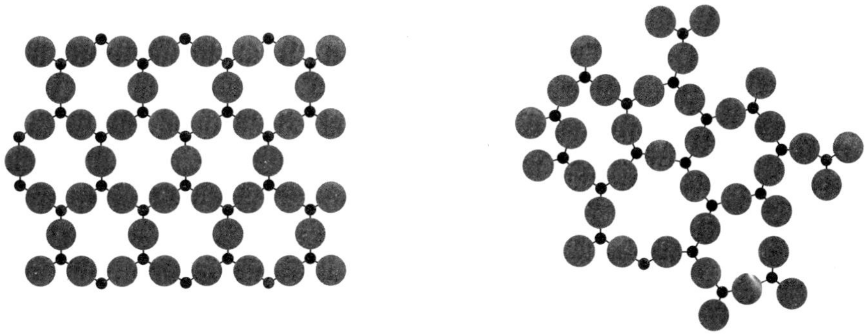

图 3-20　晶体结构（左）与无序非晶质结构的比较

非晶质材料　是大部分由随机定向的原子和分子组成，因而不显示晶体形态和晶质效应的固体

非晶质结构存在于某些锆石中，但这里的原因是固态效应。大多数锆石在其硅酸锆[$ZrSiO_4$]结构中含有比例很小的放射性原子。这些原子在漫长地质时间里经受了放射性蜕变。在蜕变过程中，它们放射出原子粒子。这些粒子损伤了直接环绕放射性原子的锆石晶体结构，破坏了其规则、有序的键合，在无序的原子和键的“海洋”中残留了结晶性的孤岛。以这种方式无序化的材料称为**蜕晶质的**。许多蜕晶质的锆石可通过加热使结构返回到晶质状态。

在某些类型的玻璃中，原子会随时间而缓慢地重组，特别是当有小的晶畴存在时。随着越来越多的原子重新排列，有序原子的晶畴逐步生长并结合成为晶质的。整个玻璃物质最终变成晶质的或者说**脱玻化的**。

3.5 同质多象变体

许多化学物质以一种以上可替换的晶体结构存在,每一种这样的材料称为一种**同质多象变体**。

同质多象变体　是单个化学物质可具有的某些可替换的结构

譬如化学元素碳能以钻石和石墨这样两种常见的材料存在。它们的晶体结构不同，故物理性质也不同。在碳的这两个同质多象变体中，碳原子以不同的方式键合（图 3-21）。

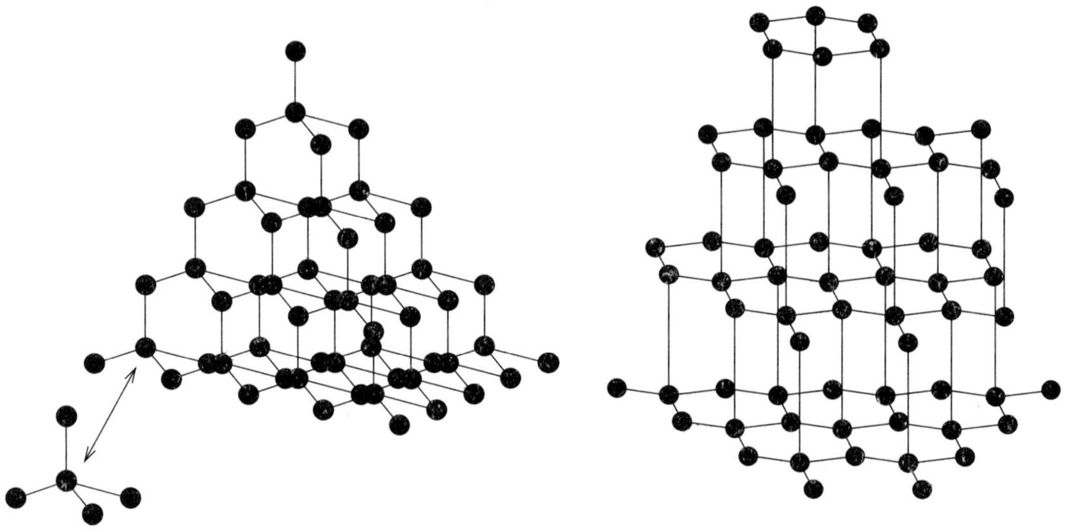

钻石　　　　石墨

图 3-21　碳的两种同质多象变体：钻石和石墨

因而，钻石和石墨是两种非常不同的材料。它们是这样的不同，以致一个具有作为宝石所需要的特性，而另一个则是重要的工业用润滑剂。

3.6 类质同象

某些宝石材料，其化学组成在一定范围内变化，但基本晶质结构却是相同的。这些材料被称为**等结构材料**或**类质同象变体**。

譬如，所有的石榴石都具相同的结构，然而两颗石榴石可具不同的成分和性质，并可通过检测区分开。一颗石榴石更富镁（Mg），成分更接近镁铝榴石，而另一颗可能更富铁（Fe），成分更接近铁铝榴石。许多红色的石榴石在其结构中有“铁铝榴石”分子，这可通过宝石的光学检测揭示出。

类质同象的或等结构的材料　是指在相同的基本晶质结构内具有可替换原子的那些材料（图 3-22）。

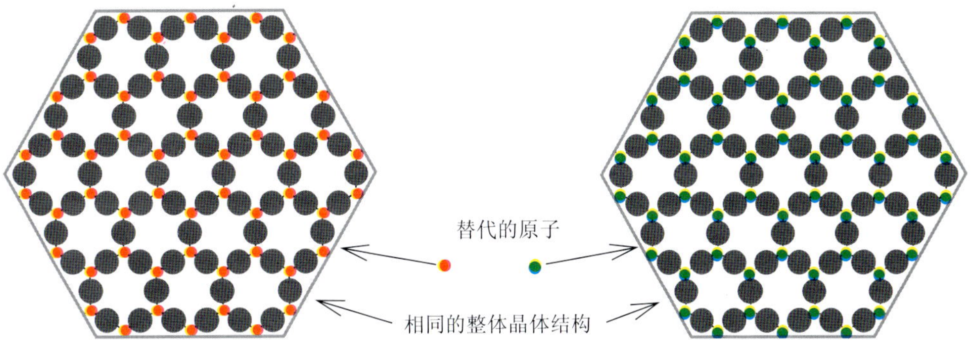

图 3-22　两种类质同象材料

“类质同象”这个词的意思是“具相同形状的”，而“等结构”的意思是“具相同结构的”。“等结构”这个词虽用得较少，但可能更恰当些。

石榴石是类质同象系列的良好实例，其化学成分的范围从理论上讲可从一种纯的石榴石成分，即端元，变化到另一种。实际上所有宝石级石榴石都是石榴石各端元的混合物。通过测量类质同象系列的不同物理性质可鉴别许多宝石品种。

复习之二

建议你现在复习本章后半部分的内容。

第三章强化题

1. 什么是晶体结构？
2. 晶体和光相互作用使光重组成只在单个平面内振动的两个部分。这种重组的光叫什么？
3. 一些晶体结构比别的结构更“精细和整齐”：用于描述所有晶体结构中原子和键的排列重复性的术语是什么？
4. 绕一个方向转动晶体结构，转动一圈，相同的图形出现 2、3、4 或 6 次。用于描述这种转动要素的术语是什么？
5. 晶体格架是代表晶体结构的三维样式。穿过格架并代表格架内重复方向和相对重复距离的方向叫什么？
6. 任一晶体可根据其对称性和晶轴来分类。我们如何称呼这个分类体系？
7. 同一材料的不同晶体可呈不同形状，这通常是由于它们生长在不同的条件中。用于描述所发育的晶体形状的术语是什么？
8. 你观察的晶体是透明无色具珍珠光泽的，有阶梯状晶面标志和许多细划痕以及 3 个方向的解理缝和穿过晶体看到的重影。这是什么晶体？
9. 用于描述（a）非晶质固体；（b）单一物质的两种或更多种可替换晶体结构中的一种和；（c）具变化的化学组成但相同晶体结构的材料的术语是什么？

第三章家庭作业

1（a）下图中展示的是什么类型的对称轴？（2 分）

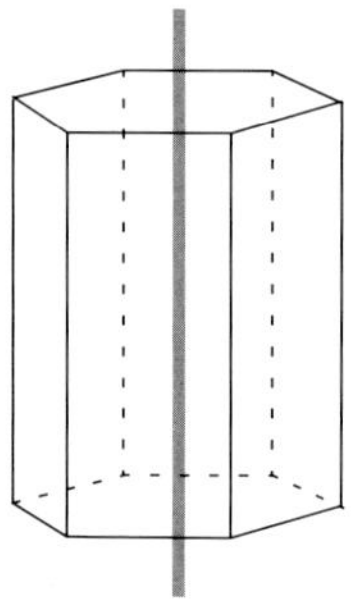

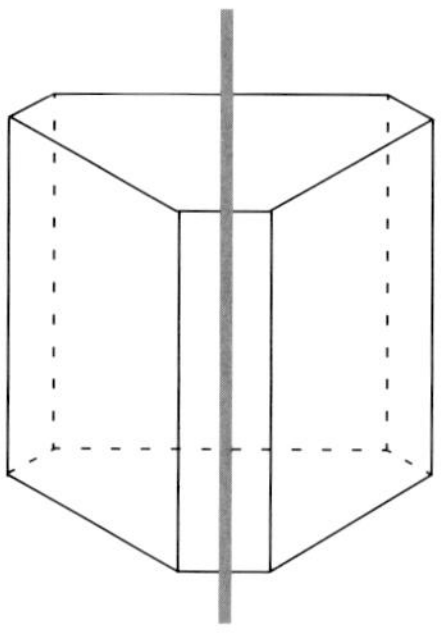

（b）下图中所示的面哪个是对称面？（2 分）

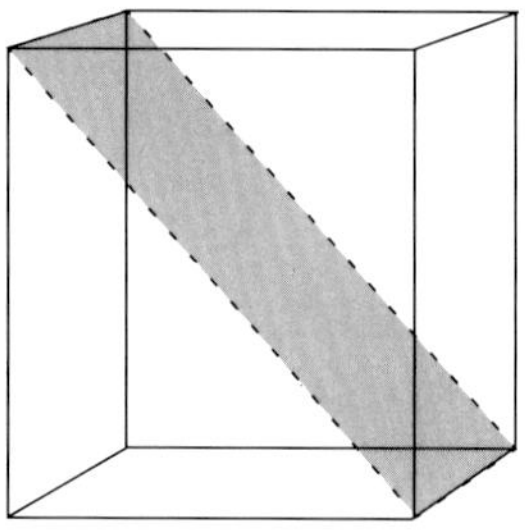

立方体

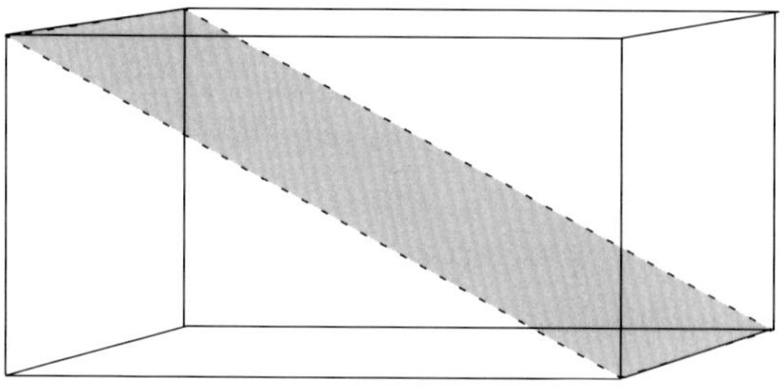

火柴盒（斜方）状

（c）解释晶质材料中的基准轴（晶轴）表示了什么。（6 分）

（d）解释基准轴为何能用于描述晶质材料。（10 分）

2 用 10 倍放大镜能看到的晶质现象有哪些?

（a）在天然晶体的晶面上。（8 分）

（b）在无晶形晶质材料的表面和内里。（8 分）

解释为何玻璃不显示这些性质。（4 分）

3 下图展示锆石和绿柱石这两种宝石材料的两个晶体

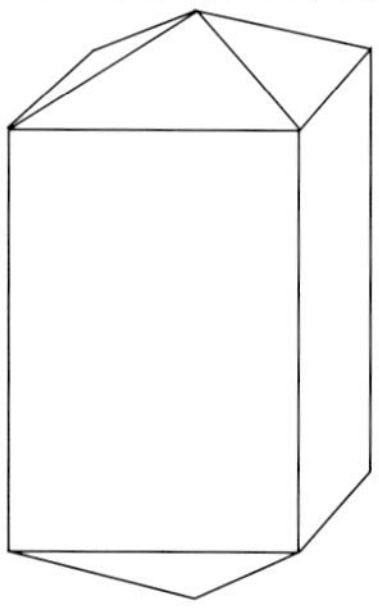

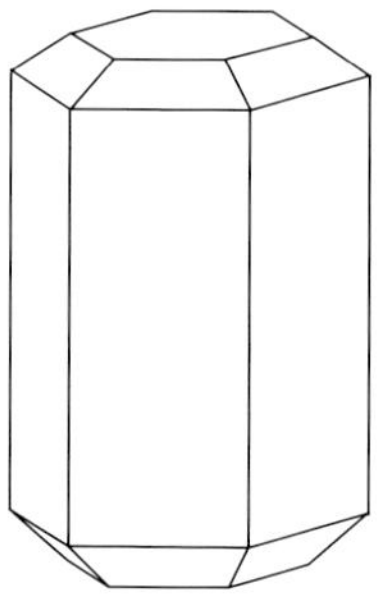

（a）说出每种材料的晶系。（4 分）

（b）用铅笔复制这两张图。画出这些晶系的晶轴并标注。标出轴角。指出相对轴长。（8 分）

（c）在你的每张图上画出并标注对所属晶系而言是基本的对称轴。（4 分）

（d）在你的每张图上标注晶形的名称。（4 分）

第四章　宝石材料的耐久性

第四章　材料的耐久性

4.1　导言

大多数宝石和装饰材料具有能承受高度抛磨的硬度，而且有足够的耐久性以保持在正常使用期间它们的抛磨效果不受损伤。

构成大多数宝石的原子有很强的键合力。这使得大多数宝石有能力抗拒磨蚀、破裂或其他损伤。

宝石的耐久性是**硬度**、**韧性**和**稳定性**的组合。

原子键合的性质和强度是硬度和韧性的基础。譬如，在钻石中，原子的键合在所有方向上都是非常紧密和坚固的。这种键合产生了非常抗磨蚀和应力的结构。反之，碳的另一同质多象变体——石墨（见第三章）中的键合则导致一定应力方向上极低的硬度和韧性。

多达几百种的宝石材料各具不同的原子键合强度和不同的结构样式。因而，不同的宝石具不同的硬度和韧性。

在某些原石或成品宝石材料的表面，硬度随研磨方向的不同有变化。这是因为晶体结构在不同的结构方向上具不同的键合强度，所以其抗刻划的能力随研磨方向的不同而变化。钻石是一个最突出的实例，它的这种性质对工业利用和用作宝石都至关重要。

宝石材料的化学和物理稳定性也是促进整体耐久性的重要因素。

在自然界，宝石矿物因耐久性高而能出现在砂砾堆积物中（见第二章）。受大气破坏力的影响。矿物会被巨大的河流作用力向下游搬运，并在此过程中遭受磨蚀。对连续的撞击、磨蚀以及天然化学侵蚀没有足够抵抗力的那些矿物将会完全破裂或磨蚀殆尽。耐久性较好的矿物则逐渐磨圆。以水蚀卵石产出的宝石矿物有石英、托帕石、刚玉、尖晶石和金绿宝石等。钻石在这类恶劣条件下的保存情况最好。

耐久性在宝石材料加工和首饰的设计、生产、清洗、修复、保养以及佩戴诸方面都是重要因素。譬如，将较软的宝石用于较裸露的镶嵌式样和戒指等经常佩戴的首饰就是不明智的，因为与硬的物品如钥匙、厨房器具和家具等相接触会损坏这些宝石。刻面棱会出现缺口，划痕也会伤及刻面。绿松石、琥珀和珊瑚等较软的宝石通常不加工成刻面型，而是加工成弧面宝石或珠子。关于切磨的款式将在第十九章中较详细介绍。

4.2　硬度

如果把不同品种的成品宝石或原石放到一起，有些将被刻划。

硬度　是当材料被另一种物质的尖块刻划时所具有的抗磨蚀的能力。前提是刻划时的压力应不足以产生解理。

对宝石工匠来说，硬度对选择用何种研磨或抛光介质来加工特定的宝石和装饰材料是至关重要的。

对宝石学家来说，硬度是观察和测试中的一个重要因素。见《宝石观察指南》中的观察特征部分。

4.2.1 实用硬度测试

对宝石材料所进行的任何硬度测试都具有潜在的破坏性。所以，使用硬度测试要特别小心。然而，有些情况下硬度测试还是有用的。

一个钢针或一套镶有下节中将提到的摩氏硬度计矿物小尖块的硬度笔可用于测试未抛光材料或原石，也可用于测试抛光的雕件和小雕像等装饰宝石，还可用在不透明弧面宝石的背面。

当使用硬度笔时，一定要从软笔到硬笔依次进行，以便获得唯一的由能刻划该材料的最低硬度笔留下的划痕。这类测试只能小心地在通常看不到的部位进行，而且测试者需要用放大镜或双目显微镜来观察测试结果。所有测试都要求良好的照明。

钻石能刻划钻石，故一定不要用尖的钻石来测试钻石。

4.2.2 摩氏硬度计

硬度计中的每种矿物标本之所以被选用，是因为它们容易得到且纯度高，硬度稳定，不因产地而异。硬度计是按矿物彼此间抵抗刻划能力的大小依次排列。

1	滑　石
2	石　膏
3	方解石
4	萤　石
5	磷灰石
6	长石（正长石）
7	石　英
8	托帕石
9	刚　玉
10	钻　石

摩氏硬度计是这样设计的，即每一种矿物均可被硬度计中等级（数字）较高的矿物所刻划，它本身又能刻划等级（数字）较低的矿物。

硬度计给出的只是**相对**硬度的顺序。硬度计中任两个相邻矿物之间的硬度差并不能用来说明另两个相邻矿物之间有同样的硬度差。譬如硬度计中硬度为 9 和 10 的刚玉和钻石之间的硬度差大于硬度计中硬度为 1 和 9 的滑石和刚玉之间的硬度差。硬度计中每个矿物种之所以被选用，不仅因为它容易得到，还因为它硬度稳定，不因产地而异。

许多粉尘颗粒是由摩氏硬度为 7 的石英组成。落到衣服和其他表面的颗粒会不断地磨蚀镶在首饰上佩戴的软于石英的宝石。抛光宝石表面光泽的明亮度也部分取决于宝石材料的硬度。

下表所列是一些宝石和其他材料与摩氏硬度计相比较的大致相对硬度值。

表中的 $^1/_2$ 和 $^1/_4$ 并不是精确的数值，只是表明与表上所列其他材料相比较得出的相对硬度。

2	琥珀、象牙	指甲（大致）
3		铜线圈
$3^1/_2$	珍珠、珊瑚、煤精	
5—6		窗玻璃和瓶玻璃
6	月光石、欧泊、绿松石	钢针
$6^1/_2$	翠榴石、软玉、橄榄石	
7	碧玺、翡翠	硬钢锉
$7^1/_4$	镁铝榴石、铁铝榴石、铁钙铝榴石	
$7^1/_2$	锆石、绿柱石	
8	尖晶石	
$8^1/_2$	金绿宝石	

大多数玻璃仿制品的硬度低于石英。之所以仍使用，是因玻璃仿制品价格便宜，而且能仿各种颜色的宝石。为能生产出耐久性更好的仿制品，从 19 世纪开始，生产商把有色玻璃与薄层铁铝榴石（硬度稍高于 7）结合到一起。将拼合材料切磨后形成一个有坚硬、光泽明亮的石榴石顶和有色玻璃底的以石榴石为顶的二层石（图 4-1）（详见本教程第十六章）。

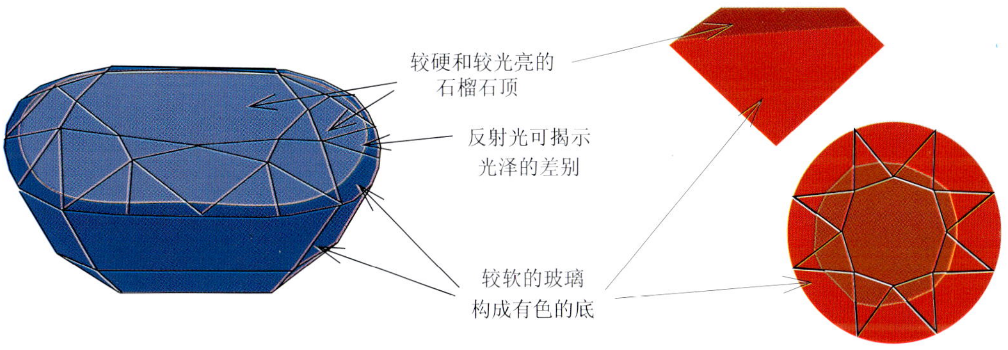

图 4-1　以石榴石为顶的二层石

4.2.3　差异硬度

在某些宝石材料中硬度依刻划方向而不同，故属于**方向性特性**。差异硬度是由晶体结构中原子键合面和方向的规则排列所导致。这与木头中“纹路”的效应是相似的：因木头中的规则结构，沿纹路刻划木头要比横穿纹路刻划容易些。

钻石的差异硬度对加工有重要影响。只有钻石能切磨钻石，但差异硬度效应使钻石沿一组特定的晶体结构方向完全无法磨动另一颗钻石，沿另一些方向也只能艰难地磨动。用于切磨钻石的钻石磨料或粉料是一大堆其最大硬度方向呈各种取向的颗粒。所以，总是会有许多颗粒其取向能研磨待锯或待抛磨钻石的较软方向。在生产合成钻石磨料或粉料时使颗粒具某种形状，以便最有效地用于有色宝石的抛光、研磨或锯开以及钻石的切磨加工和其他各种工业目的。

现在钻石被用来切磨和抛光翡翠，产品通常看上去具均匀的玻璃光泽。然而。以较软的材料抛磨的老产品则会有“桔皮状”表面。这种小尺度的不规则抛磨效果是由玉的多晶质结构所导致。在这种多晶质结构中，随机取向的每个颗粒以不同的硬度方向朝着抛光粉料。类似的“坑凹”现象也见于青金岩。然而，改用钻石粉后，不论是对不同硬度颗粒的混合物还是对单晶体的不同硬度方向，都能在所有方向上产生较均匀的抛磨效果。

4.3 韧性

韧性　是材料抗拒穿过它发生断口或解理的能力。

一些材料比其他材料要坚韧，玛瑙、软玉和翡翠等多晶质材料就是很好的例子。韧性既与原子键合和结构有关，也与更大尺度的结构有关。

4.3.1 解理和断口

以不同方式向宝石施力，宝石会受损、崩口或破裂成两块或更多块。宝石对施力的反应取决于其物理特征和性质，包括其韧性和有无晶体结构等。

解理是一种方向性特性，它是只沿晶质材料内特定的原子键合面发生的破裂。

断口是晶质和非晶质材料内大都是沿随机方向发生的破裂。

显然，宝石材料越能抗解理和断口发生，被做成首饰后抗磨损的能力越好。

解理

解理　是一些晶质材料所具有的沿某些清晰的晶体结构面裂开并留下或多或少平坦的面的能力。

在晶质材料中，原子在平行于某些方向的面上的堆积要比在其他的面上更密集。键合强度沿这些紧密堆积的平行面要大于这些平行面之间的部分，后者构成相对薄弱面。在许多晶质材料中，当从恰当方向施以足够的力时，晶体结构会沿薄弱面裂开。这种由结构控制的特定类型的破裂称为解理。解理只可能出现在晶质材料中。破裂面或破裂“方向”取决于内部晶体结构。

萤石中的解理是八面体方向的。沿 4 组八面体面或“方向”的任一组可产生完全的八面体解理（图 4-2）。通过细心地破裂萤石单晶体，常可使之呈“解理八面体”外观。

在所有的键都有同等强度的钻石中依然有平行于某些清晰的晶体结构面的薄弱面，也可产生八面体解理。仔细检查成品和原石钻石，偶尔能看出由解理导致的裂缝和伤痕。佩戴过程中以及不恰当地放置镶钻首饰有时也会导致同样结果。

硬度笔
© Gem-A Instruments

托帕石中的初始解理
© D Minster

石榴石为顶的二层石，展示接合面两侧的不同光泽
© GTL

托帕石的解理表面
© P Daly

萤石的解理八面体
© Gem-A

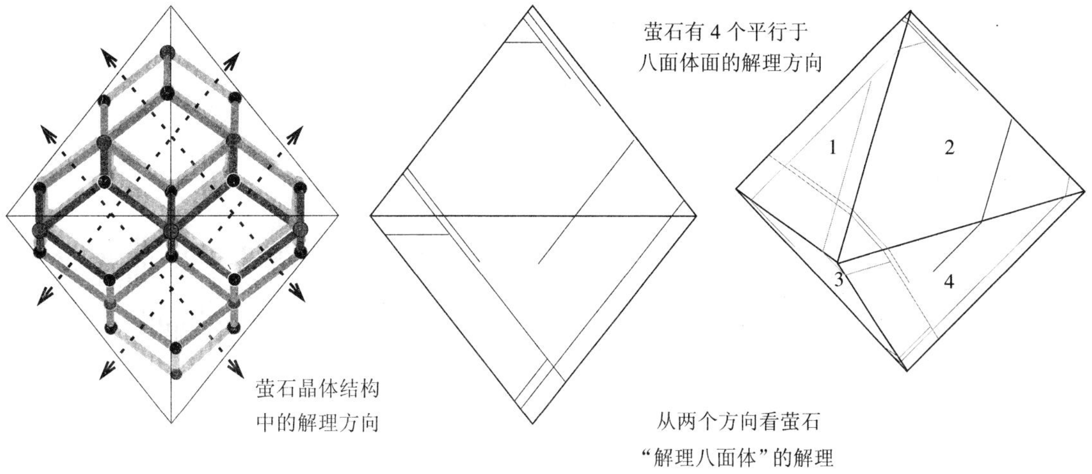

图 4-2　蛋石中的解理

解理不会出现在玻璃等非晶质材料中。玻璃中没有大尺度的规则性，所以也就没有可沿着它们发生清晰破裂的结构面。玻璃的破裂可能只是由于断口（图 4-3）。

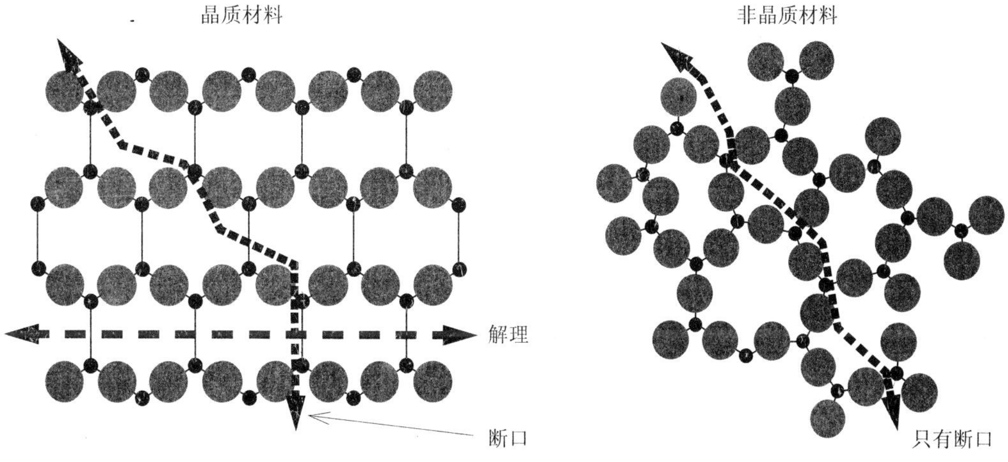

图 4-3　晶质材料中的解理和断口（左图）和玻璃中的断口（右图）

像玉饰品这样的多晶质物品不会出现穿过它们的单一的解理。虽然每个单晶颗粒可拥有解理，但每个颗粒的取向与相邻颗粒是不同的。大多数玉标本具有晶粒交织结构。当外表面发生断口或解理时，裂缝通常只能穿过近表面的几个晶粒。由于单个晶粒的解理呈不同方向，故解理从一个颗粒延续到另一个颗粒的可能性低（图 4-4）。由此，整块的玉（玉制品）能抵抗连续的破裂。这被称为是**韧性的**。

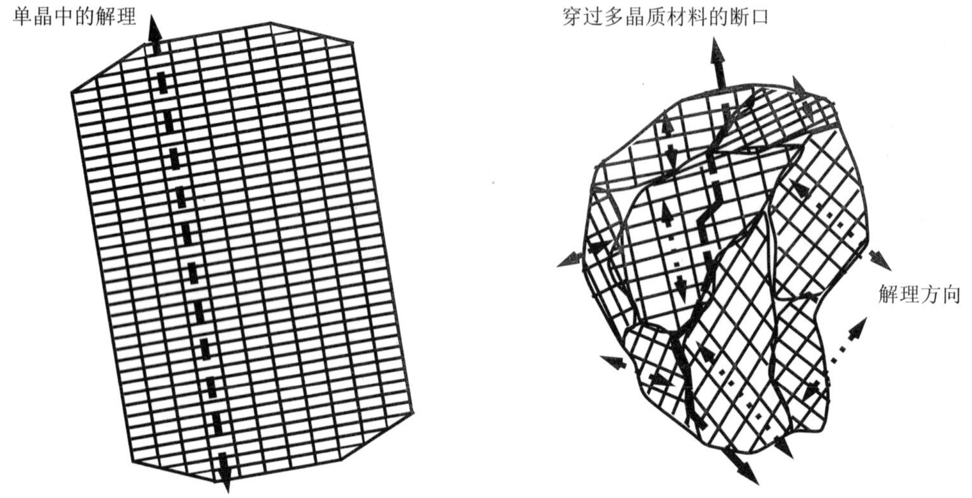

图 4-4　单晶中的解理（左图）和多晶质材料中的断口和解理（右图）

钻石是很脆的（非弹性的），故尽管是已知最硬的物质，若剧烈敲击也会碎裂。然而，由微细钻石共生晶体组成的黑色工业级黑金刚石则韧性和硬度都极高。软玉并不是特别硬，但韧性则因具交织纤维结构而极高。

解理类型

当观察或论及有明显解理的宝石时，重要的不仅是注意解理的**取向**（方向），还要注意解理的**品质**。各组解理面的取向取决于晶体结构和对称性（图 4-5 和图 4-6）。解理通常按照与晶体取向的关系进行描述（见下表）。解理的品质取决于解理穿过结构时键断开的方式。

解理的品质根据解理面的状况，按**完全**、**良好**、**中等**和**差**描述。

解理劈开的难易程度对于宝石的耐久性以及宝石加工和检测也十分重要。

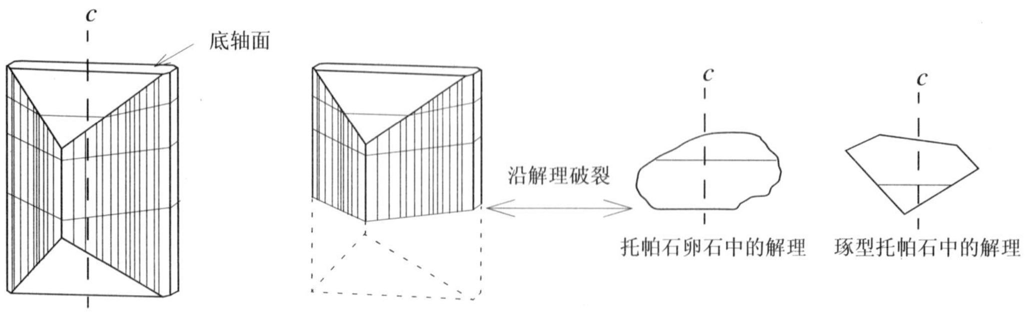

图 4-5　托帕石晶体所展示的平行于底轴面的完全解理

第四章　材料的耐久性

单晶和由单晶切磨出的成品宝石中解理发育情况的若干实例见下表：

材料	解理品质	劈开的难易程度	方向	取向
钻石	完全	难	四组	八面体的
萤石	完全	易	四组	八面体的
方解石	完全	易	三组	菱面体的
托帕石	完全	中等	一组	底面(底轴面)的
碧玺	很差	难	一组	底面的

完全解理可根据一系列非常浅的阶梯来识别，在阶梯处发生了沿不同但平行的原子层的破裂。这可从托帕石的完全底轴面解理中很好地看出。解理表面也常显珍珠光泽。宝石内所看到的解理缝可因全内反射而反射或阻挡光线，因此它们看上去或是呈暗色的，或是呈镜面状的扁平包裹体。解理缝（**初始解理**）可从成品宝石或原石的这一头延伸到另一头，也可能只表现为一个小的盘状扁平包裹体或靠近表面的一条微细的线；可能靠近刻面棱，也可能在已镶宝石镶爪的下方。这类裂缝还可通过反射显示晕彩。

当用肉眼或用放大镜或显微镜观察原石或成品宝石时，这些效应是非常有用的。作为一种辅助手段，宝石学家将从解理观察中受益。宝石工匠也会在一定程度上受益，因为可以较容易地从原石中劈掉质量差的部分。

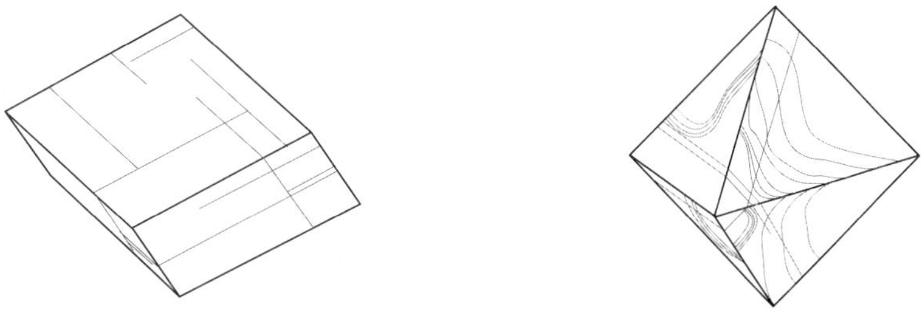

有解理缝（初始解理）显示的方解石解理菱面体

萤石解理·八面体解理面上的阶梯状晶面标志和解理缝

图 4-6　晶体展示的解理

与此同时，解理特征对钻石工匠有特殊重要性。解理的不利一面可能多于有利一面。譬如，沿解理方向难于抛磨钻石。再加上抛磨易劈钻石时有可能将钻石破裂为两块或多块，这就使得加工时要非常小心。

解理的实际应用最早可能是在钻石加工业。Jean Bapiste Tavernier（1605—1689）记载了来自印度某矿山的板状钻石晶体，指出印度人在劈开钻石方面比欧洲人更有技巧。

断口

解理只能在晶质材料中出现，而断口却能在任何宝石材料中出现，不论是晶质的还是非晶质的。玻璃和其他的非晶质物质可在任何方向断开，断口通常不是很平的。即便是解理发育的晶质宝石也可在横穿解理方向上断开。

断口　是应力作用下大多数宝石中出现的随机的、无方向性的破裂。

宝石中出现的随机的、无方向性的破裂是强烈撞击、持续施压、快速加热和冷却等应力作用的结果。

锆石是比较硬的，其摩氏硬度在 $6^1/_2$ 和 $7^1/_2$ 之间，但锆石是脆性的，极易被磨蚀。如果几颗锆石被一道放在包装纸内，颗粒会相互削蚀，刻面棱将磨损。在成品锆石的刻面棱上常可见到小的乳突形贝壳状断口，而刻面中心部分则比较光滑。这对于10×放大镜下区分小的锆石和钻石可能很有用。但锆石的这种效应可能会与玻璃等许多较软宝石中看到的磨蚀相混淆，使一个无经验的观察者得出错误的鉴定结论。

任何镶宝首饰若与其他首饰散放在一起，都可能受损伤。宝石将相互磨蚀。因此，每件首饰都应分别包装或保存，以避免不必要的磨损。表面磨损并不总是软材料的标志。仔细的观察将揭示损伤的精确性质，还能揭示另一些对宝石鉴定有用的特征，譬如锆石的双折射，这将在第七章中介绍。

断口类型

可识别出几种类型的断口（图4-7）。宝石学家经常见到的是贝壳状断口。这是当材料破裂时留下的与海生贝壳脊线相似的同心凸起的表面标志。玻璃也像钻石、石英、祖母绿和其他许多宝石一样，以这种方式破裂。

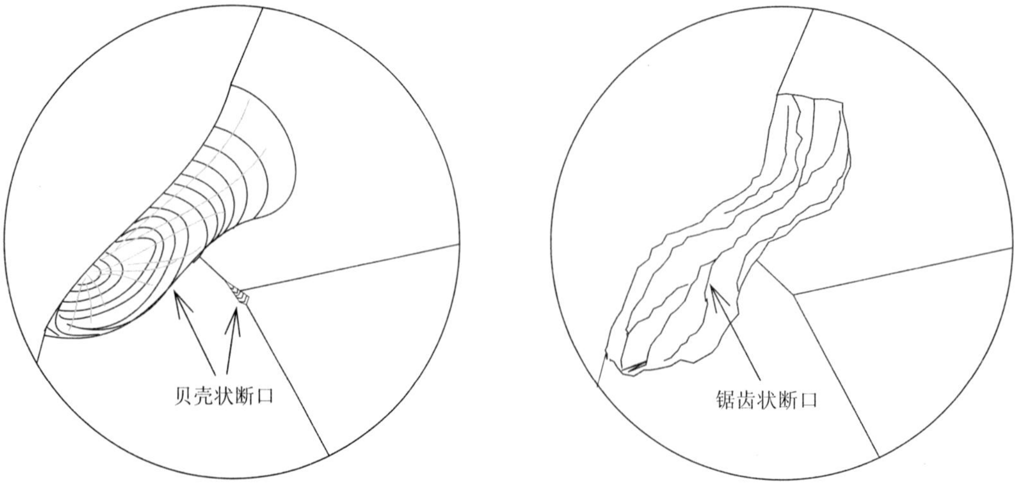

图4-7　10×放大镜下所见的贝壳状断口和锯齿状断口

第四章　材料的耐久性

软玉的纤维状坚固结构产生了锯齿状断口。这是指材料破裂时所产生的参差不齐的常呈锯齿状的表面。

4.4　稳定性

作用于宝石材料的物理和化学过程可导致颜色的消退或变化以及表面糙化、收缩或碎化等结构的或表面的变化。譬如，珍珠、大理岩和琥珀会受长时期化学作用的影响，也会受化妆品的影响。

稳定性　是材料抵抗由光、热或化学反应造成的物理或化学变化的能力。

热和各种形式的辐射被审慎但又是经常地用于宝石的处理和优化。所有宝石都有自己的稳定性范围，有些比较大，有些则很小。譬如琥珀只需加热到100℃就会变软。

有时热、光或使用紫外灯会使宝石颜色出现意想不到的变化。这可能是在相当长的时间里逐步发生的。像欧珀等一些宝石会失水，而像有色锆石等另一些宝石长时间置于商店橱窗的强日光下会褪色。若事先未仔细考虑宝石的稳定性，那么在清洗和修复首饰时会造成损伤。譬如，修复时用于清洗的某些酸会破坏橄榄石的抛光度。高密度液（重液）（见第五章），甚至水，特别是刷洗水和游泳池水，会损伤某些宝石材料。水中含有化学物质，尽管浓度不高，也会逐渐改变或溶解宝石材料。水还会渗入宝石材料并将颗粒或溶解物沉淀在宝石材料的孔隙和裂缝中。积以时日，这些化学物质会损伤宝石或使其褪色。

欧泊和绿松石这两种重要宝石材料是多孔的，容易受各种液体的影响，比蓝宝石或紫晶等坚固的宝石需要更多的防护。

4.5 某些常见宝石耐久性归纳

宝石材料	摩氏硬度	解理	韧性	稳定性
绿柱石	$7^1/_2$	难劈裂；很差；底面解理	除祖母绿外韧性好；祖母绿性脆	除祖母绿外好；祖母绿要避溶剂
金绿宝石	$8^1/_2$	难劈裂；差到中等；柱面解理	优到好	很好
刚玉	9	无；但有裂理（见证书教程）	优	很好
钻石	10	难劈裂；完全；八面体解理	好	优
长石	8	2 个方向容易到中等；1 个方向完全到好	差	好
石榴石	$6^1/_2$ 到 $7^1/_2$	无	除翠榴石外为好	好
翡翠	7	多晶质	优	好，但要避暖酸
软玉	$6^1/_2$	多晶质	优	好，但要避暖酸
欧泊	6	无	差到尚可	尚可到差，要避酸
珍珠	$3^1/_2$ 到 4	无	尚可	差，要避酸，也避免喷香水和发液，不要接触游泳池水
橄榄石	$6^1/_2$	差	尚可到好	尚可，要避酸，也避免喷香水和发液
石英	6 到 7	很差	好到优	好
尖晶石	8	无	好到优	很好
坦桑石	$6^1/_2$	尚易劈裂；1 个方向完全	尚可到差	好
托帕石	8	尚易劈裂；完全；底面解理	尚可	好
碧玺	7 到 $7^1/_2$	难劈裂；很差；底面解理	好	很好
绿松石	$5^1/_2$ 到 6	无	差到尚可	差，避免喷香水和发液，不要接触游泳池水
锆石	$6^1/_2$ 到 $7^1/_2$	无	差，性脆	好

韧性差到尚可的宝石不要用超声波清洗器清洗。

复习

如果你还未复习过本章的话，我们建议你现在就复习。

第四章　材料的耐久性

第四章强化题

1. 说出耐久性在其中是重要因素的两种情况。
2. 硬度和韧性是力作用于固体材料所导致的（a）表面上的和（b）穿过整个材料的效应。说出硬度和韧性各对应于哪个效应。
3. 摩氏硬度为 7 的是什么矿物？
4. 给出可安全进行硬度测试并可有效放大观察的两个例子。
5. 断口能在晶质材料中发生吗？是/否
6. 下列宝石材料能在几个晶体方向上劈裂？
   （a）萤石；　　　（b）托帕石
7. 为什么玻璃不能劈裂？
8. 说出具韧性的两种宝石材料。
9. 有些材料虽然不是很稳定，但依然被作为宝石。给出 4 个这种宝石的名称。
10. 为何有些宝石材料尽管耐久性差还用作宝石？
11. 钻石作为所有宝石材料中最硬的，为何能成型和抛磨？

第四章家庭作业

1（a）解释解理和断口之间的差别。（4 分）
（b）哪些特征能帮助你识别解理面？（4 分）
（c）说出两种不同类型的断口。给出能产生这些断口类型的宝石实例。（4 分）
（d）说明解理对于下列人员为何会是重要的，或为何会是个麻烦。
（i）宝石工匠；　　　（ii）宝石学家；
（iii）宝石佩戴者；　　　（iv）钻石切磨工（8 分）

2（a）说明硬度如何能对宝石学家有用。（9 分）
（b）什么是摩氏硬度计？为何这种硬度计能用于说明硬度？（5 分）
（c）硬度和韧性如何区分？（2 分）
（d）给出缺乏稳定性的一种宝石材料的实例。为何这种材料尽管不是很耐久但还是被用作宝石？（4 分）

第五章　相对密度(比重)

第五章　相对密度（比重）

5.1　导言

一些宝石比另外一些重。譬如，重 1ct 的红宝石的尺寸要小于同等重量的祖母绿。这是因为红宝石中原子的堆积比在祖母绿中更紧密。因而它密度较大。

每种宝石材料都是由以不同方式键合和堆积的不同的化学元素组成。这会影响它们的密度。

每种宝石材料的密度值都在一个已知的范围内。大多数宝石材料的密度值只在一个较窄的范围内变化，因而测定密度有助于鉴定宝石。

然而测量密度存在一些具体困难。为确定密度，必须要测定**重量**和**体积**。对小而形状复杂的物品，譬如宝石、原石和小的雕件，测定体积会有困难。

你可利用水的密度作为特定的、标准的密度值。然后，把其他材料的密度与它相比较。这样，我们就能确定材料的相对密度，它是材料密度与水的密度的比较值。

你能确定材料的相对密度而无需知道它的体积。

材料的相对密度也称为它的比重（SG）。

你甚至不需要知道所使用的重量单位，因为相对密度是没有单位的。它只是密度的比较。

相对密度的用途

相对密度用于检测宝石材料。但它只能用于检测未镶的宝石材料。

测定相对密度可通过两种途径：测定法和比较法。

材料的相对密度可用静水称重法测定。静水称重法使用水浸技术和天平。

相对密度也可用高密度液（重液，比重液）进行比较。这种方法用于区分外观相似的不同宝石材料而无需测定其相对密度。

相对密度的测定或比较可用于未加工材料、成品宝石、珠子或装饰品。

通常只是当宝石、未加工材料或装饰品是由单一材料组成时，相对密度的测定或比较才有价值。由几种装饰矿物组成的装饰品将不能提供有用的单一的相对密度值。同样，相对密度方法也不能有效地把二层石之类的拼合石与外观相似的单一宝石材料区分开。

高密度液可用来把包内混装的宝石分开，或从许多小样品中挑拣出与众不同的宝石。这种方法还能方便和快速地区分两颗相似的或小的样品，特别是未加工材料、珠子和弧面宝石。

在矿山开采或小规模采集后，也常用各种类型的重矿物重力选矿法来回收宝石。钻石和其他的重的宝石可通过淘洗或重介质以及水力旋流器等工业方法富集。

5.2 密度和相对密度

5.2.1 密度

密度是涉及质量和体积的一种特性。

比较体积相同的两颗不同品种的宝石。虽然两者占有相同的空间，即体积相同，但设想其中一颗比另一颗含较多的原子或较重的原子。

由于其中一颗宝石所含原子的总质量较大，故尽管其体积与另一颗相同，但它比另一颗重。该颗宝石被说成是有较大的**密度**。

材料的密度可根据重量、体积及其数值计算出。

密度　是物质单位体积的质量；它是以材料的重量与其体积的比值来度量的。

密度以重量和体积单位来度量和记录，而重量和体积单位可根据所涉及材料的类型来选择。譬如，重量可用克（g）为度量单位，而体积可用立方厘米（cc）为度量单位。

密度测定　$\frac{\text{重量}}{\text{体积}}$　譬如：$\frac{20\text{g}}{5\text{cc}} = 4\text{g/cc}$

红宝石的密度大致是 4g/cc：每立方厘米红宝石的重量为 4 克。

宝石的密度通常记录为每立方厘米的克数（g/cc），但大体积的装饰材料，譬如用于雕像的大理岩，可以用每立方米的千克数或每立方英尺的磅数来度量和记录密度。

注意，对任一种材料，使用不同的度量单位会得出不同的密度值。

图 5-1 表示了同体积（1 立方厘米，1cc）不同材料以克（g）为单位的不同重量。它们的密度值用 g/cc 表示，但因选用了 1cc 的标准体积，故密度与重量的数字相同。

每个立方体的体积是 1cc，重量单位是克（g）

图 5-1　同体积的不同材料的重量

由较重化学元素组成的材料与较轻元素组成的相比，具较高的密度。此外，材料中原子堆积得越紧密，键合强度越大，材料的密度就越大。原子结构堆积对给定体积晶质材料的质量有根本性的影响。譬如钻石和石墨都只由碳原子组成，但结构和密度都不同。

第五章　相对密度（比重）

对于体积大于大多数宝石的物品，你可度量重量和体积并计算密度。然而，因大多数宝石材料尺寸较小，如此小的体积难于精确度量，故需要有替代的方法。

5.2.2　相对密度（比重，SG）

物品的相对密度是指其密度与特定的标准密度的比较。所用的标准是水的密度。

为比较不同材料的密度，需要有一个可供比较的标准。红宝石比祖母绿重的说法只提供了很少的信息。如果把同体积不同材料的重量进行比较，就能有精确的对比。关于如何确定一种物质的“重”的问题早在许多年前当科学家们把一个样品的重量与同体积纯水的重量相比较时就已经解决了。换句话说，两者的相对密度是可以比较的。

这是解决这个问题的一个很好的办法，因为不论物品的形状如何，（1）样品的重量和（2）同体积水的重量在实践中是容易测定的。

相对密度是宝石重量与同体积水的重量的比较，比较的结果以比值表示。比值是无量纲的（无单位的），因而无需用单位来描述它。

相对密度　是物质的重量与同体积水的重量的比值。

比值可表示为一个重量除另一个重量：

$$\text{相对密度} = \frac{\text{物质的重量}}{\text{同体积水的重量}}$$

举个例子，假设一颗红宝石重 2.4 克拉，而同体积水的重量是 0.6 克拉，那么红宝石的相对密度就是

$$\frac{2.4}{0.6} = 4$$

红宝石的重量与同体积水的重量之比为 2.4 比 0.6。只要用一个重量除另一个重量即可将数字简化，即比值为 4∶1。换句话说，红宝石比同体积水重 4 倍。红宝石的相对密度为 4。

宝石的重量通常用克拉表示，因为这是大多数珠宝商所熟悉的重量单位。但需强调的是：

⑴　对任一物质，不论是采用什么重量单位，其相对密度值是相同的；

⑵　相对密度值是个常数；

⑶　不论所研究的材料的尺寸或形状如何，这个说法都是对的。

水在相对密度中的特殊作用

⑴　标准体积定为 1 立方厘米（1cc）；

⑵　水是合适的标准比照材料；

⑶　1 立方厘米（1cc）水的标准质量（重量）定为 1 克（1g）；

⑷　把水的密度，即每立方厘米重 1 克（1g/cc），作为标准来使用。

1 立方厘米（1cc）的任何材料的相对密度是它的重量与 1 立方厘米水标准的 1 克重量的比值。

这也就是说，材料的相对密度是该材料重量与同体积物质——水的重量的比值。有一简便的办法可获得该比值。

5.3 相对密度测定和静水称重

假设你需测定一个雕件的相对密度。这可能是石英的雕件，但你想确认一下。为确定相对密度，你首先要知道它的重量。你还需知道，如果它是用水做成的，该重多少。

你可把物品浸入水中，而后根据所排开的水的体积来确定物品的体积。但这对大的或笨重的物品是很难的，而对于大多数宝石则几乎是不可能的。

阿基米德发现了一个可简单和直接地测定所排开体积的水的重量的定律。这样你就可把该体积水的重量与物品在空气中的重量相比较，得出物品的相对密度。

要感谢阿基米德使你在确定相对密度时不必为重量单位（克、盎司等）操心，也不必为物品或同等数量水的体积操心。

你可通过使用静水称重法以较简单的步骤来确定同体积水的重量。该方法利用了阿基米德定律并能给出除非常小的宝石外所有物品的精确结果。

5.3.1 阿基米德定律

阿基米德定律　当物品完全浸入液体中时所受到的上浮力相当于物品所排开液体的重量。

当物品被浸没于液体中时会出现明显失重。譬如，当你泡在水中时，你就没有那么重了。

当你完全浸没在水中时，所排开的与你的体积相当体积的水的重量就是托起你的向上的力。水是有浮力的。按照阿基米德定律，水的朝上的力，或换句话说你的失重，等于你所排开的水的重量。

为帮助你理解和使用这一著名定律，请尝试如下简单实验。

取一件简单和规则形状的适当重量的物品（大致重 $^1/_4$ 到 $^1/_2$ 千克），譬如一块石英。用结实的钓鱼线或带子把物品悬挂到弹簧秤上并称重。记下重量（图 5-2）。

在依然悬挂在弹簧秤上的情况下，将物品小心地向下放入冷水盆或大的冷水罐中。要确保物品已完全浸没在水中并与容器无接触。

当物品已完全浸没在水中后，重新称重。你会发现重量比原先少了。物品被水的朝上的力或浮力部分地托起。根据阿基米德定律，被物体排开的水的重量相当于朝上的力。它等于所测定的两个重量之差。

假设你测定的物品在空气中的重量是 26.5 个单位（可以是克、盎司或任何别的单位；只要度量用的是同一重量单位，我们无需知道用的是什么单位）。

第五章　相对密度（比重）

假设在水中的重量为 16.5 个单位。

失重表明上浮力是 26.5 个单位减 16.5 个单位。两个重量读数之差表明，水以 10 单位的力向上推或托起物品。

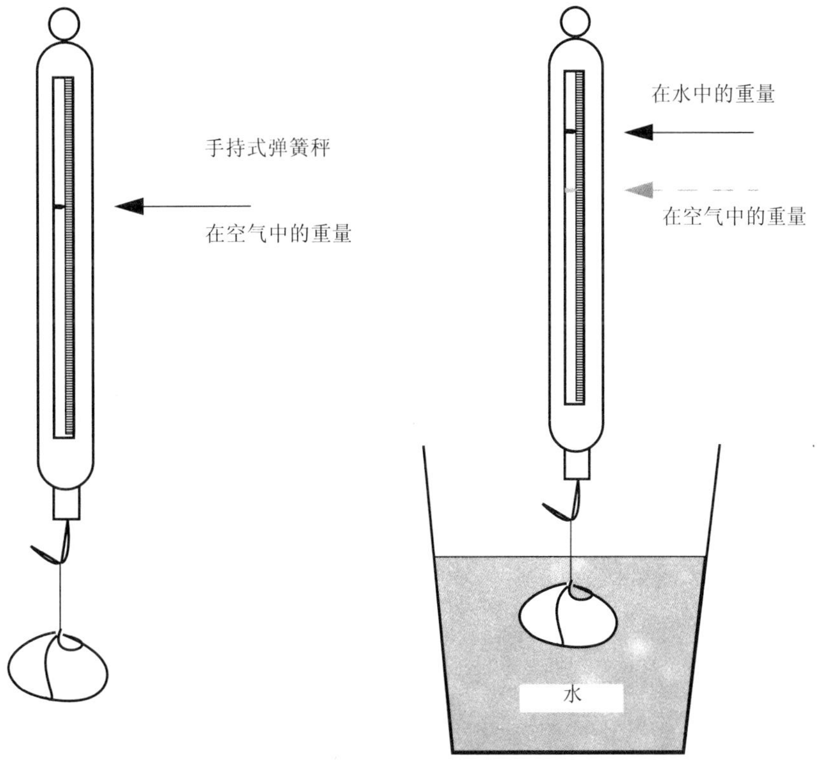

图 5-2　材料在水中的失重

现在，阿基米德定律告诉我们，水的朝上的力或浮力等于所排开的水的重量。所以，对于水中的物品：

上浮力 = 26.5 − 16.5 个单位
= 10 个单位
= 同体积水的重量

所排开的同体积水的重量等于物品若由水做成时的重量。

在无需知道体积的情况下我们得到了同体积水的重量。

相对密度是物质的重量与同体积水的重量的比值。

现在我们能通过比较两个重量来计算相对密度。
物品的重量是 26.5 个单位
同体积水的重量是 10 个单位
比值是 26.5 比 10。将数字相除即得出相对密度值：

$$\frac{26.5}{10} = 2.65$$

若此时你查阅各种宝石材料的相对密度值表，你就会得出该物品可能是由石英制成的结论。不论是单晶石英块还是复杂的石英雕件，结论和结果都是一样的，也都是容易测定的。

水的相对密度也和所有物质特别是液体的相对密度一样，随温度和压力而稍有变化。选择4℃作为标准温度，因为这时水的密度最高。相对密度在 1 个标准大气压下测定。然而，这些变化是如此之小，以致本教程在说明相对密度时未予考虑。

通过比较物品在空气中和在水中重量来确定相对密度的方法称为**静水称重**。你可利用阿基米德定律，以各种静水称重方法来测定相对密度。

一种最简单的静水称重方法是使用已在前面提到过的手持式弹簧秤。不同量程的弹簧秤可用于测定 10 克以上样品的相对密度。对于小雕像、雕件、较大原石和很大的成品宝石，这种方法是快捷和方便的。该方法常有的误差对于大的样品可忽略不计。然而，对于测定小宝石的相对密度，弹簧秤的灵敏度不够。

对于重量低至 1 或 2 克拉左右的宝石，所使用的天平类型包括双盘实验室天平和常用于称重宝石的单盘数显天平。相对密度直读天平可用于重量低至 1 克拉左右的宝石。

用单盘天平测定相对密度

如果你使用单盘数显宝石天平，需要有桥、兜和装水的烧杯（图 5-3）。使用配衡天平，你能在重新称重以获得宝石重量之前将读数归零，这样就能更快得出结果。

首先以普通方法在天平的盘上称重宝石，记下结果（A）。

把装了 2/3 蒸馏水的烧杯放到桥上。把宝石兜完全浸没到水中，但不能触及烧杯的壁和底。

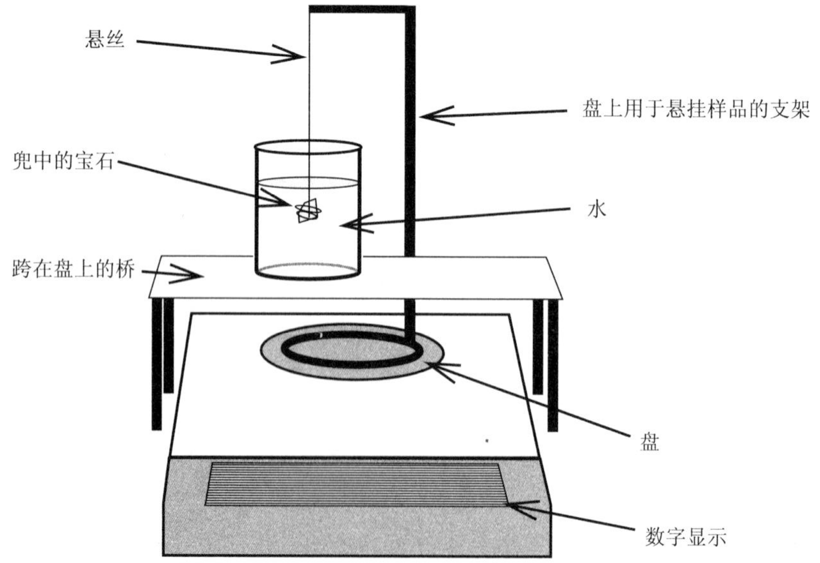

图 5-3　用单盘直读天平测定相对密度

将天平归零。把宝石放入兜内。把兜没入水中，注意不要有水溅出。再次称重。

要确保宝石已全部没入水中，而且已除去了所有的气泡。如果天平在称重前已归零，这时的读数就是宝石在水中的重量（B）。

重量之差（A-B）就是与宝石同体积的水的重量。

现在，也像前述弹簧秤法一样，以同体积水的重量除宝石的重量，你将得到相对密度：

$$\text{相对密度} = \frac{A}{A-B}$$

譬如，测试一颗红色透明的刻面宝石：

在空气中重 19.20 克拉；在水中重 14.40 克拉

上浮力（失重） = 19.20－14.40 = 4.80 克拉

$$\text{相对密度} = \frac{\text{在空气中的重量（A）}}{\text{上浮力（A－B）}} = \frac{19.20}{4.80} = 4.0\text{（例如红宝石）}$$

当使用静水称重法时有如下注意事项:

(1) 宝石应是洁净无油脂的;

(2) 当在水中称重时宝石不应附气泡;

(3) 取决于使用的方法和天平的灵敏度，静水称重适用于重量大致在 1 克拉以上的样品。对于更小的宝石，误差范围要大许多。因而，所测的材料越小，所需的天平灵敏度应越高，这样才能获得合理的结果。

5.4　宝石检测中高密度液的使用

高密度液常称为“比重液”或“重液”。

高密度液可用于测定相对密度。然而，它们更多是用于区分具不同相对密度的宝石，而不是测定它们的相对密度。

一系列高密度液被用于区分不同的宝石材料。这些液体可用于测试那些因太小而不能用静水称重法确定相对密度的宝石。它们还可用于快速分选成包的宝石。

在日常检测中，高密度液最重要的用途还是分开外观相似的宝石。

通常用于分开宝石的有机液体是二碘甲烷（相对密度 3.33）和一溴萘（相对密度 1.49）。由这两种有机液体可配制出三种高密度液。

大致相对密度　2.65 ＼
　　　　　　　　　　用一溴萘稀释二碘甲烷
大致相对密度　3.05 ／
大致相对密度　3.33　未稀释的二碘甲烷

一溴萘的英文是 1-bromonaphthalene，老的名称是 monobromonaphthalene。二碘甲烷的英文是 di-iodomethane，老的名称是 methylene iodide。

这三种液体中的第一种，在制备过程中可通过放入一小块纯石英（水晶）并注意其是否悬浮的办法来检验或调节，使液体的相对密度达到 2.65 左右。第二种液体可通过放入一小块粉红色碧玺并注意其是否悬浮来检验或调节，使液体的相对密度达到 3.05 左右。

未稀释的二碘甲烷的大致相对密度为 3.33。这种液体特别有用，因为它同时也具大致为 1.74 的高折射率。当宝石浸没在二碘甲烷中时，可通过观察宝石轮廓的清晰度来判断宝石相对的折射率（关于折射率将在第七章中讨论）。

高密度液的相对密度会随温度和差异蒸发而稍有变化，使用时要经过检验，要始终把它们的相对密度值视为是大致的。

当用于测试时，液体应放在洁净、无色的宽颈玻璃瓶内，这样才便于放入和取出样品，也便于观察样品。二碘甲烷在储存期间会褪色，不用时应储存在暗色的瓶中。

健康和安全

一些高密度液有挥发性和毒性，应在小心控制的条件下使用。避免与皮肤接触，使用后要洗手。避免吸入蒸气，要在良好通风条件下使用。

为在宝石检测中实际应用，液体应有与宝石类似的相对密度值。然而，由于可供选择的便于使用而危险又最少的液体不多，故能利用的相对密度值的范围也是有限的。

宝石的维护保养

有机的高密度液会使象牙、骨头、欧泊、珊瑚、珍珠、孔雀石和绿松石等多孔和可渗的材料着色。琥珀会被这些液体损伤，塑料会溶于有机液体，二层石和其他拼合石会完全解体。玉髓、青金岩和翡翠等材料可能是人工着色的，有机液体会把染剂溶掉。裂隙充填的宝石如注油祖母绿中的液体也会溶于有机液体。要避免所有这些材料与有机液体相接触。

测试结果的判断

再返回到阿基米德定律。你知道完全浸入液体中的物品所受到的上浮力相当于所排开的液体的重量。这条定律适用于所有的液体而不单是水。如果你不是把宝石放入水中，而是放入高密度液中，有些宝石会下沉，另一些会浮起，少数的会在液体中悬浮（图 5-4）。如果宝石是浸没在高密度液中，上浮力相当于所排开液体的重量。然而，这些液体比水重，宝石所受到的托起的力比在水中时大。如果上浮力大于下降力，即所排开液体的重量大于宝石的重量，物品将上升并浮于液体表面。它的相对密度低于高密度液的相对密度。

如果物品的重量与上浮力相等，将出现平衡态。物品既不下沉也不上升，而是自由悬浮在液体中它被放置的位置，这说明它们的相对密度是相同的。如果上浮力小于下沉力，即所排开液体的重量小于宝石的重量，宝石将沉到底部。宝石的相对密度大于液体的相对密度。

注意：一定不能让这些液体相互沾染，这会使它们的相对密度起变化。在每用下一种液体之前要彻底洁净镊子和宝石。

第五章　相对密度（比重）

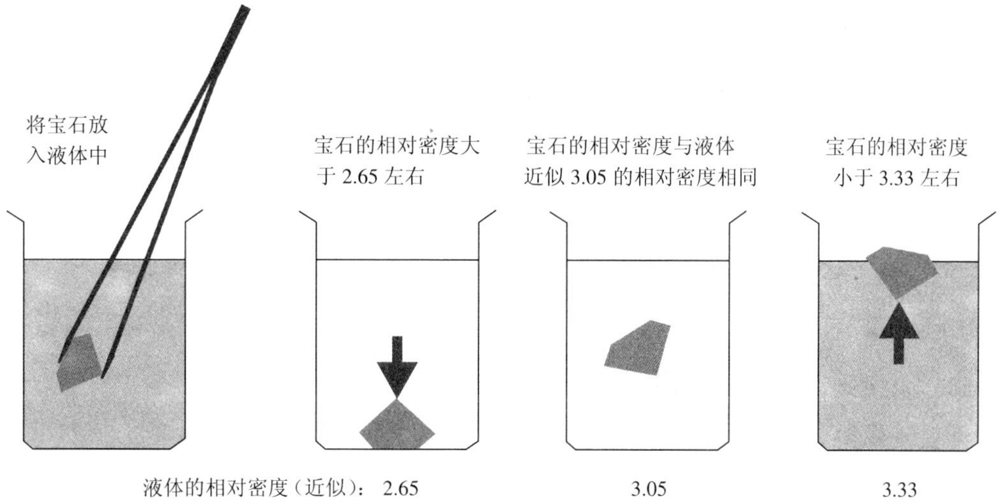

图 5-4　使用高密度液比较相对密度

5.4　近似相对密度值表

材料	相对密度	材料	相对密度
琥珀	1.05 到 1.10	橄榄石	3.32 到 3.37
煤精	大致 1.3	钙铝榴石	3.4 到 3.8
欧泊	2.0 到 2.2	托帕石	3.5 到 3.6
人造玻璃	2.0 到 4.2	钻石	3.52
长石	2.56 到 2.75	尖晶石	3.58 到 3.61
堇青石	2.57 到 2.61	维尔纳叶合成尖晶石	3.61 到 3.67
多晶质石英	大致 2.6	镁铝榴石	3.7 到 3.8
单晶石英	大致 2.65	金绿宝石	3.71 到 3.75
绿柱石各品种	2.65 到 2.80	铁铝榴石	3.8 到 4.2
软玉	2.8 到 3.1	刚玉各品种	3.80 到 4.05
碧玺	3.0 到 3.1	翠榴石	3.82 到 3.85
坦桑石	3.15 到 3.38	锆石	3.9 到 4.8
翡翠	3.30 到 3.36	锰铝榴石	4.12 到 4.20

许多人造玻璃仿制品的相对密度在 2.4 到 4.4 范围内。

复习

如果你还未曾复习，我们建议你现在复习本章。在第一章和《课程和考试指南》中有关于如何复习的建议。

在随后各章中我们将不再提醒你要复习。然而，我们建议你要坚持复习。这会对你理解课程内容有帮助，也对你记住资料有帮助。

第五章强化题

1. 红宝石比祖母绿致密。1 克拉的红宝石是比 1 克拉祖母绿大还是小？
2. 密度涉及 2 个物理单位。质量（重量）是其一，另一个是什么？
3. 材料的相对密度（比重）是其密度与特定材料密度的比值。这个特定的材料是什么？
4. 在工业和宝石检测中可用某些液体把混装的矿物和宝石快速分离。这些液体的总称是什么？
5. 如果你把一个雕件完全浸没在水中，该雕件所失的重量相当于与雕件同体积的水的重量。陈述这一原理的定律叫什么？
6. 为何这一定律对宝石学家有用？
7. 一个红色雕件在空气中重 12 克，在水中重 9 克。与雕件相同体积的水的重量是多少？雕件的相对密度是多少？这个雕件可能是什么材料的？
8. 二碘甲烷对通过观察不同相对密度来区分宝石材料特别有用。这种液体的近似相对密度值是多少？给出能用这种液体区分开的两种相似材料的实例。
9. 列出不能与有机液体相接触的 5 种材料。
10. 重达几千克并可能是用软玉制做的雕件最适合用什么方法确定相对密度？

第五章家庭作业

1 解释你如何使用高密度液来区分下列宝石

（i）粉红色碧玺和芙蓉石；

（ii）海蓝宝石和蓝色托帕石

说明在区分每一对宝石时你将使用什么液体。解释宝石放入该液体中后的表现。在进行这种测试时应采用什么防护措施。（20 分）

2（a）1 立方厘米翡翠的大致重量以克和克拉计分别是多少？（2 分）

（b）详述你如何测定重量大致为 1 千克的一件装饰玉雕的相对密度。（14 分）

（c）简述你的测定结果如何能帮助你确定这个玉雕是软玉还是翡翠。还需什么观察和测试能帮助你最终确定是什么玉。（4 分）

第六章　光的本质

第六章　光的本质

6.1　导言

本章简单介绍光和光学。在以后几章中将更详细地说明光如何受到宝石材料物理结构和化学组成的影响。这时你就能仔细思考如何利用所发生的光学效应和光学性质。

请注意，在本教程以及在家庭作业和考试中，**物理性质**这个术语都包括了材料的**颜色**和**光学性质**。

6.2　光在宝石学中的重要性

宝石的瑰丽几乎完全取决于宝石影响光的方式。钻石的火彩和欧泊的变彩就是两个实例。

当光进入任何材料或从该材料反射时，我们可察觉到光与材料的相互作用。我们的眼睛和大脑收集并解释相互作用的结果。这就是我们“看”材料的方式。

在宝石学中，我们需要知道当光与宝石相互作用时发生了什么。这是因为：

(1)　我们用光来展示宝石以供欣赏。
根据宝石与光的相互作用来确定宝石加工的方式和形状以期最大限度地显示其瑰丽。

(2)　我们以多种途径利用光来检测宝石。
当我们鉴别和研究宝石材料时我们是在观察和度量光与宝石的相互作用。

当光穿过材料而未被完全吸收时，我们说材料是**透光的**。当材料中的电子与光相互作用并转变为不可见的热能时，可见光**被吸收了**，即光未完全透过该材料。

光可以自由地穿过许多宝石，这些材料被说成是**透明的**。然而，另外一些宝石和装饰材料是不同程度地透光。

透明的材料　指透过它们可清晰看到一个物品的那些材料。

半透明材料　指破坏了光的通路以致透过它们看不清或完全看不到物品但光总是可以看到的那些材料。

不透明材料　指一点光也不让通过的那些材料。

显然，材料的厚度影响到材料可见的透明度和半透明度。

在许多宝石材料中，即便它们是透明的，仍有一部分光能被吸收并表现为颜色。对此我们将在第九章中说明。

6.3　光的本质

光是辐射能，它从光源向外传播。

光辐射可想象成是由光源呈直线传播的一组波。

光源包括太阳、星星、白炽灯（通常是钨丝灯）、荧光灯和发光二极管（LED）等。

光波在真空中以每秒 300 000 千米的速度传播。以这个速度，光用 8 分钟左右的时间从太阳到达地球，距离大致为 1 亿 4 千万千米。

当光从空间传播进入物质时速度减慢。当光从空气传播进入宝石等固体材料时速度显著降低。

这种现象是折射作用以及如何利用称为折射率（RI）的一种光学性质的重要基础。这些将在第七章中说明。

可见光能在特性上是电、磁并有，所以被称为**电磁能**。

被称为**光**的能量段只是范围宽得多的电磁辐射能的一个很小的部分。

手电筒、无线电、电视发射机、医用 X 射线机、微波炉和热辐射灯等都发出和辐射电磁能。

6.4 波长和频率

电磁能传播经过空间和材料。取决于从什么角度进行研究，可把电磁能想象成是能粒子流或波能流。在宝石学中我们通常把光想象成是波的运动。

为得到波的运动是什么样子的概念，你可尝试快速地上下摆动一根绳子。注意能量由手的垂直运动转化成一系列沿绳子的波（图 6-1）。能量从你的臂转化为沿绳子移动的波，但绳子并未离你而去。这种理论可解释像反射、折射、干涉和偏振化等光学效应。这些效应的细节和应用将在本教程随后章节中说明。

波或“周”沿绳子传播的速率称为波动**频率**。频率通常用“每秒周数”或**赫兹**表示。靠近摇动的绳子站立并想象一秒钟内从你面前经过的波脊数：这就是它的频率。在相同速度下，波长越长则频率越低：较长的波在你面前通过的频率低于较短的波。

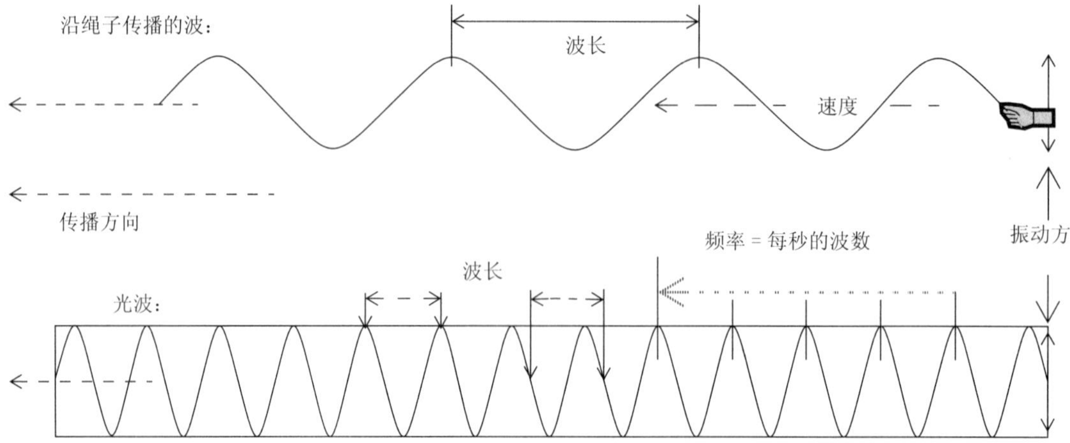

图 6-1　波、波长和频率

第六章　光的本质

较高频率的波具较高的能量。为方便起见，在宝石学中不是以能量而是以**波长**来表示电磁波的能级。譬如，用 653nm 波长来定义红光的特定色调或“颜色”。

然而，当你“看”光时，你的眼睛和大脑是通过接收光的振动频率来和光的能量发生电反应。眼睛和大脑实际上并不是把波长解释为颜色。

波长是相邻波中占据相同位置的两个点之间的距离。若把两个点取在相邻波峰上，将是最容易理解的（见图 6-1）。

电磁波的波长范围从非常长的无线电波，譬如 1 000 到 2 000 米，到非常非常短的像 X 射线这样的辐射，它的波长只有百亿分之一米。

度量短波长的一个方便的单位是纳米（nm）。

$1nm = 10^{-6}mm$（百万分之一毫米）

$1nm = 10^{-9}m$（十亿分之一米）

纳米已取代了埃（Å）作为光波的长度单位（$1Å = {}^{1}/_{10}nm$）

特定的波长限定了光的精确颜色。譬如，用 653nm 波长来定义红光的特定色调或“颜色”。

当你“看”光时，你的眼睛和大脑是通过接收光的振动频率来和光的能量发生电反应。眼睛和大脑一道通过对频率而不是波长的反应来解释颜色。

当光进入宝石，它在宝石中的传播速度要慢许多。然而，它的频率没有变化，所以“颜色”也没变。

光波的明亮度被称为**强度**，这是由波的高度而不是长度来指示的。波长和频率并没有告诉我们光有多亮。

光波从光源沿直线传播。单个光波或者说一条光线所取的直线方向称为**传播方向**（图 6-2）。

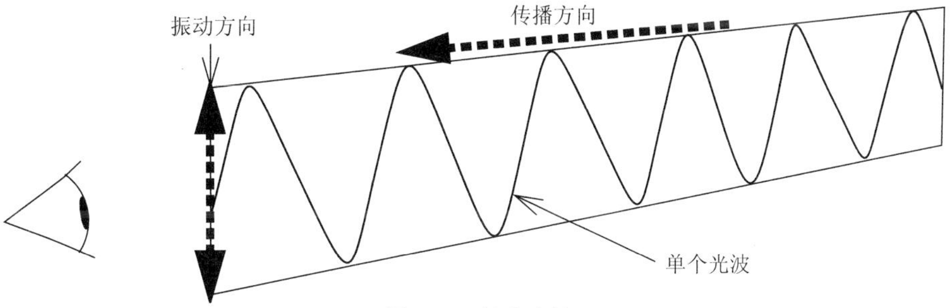

图 6-2　单个光波

白光由许多不同波长的波组成。所以，白光是许多“颜色”的组合。太阳发射白光。手电筒或灯中的钨丝和卤素灯泡提供了适用于大多数宝石学目的的近似白光。

光线是由所有从一个辐射源向外传播并沿同一方向传播的波组成的。一个聚焦好的手电筒光束能使我们对一条光“线”有所了解（图 6-3）。

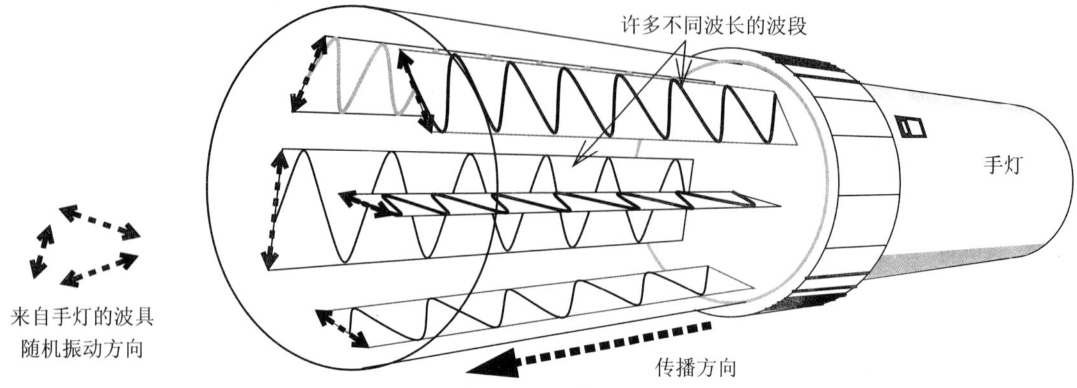

图 6-3　一条白光线

6.5　电磁波谱

谱是给予一系列频率或波长的名称。所以，谱是由能量的分布组成。谱中的各能量段被授予不同的名称。取决于我们对能量研究和利用的方式，这些能量段中的每一个被分别称为波、线（射线）或以能量单位表示。

电磁波谱所包括的波长（图 6-4）从最长的低频无线电波段（最低能量的波）经由波长不断变小的红外线、微波、可见光、紫外线、X 射线和 γ 射线，直到波长最短的甚高频宇宙射线（最高能量的波）。任一能量段都没有很截然的上限和下限。宝石学家关心除无线电波和宇宙射线外的所有波段。

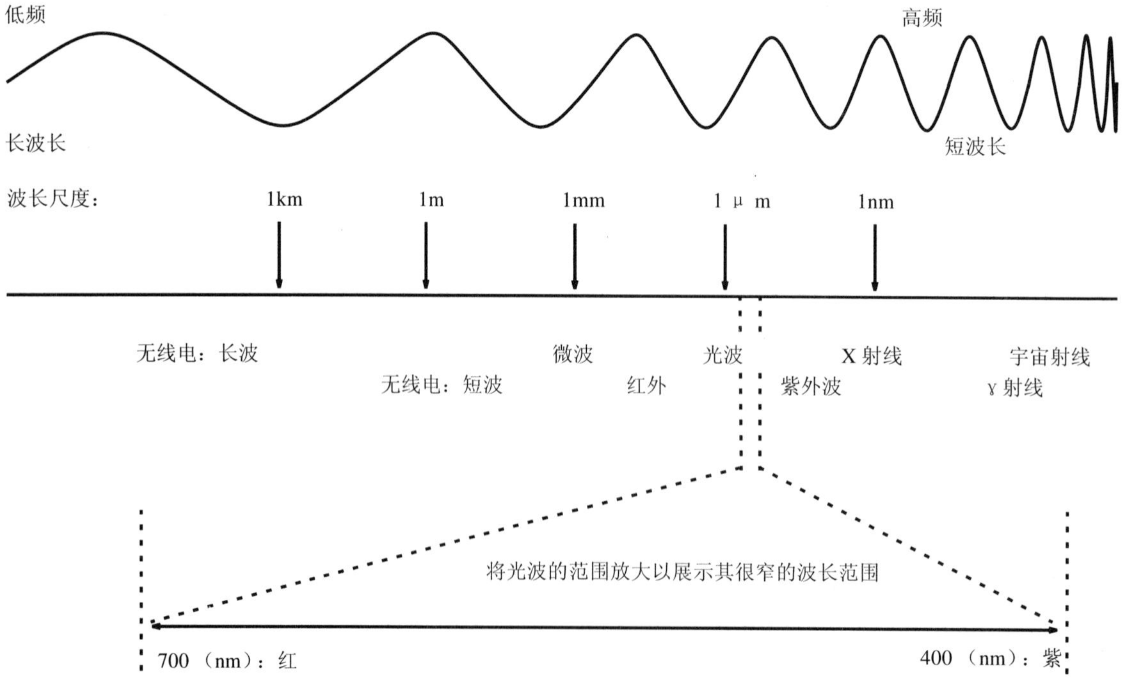

图 6-4　电磁波谱

光只构成该谱中范围很窄的一个波长段。

红外（IR）辐射用于反射仪，作为宝石鉴定的辅助手段。分光光度计被用在实验室中测定一些宝石材料和处理的宝石材料中的红外吸收。

可见光辐射展示了宝石的颜色和瑰丽。由于我们通常是用我们的眼睛来检测光辐射，故光为用于测试和鉴定大多数宝石的各种方法提供了最方便的手段。

紫外（UV）辐射在某些宝石中产生荧光效应，可作为鉴定和检测的辅助手段。分光光度计被用在实验室中测定一些宝石材料的紫外吸收。

X 射线能用于区别各种类型的珍珠；它能引起材料中的荧光，还能用于某些宝石材料的人工改色。

γ 射线可用于改变某些宝石的颜色。

不同电磁波具有不同的穿透能力，这通常取决于它们的波长以及被穿透材料的原子密度。譬如，波长与材料原子尺寸相当的 X 射线，其穿透能力部分地取决于原子的质量。

6.6　颜色的可见谱

图 6-4 展示了作为“光”被我们看到的电磁波谱的范围是如此之小。

图 6-5 是可见光波长范围的细节。

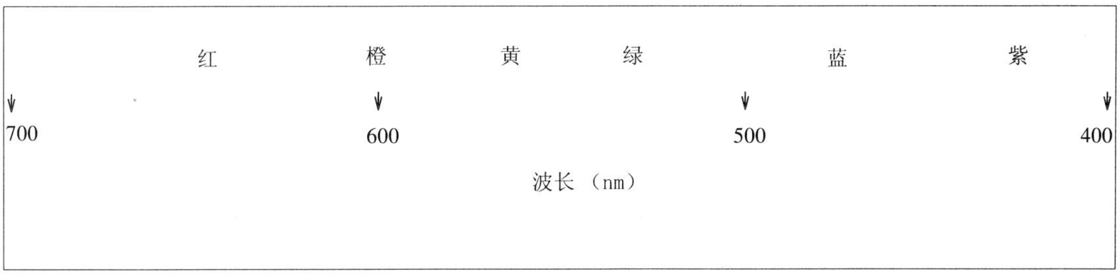

图 6-5　可见光谱

白光由未分开的（完整的）波长段组成。然而，用与我们所熟悉的彩虹色相似的光谱色来记住光谱是一种方便的办法：

红 — 橙 — 黄 — 绿 — 蓝 — 紫

可见光的波长从大致 700nm 到大致 400nm。其界限与你眼睛的灵敏度有少许关系。

注意，红光的波长大于紫光。红光比紫光的频率和能量低。

从第九章关于光谱应用的介绍中将可看出光谱在宝石学中的极端重要性。然而，我们还需要弄明白所有波长的光都具有的一个重要性质，那就是以下要提到的**偏振**化。在第十章中有更详细的说明。

6.7 偏振化和振动方向

大多数的光由在不同平面内振动的不同波长的光线组成。

平面偏振光（ppl）由振动方向全都相互平行的波组成（图 6-6）。

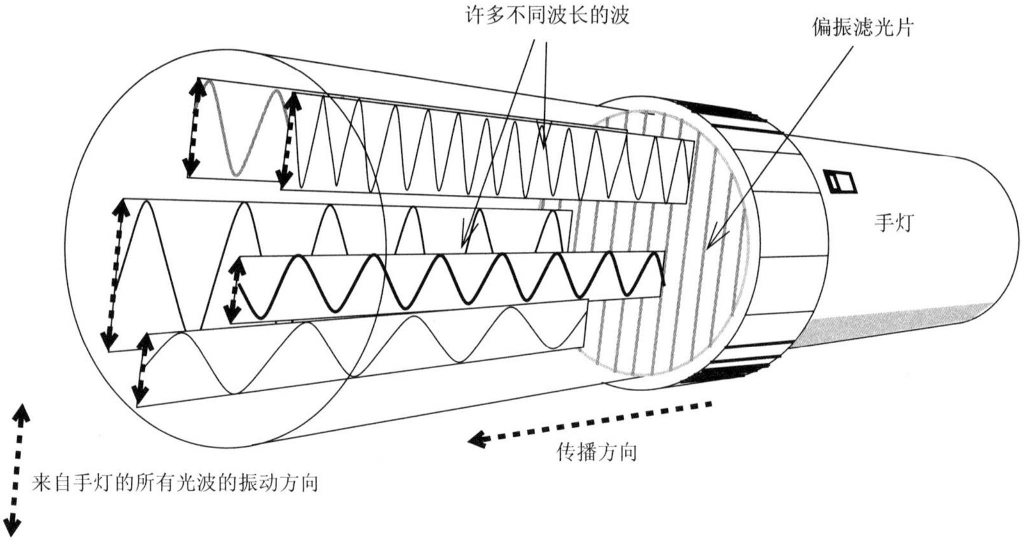

图 6-6　偏振光和振动方向

将图 6-6 与图 6-3 相比较不难看出，非偏振光由在垂直于传播方向的所有方向上振动的波组成。

偏振光可很方便地用偏振滤光片产生。偏振化这个重要效应是光与晶质材料相互作用的结果。

第十章中有关于偏振光和它的生成以及它在宝石学中的意义和应用的进一步资料。

第六章　光的本质

第六章强化题

1. 光的研究在宝石学中为何重要？
2. 我们用什么术语来描述全部通过材料而未被吸收的光？
3. 我们用什么术语来描述透过它能清楚看到物品的宝石？
4. 什么是纳米？其缩写符号是什么？
5. 光进入材料后，其传播速度是比在空气或空间中要慢或快吗？
6. 可见光构成能量谱的一小部分。整个谱的名称是什么？
7. 蓝光的频率和能量高于红光。是否它的波长也大于红光？是/否
8. 光波的振动方向不同于它的传播方向。它们之间是什么关系？
9. 如果来自光源的所有光的振动方向都是相互平行的，这种光该怎样称呼？
10. 说出（a）一种波长大于（能量小于）红光的能量类型和；（b）两种波长短于（能量高于）紫光的能量类型的名称。

第六章家庭作业

1（a）什么是纳米？（3 分）
（b）说出为何研究可见光在宝石学中有重要意义。（7 分）
（c）画示意图以展示完整的电磁能谱。指出该能量中由可见光组成的部分以及光波用纳米表示的上限和下限。（10 分）

2（a）借助示意图解释**平面偏振光**的含义。在你的示意图中要指出什么是振动方向。（12 分）
（b）解释平面偏振光与非偏振光有何不同。（8 分）

3（a）说出属于斜方晶系的 3 种宝石材料的名称。
（b）画出斜方晶系的基准轴，指出轴的角度关系和轴的相对长度。（5 分）
（c）指出斜方晶系的二次对称轴。（5 分）
（d）画一种斜方晶系宝石晶体的示意图，展示其最重要的观察特征，标出 *c* 轴方向。（10 分）

第七章　折　射

第七章　折　射

7.1　折射和折射率

7.1.1　导言

当光从空气进入液体或固体物质时其速度降低很多。光进入任何宝石时都会出现这种情况。

光进入一材料时速度的突然变化通常导致方向的变化：光线会像图 7-1 和图 7-2 所示的那样“折弯”。

这种折弯现象称为**折射**。

物质能使光减速，是因为材料中的电子与光相互作用。不同的材料使光速不同程度地减慢，这取决于材料中的电子样式。

光进入材料时减速越多，材料对光的“折弯”也越多。换句话说，折射量也越大。不同材料通常造成不同的折射效果。

我们可以把这种效应想象成“光密度”：减速效应越大，材料的光密度越大。光密度越大，折射的能力越强。

因不同材料减低光速的程度不同，故对减速效应的了解有助于鉴别材料。

然而，要测量光穿过空气的速度对我们来说太困难了，更不用说光穿过小宝石内部的速度了。作为替代办法，我们可以测量折弯效应：光折弯的角度。

7.1.2　折射

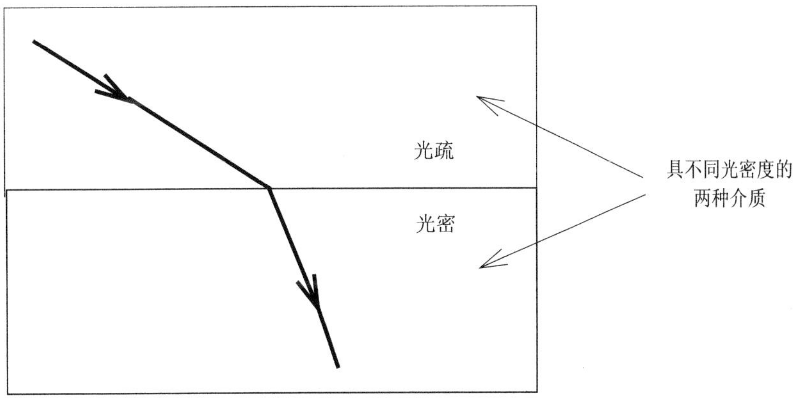

图 7-1　光线的折弯：折射

每种不同材料都有特定的光密度。所以，当光进入或离开一特定材料时，它的折射程度是一定的。

折射定律（见本教程附录）支配了光穿过两种不同光密度的介质时的行径。**折射率（RI）**是从这些定律导出的。

为了更好地熟悉这些术语和折射作用，请看图 7-2。图中的 AB 是空气中的光线，它在 B 点与一个玻璃块的表面相遇。B 点称为**入射**点。

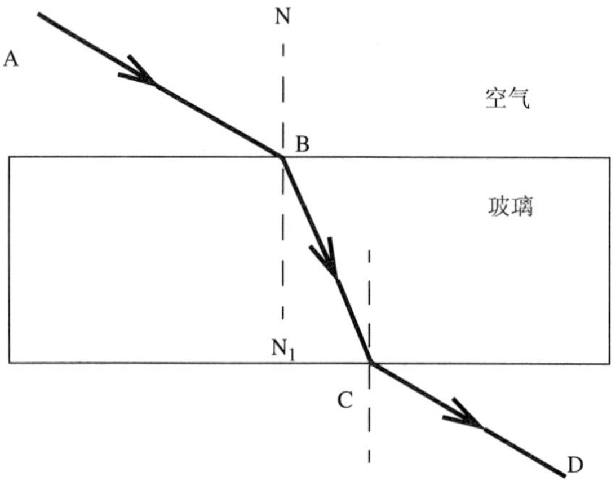

图 7-2　光线进入和离开光密介质时发生的光的折射

像 N—N_1 这样的**法线**是在每个入射点所画的垂直于表面的一条假想线。法线有助于我们观察和测量角度。

在 B 点，当光线进入玻璃块时看来是折向法线。

光线沿直线 B—C 在玻璃中穿行，直至在入射点 C 再次达到与空气的分界面。在该图中，第二个分界面平行于第一个分界面。只要玻璃和空气的这两个分界面（即玻璃块的两个面）是平行的，那么路径 C—D 就平行于 A—B。穿过 C 点再画一条法线（虚线）。

只有当入射光与分界面不呈 90°，也就是说与表面斜交时，折射（即方向的变化）才有可能发生。沿法线方向传播的光在界面处不会折射，但进入玻璃后传播速度以同等程度降低。

当光的传播方向与图 7-2 所示的相反时，光线在玻璃块中的路径和折射不变。

当光线从光疏介质进入光密介质时，光线总是折向法线。折射角小于入射角（图 7-3）。

当光线从光密介质进入光疏介质时，光线总是偏离法线。折射角大于入射角。

折射　是光从一种介质进入另一种具不同光密度的介质时其传播方向的变化（除非入射光线与界面呈 90°）。

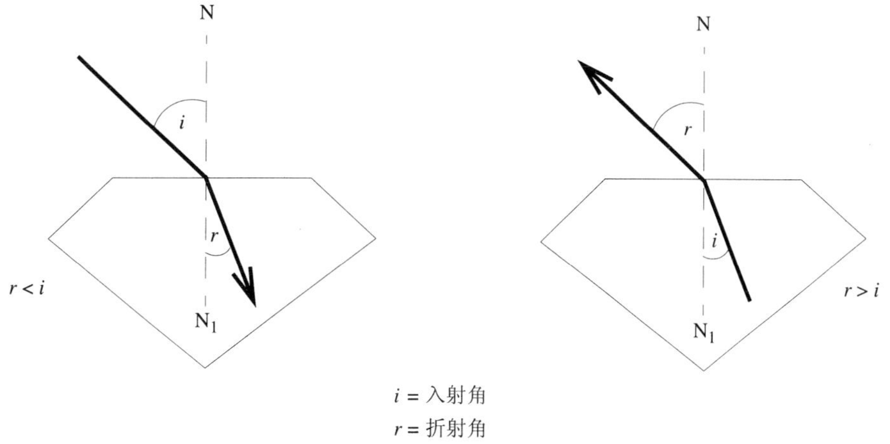

图 7-3　光线从空气进入宝石和从宝石进入空气时发生的折射

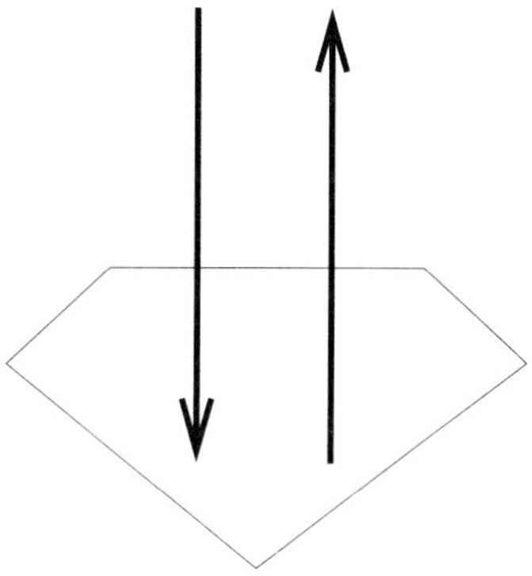

图 7-4　入射光线与界面呈 90° 时无折射发生

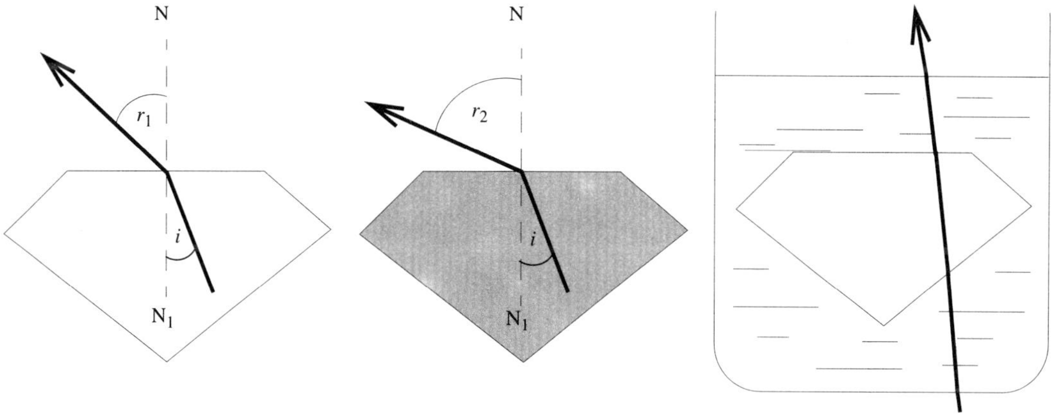

光密度低的宝石　　光密度高的宝石　　宝石和液体具相似光密度

图 7-5　光线穿过宝石进入空气和进入光密液体时发生的折射

相互接触的两种介质的光密度差越大，光线折向或偏离法线越多（图 7-5）。

然而，如果两介质的光密度相同，因光速没有变化，故没有折射发生。譬如，若宝石被浸没在与其光密度相似的液体中，那么由液体进入宝石的光线和由宝石返回液体的光线只少许折射或完全不折射。这使得能较清晰地观察宝石内部。

7.1.3 折射率（RI）

对任一物质都存在控制入射光及其折射的简单关系。折射定律（见本教程附录 1）和被称为**折射率（RI）**的比率反映了这种相互关系。

折射率（RI） 是服从于折射定律并表明材料中光折射性质的数值。

折射定律（斯涅耳定律）见附录 1（不包括在基础课程大纲内）。

相互接触的两种介质的光密度差越大，光线折向或偏离法线越多。

这个事实很重要，它是我们测定折射率的基础。

在宝石检测中，折射率值表明了宝石材料的光密度与空气光密度的相互关系,实际上是光在材料中的传播速度与在空气中传播速度的相互关系。光在材料中的传播速度越慢，材料的折射率越高。然而，在实际应用中，根据折射来确定折射率（RI）要比根据测定光速来确定折射率容易得多。

折射是一种光学效应，它对宝石学家非常重要。这是因为，许多宝石材料的折射率有诊断意义：大多数宝石有特征的折射率或折射率范围。譬如，天然尖晶石的 RI 通常接近 1.73，单晶石英的 RI 通常是 1.544 和 1.553。

7.2 单折射材料

如果你再读一遍关于晶质材料那一章（第三章），你会注意到由晶体内部有序和规则的原子结构所导致的特有的效应。结构对光波可以有很大甚至是惊人的影响。而对宝石学家来说，这些效应因能帮助鉴定宝石，故非常有用。材料中不同样式的原子键合以不同方式与光波相互作用，所以，每种材料对光的影响不同。

结晶成立方晶系的宝石和具非晶质结构的宝石材料允许光以相同速度从所有方向通过。这种材料被说成是**光学各向同性的**，即“光学性质到处都一样”。

这些材料只有一个折射率（RI）。所以它们是**单折射的**。

譬如，萤石的 RI 是 1.43，尖晶石的 RI 是 1.73，钻石的 RI 是 2.42。

光学各向同性材料　在穿过材料的所有方向上均表现出相同的光学性质。

光学各向同性材料的实例包括：

(1) 所有结晶成立方晶系的材料，如钻石、石榴石、尖晶石、萤石。

(2) 非晶质材料，如天然和人造玻璃和塑料以及琥珀和欧泊等天然宝石材料。非晶质材料只拥有很少的晶质结构或完全没有。

7.3　双折射材料

结晶成除立方晶系外其他 6 个晶系的材料对光的作用在不同方向上不同。这些材料被称为**光学各向异性的**。

光进入这样的材料时照例分解为两个组成部分。

光学各向异性的材料有两个折射率，因而称为**双折射的**。

由各向异性材料产生的光学效应之一是双折射（DR）。

光学各向异性材料的实例包括所有结晶成四方、三方、六方、斜方、单斜和三斜晶系的材料，譬如锆石、石英、刚玉、碧玺、绿柱石、托帕石、橄榄石、金绿宝石、坦桑石、堇青石和长石。

这 6 种晶系的原子结构使入射光线分解成两条单独的光线。因为它们的折射程度稍有不同，故它们是相互独立的并沿不同的路径传播。之所以折射程度稍有不同是因为这两条光线在光学各向异性材料中以稍有不同的速度传播。

光学各向异性材料　在穿过它的不同方向上表现出不同的光学性质。

这些材料被说成是具**方向性**光学性质。

请查阅晶质材料一章（第三章）以获得关于晶体结构中出现各向异性原因的基本信息。

7.3.1　方向性性质

在宝石学中，“**方向性的**”是指由材料晶体结构控制的宝石性质的所有变化。

晶体结构是所有晶质材料所拥有的原子和键的内部规则重复三维样式。这种内部结构通过在材料表面和内部产生一定的方向性效应从而影响材料的物理性质（包括光学性质）。

方向性**物理**性质影响所有的晶质材料。这些性质在材料表面是明显的，如晶形、晶面标志和差异硬度；在材料内部也是明显的，如定向色带、内部晶体生长带（纹理）、定向包裹体、解理和光学效应。

所有的方向性性质基本上都是“物理的”，这是因为它们是特定晶体结构与其周围物理力相互作用的结果。在所有这些物理性质中，光学性质在宝石检测中是至关重要的。

光学各向异性材料拥有方向性光学性质是因为它们能产生偏振光。这使我们能观察双折射、偏光镜下的消光效应以及多色性（见第十章）。

注意，断口不是方向性性质，因为它不受控于晶体结构。断口是所有固体材料都可拥有而不局限于晶质材料的性质。

结晶性乃是方向性性质的关键。对晶质材料的专门研究和测量是**结晶学**的任务。本教程所涉及的不是结晶学本身而是材料的结晶性。这是因为大多数宝石是晶质的，我们需要了解、观察和测试它们的晶质性质。

7.3.2 振动方向和双折射

晶体中每组光波的振动方向是重要的方向（详见第十章）

当光进入物体时，原子结构使光平行于两个相互垂直的面振动（图 7-6）。

所以，穿过材料的这两个组分是平面偏振化的（见第六章和第十章）并以稍不相同的速度传播。

当这两条组成光线离开物体并再次进入空气时，它们依然是偏振化的。

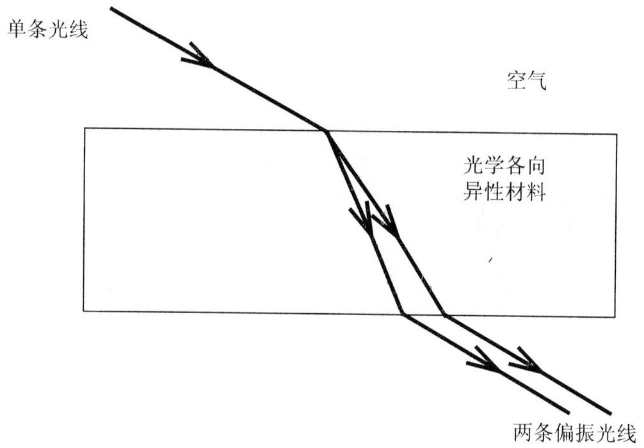

图 7-6　光线分解为两个组分

在穿过材料的某些特殊方向上不发生各向异性效应。这是重要的——见本章稍后的**光轴**部分。

当光进入光学各向异性材料的单晶体时，由入射光形成的组分或“光线”不会多于两个。

7.3.3 双折射率和偏振化

当双折射发生时，折射少的是具低折射率的光线，也就是传播较快的那条光线。

譬如，石英有两个折射率：1.544 和 1.553，两者之间的数值差是 1.553－1.544 = 0.009。这种数值差称为**双折射率**。双折射率表明了双折射（DR）的量。

双折射率有时也用 DR（双折射）表示，但双折射率实际是指双折射的量。

第七章　折　射

双折射率　是各向异性材料两个折射率之间最大数值差。

双折射　是各向异性材料将光分解成两个独立组分所产生的光学重折（重影）效应。

你使用折射仪来测量双折射率。你用放大镜、显微镜或有时用肉眼来观察双折射。譬如，宝石中刻面棱、尘粒或划痕的重影就是双折射效应（图 7-7）。

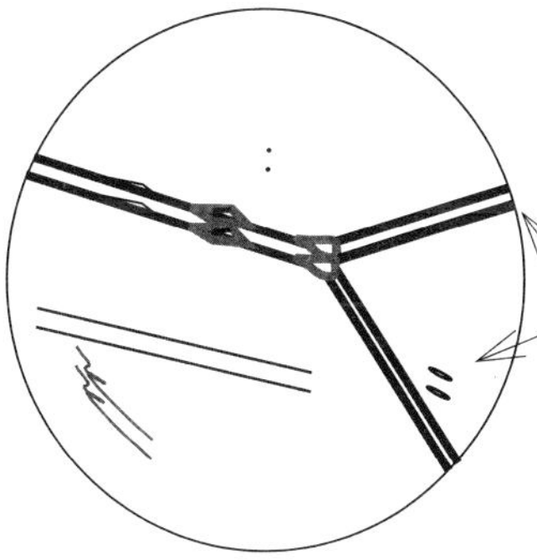

图 7-7　用 10×放大镜看到的双折射

光通过各向异性材料的大多数方向时发生双折射。两条光线以稍不同的速度在材料中传播，因而折射的角度稍有不同。所看到的光线发生了双折射。

双折射光的两条光线都是完全平面偏振化的。

这两个组分总是在相互垂交的平面内偏振化。

平面偏振光是所有光波都在相互平行的平面内振动的光。

双折射率值和所观察到的双折射是光学各向异性材料的方向性性质。要着重指出的是，立方晶系材料尽管是光学各向同性的，但拥有其他的与结构各向异性有关的方向性性质。突出的例子如立方晶系和光学各向同性的钻石拥有的方向性硬度和解理。

完全非晶质材料在光学和结构上都是各向同性的，因而不拥有原子尺度结构导致的方向性性质。

7.3.4　光轴

取决于晶系，各向异性晶体可有一个或两个平行于它时不发生双折射的方向。

这些方向称为光轴。

光轴　是各向异性晶体结构中当平行它时只发生单折射的方向。

具一个光轴的材料称为**光学一轴的**；具两个光轴的称为**光学二轴的**。从未有多于两个光轴的。

不同晶系材料的光性

晶系	实例	光性	光轴
立方晶系	钻石、石榴石、尖晶石、萤石	各向同性	无
四方晶系	锆石	各向异性	一个
三方晶系	刚玉、石英、碧玺、方解石		
六方晶系	绿柱石		
斜方晶系	橄榄石、托帕石、金绿宝石	各向异性	两个
单斜晶系	月光石		
三斜晶系	一些长石		

除沿光轴方向外，在光学各向异性材料的所有方向上你照例会接收到两个组分。

一轴晶材料中 RI 的最大差值出现在当 E 光线的振动方向平行于 *c* 轴时。RI 的这个差值称为材料的双折射率（图 7-8）。

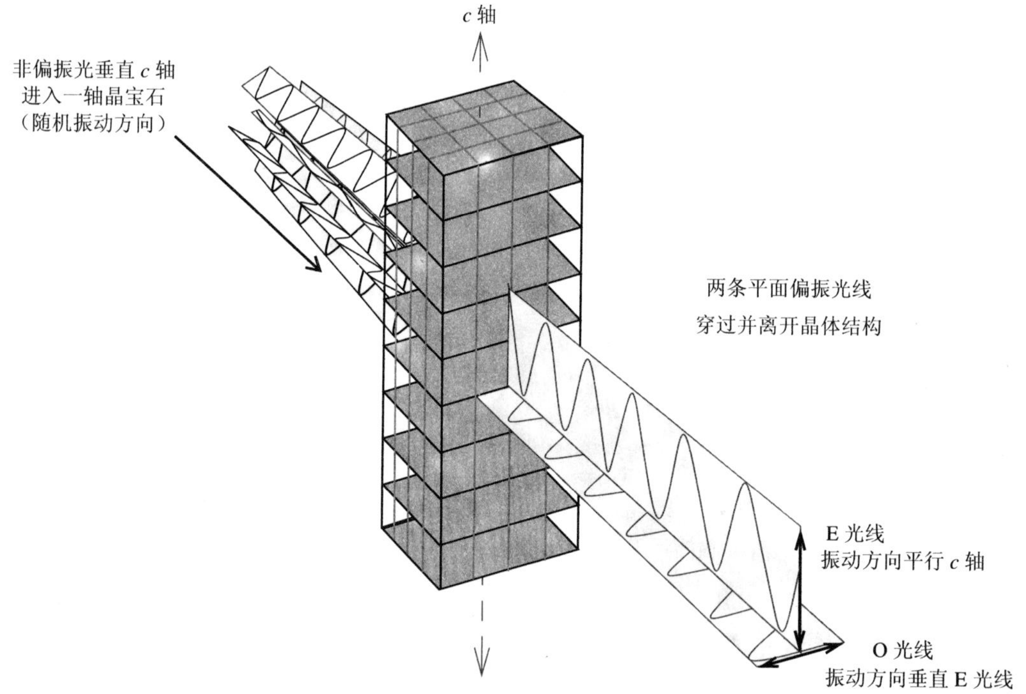

图 7-8　一轴晶晶质材料中的 E 光线和 O 光线

在二轴晶材料中，每个二轴晶材料的双折射率值也和一轴晶材料一样，是最大和最小 RI 的差值。不论你从哪个方向观察各向异性材料，你所接收到的振动方向（偏振面）不会多于两个。即便在二轴晶材料中你也只能看到双折射，永远不会看到“三折射”。

光轴并不指明光线穿过晶体的具体途径，它是个假想线，纯粹是起指示作用，它指明了光波穿过整个晶体的方向。

在每个光学一轴晶材料中，光轴的方向平行于主晶轴（*c* 轴）（见第二章）。在光学二轴晶材料中，两个光轴照例不平行于任何晶轴。

第七章　折　射

7.4　折射率的测定

大多数宝石材料的折射率和其他光学特征的变化范围是有限的，因而测定折射率和双折射率对检测宝石是有用的。

在一定条件下，入射角的增大在材料中引起内反射而不是折射（图 7-9 ）。这个效应称为**全内反射**（TIR）。关于反射定律请阅本教程的附录。

对于宝石检测，观察全内反射要比测量折射角更方便。每颗宝石特征的全内反射角可容易地观察到。

为用这种方法测定折射率，我们使用一种类型的宝石折射仪。我们把它叫为折射仪，但事实上该仪器利用的是全内反射而不是直接测量折射。这种仪器实际上是全内反射型折射仪，它检测的是全内反射。

使用全内反射型折射仪的目的是揭示全内反射的临界角（图 7-10）并给出根据所测宝石的临界角确定的折射率读数。

宝石的折射率与临界角的关系很简单，所以我们能从折射仪的内部或外部标尺上直接得到折射率的读数。测定宝石的折射率是一种很有用的非破坏性的宝石检测方法。

7.4.1　全内反射

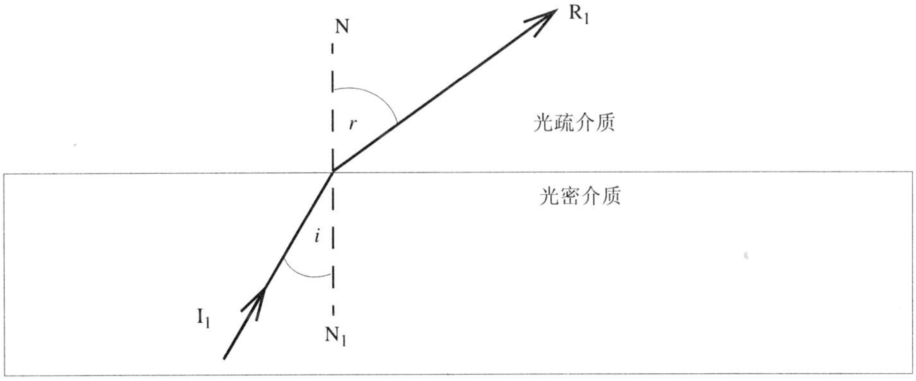

图 7-9　由折射转变为全内反射——(*i*)

当光线 $\mathbf{I_1}$ 由光密介质进入光疏介质时，它折射（$\mathbf{R_1}$）并偏离法线 $\mathbf{N—N_1}$（图 7-9）。折射角 r 大于入射角 i。法线 $\mathbf{N—N_1}$ 是一条垂直穿过分界面的假想参照线。

入射线（图 7-10 中以 $\mathbf{I_2}$ 表示）的入射角可增大直至折射线（图 7-10 中以 $\mathbf{R_2}$ 表示）沿两个介质间的界面传播。

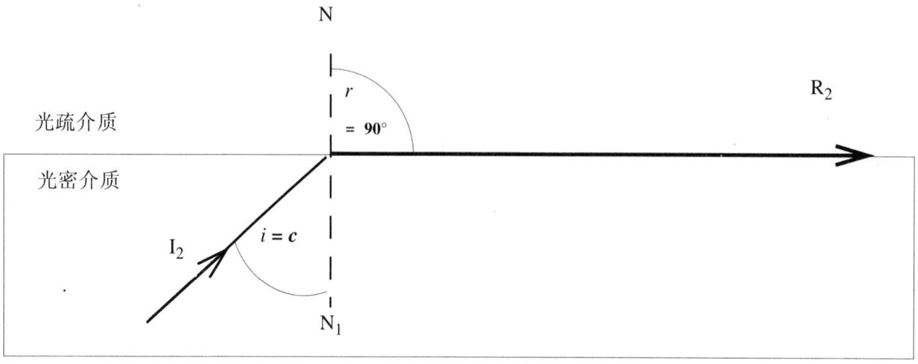

图 7-10　由折射转变为全内反射—— (*ii*)

如果折射线是沿两介质的界面，那么折射角 r 必定是 90°。当这种情况出现时，入射角被称为临界角，以 c 表示。

入射角增大到超过临界角就引起全内反射（图 7-11）。

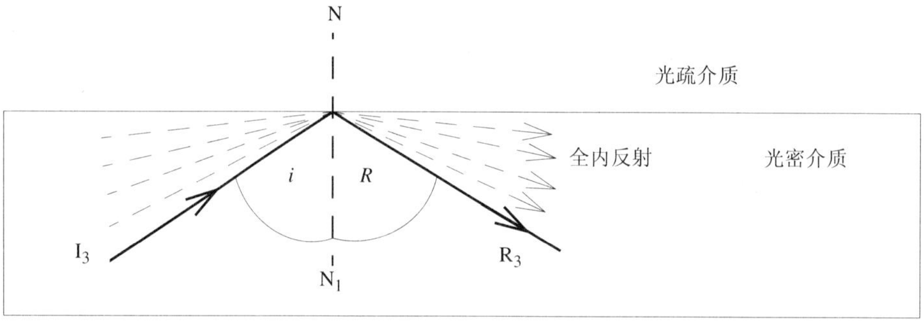

图 7-11　由折射转变为全内反射——(*iii*)

在图 7-11 中，入射线 $\mathbf{I_3}$ 的入射角 i 超过了临界角，所以，没有光线被折射到光疏介质。全部入射光线遵循正常的反射定律沿 $\mathbf{R_3}$ 全内反射。

角 i（入射角）等于角 R（反射角）。以大于临界角入射的所有的光（图 7-11 中 $\mathbf{I_3}$ 之上用虚线表示的部分）将全内反射。

全内反射　发生在入射光以大于临界角的角度与光密度不同的两种介质的界面相遇的情况下；光留在光密介质内。

为用全内反射型（TIR）折射仪测定折射率（RI），宝石应是光疏介质，而折射仪的高密度玻璃台则是光密介质。折射仪的台也可用其他材料制作，但任何的台都必须是单折射的。

接触液被用来使宝石和玻璃之间保持良好的光学接触。为了能从仪器上获得读数，宝石的折射率必须低于接触液的折射率。接触液的折射率决定了在标准玻璃台折射仪上所能测定的最高折射率。

图 7-12 是宝石和折射仪高密度玻璃台交界面的剖面图。为产生全内反射，宝石与折射仪的玻璃台相比较应是光疏的。只有这样才能获得正面的结果。

光线以不同的角度进入玻璃台并与两介质的界面相遇。一些光线折射穿过宝石，以 $\mathbf{R_a}$ 表示；另一些光线则全内反射回到光密的玻璃台，以 $\mathbf{R_e}$ 表示。

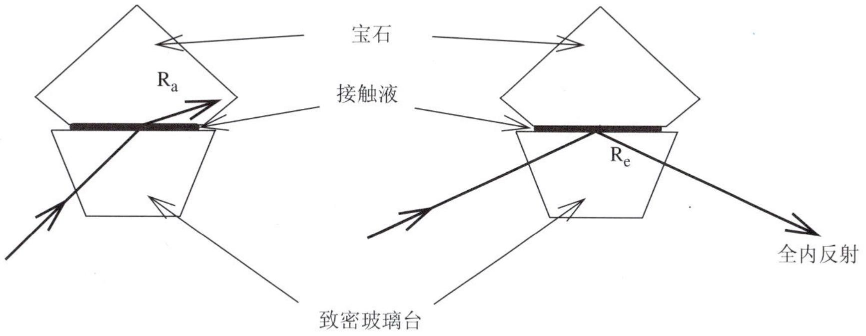

图 7-12 折射仪玻璃台与宝石交界处光的路径和全内反射

7.4.2 全内反射型折射仪的结构

该仪器（图 7-13 和图 7-14）使用由称为“高密度铅玻璃”的高折射率材料制作的玻璃台。它的折射率可高达 1.96。这种玻璃非常软，使用时要非常小心以免损伤台的表面。用于折射仪玻璃台的玻璃具高色散，而大多数宝石则具较低的色散值。这就意味着两介质间的临界角随入射光的波长而显著变化。若使用由许多波长（颜色）组成的白光，其结果将是宽的彩虹状的阴影边界。用（a）单色光或（b）单色滤光片可获得较清晰的阴影边界。折射率表中所列的数值是针对 589nm 波长的黄光给出的。

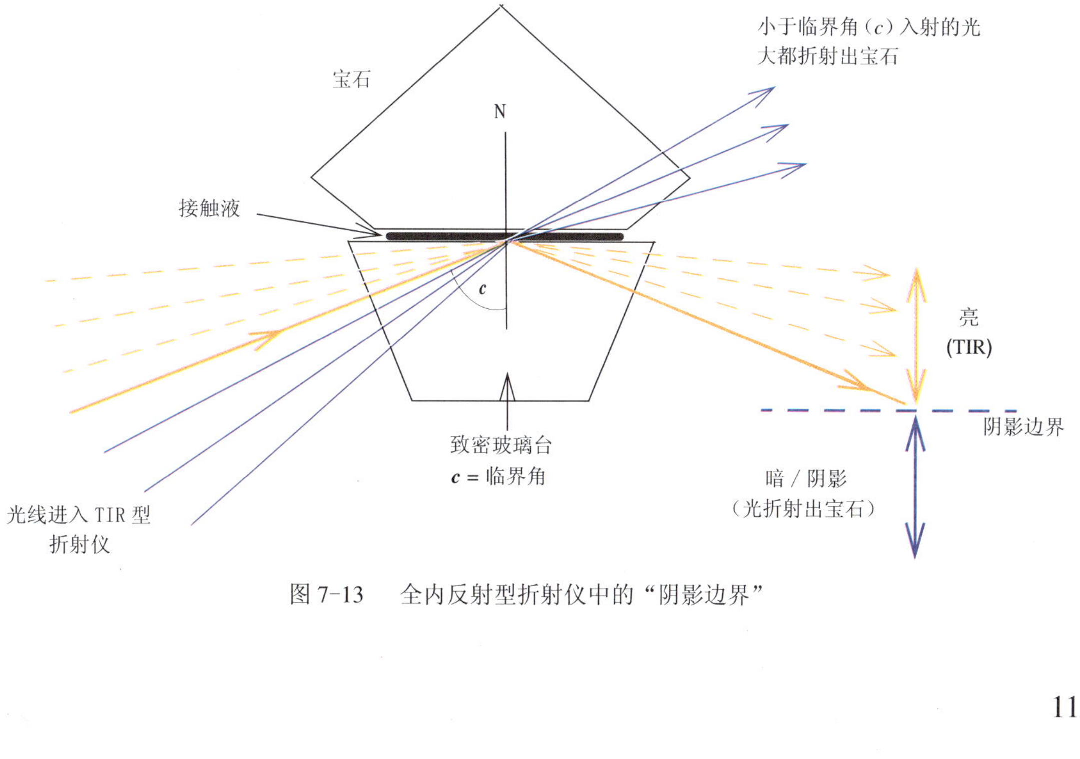

图 7-13 全内反射型折射仪中的“阴影边界”

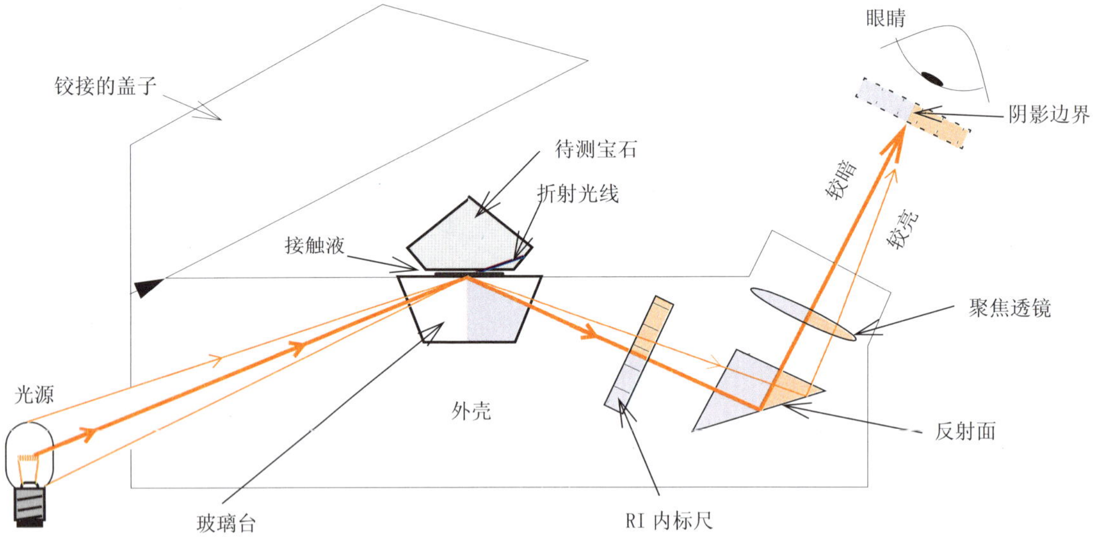

图 7-14　全内反射型折射仪的结构

用于一般宝石检测的全内反射型折射仪具刻有 RI 值的内标尺和外标尺（图 7-15），其 RI 值的范围通常是从 1.40 到 1.83。标尺刻度通常到小数点后两位，而小数点后第三位则靠操作者目估。

阴影边界的位置是由临界角值决定的。临界角值又决定于相接触的玻璃和待测宝石这两个介质的 RI 值。接触液的薄膜不会改变临界角。折射仪玻璃台的 RI 是个常数，临界角随所测宝石不同的 RI 值而变化，所以标尺可直接按 RI 标定。

全内反射型折射仪的精度足以精确确定光学各向异性材料的双折射率。

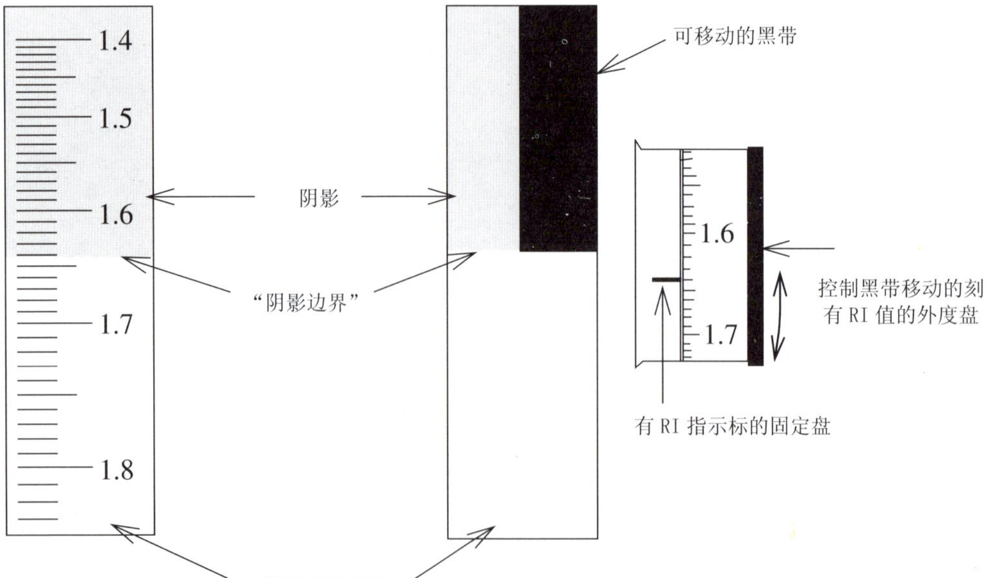

图 7-15　折射仪的内标尺（左）和外标尺（右）

第七章　折　射

Dialdex 型折射仪没有内标尺，取代它的是标有 RI 值的外度盘。外度盘是可旋转的，它操纵内部的一条黑带，可使黑带的下界与阴影边界排在一条线上。当阴影边界与黑带边界取齐时，外度盘上的刻度就提供了折射率读数。

若玻璃台上没有东西，当观察者透过折射仪目镜观察时将看到一个垂直的亮带。当宝石放到台上后，这个带可被一条或两条**阴影边界**分隔成上、下两部分。标尺上部较暗，下部较亮。较亮的部分相当于全内反射的光线，而较暗的部分则是因为大多数光线已折射穿过宝石（见图 7-13、图 7-14 和图 7-15）。无阴影边界而是全暗的标尺则表明宝石的 RI 太高以致在折射仪上没有读数（在 1.78 至 1.81 之间可见到一条由接触液导致的模糊的线）。图 7-16 所示是宝石学家必须测量的一条或两条阴影边界的位置。

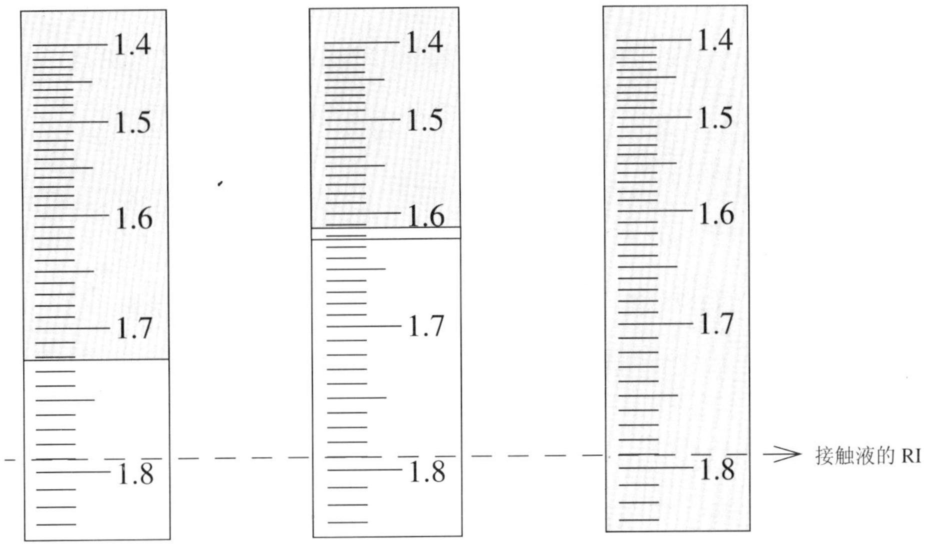

图 7-16　一条和两条阴影边界及右边的无读数的暗的标尺

照明

在白光中测量单折射宝石的 RI 是可能的，其办法是把读数的位置选定在彩虹状阴影边界的黄和绿色消失处。然而，对于双折射宝石，由于两个彩色的阴影边界相互覆盖，因而很难甚至不可能区分开两个 RI 值。理想的是使用单色光，因它能提供清晰的阴影边界。

单色光是具单一波长的“纯的”有色光。在实践中，具窄的波长范围的光对测定 RI 读数已经足够了。这种光可通过一系列途径产生，特别是使用：

(1)　能允许以 589nm 为中心的窄光带通过的干涉滤色片；
(2)　发射黄光的二极管（LED）；
(3)　单色滤色目镜；
(4)　钠蒸气灯。

接触液

为使玻璃台和宝石之间有良好的光学接触，必须使用专门的液体以去除两个表面之间的空气。不这样做通常就不能获得读数。许多液体都是适用的，主要要求是其 RI 必须高于待测的宝石。全内反射型宝石折射仪所用的液体，其 RI 通常是在 1.79 和 1.81 之间。所以，在折射仪上所能读出的最高 RI 值受限于液体的 RI 值。

为获得精确度达到小数点后第三位的折射率和双折射率，待测宝石应具有可供读数的洁净平滑的抛光表面。必须使用合适的高 RI 液体以保证折射仪台面和宝石材料的接触。转动宝石很重要。这决定了你能否检测到一条或两条阴影边界并确定一条还是两条边界在转动过程中是固定还是移动的。最高和最低折射率值之间的差值就是该宝石的最大双折射率值，它与所测的是哪个刻面无关。

通常若是有两个阴影边界且在转动一圈过程中只有一个阴影边界是移动的，则该宝石是光学一轴晶的。若转动一圈两个阴影边界都移动，该宝石是光学二轴晶的。

所测刻面相对于光轴的某些特殊取向会产生特殊的结果。这些将在证书课程中讨论。

健康和安全

接触液的用量非常小，只要采取适当的防护措施，特别是保证良好的通风，防止溅出或接触皮肤和眼睛，其危害性会降至最低。

利用标准全内反射型折射仪所获一般结果的一览表

一个固定的阴影边界	
各向同性的	实例
非晶质的	欧泊、人造玻璃、天然玻璃
立方晶系	尖晶石、石榴石、萤石
多晶质的	块状钙铝榴石
各向异性的	实例
多晶质的	玛瑙、软玉、翡翠

两条阴影边界，一条移动	
各向异性的 —— 一轴晶的	实例
三方晶系	刚玉、石英、碧玺
六方晶系	绿柱石

两条阴影边界，两条都移动	
各向异性的 —— 二轴晶的	实例
斜方晶系	托帕石、橄榄石、金绿宝石、堇青石、坦桑石
单斜晶系	月光石、石膏
三斜晶系	天河石、拉长石、日光石

对于一轴晶宝石，固定不动的阴影边界属于**常光线**，移动的阴影边界属于**非常光线**（在晶体光学和光性矿物学中的确切用语是**常光**和**非常光**——译者注）。

第七章　折　射

这里要着重指出，除某些有机宝石（以及未包括在大纲内的少数少见宝石）外，没有折射率在 1.50 和 1.70 之间的单折射天然宝石。

上页表是典型结果的一览表。然而，一些二轴晶宝石在某些取向上只有一个移动的阴影边界。

通过测另一刻面，可确定这些宝石的真正属性。

利用折射仪通常能够把各向同性和各向异性的刻面宝石区分开。为帮助鉴别宝石，也许能获得宝石的平均折射率值并确定它是各向同性或各向异性就足够了。然而，如可能的话，最好是能测定**双折射率**。双折射率是用最高折射率减去最低折射率。有时把它叫为“双折射”或“DR”，但正确的叫法应是双折射率。

如果两个阴影边界能清楚看到，那么通过计算从任何单个刻面获得的读数总是能够得出宝石的最大双折射率而不论刻面相对于晶体结构的取向如何。重要的是要转动宝石一圈以获得最高和最低折射率读数。这些读数必须要到小数点后三位。这第三位数是估出的。

由于一些宝石种的折射率和双折射率的范围叠覆，所以总是要用 10×放大镜进行观察，通常还要用进一步的测试来确认鉴定结果。

归纳：利用折射仪有可能确定：

(1) 宝石是光学各向同性还是光学各向异性的，即单折射还是双折射的；
(2) 各向同性宝石的折射率；
(3) 各向异性宝石的最高和最低折射率，进而确定其双折射率，并弄清该各向异性宝石是一轴晶还是二轴晶的。

本教程中和考试时所提供的参数表给出的是每种宝石矿物最常见的折射率和双折射率范围。表中每种宝石的折射率是近似值，因而只给到小数点后两位。实际工作中要求对每颗刻面宝石要测到小数点后第三位。折射率的变化范围通常用数值之间加“到”这个词来表示。譬如，取决于精确的化学成分，托帕石的折射率范围通常是 1.61 到 1.64。**这些数值不能用于说明其双折射率**。

然而，一颗具体的被测试的托帕石样品可提供譬如 1.615 和 1.625 的最低和最高折射率。所测的数值可写成 1.615—1.625，这里使用的是符号“—”而不是“到”字。双折射率是用 1.625 减去 1.615，等于 0.010。同样地，在镁铝—铁铝榴石类质同象系列中，宝石的单折射率可在大致 1.74 到 1.81 的范围内。而每颗具体的刻面宝石则通常可度量到小数点后第三位。譬如，一颗具体的石榴石样品可给出单一的折射率 1.776。因为它是光学各向同性的，故没有双折射率。

在实践中发现，大多数宝石材料具有相当局限的 RI 范围，它们的光学特征没有很大变化。这也正是为什么折射率和双折射率在宝石检测中如此有用。再者，刻面宝石因其刻面通常很平并能提供充分的光学接触，又因其多由单晶体制成，故能检测出是否是光学各向异性的。

要注意，像刚玉等某些宝石种，其天然品和合成品在光学特征上是没有差别的。然而，对于某些类型的尖晶石和祖母绿，根据折射仪以及其他观察提供的信息，有可能把天然品和某些类型的合成品区分开。

在基础课程考试时会提供一张折射率和双折射率数值表。注意常数表下方的说明。

重要的折射率和双折射率数值表

宝石种	光性	大致折射率和通常范围	典型的双折射率
欧泊	各向同性	1.40 到 1.46	—
萤石	各向同性	1.43 到 1.44	—
玻璃（人造玻璃）**	各向同性	1.50 到 1.70	—
长石	二轴晶	1.52 到 1.57	0.004 到 0.009
玉髓	（多晶质）	1.53 到 1.55	—
石英	一轴晶	1.54 到 1.56	0.009
堇青石	二轴晶	1.54 到 1.46	0.008 到 0.012
绿柱石	一轴晶	1.56 到 1.60	0.003 到 0.010
托帕石（黄玉）	二轴晶	1.61 到 1.64	0.008 到 0.010
软玉	（多晶质）	大致 1.62	—
碧玺（电气石）	一轴晶	1.62 到 1.64	0.014 到 0.021
橄榄石	二轴晶	1.65 到 1.69	0.036
翡翠	（多晶质）	大致 1.66	—
坦桑石	二轴晶	1.69 到 1.70	0.006 到 0.013
天然尖晶石	各向同性	1.71 到 1.74	—
维尔纳叶合成尖晶石	各向同性	1.72 到 1.73	—
钙铝榴石（铁钙铝榴石）	各向同性	1.73 到 1.75	—
镁铝榴石	各向同性	1.74 到 1.76	—
铁铝榴石*	各向同性	1.76 到 1.81	—
金绿宝石	二轴晶	1.74 到 1.76	0.008 到 0.010
刚玉	一轴晶	1.76 到 1.78	0.008 到 0.009
锆石*	一轴晶	1.78 到 1.99	0.059
锰铝榴石*	各向同性	1.80 到 1.82	—
钙铁榴石（翠榴石）*	各向同性	1.89	—
钻石*	各向同性	2.42	—

* 折射率大于折射仪接触液的折射率（通常是在 1.79 到 1.81）时无法在标准全内反射型折射仪上测定。

** 玻璃的折射率变化很大。通常首饰用玻璃的折射率变化范围如表中所示。

第七章　折　射

第七章强化题

1. 光线入射于表面的点叫入射点。在入射点所画的一条垂直于表面的假想基准线叫什么？它有什么用？
2. 入射光是到达材料表面的光。如果空气中的入射光线以某个角度到达材料表面，而后穿过材料，当光线穿过材料时会发生什么变化？
3. 当观察宝石时，你为何要把宝石浸在液体中？
4. 一颗宝石在材料的所有方向上具相同的光学性质，我们把材料的这种特征描述为什么？这种材料是单折射的或是双折射的？
5. 光学各向异性的和各向同性的晶质材料显示**方向性性质**。在这两组晶体中只有一组显示方向性光学性质。是哪一组？
6. 下列性质中有一种是非方向性的。是哪一种？
   （a）双折射；　　（b）断口；　　（c）解理；　　（d）差异硬度
7. 当光的两个平面偏振组分穿过一个双折射材料时，这两个组分的振动方向彼此之间呈什么角度？
8. 刻面紫晶的两个折射率读数是 1.553 和 1.544。其双折射率是多少？
9. 在一个具高双折射率的光学各向异性晶质材料中，当平行于某个方向观察时你只看到了单折射。穿过晶体的这个方向叫什么？
10. 填写与 7 个晶系有关的下表：

晶系	单折射	双折射 一轴晶　二轴晶	宝石举例
立方晶系			
四方晶系			
三方晶系			
六方晶系			
斜方晶系			
单斜晶系			
三斜晶系			

11. 当使用折射仪时我们利用的是什么反射现象？
12. 在折射仪阴影边界处看到的光的角度叫什么角？
13. 什么因素控制了折射仪上能获得的折射率读数的上限？
14. 为何测折射率时要使用单色光？
15. 当刻面放在折射仪台上转动时，你如何确定是否为各向同性宝石？给出单折射宝石的 3 个实例和在折射仪上得到的 RI 值。

第七章家庭作业

1（a）解释全内反射原理如何用于折射仪。画出示意图以展示全内反射的含义。（12 分）
（b）折射仪通常用单色光照射。什么是单色光？为何折射仪要用单色光？（4 分）
（c）有些宝石在折射仪上无法测试。解释这是为什么？（4 分）

2（a）解释下列术语并给出实例：
（i）光学各向同性宝石；（ii）光学一轴晶宝石；
（iii）光学二轴晶宝石（6 分）

（b）画出示意图以展示全内反射仪的结构。清楚地标示出仪器的所有部分并尽可能多地在图上给出关于仪器的信息。（14 分）

3 根据下列观察，你可得出什么结论：
（a）宝石在折射仪平台上转动 360°。看到一条固定的阴影边界。举出显示这种结果的两种宝石并给出其折射率值。这些宝石的光性是什么？（6 分）
（b）宝石在折射仪平台上转动 360°。看到两条阴影边界。一条阴影边界是固定的，另一条则从靠近固定值处移动到另一数值而后又返回。举出显示这种结果的两种宝石并给出其折射率和双折射率值。这些宝石的光性是什么？（7 分）
（c）宝石在折射仪平台上转动 360°。看到两条阴影边界。两条阴影边界都移动。举出显示这种结果的两种宝石并给出其折射率和双折射率值。这些宝石的光性是什么？（7 分）

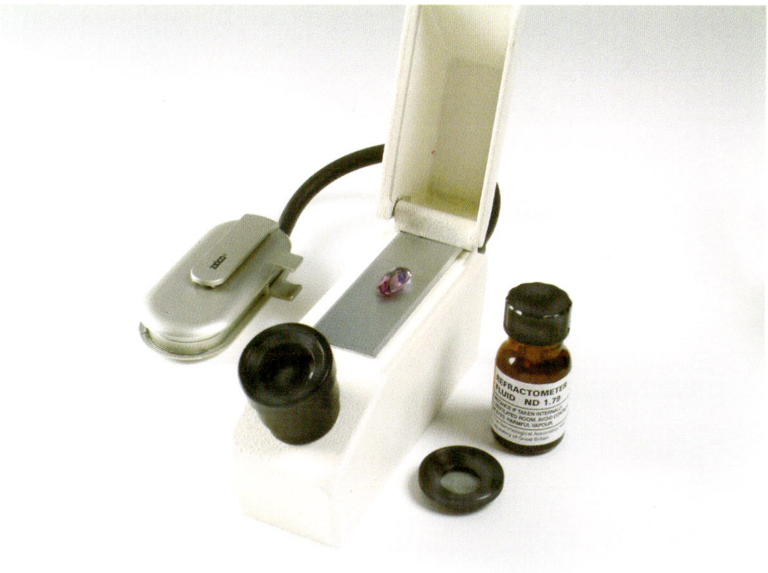

具内标尺的折射仪
© Gem-A Instruments

金绿宝石猫眼
© NHM, London

星光红宝石和蓝宝石
© NHM, London

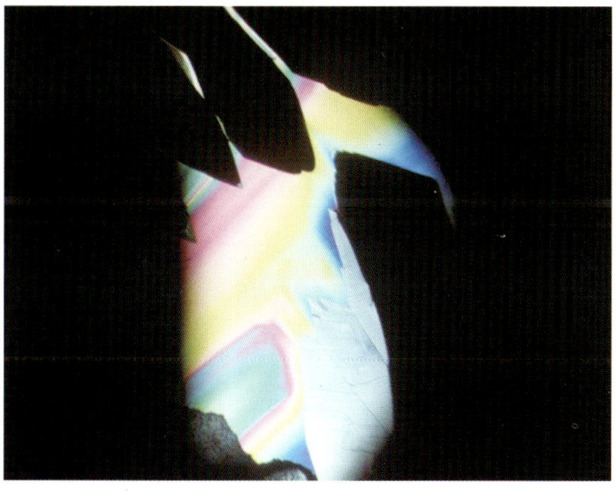

由托帕石中裂缝的薄膜效应导致的晕彩
© C R Burch

欧泊的变彩
© R Huddlestone

第八章　反射和反射效应

第八章　反射和反射效应

8.1　反射

并非所有照射到宝石表面的光都能进入宝石。有一部分的光被反射。许多宝石材料的瑰丽有一部分就是来自反射光。譬如，钻石和玉的内部明亮反射就是导致其神秘和瑰丽的部分原因。

某些情况下，光从宝石材料内部特征的反射能使宝石出现特殊的光学特征。譬如，月光石和星光蓝宝石的内反射效应能增加这些宝石的瑰丽和价值。

观察这些反射性表面光泽和内部效应有助于鉴别宝石以及和仿制品的区分。

反射　是落在表面的光有部分从表面返回的现象。

8.2　外反射

8.2.1　光泽

从宝石材料外表面的反射从来都不是完美和完全的。所出现的反射效应取决于反射面的条件和组成。

光泽是表面反射效应。具高折射率且抛光很好的宝石显示强光泽。这些宝石通常是（但不总是）硬度较高的宝石。

成品宝石能否最大程度地显示其光泽取决于宝石的抛光程度或宝石被磨损的程度。

光泽　是表面反射，其明亮度和质量取决于材料的折射率和抛光或表面条件。

下列术语用于描述各种宝石材料的光泽：

(1)　金刚光泽——如钻石所显示的很明亮和反射性的光泽。

(2)　亚金刚光泽——通常由锆石和翠榴石等高折射率宝石所显示的明亮光泽。

(3)　玻璃光泽——在抛光的玻璃和在祖母绿和碧玺等具中等折射率的大多数透明宝石中所见到的光泽。然而，要指出的是，刚玉（红宝石和蓝宝石）以及大多数石榴石和尖晶石当与祖母绿等具较低折射率的宝石相比较时，可描述为“明亮玻璃光泽”。通过训练，你将能把总称为具玻璃光泽的海蓝宝石、托帕石和蓝宝石的光泽区分开。

(4)　树脂光泽——琥珀等软的具低折射率的宝石显示树脂光泽。

(5)　丝绢光泽——石膏和孔雀石等一些纤维状矿物具丝绢光泽。

(6)　金属光泽——由金和银等金属以及抛光的赤铁矿和黄铁矿等宝石材料所显示的非常强的光泽。

(7) 珍珠光泽——天然和养殖珍珠都由晶质层组成，光从表面和近表面的晶质层反射。有时这种微细的结构引起晕彩（见下文）。珍珠的这种光泽常称为珠光（orient）。

一些解理面显珍珠光泽，这是因为紧靠表面下方的初始解理引起了横跨解理面的普遍的晕彩。

还有其他一些类型的光泽，但这些通常含义明显，如土状和蜡状的。

描述光泽的所有这些术语均取自习惯用法，并不是精确的科学术语。

“光彩”（sheen）是一个曾经既用来描述表面反射也用来描述各种内反射效应的术语。由于这种不确定性，本教程中将不使用“光彩”这个术语。

尽管较硬的宝石常有较强的光泽，但硬度和光泽两者并无直接的关系。以折射率为 1.89 的翠榴石为例，其硬度只有 $6^1/_2$，但却具亚金刚光泽。

通过仔细的观察和训练，光泽能为鉴别宝石品种提供一些证据，或对鉴别处理或拼合有所帮助。光泽也有助于区分一包原石或成品宝石中不同但外观相似的宝石。

8.3 内反射

8.3.1 内反射效应

内反射效应 是光从宝石表面以下的特征反射造成的。

内部特征可能是宝石中的包裹体，也可能是结构性特征如裂缝和微细的层。

(1) 由包裹体导致的重要内反射效应是**猫眼效应**和**星光效应**。

(2) 由结构性特征导致的一个重要的内反射效应是**晕彩**。

(3) 晕彩是由光的薄膜干涉和衍射效应造成的。

8.3.2 包裹体导致的反射效应

猫眼效应

猫眼效应是当某些宝石沿一定方向切磨成弧面宝石后因反射而在其表面出现的从这一头到另一头的明亮光带。猫眼效应是光从长形、定向且都平行于一个方向的包裹体反射所致。猫眼效应（chatoyancy）一词来源于法文“chat”（猫）和“ocil”（眼），现在常称为 cat′s-eye（猫眼）效应。

当以下条件都具备时，宝石将显示猫眼反射（图 8-1）：

(1) 包裹体是长而细的——针状的；

第八章　反射和反射效应

(2) 包裹体是平行排列的；

(3) 包裹体是足够丰富的；

(4) 宝石被切磨成顶部是弯曲的，而底部平行于包裹体所在的方向。

这些包裹体既可以是其他矿物的针状体或纤维状体，也可以是管状孔洞。

为显示猫眼效应，宝石照例必须切磨成弧面型，它有一个平滑的抛光的拱顶。

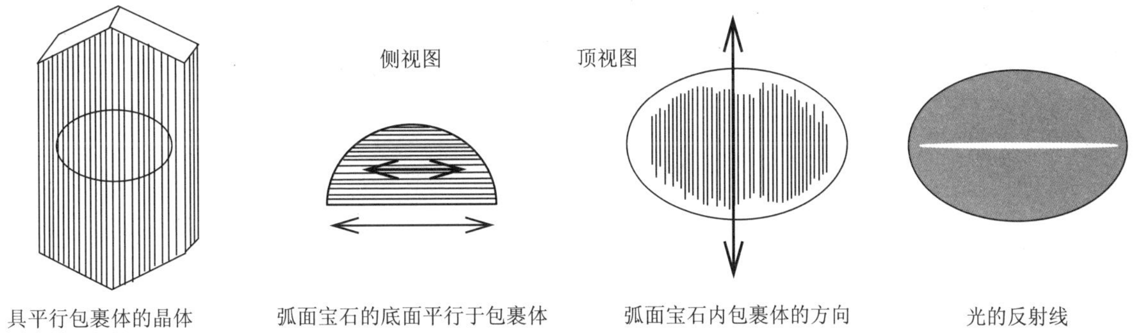

图 8-1　猫眼效应

反射出的光呈线状垂直于包裹体方向。在缝纫用的丝或棉线卷筒上你能看到类似的效应。

金绿宝石有个品种具猫眼效应。曾被称为 cymophane ，现也叫 cat’s-eye（猫眼）。这是唯一一种无需注明矿物种而直称“猫眼”的宝石。

能提供猫眼品种的其他一些宝石是石英（包括虎睛石）和碧玺。不应将这些宝石直称为猫眼，而应描述为石英猫眼、碧玺猫眼等等。

星光效应

星光效应的成因同猫眼效应，但它是光从宝石内部定向排列的两组或两组以上平行纤维状或管状包裹体反射所造成的。当宝石沿一定方向切磨成弧面型时，这几组包裹体在宝石表面产生“星状效应”。也和猫眼效应一样，包裹体既可以是其他矿物的针状体或纤维状体，也可以是管状孔洞。Asterism（星光效应）一词来自 aster，意思是星星。

当以下条件都具备时，宝石将显示星光效应（图 8-2）：

(1) 包裹体是长而细的——针状的；

(2) 包裹体在至少两个不同方向上是平行排列的；

(3) 包裹体是足够丰富的；

(4) 宝石被切磨成顶部是弯曲的，而底部平行于包裹体所在的方向。

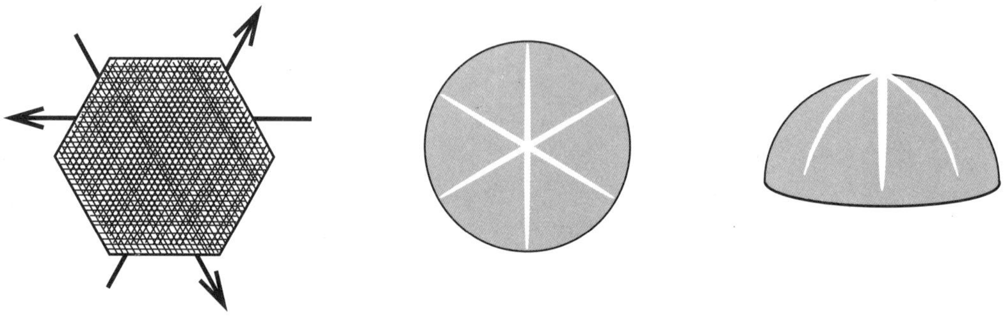

展示晶体内包裹体方向的平面图　　光从弧面琢型宝石的反射

图 8-2　星光效应

如果你仔细看图 8-2 和看星光宝石标本，你会看到星光的每个臂都是与引起它的包裹体呈 90°交角的光带。

偶尔显示星光效应的宝石有刚玉、铁铝榴石和石英。以刚玉为例，三组平行排列的包裹体分别平行于三个横晶轴所在的平面，彼此以 120° 角相交。当宝石切磨成弧面型且其底面平行于这三组包裹体所在的平面时，光从宝石内部的每组包裹体反射，导致三条相交的反射光带，在表面显示出六射星光效应。高拱顶可突出星光效应。天然星光宝石的底面可加工成深拱形以增加重量。

猫眼和星光效应在笔式手电筒和阳光这样的单一明亮光源下看得最清楚。

丝光

许多宝石，特别是刚玉，有定向的包裹体，但其数量不足以形成星光。这些宝石通常切磨成刻面型，偶尔你会看到从一小群这类包裹体反射出的光。这一现象称为**丝光**。有时由特别细的针状包裹体组成的丝光会因衍射而显示晕彩（见本章中关于晕彩的部分）。

其他内反射效应

赤铁矿和其他矿物的小片晶或针状体可造成日光石（长石品种）的金黄色的小片亮闪和晕彩。有些黑曜岩中含微小的针状晶体或极细长的气泡，光从它们反射，形成银白色的或彩虹色的反射效应。亮闪闪的云母片导致了砂金石英的颜色和闪光效应，而铜片晶则在砂金玻璃或“金星石”中造成类似的效应。

8.3.3　晕彩

晕彩是由光的干涉作用产生的单一色或一系列颜色。由于干涉作用，一些光波被去除，另一些光波则加强并显示为残余干涉色。这种残余干涉色常被描述为**晕彩**。

第八章　反射和反射效应

晕彩　是当光波因从薄膜反射或因衍射而发生干涉作用致使某些颜色被去除而另一些被加强时所看到的颜色效应。

使用白光时宝石材料中的干涉看得最清楚。

(1)　**从薄膜表面的反射**：这种效应可见于譬如珍珠和月光石中。在许多宝石中，晕彩出现在当光从通常是空气薄膜的裂缝和裂隙反射而产生干涉色时。譬如，当光从托帕石中的初始解理和从玻璃或石英中的裂缝反射时可见到干涉色。这些效应与水塘油膜中所见的相似。

(2)　从极小和规则排列的结构或包裹体**衍射**。这种效应与光碟上所见的相似。在贵欧泊中，二氧化硅球体之间的空间提供了细小的孔隙并产生明亮的晕彩色。这种效应被称为欧泊变彩。二氧化硅球体的直径只有二三百纳米，它们之间的孔隙在尺寸上与光的波长为同一数量级。当一些白光光线穿过三维结构时将发生干涉。不同欧泊样品中球体的大小不同，所产生的颜色范围也不同。被称为衍射光栅的由人工制作的一组细线或狭缝被用于产生光谱，它可用于宝石检测（在第九章中关于**分光镜**部分）。

在证书课程中有关于薄膜干涉和衍射的更详细讨论。

8.4　亮度

亮度是内反射和外反射效应。

若一颗透明宝石被切磨成刻面型且其亭部刻面角能造成光的全内反射（见第七章），这时它看上去比切磨成其他角度的更为灵活。一些切磨角度会使光直接穿过宝石或偏向侧面。切磨成合适的角度则会使光返回并朝着正对着台面观察的观察者（图 8-3）。切磨比例好的明亮琢型钻石显示高亮度。

亮度　是透过冠部刻面观察时所见到的光被宝石反射而导致的明亮程度。它是由从亭部刻面反射的光和从冠部刻面表面反射的光共同造成。

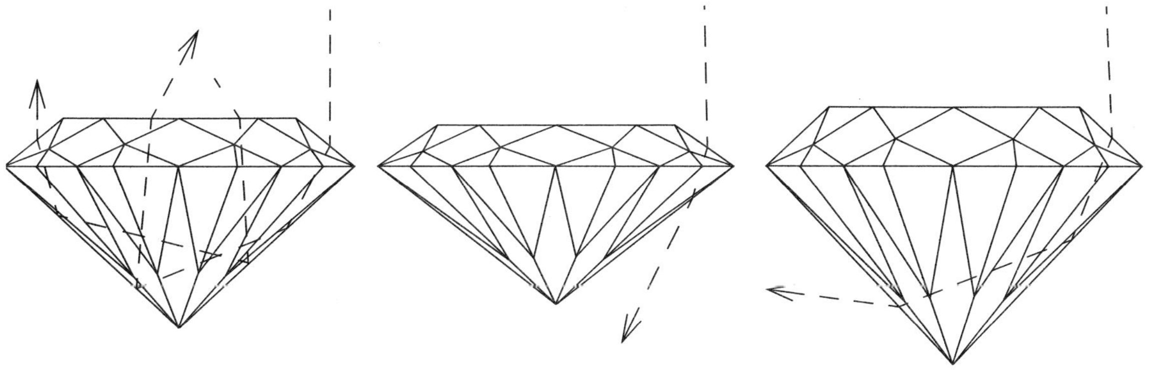

正确切磨的宝石　　　　宝石太浅，光从亭部漏掉　　　　宝石太深，光从亭部漏掉

图 8-3　不同角度和比例对明亮琢型宝石的影响

低折射率宝石大都不以显示最大亮度为目的进行切磨，因为这时必须有很深的亭部才能产生全内反射。这么厚的宝石要求很深的镶嵌。

宝石的亮度既依赖于它有能力让光充分反射，也同样依赖于它能让光充分透过。所以，最大亮度也取决于总的透明度和净度（不含包裹体）以及好的抛光，强的光泽和未被磨损。部分的内反射光会显示“火彩”—— 一种光谱色效应（见第九章——颜色）。

第八章强化题

1. 反射是光从表面返回。返回的光量影响宝石材料的光泽。说出光泽所依赖的一种特征或性质。
2. 说出描述为明亮光泽的两种宝石。
3. 在解理面上最常见到的是什么光泽类型？
4. 什么是内反射效应？
5. 说出由包裹体导致的两种反射效应。
6. 在猫眼和星光宝石中，反射光线方向与导致光线反射的包裹体方向之间是什么关系？
7. 晕彩是由结构特征所导致的重要内反射效应。哪两种光学效应通常导致晕彩？
8. 在贵欧泊中看到的是什么干涉效应？
9. 哪两套反射有助于确定刻面宝石的亮度？
10. 为显示高亮度需要有哪些因素？

第八章家庭作业

1（a）什么是猫眼效应和星光效应？说出两种能分别显示这两种效应的宝石。（4 分）
（b）画示意图说明猫眼效应与包裹体的关系。解释宝石应如何切磨才能最佳地显示这种效应。（14 分）
（c）宝石材料中的晕彩是如何产生的？（2 分）

2（a）给出反射和光泽的定义。它们两者之间是什么关系？（4 分）
（b）给出 5 种在首饰业中常见于宝石的光泽类型。每种类型给出实例。（10 分）
（c）解释术语**亮度**的含义。（6 分）

第九章　颜　色

第九章　颜色

9.1 导言

颜色是眼底对光波的感应而在大脑中产生的感觉。感应将信息传达到大脑，你就看到了“颜色”。颜色是瑰丽的关键组分，如若没有了颜色，大多数宝石将不再令人喜爱。

颜色对宝石学家也极为重要，它为鉴别宝石材料提供了第一线索。对颜色和一些成色机制的理解还能在检测宝石过程中给我们以进一步的帮助。本章中我们将讨论如何利用该性质以协助鉴别宝石。

9.2 光和宝石的颜色

当色谱的某些部分被从白光中去除后，物品就显现为“有色的”了。当光从物品反射或透过物品时会出现这种现象。残余的光进入我们的眼睛。

所以，对宝石颜色的感觉取决于如下基本要求：
(1) 白光源；
(2) 光的适当变化；
(3) 感应和解释光的眼睛和大脑。

尽管在本课程中把颜色作为宝石材料的物理性质看待，但颜色是由上述所有三个因素决定的，而不是只决定于“有色”材料的性质。

一些人对可见光的某些波长没有色感。这被称为“色盲”。当观察宝石材料、荧光和变色效应以及当使用分光镜、二色镜和滤色镜时，色盲会影响评价颜色的能力。

大多数颜色是在白光变化过程中形成的。然而，你也将看到由光源，特别是由激光和发光二极管（LED）产生的有色光。

宝石材料的颜色有几种不同的成因。本章中将讨论**色散**、**衍射**、**体色**和**选择性吸收**。由内反射导致的颜色，即由干涉和衍射产生的**晕彩**，已在第八章中讨论过。由荧光导致的颜色将在第十一章中介绍。在继续学习前，你需要复习第六章中关于光的基本知识和光谱的论述。

大多数宝石颜色是**体色**。这些体色是由宝石材料从白光中去除可见光的某些波长所导致。离开宝石的剩余光波汇合在一起并被大脑解释为单一的“颜色”。

被称为“致色元素”的某些化学元素的原子是宝石体色的主要起因。致色元素构成某些宝石材料的基本部分。这种材料被称为是“**自色的**”。在有些材料中，致色元素并非基本组分而只是作为杂质存在，这种材料被称为是“**他色的**”。这些术语将在本章随后讨论。

白光的主要来源是太阳。当你在日光下观看宝石时，你将看到它完全的体色。

看似白光但与纯的明亮日光不同的光可在宝石中产生不同的色调。这可引起两个物品或宝石在不同光中颜色的比较问题。这种变色效应，或称“变石效应”，在其充分发育时就成为某些宝石令人喜爱的特性。

9.3 可见光谱

1666 年牛顿清楚地展示了白光是由一系列不同颜色组成的。他使一束普通日光穿过玻璃棱镜并产生了一个色（彩虹）谱。他认为可区分出 7 种颜色——红、橙、黄、绿、蓝、靛和紫。

颜色和波长的全部范围称为**可见光谱**。

白光分解成它的组成谱是色散的一种表现。

光谱色具如下非常大致的波长范围：

红	700—610nm
橙	610—590nm
黄	590—560nm
绿	560—490nm
蓝	490—450nm
紫	450—400nm

色段的命名只是为了人们的方便。**各种颜色之间并没有分界。光谱的红端和紫端也不是截然的**。颜色界限因人而异。

为帮助你记住各种颜色在线性光谱中大致是怎样的，可将光谱分成 3 部分（图 9-1）。这个大致图形对记忆很有帮助。

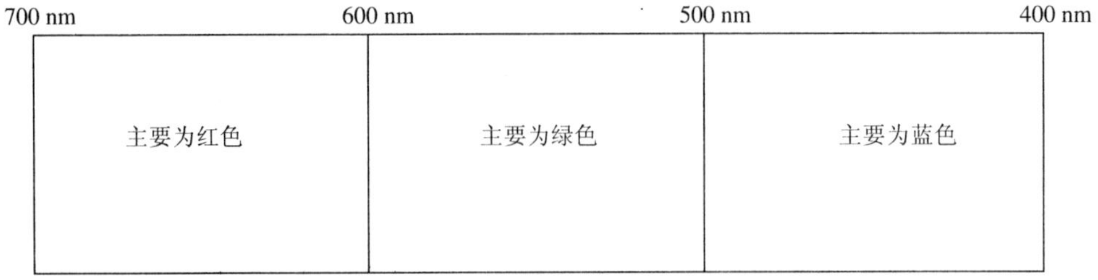

图 9-1　简化的光谱

宝石检测有一种重要方法就是靠用分光镜来产生可见光谱。

有两种方便的方法可产生适用于宝石检测的光谱。一种是利用折射产生的**色散**，另一种是利用**衍射**。

9.4　色散：折射率随波长的变化

色散　是由于每种波长都以不同角度折射而导致白光分解为可见光谱组成色的现象。

当白光以倾斜于表面的角度进入透明材料时就出现色散谱。它的形成是因为白光中的较长波长的折射程度小于较短波长。从而使不同波长按顺序分开或**散开**。波长最长的红光减速最少，也折射得最少。波长最短的紫光减速最多，也折射得最多。这也就是说，材料对红光波长的折射率稍小于对蓝/紫波长。如果你有一个玻璃棱镜（有斜面的透明块），你也能像牛顿一样用它使白光色散并看到光谱（图 9-2）。

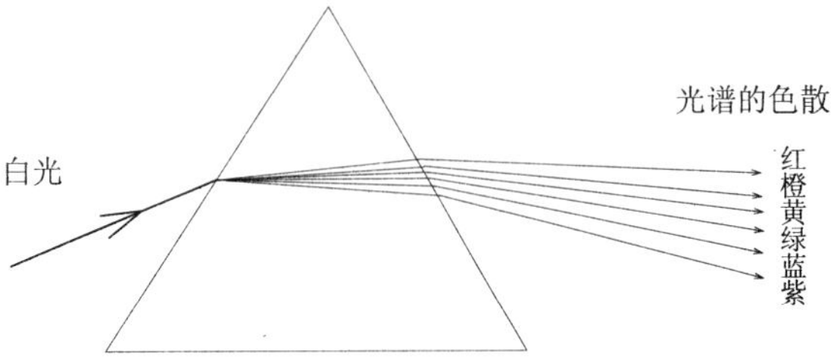

图 9-2　白光穿过棱镜产生色散

当白光穿过刻面宝石的倾斜刻面时，色散可产生光谱色的闪光，称为**火彩**。钻石、翠榴石和锆石以火彩强而著称。

9.4.1　火彩

所有透明宝石都能或多或少地使光产生色散。譬如，萤石让光色散的程度就比钻石及其某些仿制品差。在刻面型无色或淡色宝石中，你能最清楚地看到这一现象（图 9-3）。一些宝石当在灯下转动时，从某些刻面会显示明亮颜色的闪烁。这种效应称为**"火彩"**。这个术语在宝石学中并无科学定义，它只是表示所察觉到的色散的程度。

如果在明亮光源下转动宝石时看到"火彩"，那将是非常有用的。只为数不多的宝石能将光色散到使火彩效应明显可见。

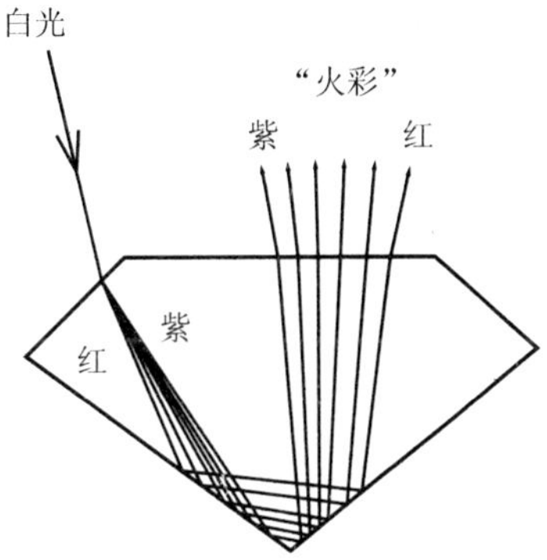

图 9-3　明亮琢型宝石中的色散

在像石英或托帕石等大多数宝石种中，你通常所看到的色散只表现为环绕内反射的彩色边。然而，在人造玻璃的刻面宝石中你常能观察到色散，哪怕这些玻璃是有色的。你有时可根据这个效应把紫晶和紫色玻璃宝石区分开。

色散可较精确地用同一宝石两个特定 RI 读数之差来表示。这两个 RI 读数的每一个都是用一个特定波长的光来测定的。

色散值　是用两个选定的不同波长所测定的折射率的数值差，表明了宝石中色散的强度。

这里列出的色散值只是为了比较，你无需记住这些数字。

材料	色散
萤石	0.007
石英	0.013
托帕石	0.014
刚玉	0.018
铁铝榴石	0.027
锆石*	0.039
铅玻璃*	0.041 平均值(在有色玻璃中可看出)
钻石*	0.044
翠榴石*	0.057(在绿色中可看出)
立方氧化锆*	0.065
合成莫依桑石	0.104

*这些宝石显示易观察到的光谱色闪烁

9.5　衍射

当光波穿过任一物体的边缘时,它将环绕边缘“发散”，这通常不是很引人注目的效应,但偶尔会产生醒目的结果并对我们有用。

当光波穿过折射能力不同的物质之间的界面或透明与不透明物质之间的界面时将发生光的衍射。当光线透过或反射自狭缝和微细的线以及槽、纤维、颗粒和极小孔洞时会产生类似的效应。

然而，当白光衍射时，某些波长会因干涉被去除，从而产生颜色效应。譬如，当你手持光碟在亮光中观看时会看到这一现象。

同样，贵欧泊中二氧化硅球体间的空间提供了细小的孔隙并产生明亮的晕彩色。欧泊的这种效应被称为**变彩**。当放大观察蓝宝石等宝石时，也会看到因从丝状包裹体反射而出现的衍射色。

当光波穿过许多非常细小的平行空隙或沟纹后将系统地相互干涉并产生一系列的发散的光谱（图 9-4）

这些谱是由数千条平行的沟纹产生的，但在分光镜运作中只利用其中的一条。这些平行的沟纹可制作在薄而平的无色塑料片上。这样制成的片称为**衍射光栅**，它在每 1mm 内可有 500 条以上的沟纹。这些沟纹可用钻石刻刀刻在母衍射光栅上并达到能产生一个特别强的光谱。

第九章　颜色

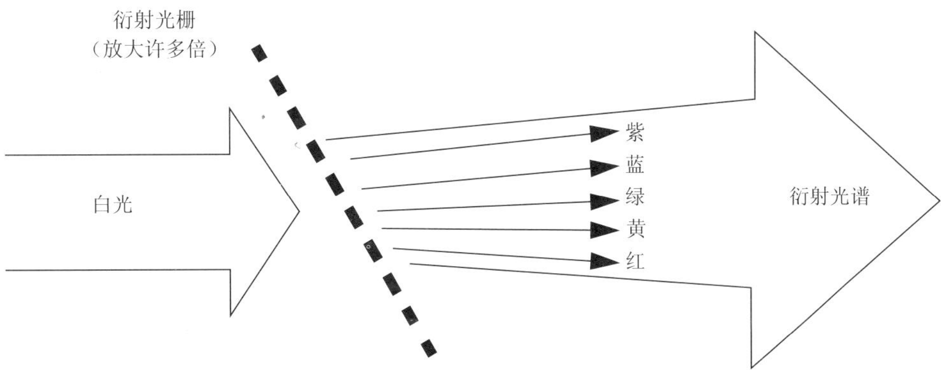

图 9-4　衍射光栅产生的光谱

分光镜中所使用的是母衍射光栅的复制品。用照相的方法可以很便宜地生产出这种衍射光栅。

9.6　体色和光的选择性吸收

白光由不同波长或“颜色”的光组成。

当材料从入射白光中吸收了可见光某些波长后，我们看到了**体色**。

光的特定波长被宝石材料吸收的现象称为**选择性吸收**。

通过材料时未被吸收的光波作为**残余光**离开材料。

离开材料的所有残余光汇合在一起并被大脑解释为单一的颜色。

这就是宝石的体色。

宝石体色的起因 ：

⑴ **观察时的光；**

⑵ **光的某些颜色谱被宝石吸收；**

⑶ **残余光被我们感知。**

当光传播通过物质时，被说成是透射过该物质。宝石材料的体色是作用于透射光波的电子效应。原子含有或占有电子。当光波传播穿过有色宝石材料时，材料中的一些电子与构成白光的某些波长相互作用并吸收了它们。

透明物品的体色取决于未与电子相互作用的那一部分或几部分光谱。这些波长未被吸收。它们顺利地穿过了宝石并以残余（有色）光出现（图 9-5）。

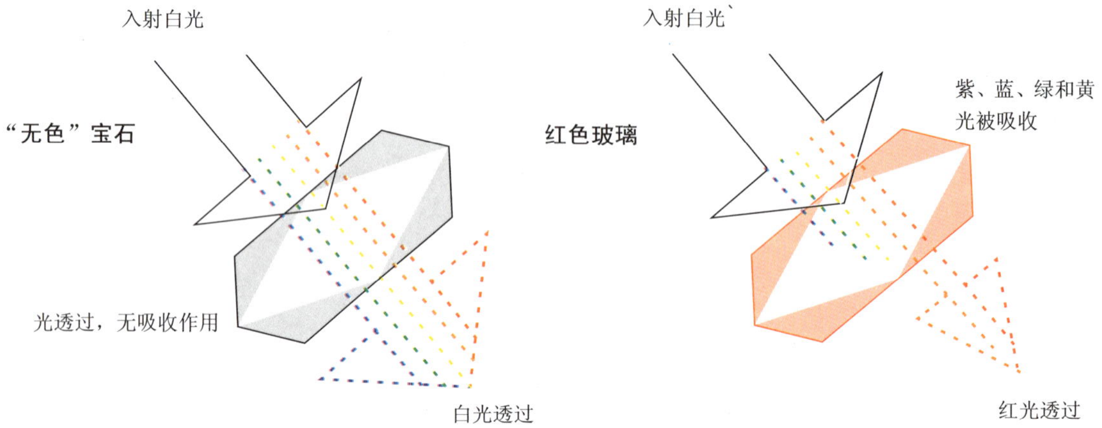

图 9-5　白光的透射和吸收

来自大多数宝石的残余光含许多不同的颜色。然而，大脑综合了所有这些波长并感知为单一的体色。

光从许多宝石材料的反射牵扯到有少量的光在反射前透射过宝石。许多不透明宝石材料的颜色取决于材料对光谱的哪一部分或哪几部分反射得最多。

一个红色物品，譬如一辆红色轿车或一颗红色宝石，之所以看上去是红色的，是因为该物品大量反射光谱的红色部分，同时大量吸收了其余颜色。

注意，如果光是纯（单色）黄的，而物品是纯红的，那么该物品将完全不透光。它看上去是黑色的。然而，通常在我们四周，这样纯的颜色极少见。在实践中，尽管许多红色宝石在我们的眼中可展现为相似的红色，但不同的红色宝石大都吸收入射白光光谱的不同部分。这是因为它们均有不同的原子结构，从而也具有能吸收不同光的电子排列。

这就意味着，如果我们能检测出光谱的哪些部分被吸收，我们将能区分不同的宝石种。分光镜就是一种被设计成能进行这种检测的仪器。

9.6.1　致色元素

大多数宝石含有一些能导致光的选择性吸收的元素。这些元素既可以是材料中的杂质，也可以是材料基本化学组成的一部分。

有 8 种化学上属于过渡元素族的金属元素是各种各样宝石材料带色的主要原因。

元素	符号
钛	Ti
钒	V
铬	Cr
锰	Mn
铁	Fe
钴	Co
镍	Ni
铜	Cu

此外，某些宝石材料的颜色是由于存在别的元素，譬如钻石中的硼（B）和氮（N）。

9.6.2 自色和他色材料

当材料的体色是由作为材料基本化学组分的过渡元素导致时，这种材料称为**自色材料**。譬如，橄榄石是由铁致色的。橄榄石是铁镁硅酸盐矿物，致色元素铁是其基本化学组分。

当材料的体色是由所存在的不作为该材料化学结构基本部分的元素导致时，这种材料称为**他色材料**。譬如刚玉矿物，它由二氧化铝组成，纯净的为无色。当含少量铬时，它是红色的，可称为**红宝石**。

同样的致色元素，当存在于不同宝石种中时可导致不同的颜色。铬就是一个很好的例子，它导致了红宝石的红色和祖母绿的绿色。

许多宝石含不止一个致色元素。这增加了颜色的种类和色调。碧玺是比任何其他宝石种颜色都多样的宝石。它的晶体结构能依生长条件而含多种替代原子，其中许多是致色元素，包括铁、锰、铬、钒和铜。

在少数宝石材料中，颜色是由其他物质的有色颗粒导致的。譬如，碧玉含微小颗粒并呈多种颜色；砂金石英的绿色是因无色石英中含许多绿色云母片。每个颗粒的体色都对宝石材料的总体体色起了一份作用。

关于颜色成因和不同元素的相互作用在证书课程中有更详细的讨论。

某些自色和他色宝石中的致色元素

宝石	致色元素	颜色	自色（I） 他色（A）
橄榄石	铁	绿色	I
铁铝榴石	铁	红色	I
锰铝榴石	锰	橙色	I
绿松石	铜	蓝色	I
红宝石	铬	红色	A
祖母绿	铬	绿色	A
绿色翡翠	铬	亮绿色	A
变石	铬	红色/绿色	A
红色尖晶石	铬	红色	A
海蓝宝石	铁	蓝色/绿色	A
蓝色尖晶石	铁	蓝色	A
绿玉髓	镍	绿色	A
蓝色蓝宝石	铁+钛	蓝色	A
绿色绿柱石	铁或钒	绿色	A

9.7 吸收光谱和分光镜

许多宝石吸收白光的一定波长。其他波长可透过并一道呈现为单一的**体色**。一些宝石对光谱的特定波段有固定的吸收，因而用分光镜能看到可识别的样式。

每种致色元素大都有特征的吸收样式。某些宝石虽颜色不同，但致色元素是相同的，因而具相似的吸收特征。红宝石和祖母绿极好地展示了这一点：它们都是由同一元素铬致色，因而有相似的吸收光谱。

反之，颜色非常相似的材料可有不同的吸收特征。譬如，镶在戒指上的小的红色石榴石为顶的二层石与红宝石肉眼观察时是如此相似，但它们的吸收光谱是非常不同的。

这使得观察宝石的吸收光谱成为一种非常有用的检测。你用分光镜可看出体色是由什么波长的光所致。进入仪器的光被发射成光谱。暗带或暗线出现在波长被特定宝石吸收的部位。这有助于鉴别宝石的种或品种。

透过分光镜。纯白光看上去为一连续的从红色到紫色的光谱。然而，假设白光在进入分光镜之前先穿过一个有色宝石，一定颜色或波长可被宝石所吸收。

这导致该白光光谱中有一处或几处间断，并以**暗线或暗带形式出现**。许多宝石显示出在可见光谱中吸收带或线的特征样式，其完整的样式被称为**“吸收光谱”**。

注意，本教程中所有的光谱图都把光谱的红端放在左边。请保持这个惯例。在你所画的任一光谱图中，要清楚地用“红”和“紫”或“R”和“V”标出每一端。

在基础课程中不要求你记住任一光谱中暗线的具体波长的纳米数。

9.7.1 分光镜的结构和使用

分光镜基本上是一个一端有狭缝的筒，内有透镜和产生光谱的装置。透镜使眼睛能聚焦到狭缝的图像上。该图像“发散”成光谱的不同颜色。

有两种类型的分光镜，其产生光谱的手段有根本性的差别（图 9-6）：

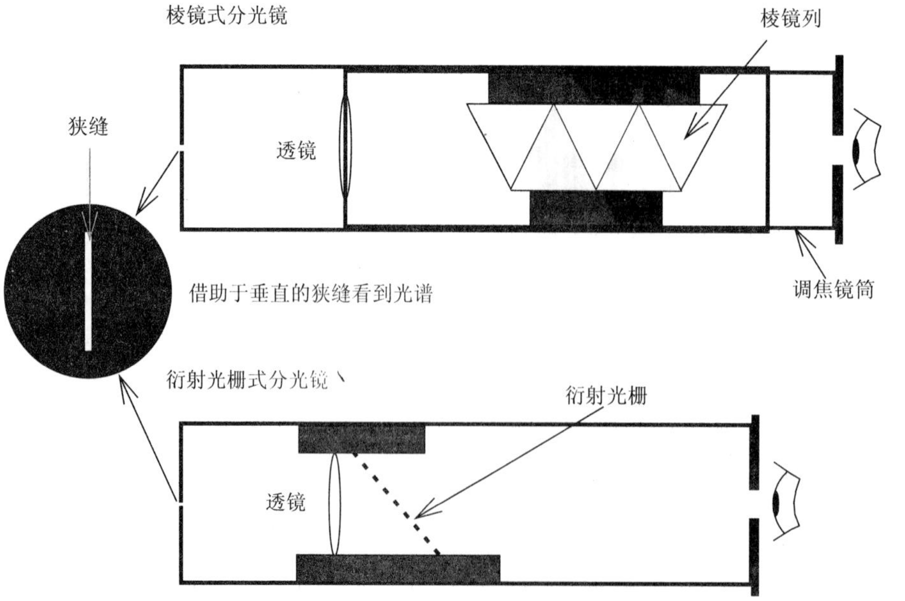

图 9-6　棱镜式和衍射式分光镜的基本结构

⑴　棱镜式，由一系列棱镜通过**折射**和**色散**产生光谱；

⑵　衍射式，由精细划线的光栅通过**衍射**产生光谱。

透过棱镜式分光镜所看到的白光光谱，其色区朝光谱的红端要紧凑得多，而透过衍射光栅分光镜所看到的光谱则具有一致的线性分布的波长。

棱镜式分光镜

正如你从展示光通过棱镜产生色散的图 9-2 中所见，当光从空气进入棱镜和再由棱镜进入空气时，光明显地折射并形成光谱。

为了在手持式分光镜中实现这一点，将 3 或 5 个分别由两种类型玻璃制作的棱镜以交替方式组合到一起。以确保光谱中心部位光的路径最直。棱镜材料必须是单折射的，否则将产生令人迷惑的重影。它不应吸收任何可见光波长。

由棱镜式分光镜产生的光谱有 3 个特征可与由衍射式分光镜产生的光谱相区分（图 9-7）：

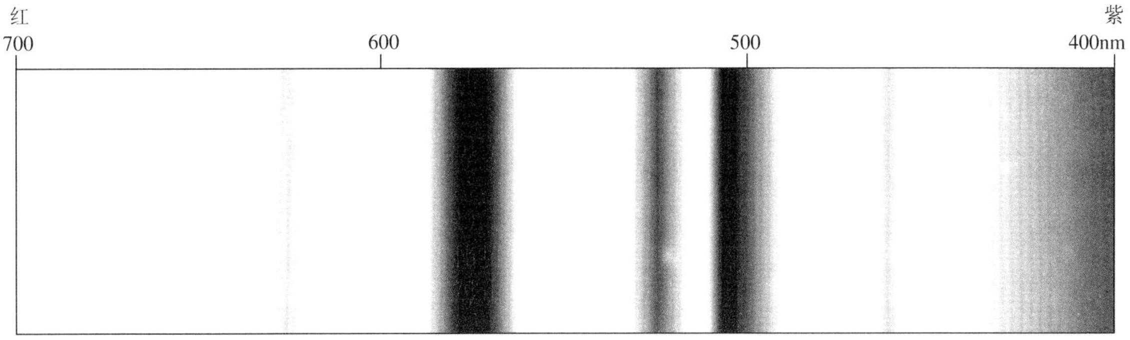

透过衍射光栅式分光镜所看到的吸收带

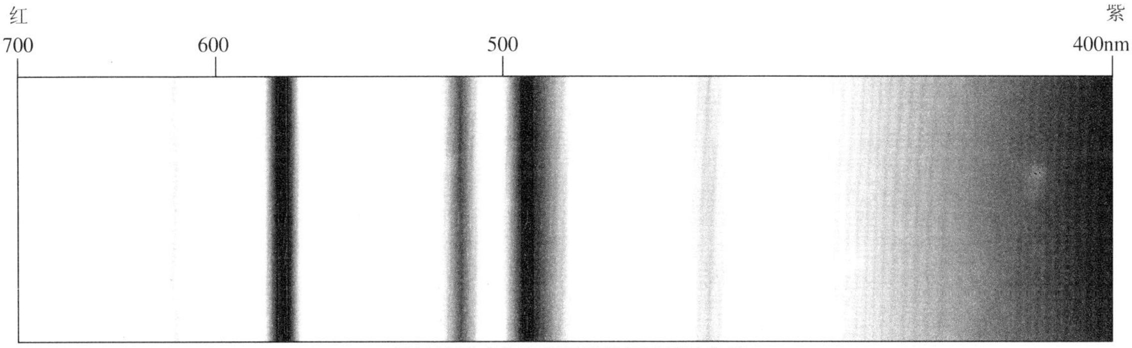

透过棱镜式分光镜所看到相同的吸收带

图 9-7　用衍射式分光镜和棱镜式分光镜看到的铁铝榴石光谱

⑴ 棱镜光谱的各个部分在距目镜稍不相同的距离上聚焦。也就是说，当一种颜色聚焦并清晰显示时，其他颜色将少许散焦。这一现象是由各种颜色的光波折射程度稍有不同所造成的。这在可见光谱的两端最为明显。有些棱镜式分光镜有可滑移的镜筒用来调焦。

⑵ 棱镜产生的色散沿整个光谱是不均一的。蓝/紫光波长的发散远大于红光波段。

⑶ 棱镜式分光镜产生一个非常明亮的光谱。

衍射光栅式分光镜

在衍射式分光镜中用衍射光栅来产生可供观察的光谱。衍射光栅上平行线的紧密度决定了光谱发散的程度。这与用棱镜通过折射产生的色散是类似的。发散的程度应恰好能产生有效的可供观察的光谱。

衍射光栅光谱的最重要特征是：

⑴ 衍射光栅式分光镜产生线性光谱，也就是说所有波长是等间隔的。

⑵ 整个光谱具同一焦距，不需要可调焦的镜筒。

分光镜的使用

请参阅《宝石观察指南》以了解如何使用分光镜。

总的说来，分光镜的观察要求来自有色宝石的光线是明亮的。对于深色宝石，要有很强的光源。

光纤灯除不能发射深紫色的光外，其他方面都符合一般测试的要求。然而，任何时候都不要直视强光源，这会伤害你的眼睛。笔式手电筒能提供良好的、集中的白光束。

观察时应注意的细节

如果你透过分光镜观察明亮的日光，你会发现光谱中含有许多非常细的吸收线。这些线是由太阳和地球大气圈中的颗粒和气体导致的。当检测宝石时，这些线会与吸收线相混淆。当使用分光镜时应避开日光或遮挡日光。

造成混淆的另一原因是使用日光灯光，特别是来自天花板灯管的光。适用的是直对着分光镜的光源，其他所有的光都要遮挡。

大多数来自日光灯的光都含几个特定的荧光波长。当你透过分光镜观察这种类型的光照时，你会看到几条窄的亮线。光谱的其他部分是比较暗的。图 9-8 是一个发射光谱的实例。

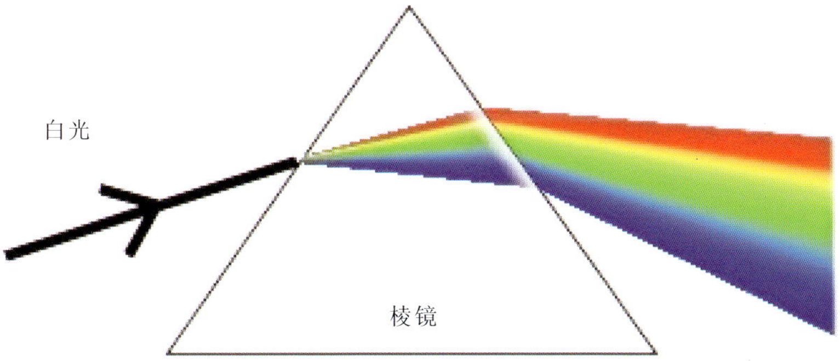

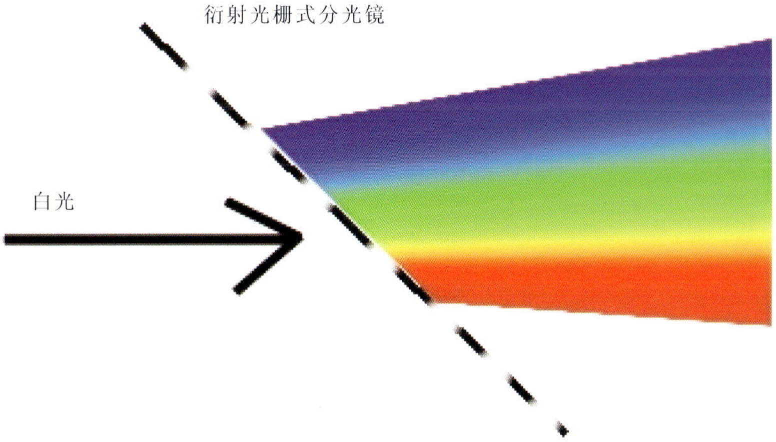

棱镜式分光镜产生的光谱

衍射光栅式分光镜产生的光谱

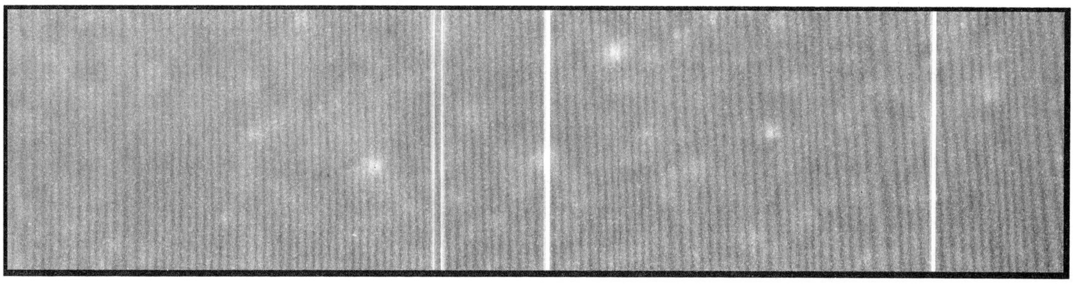

图 9-8　日光灯光谱中的明亮发射线

当使用分光镜时你要注意任一吸收带或线的位置和相对宽度。这种特征的吸收样式是鉴别宝石的关键，也使你能确定是什么致色化学元素导致了吸收光谱。

譬如，铁铝榴石中见到的吸收带是由铁产生的，而且是非常明显的。导致红宝石颜色的铬吸收是完全不同的。红色玻璃的硒谱也是不同的。所以，这几种有时靠肉眼会混淆的宝石，用分光镜可迅速区分开。但祖母绿的光谱则与红宝石的极为相似：它们都是由同一致色元素铬导致的。

以铁铝榴石为例，当你检查吸收谱时要记住，垂直的暗带是宝石中的铁吸收了特定波长而造成的白光光谱的间断。该吸收样式对铁铝榴石是特征的。尽管随宝石颜色的深浅及透射光强弱的变化，该样式在强度上会有些变化，但它的基本特征始终是一样的而不论样品来自何处。

并非所有宝石都显示如此明显的吸收光谱。有些情况下可能总共只能看到一条细线，而且还要费点力气。对吸收谱的观察要有信心：小心地使用分光镜和对技术方法的了解将使你能获得肯定的结果。请你的指导教师或一位有经验的宝石学家为你展示有可鉴别的良好光谱的某些宝石（不要指望所有样品都能显示良好的光谱）。在基础课程阶段你并不需要在使用分光镜上做过细的训练，只要知道如何说明它的用途和如何描述本教程中给出的光谱就可以了。所以，如果你曾用分光镜看过这些光谱，那会对你十分有益。

并非所有有色宝石都显示可观察的或有诊断意义的光谱。除少数例外，在无色宝石中看不到吸收光谱。近无色钻石和锆石例外。

吸收线或带的波长可精确测量到纳米。然而，对于常规宝石检测，无需记住这些波长数值。

注意：

(1)　对于许多宝石材料，光谱分析是能够提供最终鉴定意见的检测方法之一。

(2)　这种检测可在成品宝石或原石上进行。

(3)　这种检测可用于已镶嵌或未镶嵌的宝石。

(4)　并非所有的有色宝石都显示明显的光谱。

(5)　许多合成宝石的光谱与其天然对应物的光谱相似，因而通常不能用来区分天然的和对应的合成的宝石。

基础课程考试大纲所列宝石的光谱：

透过衍射光栅式分光镜所见

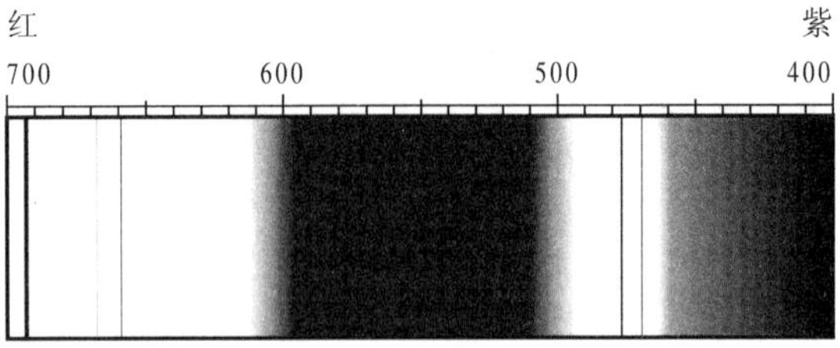

红宝石（铬谱）
亮蓝区中部有细线；红区有线并可能有发射线。黄绿区有宽带。

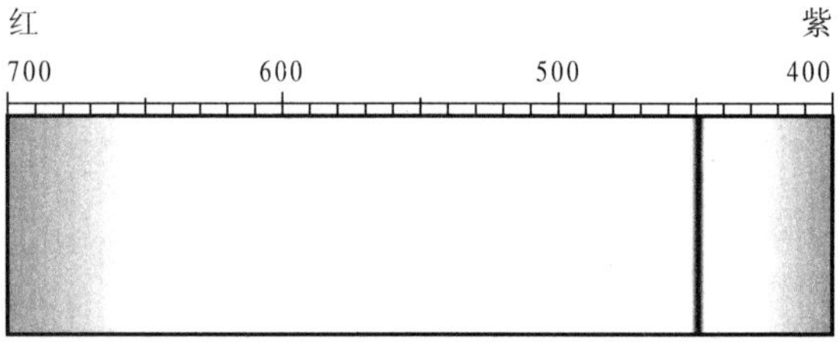

蓝宝石，天然，蓝色（铁谱）
蓝区有吸收线或窄带。有些蓝色蓝宝石有一条以上的带。

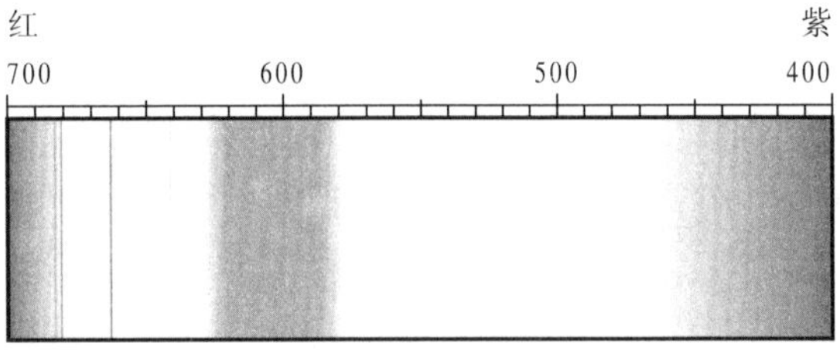

祖母绿（铬谱）
红区有吸收带，橙到黄区有吸收。

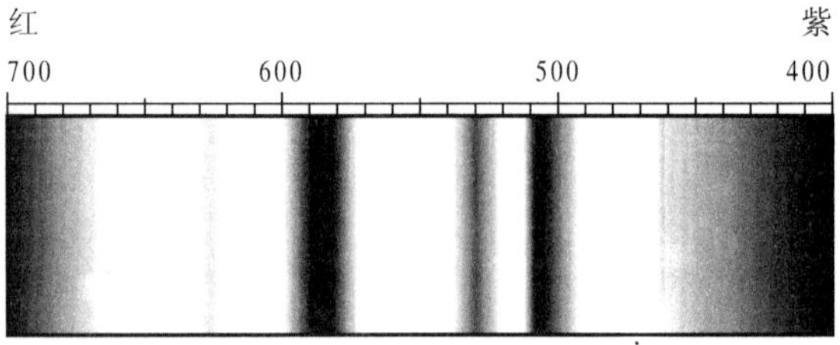

铁铝榴石（铁谱）
黄区吸收，绿区中部和蓝绿区有较窄的带。

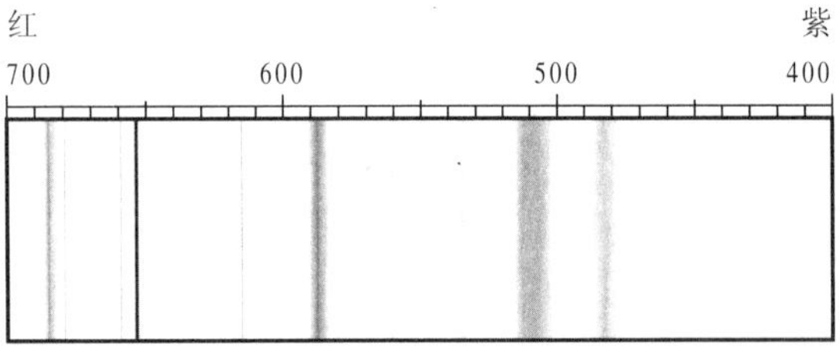

锆石（铀谱）
红区有线。常可见到许多线，有些样品可有多达 40 条的线。

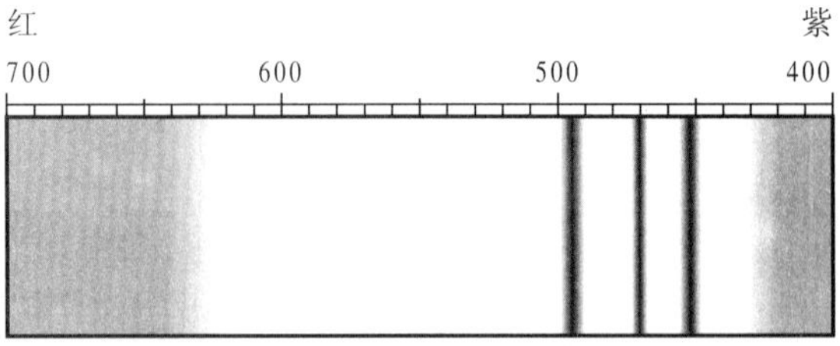

橄榄石（铁谱）
在蓝和蓝绿区有三个带。在有些样品中，这些带具“扩散的边”。

红宝石

蓝色蓝宝石

祖母绿

铁铝榴石

锆　石

橄榄石

钴致色维尔纳叶法合成尖晶石

钴致色蓝色玻璃

硒玫色红色玻璃

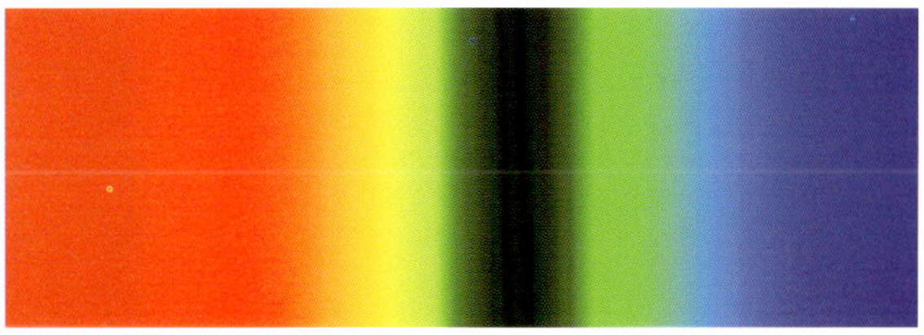

胶态金致色红色玻璃

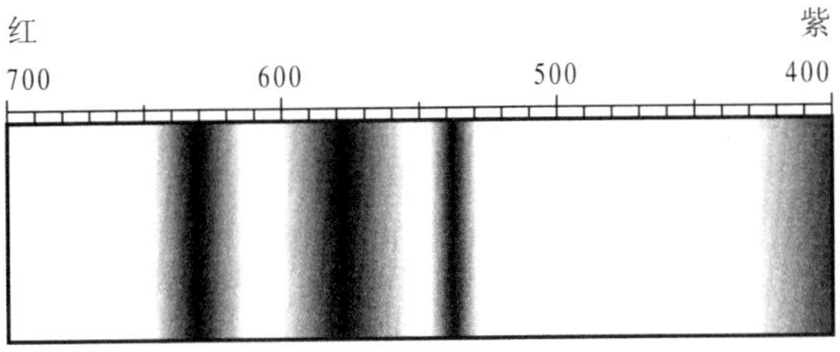

尖晶石，合成，蓝色（钴谱）
三个带，从左到右为“宽—宽—窄”。天然蓝色钴尖晶石偶尔也显示这样的谱。

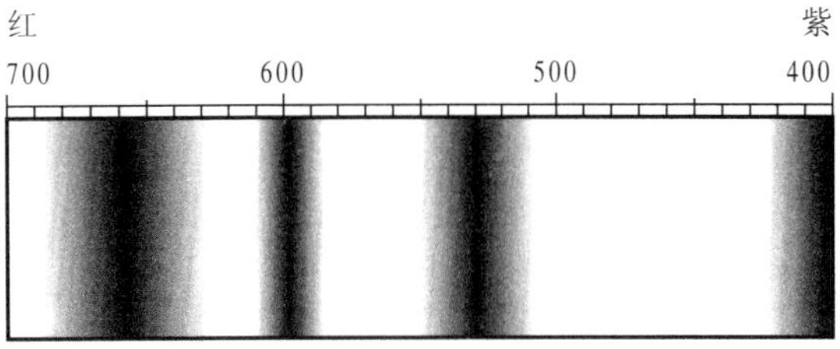

玻璃，蓝色（钴谱）
三个明显的带，从左到右为“最宽—窄—宽”。在深色样品中这几个带可能合并。

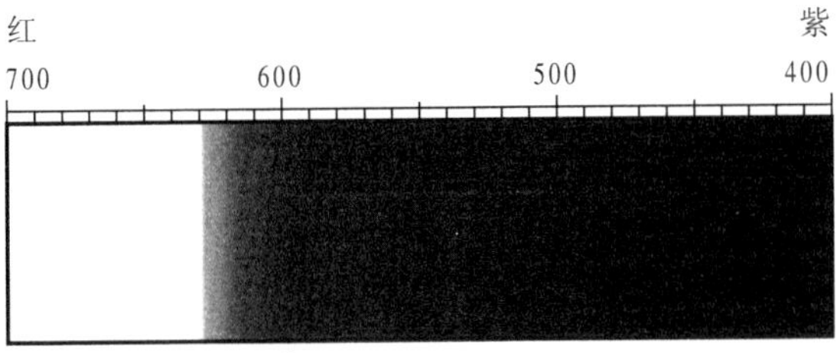

玻璃，红色（硒谱）
除红色外的其他颜色呈不同程度的普遍吸收，具极明显的吸收边。成为红色滤色镜。

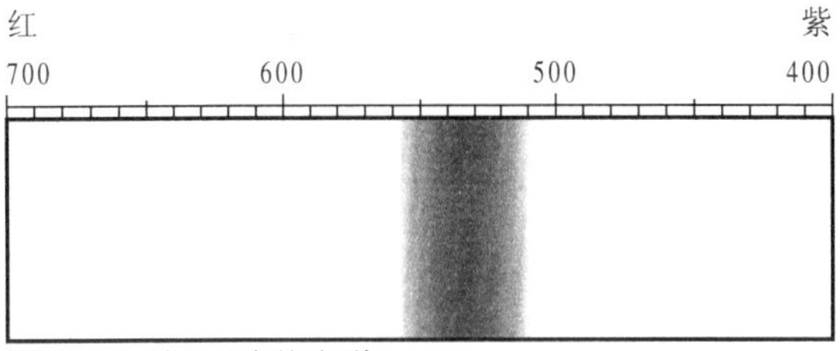

玻璃，红色（胶体金谱）
在古代商贸中称为“红宝石玻璃”和“酸果蔓红玻璃”。绿区一个带。

9.8　滤色镜

透过宝石的光还可以用被设计成只允许一定波长通过的滤色镜来进行分析。这种测试有助于区分外观相似的宝石：特别是有可能把某些仿制的、合成的和经过处理的宝石与天然的和未经处理的宝石区分开。

为理解滤色镜的原理，让我们再返回到本章开头关于“有色”材料（包括某些宝石）对光的吸收的论述。它会提醒你白光光谱是由红色到紫色的连续光谱，还会提醒你当一定波长的光被从白光光谱吸收掉后，我们就看到了材料的颜色。也就是说，当我们观察一个宝石材料的体色时，我们所观察材料本身就起了滤色镜的作用。使用专为检测宝石而制作的单独的滤色镜并借助于滤色材料有限的波长范围对来自宝石的残余光进行分析。实际上，我们是通过一种滤色镜来观察另一种滤色镜（宝石）。

这项工作的途径如下：

(1)　相似颜色的宝石材料可有不同的吸收特征；来自这些宝石材料的光事实上可由极不相同的波长组成。
(2)　透过第二个有色材料即滤色镜来观察不同的宝石材料，这时由每种材料进入眼睛的残余光就更为有限了。

(3) 透过滤色镜的范围有限的波长有可能与透过每种不同宝石的波长一致，也可能不一致。

(4) 大脑对透过滤色镜看到的来自每种宝石的波长作出解释。

(5) 这时看到的来自每种不同宝石的颜色可以很不同。

(6) 这使得有可能快速地把颜色相似的宝石区分开。

这个方法的优点是：

(1) 许多宝石可放到一起观察，“与众不同的”可快速区分出。

(2) 外观相似但透过的波长略有不同的宝石可借助合理设计的滤色镜来区分。

(3) 滤色镜易使用并便于携带。

9.8.1 查尔斯滤色镜

各种类型的滤色镜能帮助你区分外观相似的宝石。一个著名的实例是最先在伦敦的查尔斯工学院开始使用的**查尔斯滤色镜**。它由组合到一起并只能让深红和黄绿光透过的两个明胶滤色片组成。这种滤色镜最初是设计用来区分祖母绿和它的仿制品。祖母绿几乎是唯一能让光谱深红区的大部分光透过并与此同时吸收黄绿区大部分光的绿色宝石。祖母绿的这一特性是由于存在铬元素。

当透过滤色镜观察时，许多祖母绿呈红色或带红色调的粉红色。大多数其他绿色宝石、绿色玻璃和拼合石如苏达石则呈绿色（见下表）。然而，透过滤色镜所看到的颜色只能作为鉴定宝石的指南，还必须有进一步的确定性测试来支持。

除检测绿色宝石外，查尔斯滤色镜还有其他用途。钴化合物被用于在合成尖晶石和玻璃中产生蓝色。这些钴致色的蓝色材料可透红光，在滤色镜下呈红色和粉红色。这种测试可用来把这些人造材料与大多数蓝宝石、海蓝宝石和蓝色锆石区分开。这些宝石在滤色镜下呈绿色或灰绿色。斯里兰卡蓝宝石在人造光下显紫色，而在滤色镜下因含微量铬而呈红色调。

当你面对许多宝石，特别是当你有成包的小的、尺寸相当的宝石要检测时，用滤色镜测试是非常有用的。譬如你有一包淡蓝色宝石，可能包括了海蓝宝石、热处理的辐照托帕石和钴致色合成尖晶石。在滤色镜下，海蓝宝石具淡绿色调，托帕石呈非常浅的肉色，而钴致色合成尖晶石则呈浅粉红色。这种方法使你能快速挑出所不希望有的宝石。在红色宝石中，天然和合成的红宝石在滤色镜下呈带红色调的粉红色或红色，这与几乎所有的红色石榴石都明显不同，它们在滤色镜下是暗的、没有颜色的。然而，许多天然红宝石和一些合成红宝石含铁，使荧光效应变得暗淡（见第十一章）。

使用查尔斯滤色镜应该谨慎。新的宝石品种，不论是天然的还是合成的，可能会显示出与上述原理或下表不符的特征。然而，如果能合理地使用查尔斯滤色镜，其价值不可低估。滤色镜小巧，在不可能使用其他仪器的场合，譬如在野外和在快速进货时以及在参观商店和展览会的展品时，能方便地使用。为获得最佳效果，宝石应该用人造（钨丝）光照射，滤色镜必须紧靠眼睛以避免眩光。

透过查尔斯滤色镜看到的效应

测试的材料	透过查尔斯滤色镜看到的效应
绿色宝石	
祖母绿——天然或合成的	亮红或粉红到浅绿色
变石	粉红到亮红色
绿色锆石	粉红到红色
绿色玻璃	大多为暗淡的绿色，少数为浅红色调
绿玉髓	绿色
翠榴石	粉红到亮红色
翡翠——某些染绿的样品	可有浅红或粉红色调
苏达祖母绿	大多数宝石显暗淡的绿色
蓝色宝石	
蓝色蓝宝石——天然和合成的	大多为暗淡的绿色
海蓝宝石	绿蓝色
蓝色尖晶石——天然的	浅红到灰绿色
蓝色尖晶石——合成的，钴致色的	强红、橙粉红或粉红色
蓝色托帕石——人工辐照和热处理的	淡肉红色或“无色”
蓝色玻璃和合成石英——钴致色的	深红到粉红色
蓝色玻璃——铁致色的	浅绿到灰绿色
红色宝石	
红宝石——天然和合成的	红到极亮红色
石榴石——亮红的镁铝—铁铝榴石	暗灰到暗红色
红色玻璃	暗红色

滤色镜检测结果可随宝石的颜色深浅而变化。

(1) 如果宝石中存在不止一种致色元素，检测结果还取决于不同致色元素的相对浓度；

(2) 使用滤色镜所获得的任何结果都只能看作是一种指南，这种结果不是诊断性的；

(3) 不论何时只要适用就进行这种检测；

(4) 对结果的解释要谨慎。

9.9 变色效应

在本章开头你已看到，近乎白色但又与纯的明亮日光不同的光可在宝石中产生不同的色调。譬如钨丝灯光在我们的眼中看上去是“白色的”，但与明亮日光相比，它的蓝波长的强度较弱，而红波长有可能较强（取决于所用的灯泡）。

透过宝石的混合的波长通常因光源不同而不同。每当观察宝石时，大脑把混合的波长加在一起感知为单一色。这些单一色的每一种取决于光源的性质而可能不同。日光灯在光谱的特定波长有一定的明亮“峰”。这可显著影响到物品与日光下不同的感知色，不论它是百货商场里的一件衣服，还是一件镶了宝石的首饰。这会造成物品或宝石在不同光照下颜色的对比问题。有时入射光的稍许差别会导致我们对宝石精确颜色的感觉有很大差别。

这种效应被称为**变色效应**。变石是金绿宝石的一个品种，它能显示引人注目的变色效应。它在富红波长的钨丝灯光下呈红色调，在富绿和蓝波长的日光下呈绿色。强变色效应会显著影响宝石的价格。

变色效应的出现是因为使用两种稍有不同的“白”光源来照射某些宝石，从而在我们的大脑中产生了不同的色感。

变石是由铬致色的。它与红宝石和祖母绿有相似的吸收光谱。

除变石外，在用钒和铬致色的刚玉制作的常见合成宝石中也可见到显著的变色效应。有时不正确地以“合成变石”的名称在市场上销售。事实上它是**合成刚玉**。它通常在钨丝灯光下呈红紫色，日光下呈灰蓝到蓝紫色。合成变石也有生产，它通常显示从红到绿的很好的变色效应。

注意，变色效应与多色性（将在第十章中讨论）是不同的性质。不应将这两个不同的性质相混淆。变石极好地显示了这两个性质，所以变石中看到的精确的变色效应部分取决于观察方向与多色性方向的相互关系。

第九章强化题

1. 什么使颜色对宝石材料如此重要？
2. 为感受到颜色，需要有白光源和光的变化。此外还需要什么？
3. 大多数宝石的颜色是体色。这主要是由化学致色元素导致的。对致色元素构成结构中基本部分的宝石，在分类时使用什么术语？
4. 对人类来说，可见光的波长上限和下限以纳米为单位大致是多少？
5. 当白光斜向进入透明无色物体时，什么颜色的光折射最少？
6. （a）通过折射把光谱色依次分离开的现象叫什么？（b）在许多刻面宝石中看到的什么效应是部分地取决于这一现象？
7. 说出一种具高色散的有色宝石和一种具低色散的无色宝石。
8. 说出 3 种铬致色的宝石。
9. 分光镜如何能帮助你把具相同体色的不同宝石区分开？
10. 什么原因使分光镜对我们特别有用？
11. 在宝石检测中使用滤色镜有何优点？
12. 为了在宝石中看到变色效应，哪 3 个东西是必不可少的？

第九章家庭作业

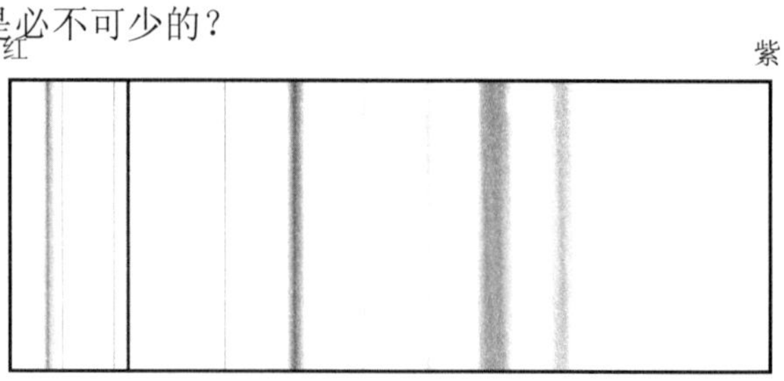

1（a）右图展示了用光栅式分光镜看到的光谱。画出这个光谱的草图并利用这个草图来帮助你描述。（4 分）
（b）从光谱图看，你认为这是什么材料？（4 分）
（c）借助示意图描述衍射光栅式分光镜的结构。简述应如何使用以获得良好的结果。（8 分）

2（a）对于某些材料，光谱的观察是诊断性的。画出并描述一种绿色，一种红色和一种蓝色宝石的光谱。这几种宝石应有诊断性光谱，而且是由不同致色元素致色的。（15 分）
（b）用于宝石学的手持式分光镜有何优点和不足之处？（5 分）

3（a）对宝石材料中观察到的体色的感觉取决于 3 个基本要求。简单解释这几个要求。（6 分）
（b）一个五石戒镶了外观非常相似的刻面红色玻璃和刻面红色石榴石。你如何能快速和顺利地把它们两者区分开？（12 分）。
（c）在(b)中提到的这两种宝石是由什么致色元素致色的。（2 分）

4（a）简述（i）色散；（ii）色散值；（iii）火彩这三个术语的含义。（6 分）
（b）体色变化并导致变色效应的原因是什么？给出这种效应的一个实例。（4 分）
（c）给出用查尔斯滤色镜能进行的一种有效观察。解释如何最有效地使用滤色镜。（10 分）

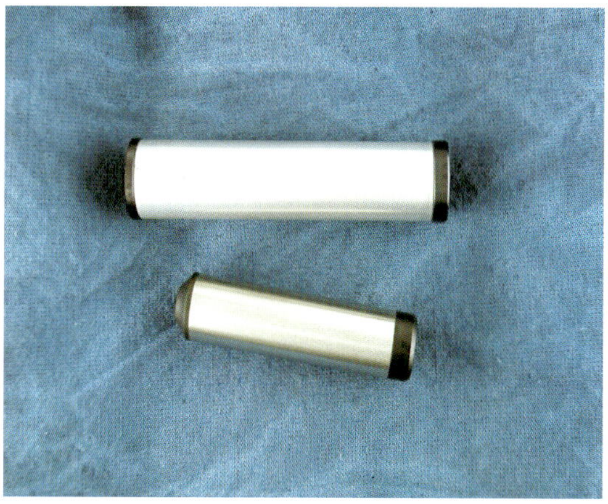

英国宝石协会提供的棱镜式分光镜和衍射光栅式分光镜

© Gem-A Instruments

英国宝石协会提供的查尔斯滤色镜

© Gem-A Instruments

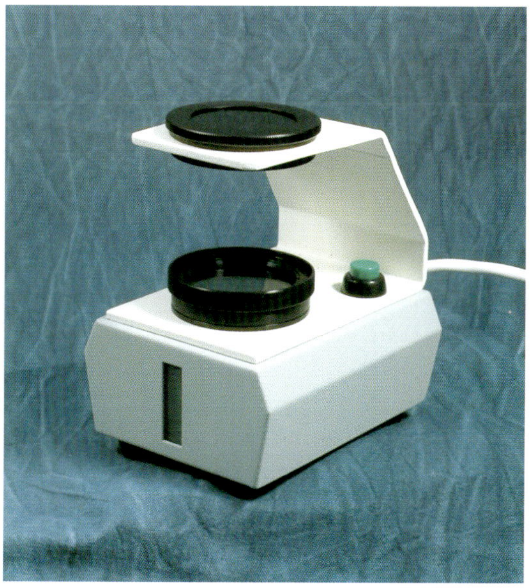

英国宝石协会提供的台式偏光镜

© Gem-A Instruments

伦敦二色镜和方解石二色镜

© Gem-A Instruments

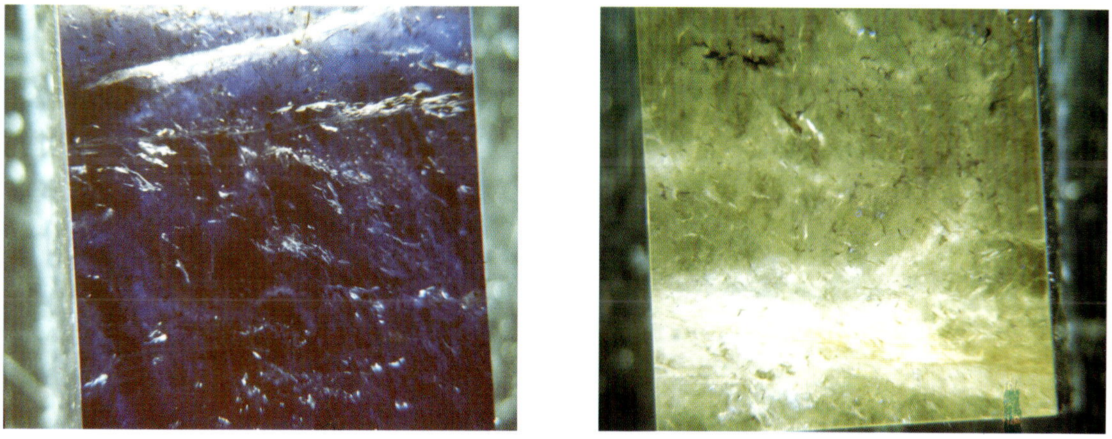

堇青石的多色性(蓝色和黄色)

© P Daly

第十章　平面偏振光

第十章　平面偏振光

10.1　平面偏振光的本质

平面偏振光的重要性

平面偏振光（PPL）在宝石学中非常重要，这既包括宝石的观察也包括宝石的测试。不论何时，每当你检查各向异性晶体和宝石，每当你在偏光镜下观察光学效应和每当你利用折射仪观察双折射宝石的两条阴影边界时，你眼睛所接收的都是平面偏振光。

当你观察来自玻璃板、路面、水或抛光台面的低角度反射时，或当你从一定方向看蓝天时，你接收的也是平面偏振光。

光波和偏振化

在每束光中有亿万个光波在振动。每个光波从光源沿**传播方向**前进，其振动方向垂直于传播方向（图 10-1）。

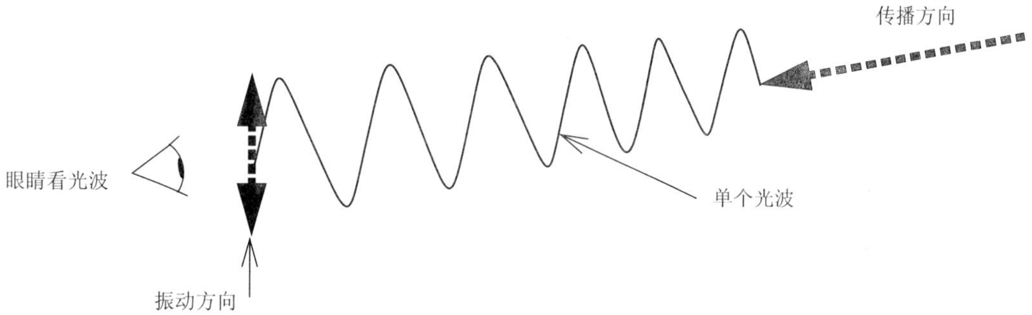

图 10-1　单个光波的传播方向和振动方向

振动方向和各向异性

弄明白振动方向的意义及它与各向异性材料的相互关系是很重要的。

振动方向是当你直视逼近的光波时所看到的光的运动方向（图 10-2）。

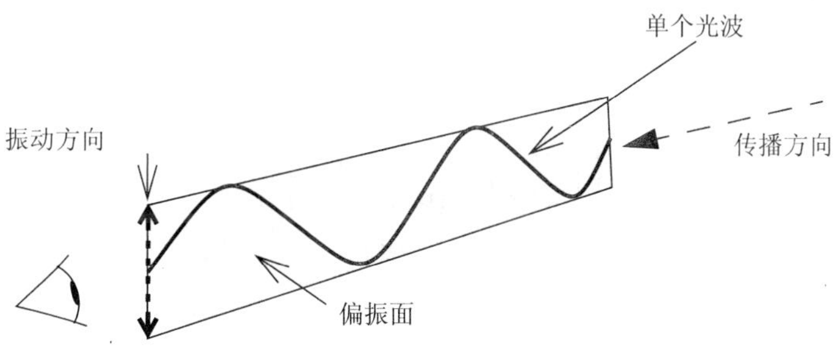

图 10-2　单个光波的偏振面和振动方向

构成非偏振光，如来自太阳或灯泡的光的亿万个光波在垂直传播方向的所有方向上振动。

组成平面偏振光的光波在平行于一个面的诸平面内振动，这个面也限定了光的振动方向（图 10-3）。

平面偏振光　是光波全都平行于一个平面振动的光。

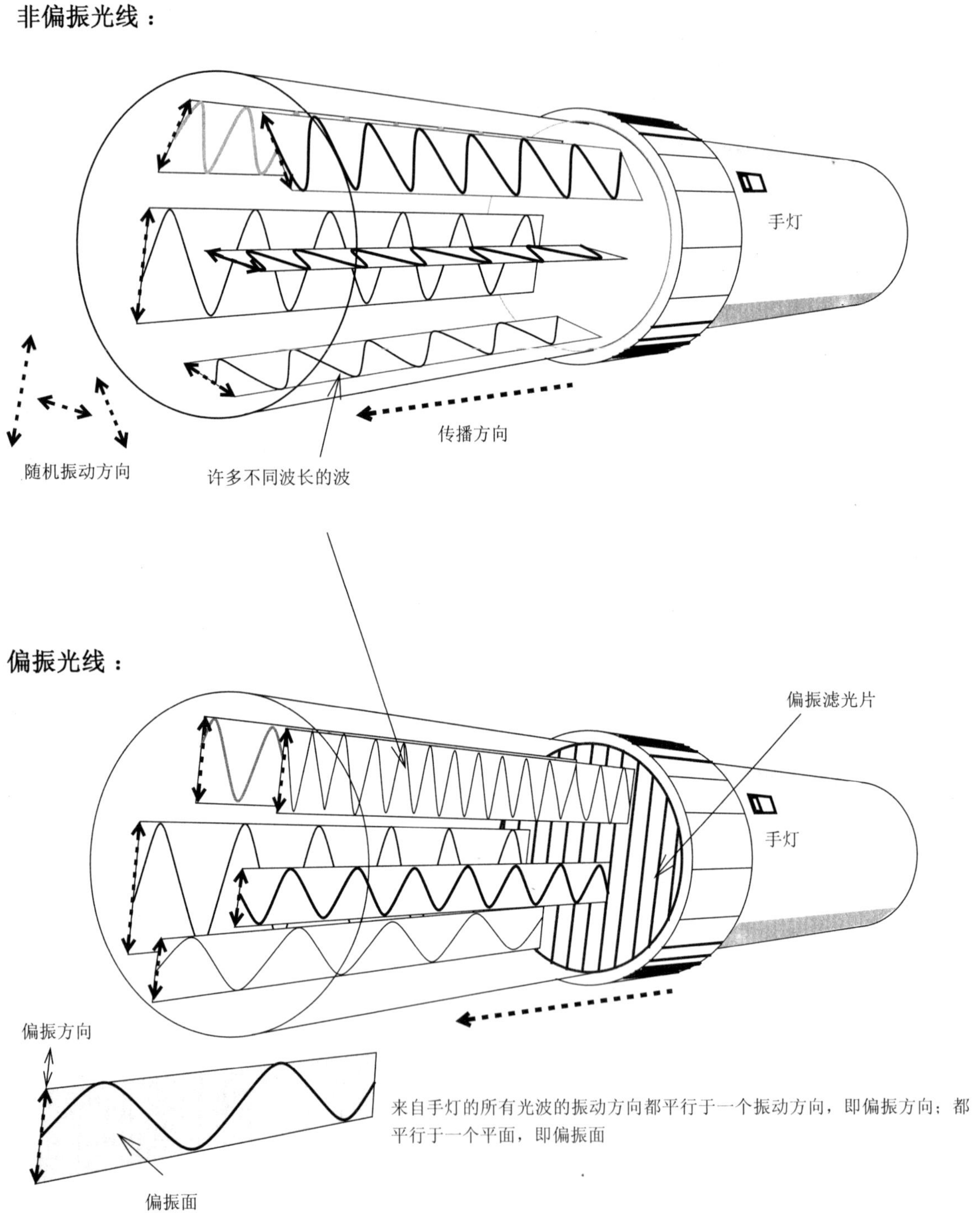

图 10-3　非偏振光和偏振光

10.2　双折射和各向异性材料

从第七章关于折射的讨论你已知道，双折射是光学各向异性材料将光分解成两个组分而导致的光学重折（重影）效应。

光学各向异性材料是当光穿过它时在不同方向显示不同光学性质的一种材料。这种材料被说成是具**方向性光学性质**或具**光学各向异性**。

各向异性可用某些宝石测试仪器检测出。各向异性光学效应的检测是许多宝石测试方法的基础。

当光进入许多各向异性材料时，晶体结构规则但各向异性的原子键合迫使光分解成两个组分（图 10-4）。

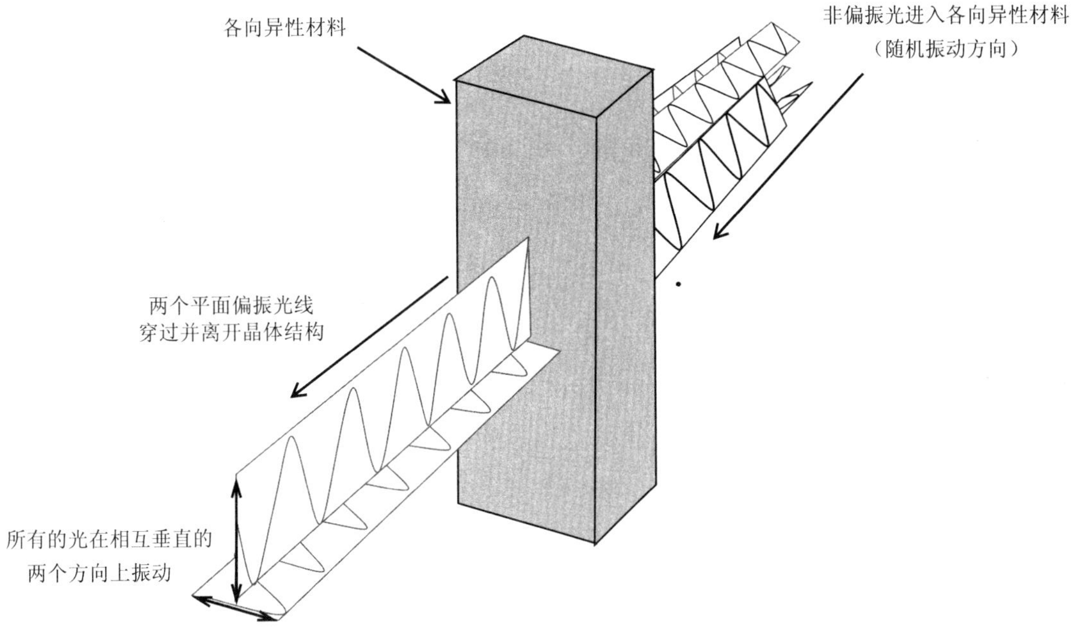

图 10-4　光穿过各向异性材料时的偏振化

每个组分就是被迫平行于一个平面振动的一组波。一个组分的振动面（或方向）总是与另一组分的相互垂直。

所以，在材料中穿行的这两个组分是**平面偏振化的，其穿行速度也稍有不同**。

当这两个组分穿过材料重新进入空气时，依然保留为平面偏振化的，振动方向相互垂直。

当一条入射光线进入各向异性材料时，从这条光线形成的组分或光线永远不会超过两个：你透过各向异性晶体能看到两个影像，但决不会是三个。单个光线即使是在二轴晶材料中也只能分解成两个组分。

关于光波的方向

通常我们把传播方向看作是光穿过物体的“方向”，也就是你用光照射并通过宝石的方向。这是容易看到或观察的。

当检测一个宝石材料的各向异性时，我们必须考虑光波的振动方向和传播方向。

非常重要的是想象出振动方向。在许多宝石检测中，你观察的是光与晶体结构的相互作用，特别是利用光与各向异性材料的相互作用在不同振动方向上是不同的这样一个事实。譬如，当光双折射后，具不同振动方向的两组光波与各向异性材料产生不同的相互作用。这使光波以稍有不同的速度传播（见第三章关于各向异性晶体结构部分）。

当光传播经过一轴晶材料时，有两个主组分。这些组分常称为“光线”（图 10-5）。

(1) 非常光线或 E 光线；

(2) 其余的光在垂直于非常光线的方向上振动。这个光也称为常光线或 O 光线（在晶体光学和光性矿物学中的准确叫法应是非常光和常光或 E 光和 O 光，但从本教程的叙述方式，译为非常光线和常光线较方便于学生接受——译者注）。

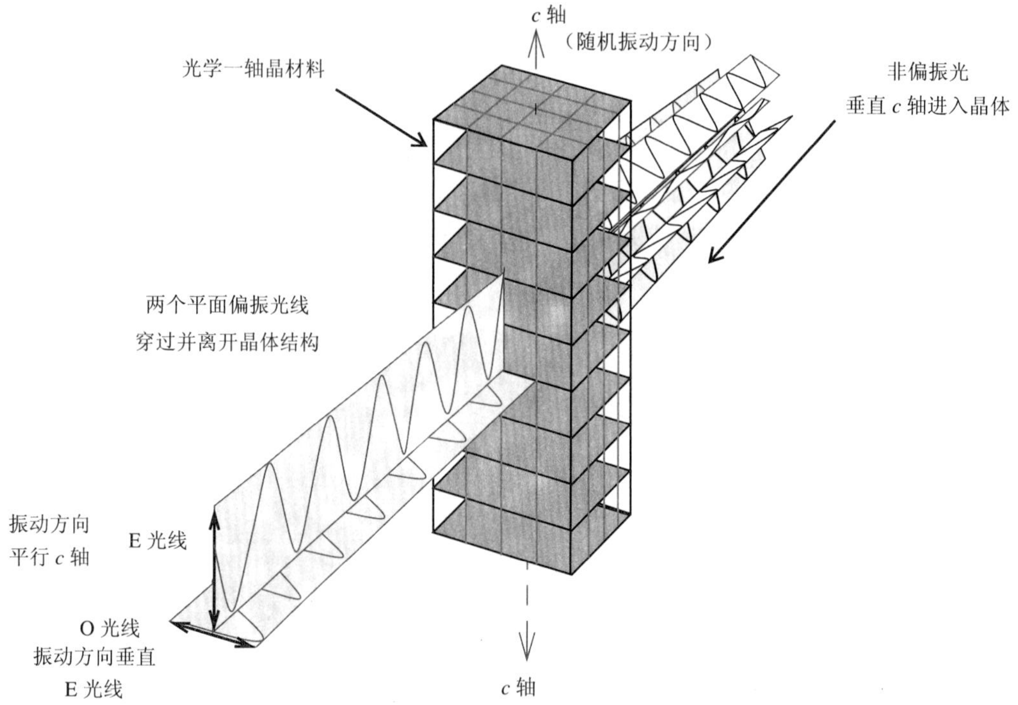

图 10-5　穿过一轴晶体结构的 E 光线和 O 光线

折射率的最大差值出现在当 E 光线的振动方向严格平行于 c 轴时。这时入射光以垂直 c 轴的方向进入晶体结构。

两个折射率之间的最大差值称为材料的**双折射率**。除非是沿光轴方向观察，否则在任何方向上你都会接收到这两个组分。

在二轴晶材料中有 3 个主振动方向，双折射率也是最高折射率和最低折射率的差值。记住，在二轴晶材料中，你的任一次观察最多只能看到两条“光线”，也就是说在折射仪上只能看到两个阴影边界而不是三个。

10.2.1　光轴

在第七章中我们解释过光轴是平行它穿过晶体结构时只发生单折射的方向。这也就是说，当以某些特定传播方向穿过各向异性材料时，光波不显示双折射。在这些光轴方向上，光波在垂直传播方向的所有方向上振动，不发生双折射。

各向异性材料可有一个或两个光轴，这取决于材料所属的晶系。具一个光轴的材料称为**光学一轴晶**材料，具两个光轴的称为**光学二轴晶**材料。

不同晶系材料的光性

晶　系	实　例	光　性	光　轴
立方晶系	钻石、石榴石、尖晶石、萤石	各向同性	无
四方晶系	锆石	各向异性	一个
三方晶系	刚玉、石英、碧玺、方解石		
六方晶系	绿柱石		
斜方晶系	橄榄石、托帕石、金绿宝石	各向异性	两个
单斜晶系	月光石		
三斜晶系	一些长石		

10.3　偏振滤光片

平面偏振光（PPL）在宝石的观察和鉴别中是强有力的工具。最方便的产生平面偏振光的方法是使用偏振滤光片，它能从非偏振光产生平面偏振光。

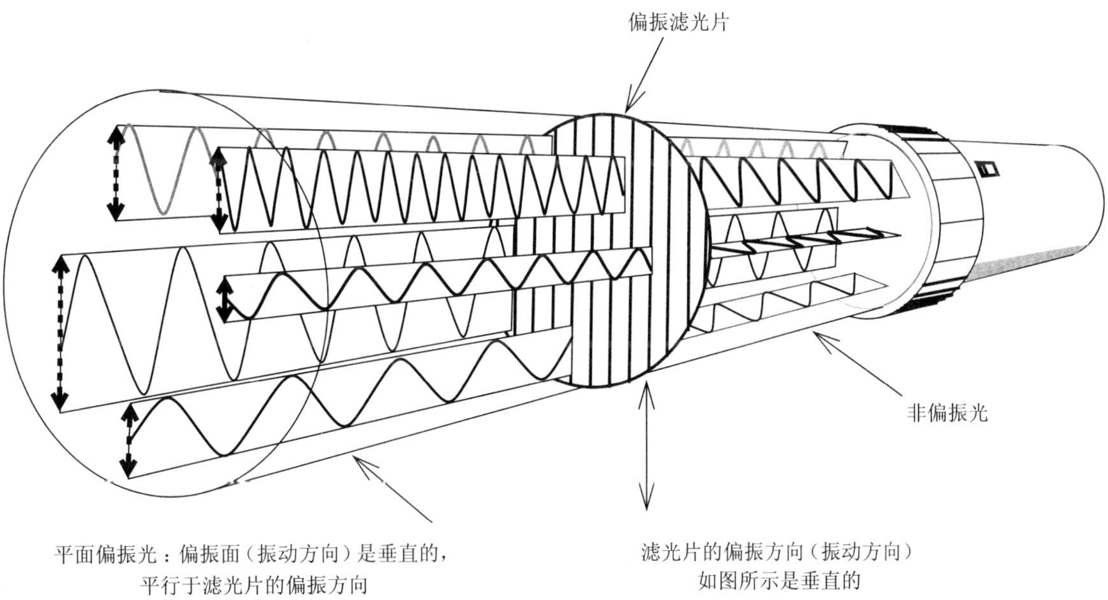

图 10-6　用偏振滤光片产生平面偏振光

偏振滤光片是各向异性晶质材料，它通过吸收作用去除了一条偏振光线，同时让另一条偏振光作为 PPL 通过（图 10-6）。

10.3.1 “正交”偏振滤光片

现在来做一个试验。保持两个偏振滤光片在一条线上，透过它们观察一个非偏振光源。使第一个滤光片（靠近光源的）保持不动，与此同时转动第二个滤光片（靠近眼睛的）并像图 10-7 中所示的那样透过两者进行观察。你也可用两副偏光太阳镜做这个试验。

当两个偏振滤光片的振动方向平行时，最大数量的光透过它们二者。当你转动第二个滤光片时，你会发现光逐渐减弱。当第二个滤光片的偏振方向转动到与第一个滤光片的偏振方向呈垂交时，只有极少量的光透过它们二者，景色几乎是全黑的。这时的偏振滤光片被说成是**正交的**，通常称之为“**正交偏光片**”。

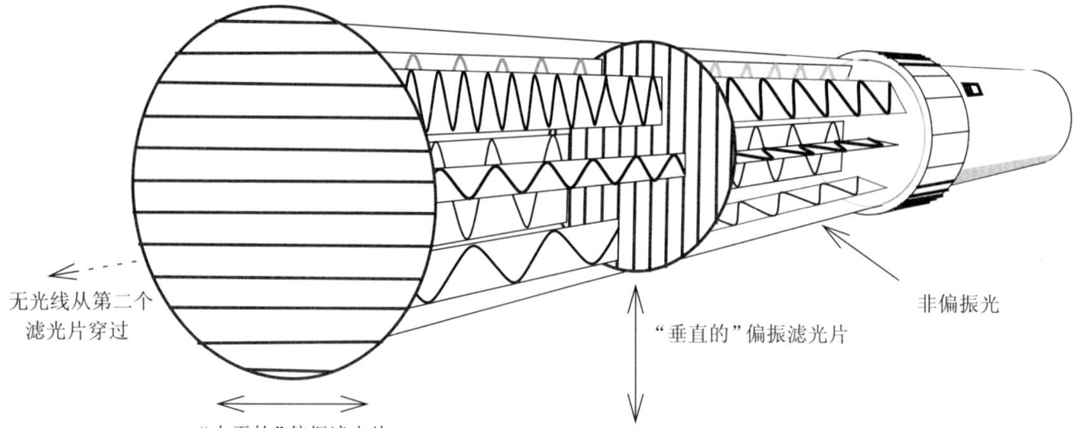

图 10-7　由处于正交位置的偏振滤光片产生的消光

在正交位置时，第二个滤光片的具最大吸收的振动方向对准了第一个滤光片的具最大透射的振动方向。因而，透过第一个滤光片的光绝大部分被第二个滤光片吸收。

这一现象对宝石学家至关重要。当材料被放置在呈正交的偏振滤光片之间时，这种现象为检测各向异性提供了非常灵敏的测试。即便是各向同性宝石中由应力导致各向异性应变的部位也能清楚地看出。使用两片正交偏振滤光片的简单的宝石检测仪器称为**偏光镜**。

第十章　平面偏振光

10.4　偏光镜

10.4.1　结构和使用

第一台可使用的偏光镜是用褐色电气石（碧玺）晶体的切片制成的。现代的偏光镜使用的是价廉和效果好的塑料偏振滤光片。上、下两片装在固定的架子上或可折弯的支架上。

偏光镜是能快捷使用的简单仪器。它用于测试透明宝石材料。它可用于测试一些已镶和未镶的宝石，成品宝石和原石以及平板、碎块乃至尘状颗粒。当测试时还可将宝石浸入液体中以提高其可见度。

可使用袖珍式可折弯偏光镜，办法是把它放到一个光源前或举到灯光或日光前。将它放在双目显微镜的物台上也是非常有效的办法。

台式偏光镜由装在基座上的低功率灯泡提供照明（图 10-8）。

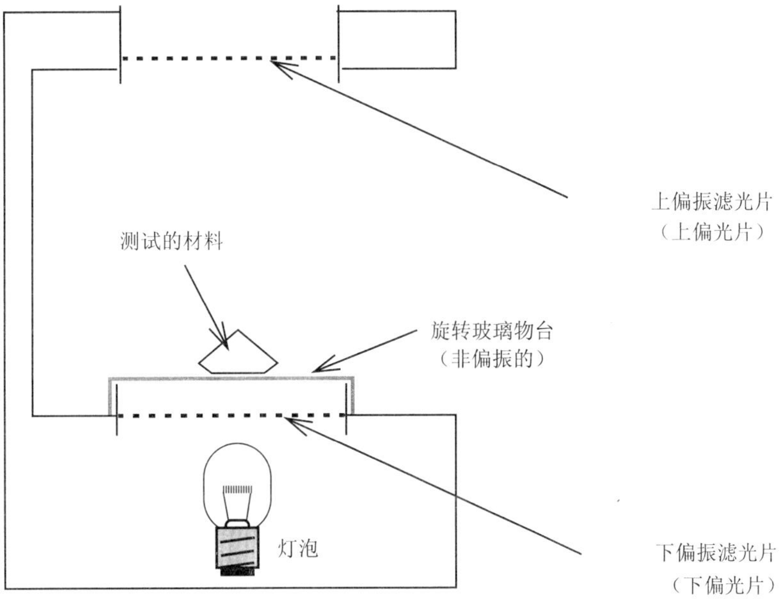

图 10-8　台式偏光镜的结构

有时把偏光镜或偏光显微镜中的下偏振滤光片称为下偏光片，把上偏振滤光片称为上偏光片。在有些偏光镜中，上偏光片是可旋转的。

下偏光片可覆盖以能旋转的洁净玻璃物台，用来放置要测的宝石，而下偏光片本身则是固定的。

当检测宝石的各向异性时，两个偏振滤光片应处在正交位置，这样，在检测前应看不到光或只看到很少的光。重要的是在检测时要在所有方向上转动宝石。

单筒显微镜可改装使其具偏光镜的功能，办法是加上两个偏振滤光片。对于低倍双目显微镜，可把折弯式偏光镜放在显微镜物台上。矿物显微镜本身通常有内装的偏光片和一个旋转物台。

10.4.2　典型结果和结论

各向同性材料

如若透明材料在正交偏光片间不论取向如何都是很暗的，那么它是各向同性的（图 10-9）。它或是非晶质的，或是具立方晶系结构的晶质体。

为确认这一点，必须在所有方向上转动材料，确信不存在透过材料能看到光学效应的任何可能位置。只简单地在旋转物台上转动台面朝下的宝石是不够的。

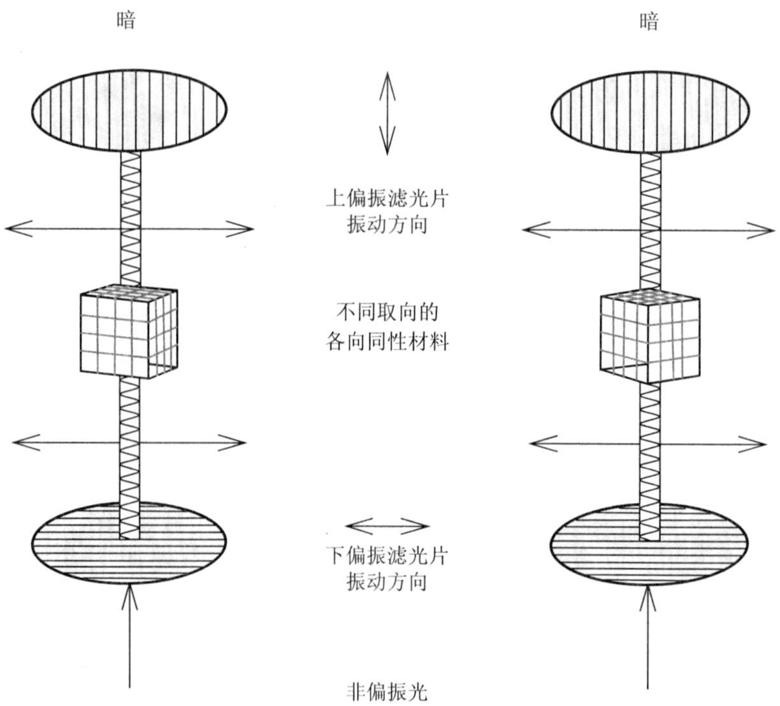

图 10-9　用偏光镜检查一轴晶材料

平面偏振光（PPL）从第一个（下）偏振滤光片进入各向同性材料。各向同性材料不会把入射光重组成两个组分。偏振光在其初始的偏振平面内继续穿行并离开该材料。该偏振光进入第二个（上）偏振滤光片。由于上、下偏振滤光片是正交的，故进入第二个偏振滤光片的光被吸收。因而，透过该材料看不见光。事实上，由于单折射材料内部应变或宝石内部内反射的影响，斑块状亮暗效应还是常见的。

各向异性材料

如若透明材料在正交偏振滤光片间旋转一周呈交替的暗和亮时，它是各向异性的（见图 10-10）。

为确认这一点，你同样必须转动材料并从所有方向进行观察，确信存在有透过材料能看到亮的一些部位。同样，只在旋转物台上简单地转动宝石有可能揭示不了这种效应。

第十章　平面偏振光

当一个材料在正交偏光片间先是能透光而转动后变暗时，被说成是达到正交偏光片间的消光[①]。如若消光现象看上去是同时影响到整个材料，而且严格地以 90° 的转动间隔出现，那么这个材料看来是各向异性的单晶。

各向异性晶体是以除立方晶系外的其他晶系（四方晶系、三方晶系、六方晶系、斜方晶系、单斜晶系和三斜晶系）的结构结晶出来的晶体。

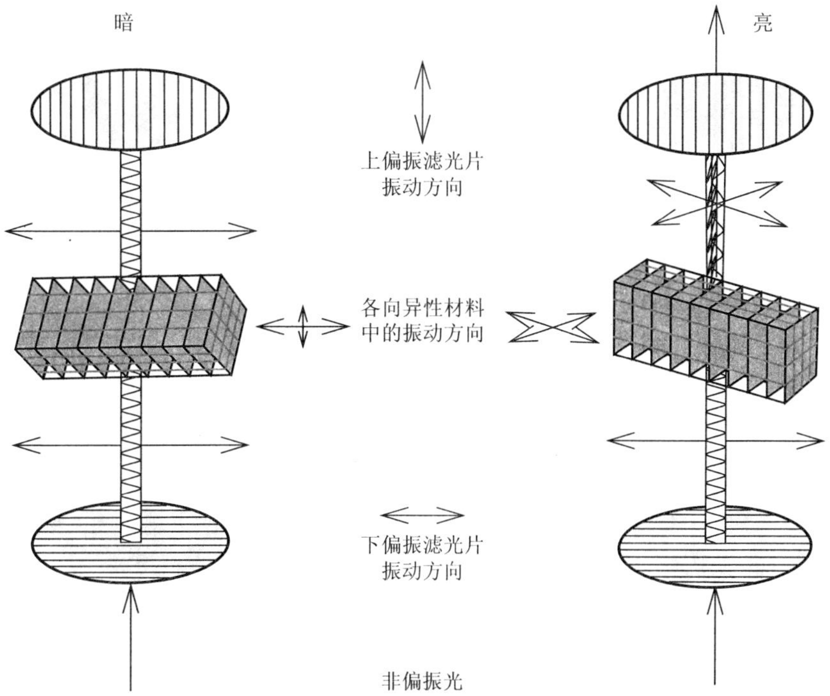

图 10-10　用偏光镜检查各向异性材料

当材料在两个偏振滤光片之间转动时，材料自身的两个振动方向也随材料一道转动。

这是因为振动方向受控于晶体结构。当材料的这两个振动方向的任一个与来自第一个偏振滤光片的平面偏振光的振动方向平行时，偏振光将穿过材料并被第二个（上）偏振滤光片吸收。在这个转动位置上，材料看上去是暗的。当你环绕视线转动材料时，它的两个振动方向每经过 90° 就与下偏振滤光片的偏振方向对齐一次。所以，转动一圈可看到 4 次消光现象。

然而，当处在每两个消光位置之间时，由下滤光偏振片来的光被各向异性材料分解为材料自身的两个偏振组分，它们的振动方向与上、下偏振滤光片的振动方向都不一致。这两个组分被迫在材料晶体结构所决定的相互垂直的两个平面内振动。它们作为双折射光离开材料并到达上偏振滤光片。上偏振滤光片又把这两个振动方向的每一个分解为它自己的双折射组分。分解后垂直于上偏振滤光片偏振方向的被吸收，而平行于上偏振滤光片偏振方向的则能通过。

由于材料在正交偏光片的暗域背景中亮了起来，你看到了平面偏振光。

偏光镜提供了一种能方便地区分各向异性和各向同性材料的方法。偏光镜产生的另一些效应也是重要的。这些效应取决于材料取向和材料本身的特点。下文讨论其中的某些效应。

---

① 注：在我国，习惯上把材料放在正交偏光片之间的消光称为正交偏光下消光。

多晶质材料

如若宝石转动一周全亮，说明材料是多晶质的。譬如，翡翠是由许多小的晶体组成的。每个晶体都产生双折射。如果这些晶体不是都相互平行的话，那么不论放在偏振滤光片之间的宝石的取向如何，总会有一部分晶体不处在消光位置，因而总会看到一些亮。

玉髓，包括玛瑙，也是多晶质的，能很好地显示这种效应。它由许多极微小的晶体组成，被说成是**微晶质的**。然而，这些微细的晶体偶尔也呈近乎平行的排列，这时会看到模糊的消光效应。某些类型的玻璃当转动时也是全亮，故需要其他测试以确认鉴定结果。

异常消光效应

如若宝石显示亮、暗的区、线、带或十字形交叉，就说明材料处于内应力下。

材料内的张应力和压应力导致应变。受应变影响，电子键会在某些方向上“平直排成一行”。这种方向性效应表现为各向同性材料中一定程度的光学各向异性。

当转动宝石时，这些带或区可从宝石的这一头移动到另一头。不论宝石的取向如何，这种效应总可以见到。

这些效应有时被称为“异常双折射”（ADR）效应。然而，所观察到的是消光而不是双折射，所以最好还是称之为**异常消光效应**。

在许多人造玻璃成品宝石中可看到异常消光。这些玻璃宝石是非晶质的，除非有内应力否则通常是各向同性的。异常消光以条纹带状出现在铁铝榴石中，以带或区出现在钻石中，以斑点或分区效应出现在塑料和琥珀特别是“压制琥珀”中。在维尔纳叶法合成尖晶石中可看到特征的异常消光效应：当在偏光镜下转动时，有模糊的条带像是在宝石内移动。这种效应很像夏日高空穿行的云。这一现象有时被称为“斑纹状消光”，这是从斑纹猫身上的斑纹而得名的。

注意，尽管这些有色宝石有各向异性行为并显示异常消光，但它们不显示多色性。

若沿光轴方向观察各向异性宝石，转动一周宝石将始终是**暗或昏暗的或显不同的颜色效应**。所以，必须绕所有可能方向旋转宝石，直至能肯定表明有或没有消光。

穿过某些宝石，特别是切磨成珠子或弧面型的宝石，可看到环绕一个有暗带通过的点或一个当转动时不动的黑十字出现颜色或亮、暗的环。这是**干涉图**。它指示了光轴方向，对鉴定非常有用。譬如，可把一轴晶材料和二轴晶材料区分开。许多石英宝石具有中心点为有色的十字干涉图。关于干涉图将在证书教程中更详细地讨论。

使用偏光镜还可看到另一些异常消光和颜色效应。这些效应可揭示诸如以低档蓝宝石为顶，以维尔纳叶合成红宝石为底的二层石等拼合石。当在偏光镜下转动宝石时，二层石的每一部分可在不同位置消光。刚玉和长石中的页片双晶可由彩色条纹效应揭示。

偏光镜的局限性

反射光是在一定程度上平面偏振化的。所以，从宝石内部出来的内反射光的存在会使各向同性宝石给人以消光效应的印象。这在陡切的刻面宝石中特别明显。透过单个刻面看到的可能更确切些。当转动底面粗糙的弧面宝石时总是可以看到亮。有许多包裹体或大量裂缝和解理缝的宝石因内反射而很难提供肯定的检测结果。譬如萤石珠子可因内部解理缝反射光的偏振化而显示消光效应。当把这些宝石浸入水或其他液体中并在正交偏光片间转动时，这些现象可以减弱。很暗颜色的或几乎不透明的宝石会给人以有光从宝石较薄的边部透过的印象，但这个光也可能是反射产生的。

偏光镜效应归纳表

观　察	结　论	实　例
宝石转动 360° 全暗	各向同性的——非晶质的或立方晶系的	石榴石、尖晶石、人造玻璃、天然玻璃、萤石、钻石、欧泊、塑料
宝石转动 360° 4明4暗	各向异性的——一轴晶或二轴晶的	绿柱石、刚玉、托帕石、锆石、碧玺、石英、长石、橄榄石、金绿宝石、堇青石、坦桑石
宝石转动 360° 全亮	多晶质的 一些双晶 一些二层石 异常反射效应	翡翠、软玉、玉髓/玛瑙 蓝宝石双晶 蓝宝石/合成红宝石二层石 来自萤石中的解理
宝石显示异常消光效应	应变各向异性，常出现在其他方面属各向同性的材料中	人造玻璃、天然玻璃（黑曜岩）、萤石、维尔纳叶合成尖晶石、铁铝榴石、钻石、某些塑料、琥珀

10.5　多色性

10.5.1　差异选择性吸收

多色性意指“许多颜色的”，是许多各向异性宝石拥有的体色效应。第九章中有关于体色和选择性吸收的定义和信息。

一些各向异性有色材料，其中也包括许多宝石，对光波的吸收沿材料晶体结构的不同振动方向是不同的。

所以，不同的偏振面所携带的颜色是有差别的，因而用术语“**差异选择性吸收**”来表示。

因为我们的眼睛无法分离开这些光线中的每一条，所以我们从任一各向异性材料所看到的单一颜色实际上是两个不同颜色平面偏振方向的混合。然而，有一些有助于宝石检测的简单办法可将这些组分分离开。这时可对每种颜色进行比较。

当光线穿过各向异性晶质材料时，它分解成振动方向彼此垂交的两个平面偏振组分。这发生在光穿过材料时的任一传播方向，唯一的例外是光平行于光轴方向。

在有色各向异性材料中，某些光可在这两个振动方向中的每个方向上被不同地吸收：在每个振动方向上有些波长（颜色）比其他波长更多地被吸收。这就意味着每个振动方向都传送不同的颜色或同一颜色的不同色调。所以双折射的光也是“不同颜色的”：即显示**多色性**。

并非所有的有色各向异性材料中都能看出多色性效应。有些差异选择性吸收可能太弱或发生在光谱可见光范围之外。

在一轴晶材料中（四方晶系、三方晶系和六方晶系）有两个主振动方向。可发生差异选择性吸收并产生两种颜色的多色性，简称为**二色性**（图 10-11 和图 10-12）。

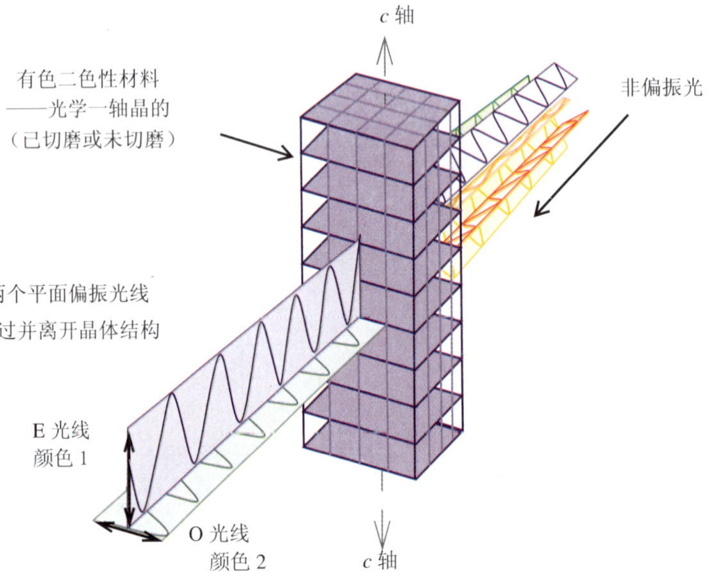

图 10-11　一轴晶宝石材料中的差异选择性吸收：多色性

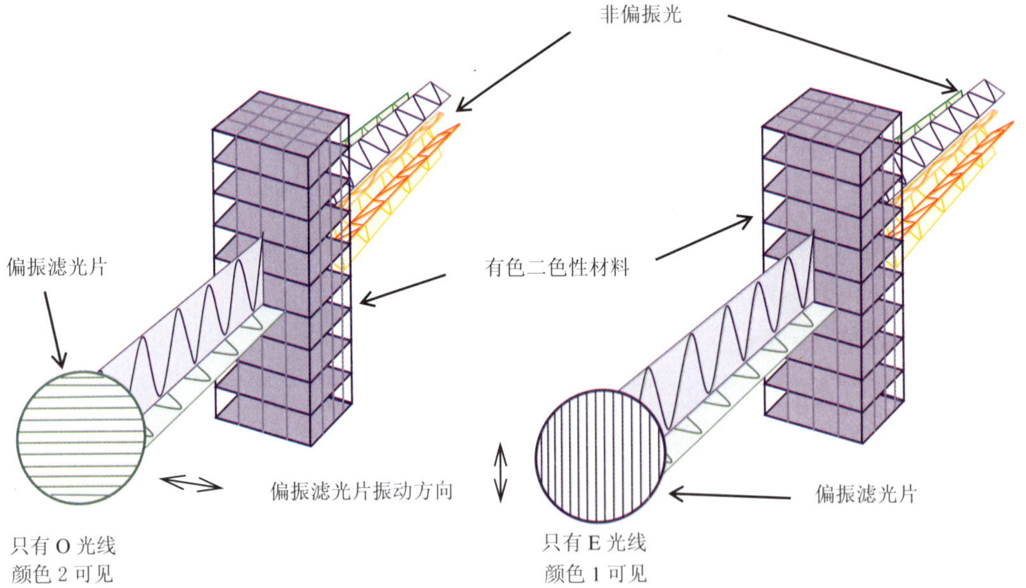

图 10-12　两个偏振色的分离

蓝色蓝宝石是一轴晶宝石，显示同一颜色的两种色调，譬如蓝色和浅蓝色。中间传播方向显示中间色调。

请注意：

(1) 立方晶系和非晶质材料不可能显示多色性。

(2) 无色材料不显示多色性。

(3) 只有有色各向异性材料能显示多色性。

(4) 有色各向异性材料显示多色性的程度不同。有些宝石的多色性强，有些宝石的多色性弱，有些则无法检测出。

(5) 沿光轴方向（双折射材料中的单折射方向）不出现多色性。

(6) 在有些二轴晶宝石中只能检测出两种颜色。

在有些材料中仅靠肉眼从不同方向观察就可看出多色性。碧玺就是一个好的实例。通常可看到同一体色的两种色调。有些绿色碧玺可显亮绿和深褐色。然而，肉眼通常不易辨别大多数多色性宝石所拥有的轻微颜色变化。本教程中（包括大多数宝石学文献中）对所有宝石颜色的描述，譬如“褐绿色”和“紫蓝色”，都只是用来传达对颜色的一种印象，而不是对颜色的严格科学界定。不同人观察颜色的能力差别很大。

在二轴晶材料中（斜方晶系、单斜晶系和三斜晶系）有三个主振动方向。然而，对于穿过晶体结构的任一光线，**同一时间内的振动方向不会多于两个**。由于光学二轴晶材料取决于所观察的振动方向可显示三种颜色变化，所以它们可称为是**三色性的**。有些二轴晶有色宝石显示三色性，有些显示二色性，也有些不显示颜色变化。变石，金绿宝石的一个品种，是二轴晶并显示三种颜色，通常是红色、橙色和绿色。

不同的光选择性吸收效应统称为多色性，它包括了二色性和三色性。重要的是要记住，**并非所有的有色各向异性材料都是多色性的。**

还要记住的是，不论从哪个方向观察材料，你最多只能接收到平面偏振光的两个组分或两条“光线”。所以，即便你用二色镜观察如变石等三色性宝石，你在同一时间不可能看到两种以上的颜色或颜色变化。

多色性之所以重要是由于以下两个主要原因：

(1) 多色性的正确检测结果可把各向异性材料和各向同性材料区分开：譬如把蓝宝石与蓝色尖晶石和蓝色人造玻璃区分开，把红宝石与红色尖晶石、石榴石和红色人造玻璃区分开。特征的结果有助于鉴别某些特殊的宝石材料。

(2) 在一颗宝石中，一种多色性颜色可能远优于另一种，因而更被人喜爱。所以，在尽量保持成品宝石重量的前提下，宝石工匠总是设法让宝石的取向能把令人喜爱的颜色从台面显现出。譬如，在红宝石中，常光线是令人喜爱的深红色，而非常光线则是不那么令人喜爱的橙红色。所以，宝石工匠在切磨红宝石时，总是设法让宝石的取向能让台面垂直 c 轴，也就是垂直于能看到常光线颜色的方向。在这个方向上看不到二色性。然而，在维尔纳叶法合成红宝石中，要切磨出较大的宝石就必须使台面平行于 c 轴。这样切出的宝石，当从台面方向观察时将看到更多的橙红色（图 10-13）。

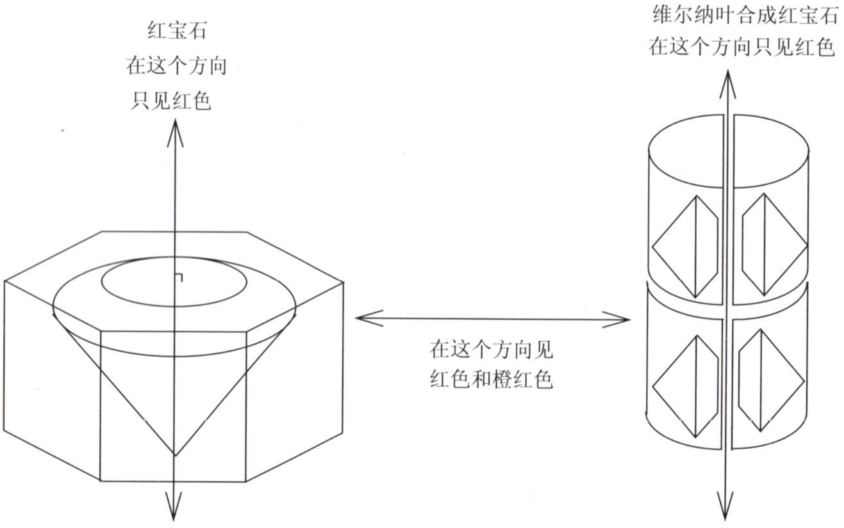

图 10-13　天然红宝石和维尔纳叶法合成红宝石中的多色性颜色方向

使用称为二色镜的仪器，我们能把从有色各向异性宝石传送过来的两个偏振光颜色分开。我们能够并排看到两种颜色，从而易于对比和描述。

10.6　二色镜

并排观察两个分离开的偏振振动方向对检测两种颜色或颜色变化是非常有用的（图 10-14）。

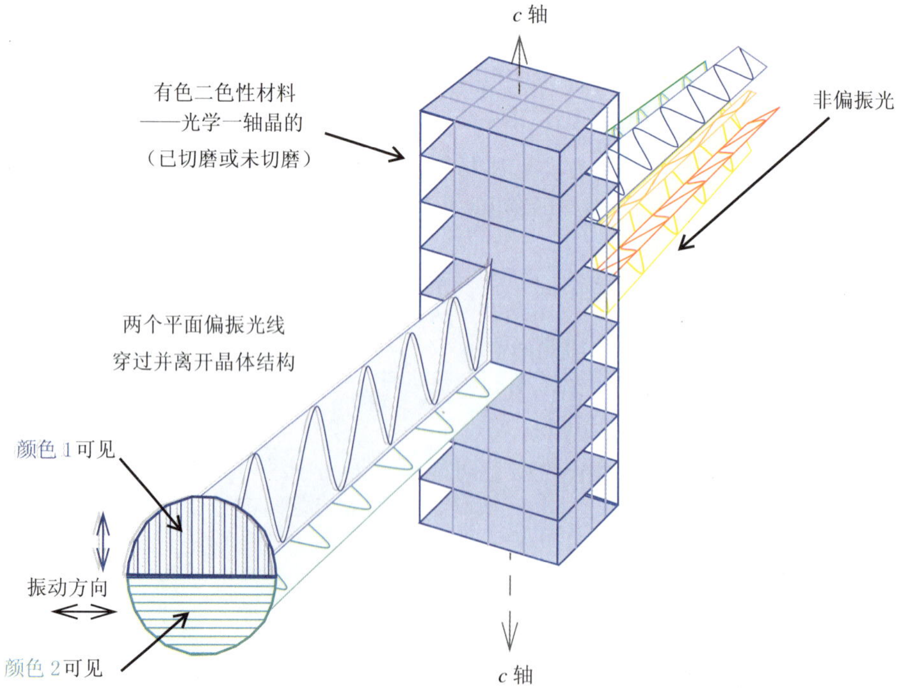

图 10-14　用二色镜观察各向异性材料的平面偏振光

通过使用另一个高二色性材料如偏振滤光片，或使用强双折射晶体如无色方解石，我们可做到这一点。

透过方解石可看到小孔的双重图像。小孔的两个图像是平面偏振并相互垂直的，而这是方解石的晶体结构所决定的。另一种办法是使用两个并排排列但偏振方向相互垂直的偏振滤光片。这时从一个宝石来的由两条光线携带的两种多色性颜色将并排地被观察到。必须转动宝石以达到正确的取向。

10.6.1　二色镜的结构

方解石二色镜的主体是个镜筒，它的一端有个方形小孔，另一端是用来聚焦于小孔的透镜。固定在透镜和小孔之间的是光学方解石——冰洲石的洁净解理块。

方解石有非常高的双折射率。此外，它的菱面体解理将晶体结构裂开的角度使分得很开的两个图像能容易地观察到。

你可做个试验。将方解石的解理块放到纸上的一个标记上。在透过方解石看到的标记的两个图像的上方转动一片偏振滤光片。随着偏振滤光片的偏振方向分别与每个图像的振动方向取齐，你会交替地看到这两个图像。

来自宝石的光从仪器一端的小孔进入仪器。方解石块由于其高双折射率，能将小孔的两个平面偏振图像分离开。菱面体块的长度和小孔的大小可择定，以便使小孔的两个图像可并排看到（图 10-15）。

当所测宝石转动到正确取向时，每个图像对应于来自宝石的一条平面偏振光线。

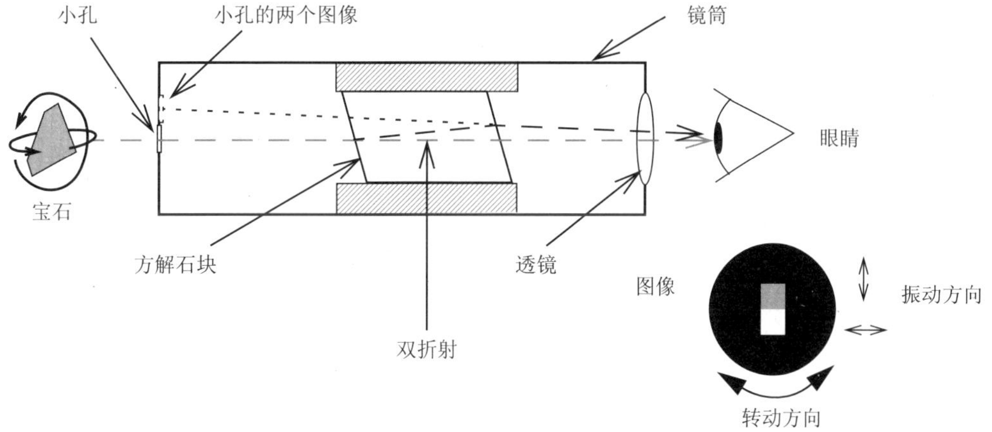

图 10-15　方解石二色镜的结构

用两片偏振滤光片可制作诸如“伦敦二色镜”这种简单类型的二色镜。相拼接的滤光片应具有相互垂直的振动方向（图 10-16）。

伦敦二色镜是一种轻巧的仪器，可用于原石或晶体以及较大的成品宝石。成包的小宝石也可一道观察，只要转动二色镜检查所有宝石的振动方向即可。这种偏振滤光片二色镜可有效地与低倍显微镜联用。

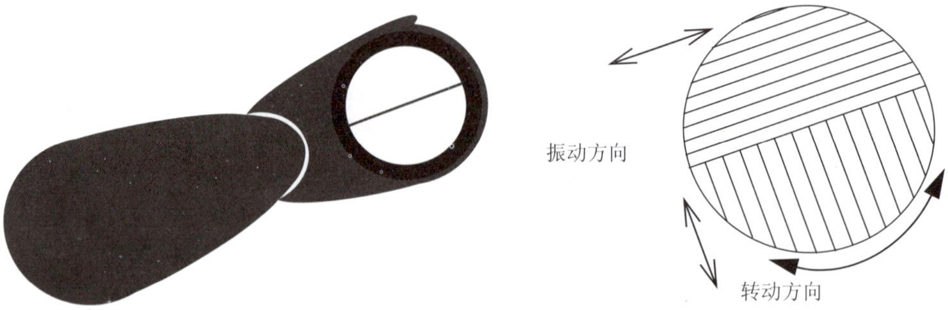

图 10-16　伦敦二色镜的结构

10.6.2　二色镜的使用

只有当来自宝石的两条光线的振动方向平行于二色镜中方解石或偏振滤光片的振动方向时，才能看到宝石真正的多色性颜色。重要的是必须转动二色镜和宝石二者直至它们的振动方向相一致，最大的颜色变化才能被观察到。

伦敦二色镜	方解石二色镜	注　释
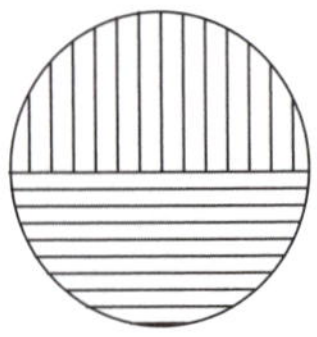	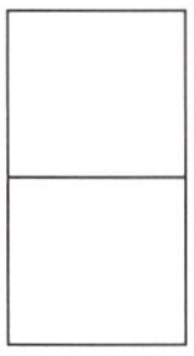	观看非偏振光
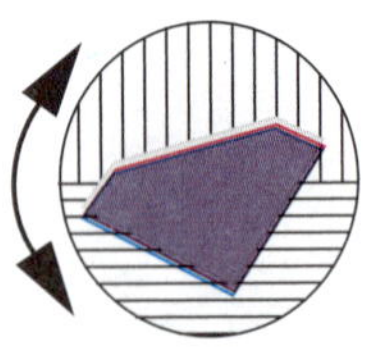	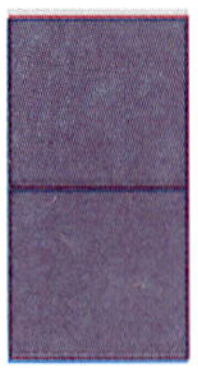	从任何方向观看无多色性的有色材料，两个一半显示相同的颜色
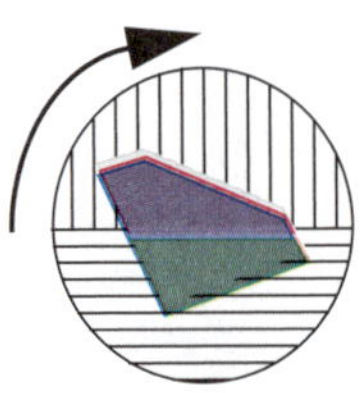 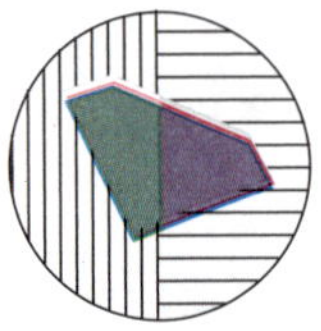	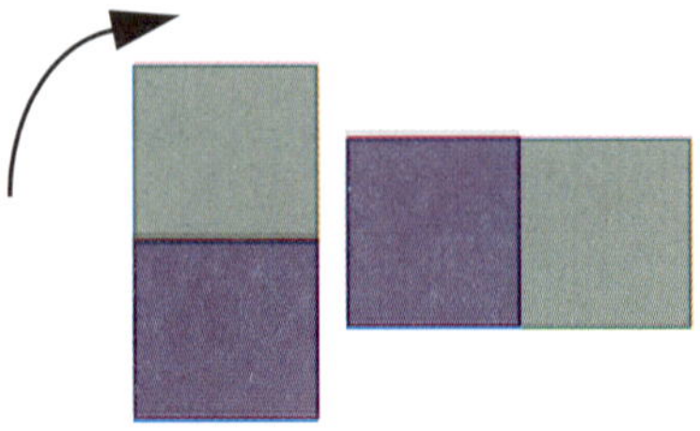	当从特定方向观看多色性宝石时看到的图像

当入射光的振动方向与二色镜能接受的振动方向呈 45° 交角时，**将看不到二色性**。在另外一些角度将看到混合色。这时尽管多色性可检测出，但看不到颜色的最大变化。所以，最重要的是从不同方向检测宝石，而且还要转动二色镜，这样才能充分观察到任何方向性颜色变化。任何时候也不要只从一个方向观察宝石，因为它可能接近光轴方向。如果真是这样，将只看到很少的多色性或根本看不到。

较大的宝石可用手指拿住并摆弄，而较小的宝石则用镊子夹住。待测宝石应有足够的透明度以便有些光能透过宝石。对于纯反射光或不透明宝石，二色镜是无用的。

需要好的照明。二色镜最好在漫射非偏振的钨丝灯光或石英卤素灯光下操作（图 10–17）。笔式手电筒是很好的便携光源，可与多种仪器配合使用，包括二色镜。

反射光和某些方向的日光是部分偏振化的。当在这样的光照下观察宝石时，会出现颜色强度的变化并导致有多色性的错误结论。在所有二色镜观察中应避免使用日光和反射光。

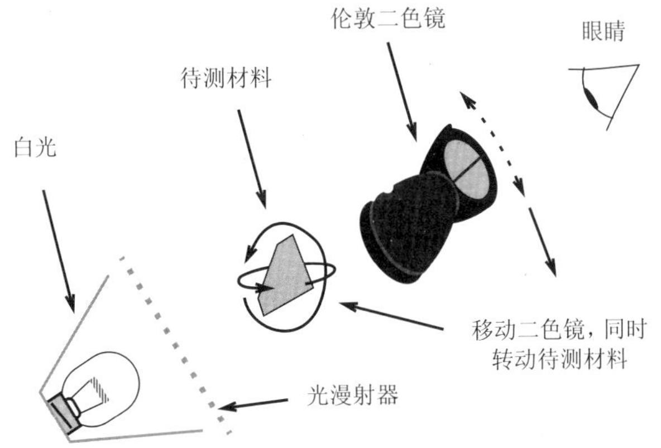

图 10–17　伦敦二色镜的使用

也可以用单个的偏振滤光片或未正交的偏光镜来检测多色性。滤光片和宝石都须分别转动，直至检测出颜色变化。然而，因每次只能看到一种颜色，所以是困难的。当多色性弱时，颜色的差别可能察觉不到。或许观察者会想象出有小的颜色差别，而这会导致虚假的结论。单个偏振滤光片也可与显微镜联用以观察多色性。

那种认为若一颗有色宝石有高的双折射率也一定会有强多色性的看法是不对的。以锆石为例，它的双折射率高达 0.059，但除蓝色锆石外通常只显示很弱的多色性。多色性的强度变化很大，通常可分为强、明显、弱和很弱。多色性的强度不仅因品种而异，而且同一品种的不同样品也可有显著变化。

10.6.3　典型结果和结论

从二色镜获得的信息可归纳如下：

(1)　若材料显示多色性，那么它一定是光学各向异性的。可以是光学一轴晶的或二轴晶的。

(2)　无色材料或各向同性材料（非晶质的和立方晶系的）不显示多色性。

(3)　并非所有的有色各向异性材料都显示多色性。**没有多色性并不证明材料是各向同性的。**

(4) 若材料显示三种颜色，那么它一定是光学二轴晶的。

(5) 并非所有的二轴晶材料都显示三色性（三种颜色）。所以，如果一种材料只显示两种颜色或同一颜色的两种色调，它可以是光学一轴的或二轴的。

在结束前还要强调指出，二色镜应看作是宝石检测中一种有用的辅助仪器。它不是真正的诊断性检测方法，它的使用应始终有其他测试方法的支持。然而，二色镜的确是一种便于操作和便于携带的有助于宝石检测的仪器。

请注意，本教程中对宝石颜色的描述只是传达对颜色的一种印象，而不是对颜色的科学精确的界定。不同人观察颜色的能力差别很大。

典型的多色性颜色

宝　石	光学类型	基本体色	典型的多色性
绿色绿柱石：祖母绿	一轴晶；二色性	绿色	蓝绿/黄绿
蓝色绿柱石：海蓝宝石	一轴晶；二色性	蓝色	无色/天蓝色
金绿宝石的变石品种	二轴晶；三色性	日光下绿色；钨丝灯光下红色	日光下绿/紫红/浅黄 钨丝灯光下绿/橙/红
深黄色金绿宝石	二轴晶；二色性到三色性	黄色	无色/淡黄/黄
红色刚玉：红宝石	一轴晶；二色性	红色	红/橙红
蓝色刚玉：蓝宝石	一轴晶；二色性	蓝色	蓝/绿
钒致色合成刚玉（变石仿制品）	一轴晶；二色性	日光下灰蓝到蓝紫色；钨丝灯光下红紫色	褐绿或浅黄/浅紫
堇青石	二轴晶；二色性到三色性	蓝色	紫蓝/淡蓝/淡黄或蓝/淡黄到近无色；或两种蓝色
石英：黄晶（通常是热处理的）	一轴晶；二色性	黄色；褐黄色；烟黄色	通常检测不出二色性
石英：紫晶	一轴晶；二色性	浅紫、红紫、紫色	浅紫/红紫
坦桑石	二轴晶；二色性到三色性	蓝到紫色	处理的蓝色宝石常显深蓝/紫；未处理的显蓝/绿黄或黄褐/紫三色性
深“雪利”黄色托帕石	二轴晶；二色性到三色性	深黄色	蜜黄/稻草黄/粉红黄
蓝色托帕石	二轴晶；二色性到三色性	中到淡蓝色	蓝色的不同色调
粉红色托帕石（热处理的）	二轴晶；二色性到三色性	中粉红色	无色或淡黄/淡粉红/粉红
红色碧玺	一轴晶；二色性	红色	粉红/深红
蓝色碧玺	一轴晶；二色性	蓝色	浅蓝/深蓝
绿色碧玺（大多数）	一轴晶；二色性	绿色	淡或亮绿/深绿到褐
红色锆石	一轴晶；二色性	红到红褐色	红/褐（通常弱）
深蓝色锆石	一轴晶；二色性	蓝色	无色/天蓝色

10.7　复习：偏振光

在本教程末尾的《课程和考试指南》中我们介绍了注入和链接法（关联法）。这里以偏振光为例复习这个方法。

为利用链接法复习“偏振光”，你可在阅读本章内容后先用二三分钟时间列出要点（图 10-18）。

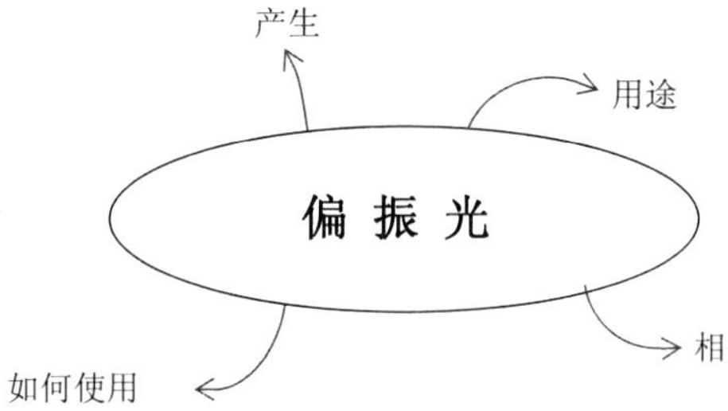

图 10-18　复习“偏振光”时列出的若干要点

10 到 20 分钟后用注入法完成最直接的链接（图 10-19）。

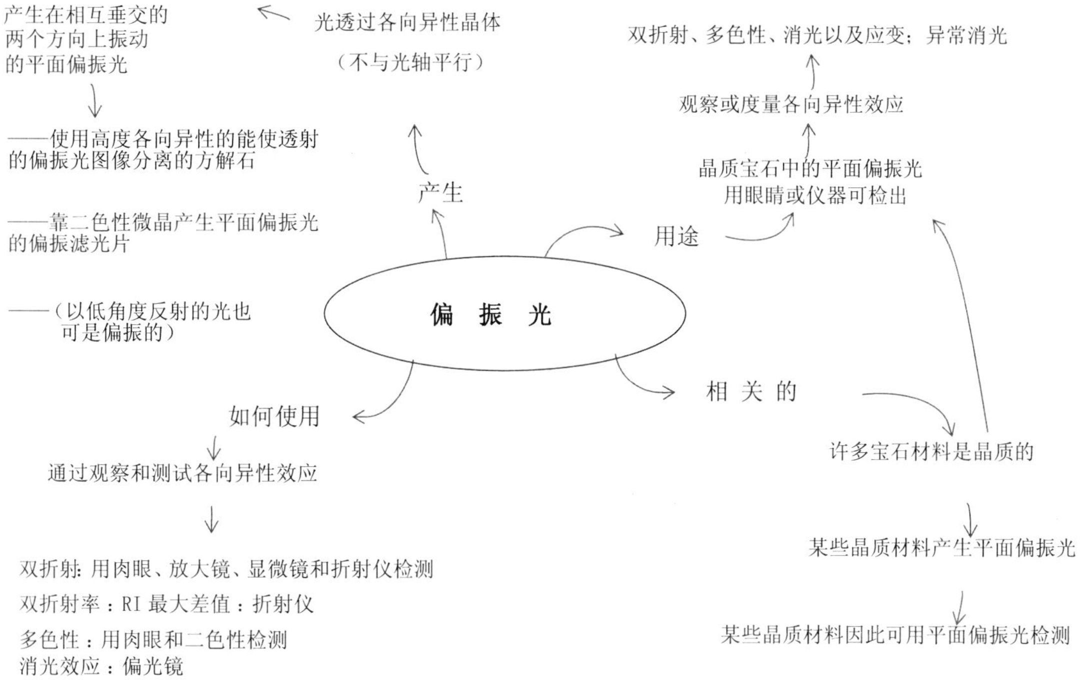

图 10-19　对“偏振光”内容的复习

对本教程中的其他内容，例如硬度或折射仪，也尝试使用类似的复习方法。

第十章强化题

1. 什么是平面偏振光（PPL）？
2. 在穿过一轴晶的大多数方向上，光分解成振动方向相互垂直的两个组分：E 光线和 O 光线。它们有稍不相同的折射率。用什么术语来描述这两个折射率的最大数值差？
3. 在具高双折射率的透明宝石中能看到什么光学效应？
4. 分别给出一个（a）光学一轴晶宝石和（b）光学二轴晶宝石的实例。
5. 偏光镜能非常灵敏地检测光学各向异性。什么样的光学配置使偏光镜能做到这一点？
6. 如果透明材料在偏光镜下转动时为全暗，这种材料的光学状态是怎样的？
7. 在偏光镜下转动各向异性单晶材料。在大多数方向上，材料将光分解成两个组分。这两个组分是（a）随材料的转动而转动，还是（b）保持与两个偏振滤光片的振动方向平行？
8. 使用偏光镜时，特征的异常消光效应有助于宝石鉴别。这种异常消光效应有助于鉴别哪种常见的合成宝石？
9. 多色性是透射穿过光学各向异性材料的两个平面偏振组分的差异选择性吸收。在（a）全透明晶体或（b）全透明有色晶体或（c）全透明各向异性有色晶体或（d）有些透明的各向异性有色晶体中能检测出多色性吗？
10. 当使用二色镜检查差异选择性吸收时，你必须在所有方向转动宝石。这是为什么？
11. 有两种常见类型的二色镜。什么是它们基本的光学部件？

第十章家庭作业

1（a）下列术语的含义

（i）振动方向；（ii）双折射 （8 分）

（b）多色性这个术语的含义是什么？详细解释多色性与光的偏振化的关系。（12 分）

2（a）平面偏振光这个术语的含义是什么？（5 分）

（b）借助示意图描述宝石偏光镜的结构。清晰标出图上的各部分，指出观察位置和待测宝石。（9 分）

（c）如果下列宝石被放置在偏光镜物台上并充分转动，你预期会看到什么？

（i） 无色刻面玻璃宝石；

（ii） 无色刻面托帕石；

（iii）淡色玛瑙弧面宝石 （6 分）

3（a）画出清晰标注的二色镜示意图并解释其结构。（5 分）

（b）当正确使用二色镜并获得下列观察结果时，你能得出什么结论？

（i） 宝石显示 3 种颜色，但每次只能显示 2 种颜色；

（ii） 宝石未显示多色性；

（iii）宝石显示同一颜色的两种色调 （9 分）

（c）使用二色镜有什么优点？当使用这种仪器时要注意些什么？（6 分）

第十一章　非可见辐射和能量

第十一章　非可见辐射和能量

11.1　导言

在第六章中你已看到可见光在电磁波谱中只构成非常窄的波长段（图 11-1）。随后几章中又介绍了可见光与宝石材料的相互作用及其在宝石学中的应用。本章介绍宝石学家如何把非可见辐射以及一些非辐射的能量用于宝石检测以及个人和宝石检测实验室使用的相关设备。

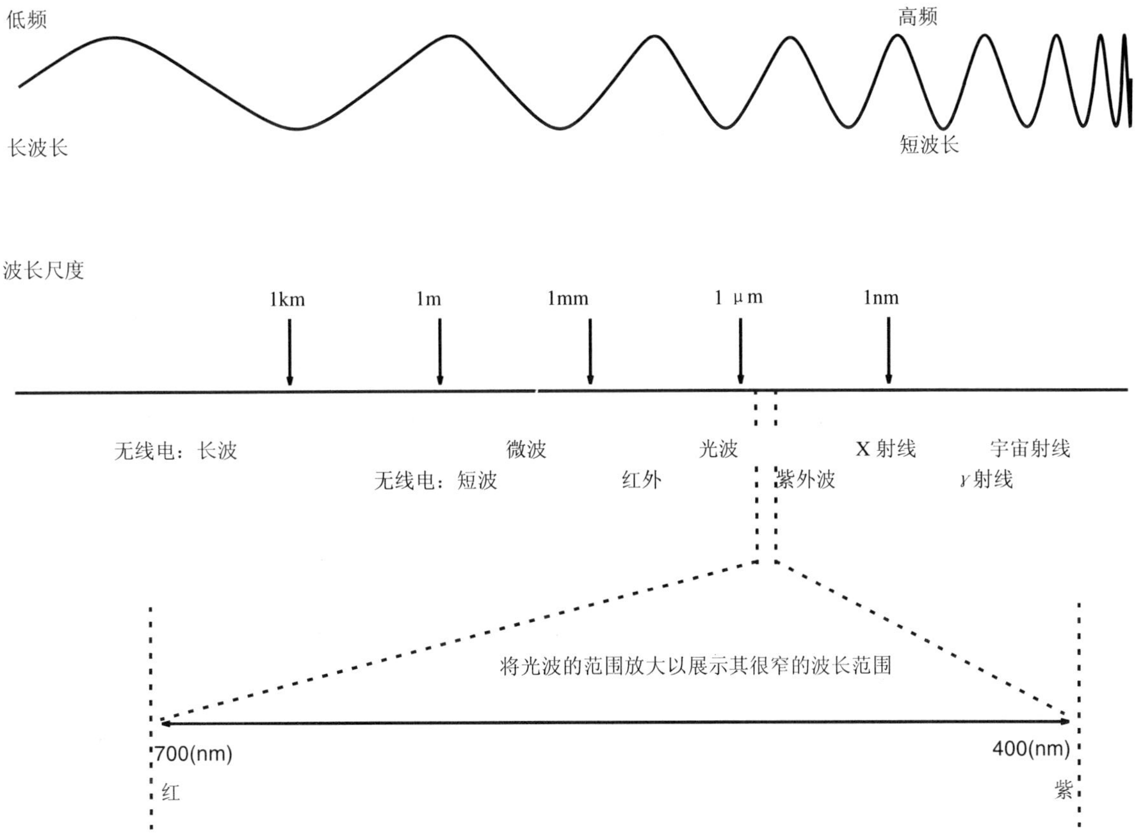

图 11-1　电磁波谱的绝大部分波段是非可见能波段

11.2　发光：荧光

发光是描述物质发射“冷的”非白炽可见光的通用术语。宝石学家所利用的最重要的发光类型是**荧光**。

荧光是描述物质被较短波长和较高能量激发时发射可见光的通用术语。激发通常是由可见光、紫外光或 X 射线提供的。某些辐射被物质吸收，被吸收的能量有一部分以可见荧光形式释放。

由物质发射的荧光的颜色可与白光下感受的颜色十分不同。不同辐射源下见到的荧光色也可不同。不同的荧光效应能为鉴别宝石和其处理提供某些线索。它可用于原石和成品宝石的分离或分选，还可用于宝石勘察期间检测某些矿物和宝石材料。

可见光产生的荧光

当用可见光照射时，红宝石和红色尖晶石会发出红色的荧光。这种效应增强了它们的明亮颜色。

磷光

这种类型的发光也和荧光一样发生在当材料被较高能源辐照时。如果在辐照源去掉后，继续发射辐射并逐渐地减弱，这种效应称为磷光。它与荧光不同的是，荧光只发生在辐照时。

铁对发光的影响

铁的存在会抑制所有的发光效应。譬如，红宝石几乎都含某些以杂质形式存在的铁，通常铁的含量越多，发光越弱。

11.3 紫外光在宝石学中的应用

11.3.1 紫外荧光

紫外光被广泛用于揭示发光效应。紫外光是电磁波谱中介于可见光和 X 射线之间的部分，波长从 400nm 到 10nm。使用能发射紫外光和可见光的专门光源产生紫外光，大多数不希望的可见光波长用滤光片去除。在宝石学中使用紫外光的两个波段：

长波（LWUV）具 365nm 主波长
短波（SWUV）具 254nm 主波长

宝石在 LWUV 和 SWUV 下的表现可用于宝石检测。所观察到的效应对指示下一步适用的检测方法和支持已做过的观察都是有益的。波长短于 200nm 的紫外光被空气强烈吸收，在宝石学中无实用价值。

在紫外光下检查宝石材料前，应将宝石彻底擦净，因为尘粒和手指痕迹会发光。材料应放在黑色、不反射的衬垫上。不要用手指或镊子夹持宝石。由紫外灯发射的非可见辐射，特别是短波部分，对皮肤有害，对眼睛也有危险。任何时候都不要直视这些灯。当使用紫外光时，建议戴上防护眼镜或使用紫外光观察箱。

钻石对紫外光的反应变化很大。一些钻石呈惰性，另一些则发光。发光的钻石通常在长波紫外光下呈蓝色，有时为绿色、橙色或黄色；在短波紫外光下颜色较弱。

对镶有许多无色宝石的首饰，紫外荧光有助于区分钻石和它的仿制品。如果一件“镶钻”首饰中的所有无色宝石显示同等程度的紫外荧光，那它们看来不是钻石。目前广泛用作钻石仿制品的无色立方氧化锆大多在短波紫外光下发橙色或黄色荧光。大多数无色合成尖晶石在短波紫外光下发垩状亮蓝/绿色光，而在长波紫外光下呈惰性。无色人造玻璃宝石通常在短波紫外光下显垩白表面光辉。

长波紫外钥匙环

© Gem-A Instruments

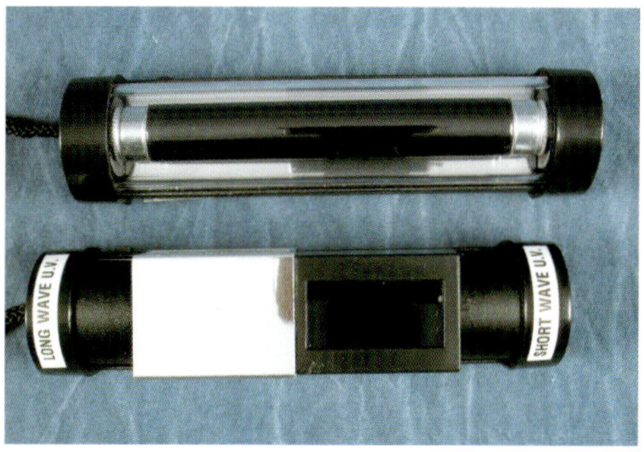

便携式紫外灯

© Gem-A Instruments

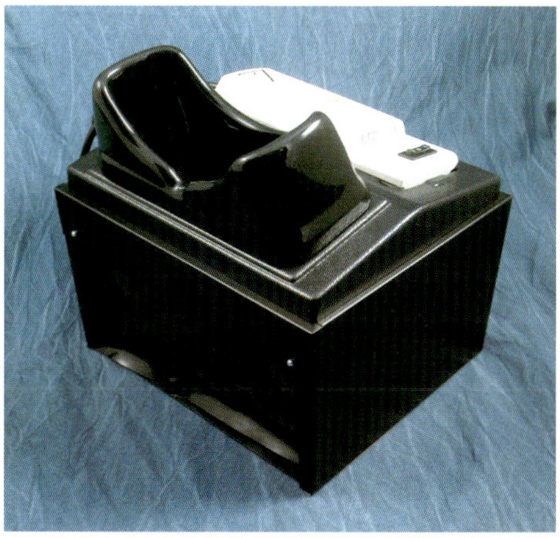

紫外灯和观察箱

© Gem-A Instruments

紫外光下看到的红色尖晶石八面体的红色荧光

© J Harris

莫奇逊鼻烟盒——用黄金制作的鼻烟盒，上面镶有从0.75克拉到2.50克拉的一些钻石。左图是在自然光下所见，右图是在紫外光下所见

© NHM, London

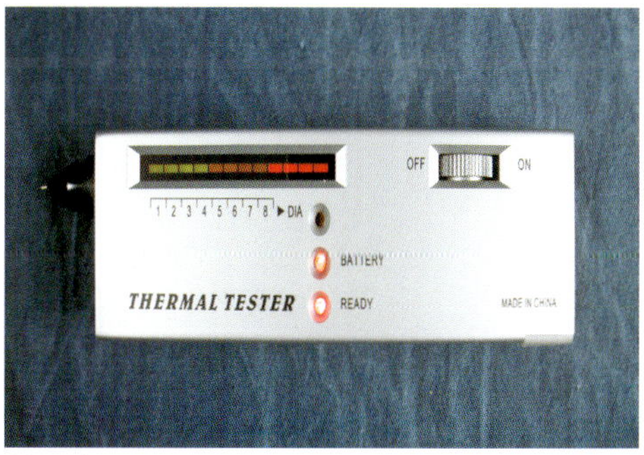

英国宝石协会提供的热导仪

© Gem-A Instruments

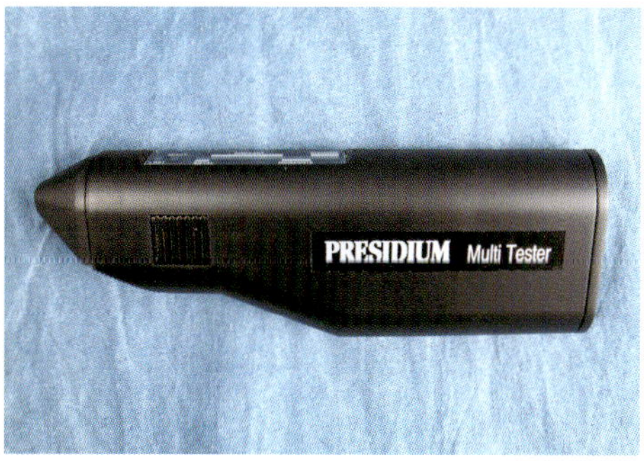

将热导仪和电导仪组合到一起的 Presidium multitester

© Gem-A Instruments

材料	短波紫外光	长波紫外光
钻石	通常较长波紫外光下弱	不同的反应，常为蓝色
无色人造玻璃宝石	不同的反应，可有垩白表面，或呈惰性	惰性
立方氧化锆	黄到暗杏黄橙色	与短波下相似但较弱或呈惰性
合成尖晶石	垩状，蓝/绿色	惰性
锆石	惰性	褐黄色

10×放大镜通常是检查“镶钻”首饰最佳的仪器。然而，作为对放大镜观察的支持，可用紫外荧光同时对许多宝石或首饰做检查，而后若需要再用合适的仪器，例如本文随后将提到的热导仪和电导仪，进行单个检查。

有色宝石的新的优化处理方法和新的产地不断出现。为从不同类型宝石材料的荧光测试得出有用的结果，必须要有大量的实践和经验。

袖珍紫外灯可用于在暗的地方有效地分选成包的宝石。

11.3.2　紫外光谱仪

简单的手持式分光镜使宝石学家能观察到电磁波谱可见光段的特征吸收谱。分光镜观察虽不能提供吸收特征的度量值，但可目估或图示这些吸收特征的位置和相对强度。光谱仪是能精确度量吸收位置和相对强度的实验室设备。位置和强度以数字或曲线形式被记录下来以供进一步分析。

实验室中用紫外光谱仪度量和记录紫外光波段的特征吸收样式。许多紫外光谱仪除检测紫外波段外也检测可见光波段。这些仪器常称为“紫外—可见光”光谱仪，可用于研究宝石的天然或合成成因，某些宝石中的天然色以及可能的产地。

11.4　X 射线在宝石学中的应用

X 射线是极短波长的高能辐射，它能穿透对于可见光等其他形式的辐射为不可透的物质。它们可用于区分钻石和它的仿制品，也可用于区分天然珍珠和有核及无核养珠。

现在有专用于宝石检测的 X 光机。它们被广泛应用于 X 射线照相、X 射线衍射（劳埃图）和透过厚的铅玻璃窗观察 X 射线发光。X 射线比紫外光更危险，一定要在实验室条件下由专业人员操作。

直接 X 射线照相的使用立足于不同材料对 X 射线有不同的透明度。这有助于比较钻石和它的仿制品。钻石能被 X 射线透过，而仿制品如立方氧化锆则不透。它也能用于检测玻璃充填的钻石。当检测珍珠时，所得到的图像能揭示内部构造：天然珍珠有同心的生长圈，有核养珠有珠核，无核养珠有空洞。

当 X 射线穿过晶质材料时会衍射成一定的样式并被记录在底片上，称为劳埃图。劳埃图可用于区分天然珍珠和有核养珠。X 射线还能产生发光效应，这可用于对某些宝石材料的实验室检测。

11.4.1 X射线和电子束的应用

X射线和电子束可用于宝石材料的无损检测以分析它们的组成元素。它们可用于测试延伸到宝石表面的包裹体。

X射线荧光光谱仪的工作原理是把X射线打在样品上，使样品产生低能量X射线“荧光”，这能指明样品中某些化学组成元素的存在和浓度。

电子探针使用类似的技术。用电子轰击材料，使材料发射出不同组成元素的辐射特征。使用这个方法的一个例子就是分析石榴石以展示单晶中不同类质同象带的精确成分。

扫瞄电子显微镜（SEM）用电子束扫瞄样品的经过制备的表面。以极高放大倍数检测散射的电子反射。它们以黑白图像显示在屏幕上或照相底片上。扫瞄电子显微镜揭示了贵欧泊中二氧化硅球体的有序排列。扫瞄电子显微镜只能用于检查表面特征，光学显微镜对检查透明或半透明材料的内部特征更为有用。

11.4.2 阴极发光

阴极发光（CL）是用电子（阴极射线）而不是X射线来激发“荧光”。它可被记录下来并用于区分某些天然宝石和其合成对应物。它能揭示用其他方法无法检测出的晶体生长样式，譬如合成钻石中的生长样式。

11.5 红外能在宝石学中的应用

11.5.1 反射仪

宝石的光泽可描述为金刚光泽、玻璃光泽或树脂光泽等等。光泽部分取决于光的反射程度。反射仪是用于检测表面反射能力的一种小型便携式仪器。该仪器使用红外光发射二极管（LED）作为入射光源。检测和标定由宝石表面反射回的光量，得出表面的相对反射力。反射仪的主要用途是检测钻石和钻石仿制品，它们的折射率都高出标准折射仪的测试范围。由于宝石的反射力受尘粒、油污和表面缺陷的影响，因而重要的是保证要测试的表面是平滑、洁净和无划痕的。反射仪既不能像折射仪那样提供精确的读数，也不能像折射仪那样提供如此多的信息。

11.5.2 红外光谱仪

红外辐射也用于红外光谱仪以度量材料在电磁波谱红外部分的吸收。这种检测在譬如区分天然祖母绿和助熔剂法合成祖母绿以及称为“翡翠B货”的树脂充填翡翠中合成树脂的存在是有效的。

11.6　拉曼探针

拉曼探针是装备有显微镜以及红外、可见光和紫外激光照射器的专门类型光谱仪。从 20 世纪 90 年代开始这种仪器在实验室的宝石检测和鉴别工作中用得越来越多。应用拉曼探针的工作还包括获取或建立宝石基准光谱的数据库。关于这种光谱仪以及本章中提到的另一些光谱仪的更多细节将在证书教程中介绍。

11.7　导热性

导热性说明物体传热的速率。接触钻石时有凉感是因为它的导热性高，合成莫依桑石也一样，刚玉稍差些。

11.7.1　热导仪

热导仪是主要设计用来区分钻石及其仿制品的一种小的便携的仪器。钻石的热导率高于它的仿制品，唯一的例外是合成莫依桑石。

热导仪的金属尖端含有加热元件。把它对着所测宝石的表面。当它与钻石相接触时，控制盒内的电流会检测出金属尖端温度的明显下降。除合成莫依桑石外，没有任何天然或人造宝石能检测到如此明显的温度下降。所以，可标定仪器的读数以区分钻石和所有这些宝石。

如果热导仪指示是钻石，那还需检测宝石以证明它不是合成莫依桑石。

11.8　电导仪

合成莫依桑石有可检测出的导电性。根据这一特性设计制作的仪器可用来把钻石和合成莫依桑石区分开。该仪器应与热导仪配合使用。

然而，不论热导仪还是电导仪都只应该用来支持 10× 放大镜的观察。

第十一章强化题

1. 宝石学家常用什么类型（范围）的电磁能来激发宝石材料的荧光？
2. 有两个波段的紫外光用于宝石检测。哪个波段有较高的能级？
3. 荧光是物体被电磁辐射激发时发射的“冷”光。所产生的荧光在波长和能量上不同于激发辐射。它们是什么关系？给出一个实例。
4. 当宝石材料中有铁存在时会对荧光有何影响？
5. 当使用紫外光时要注意些什么：
   （a）以保证好的检测效果；（b）以保障使用者的安全？
6. 在一个“钻”镶项链上所有的无色圆形明亮琢型宝石在短波紫外光下都发出相同的垩白色荧光。它们在长波紫外光下都呈惰性。你认为这些可能是什么宝石？
7. 说出 X 射线照相在宝石检测中的两个用途。
8. 给出使用红外光谱仪的一个例子。
9. 当使用反射仪时要注意些什么？
10. 什么探测仪能把钻石和合成莫依桑石区分开？在用探测仪测试时应配合使用什么别的仪器？

第十一章家庭作业

1（a）解释术语：（i）发光；（ii）荧光（4 分）
（b）详细解释发光如何用于宝石学。给出两个在实验室外使用的例子和一个在实验室中使用的例子。对于每个例子，要说出能导致待测宝石材料发光的能量类型。（16 分）

2（a）简述宝石材料如何用 X 射线照相检测。（6 分）
（b）使用热导仪和反射仪的具体目的是什么？简单解释这些仪器的工作原理并指出其局限性。（7 分）
（c）在下列各组别中各给出两个实例：（7 分）
（i）他色性宝石（给出致色原因）；
（ii）长波紫外光下发荧光的宝石；
（iii）因包裹体或颗粒而致色的宝石；
（iv）显二色性的宝石；
（v）显强双折射的宝石；
（vi）显强色散的宝石；
（vii）显明亮光泽的有色宝石。

第十二章　光学放大

第十二章　光学放大

12.1 导言

观察是所有宝石鉴别和检测工作的基础。所以，我们把《宝石观察指南》作为本教程的一个组成部分。

在宝石材料的观察中使用光学放大是宝石学的重要组成部分。仔细检查外部和内部特征能为鉴定许多类型的宝石材料和检测经处理的宝石提供大量的信息。

在宝石学中使用两种类型的放大仪器，一是**10×放大镜**，另一是**显微镜**。

显微镜可粗略划分为单筒的（单目的）和双筒的（双目的）这样两种类型。双筒显微镜有两个目镜和一个物镜，而如果是立体的则有两个物镜。它们的放大倍数可以是固定的，也可以是有几个档次的，还可以是连续变化的，即**变焦的**。

12.1.1　放大

当仪器把视网膜上物品形象的尺寸比肉眼所见增大时，这个物品被放大了。

放大倍数用数字后面加“×”来表示。当你透过10×放大镜观察时，物品的视尺寸增大了。这是因为视角扩大了。肉眼看到的形象取决于你视网膜上的视角。放大镜使你能把物品靠近你眼睛许多，在你的视网膜上形成的图像有大得多的视角。

以10×为例，它的意思是当用这样的放大镜检查时，在你的视网膜上的视角比用肉眼观察时大了10倍。所以，“×”是指相对视角，又称为**角放大**。这将在证书教程中更详细讨论。

焦距大致为25mm或1英寸的放大镜能使角放大大致为10。所以标为“10×”（图12-1）。

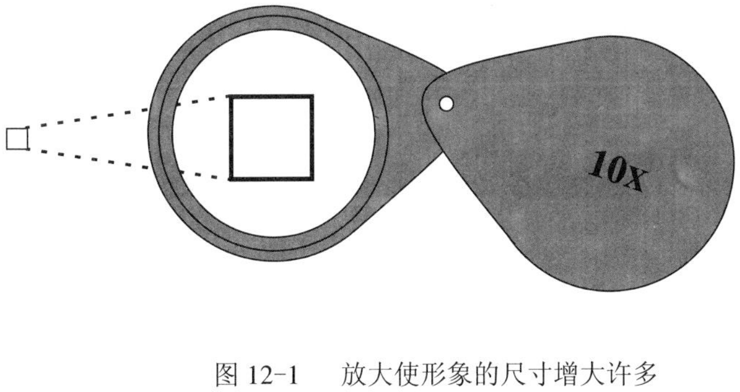

图12-1　放大使形象的尺寸增大许多

在显微镜中，目镜是靠近眼睛的透镜系统，而物镜则是靠近物品的透镜系统（图12-2）。

显微镜的总的放大倍数是目镜放大倍数和物镜放大倍数的组合。所以一个10×目镜和一个5×物镜给出了50×的放大。

在宝石学中，最有用和使用最多的放大镜是10×的，而宝石显微镜的放大倍数通常是在10×和75×之间。偶尔需要放大到150×。

放大超过75×将使**视域**或视“宽”减小，使观察变得困难。与此同时聚焦深度也减小了，使聚焦景深受限。透镜和样品必须靠得很近。这限制了工作距离，也增加了透镜和样品受损的危险性。

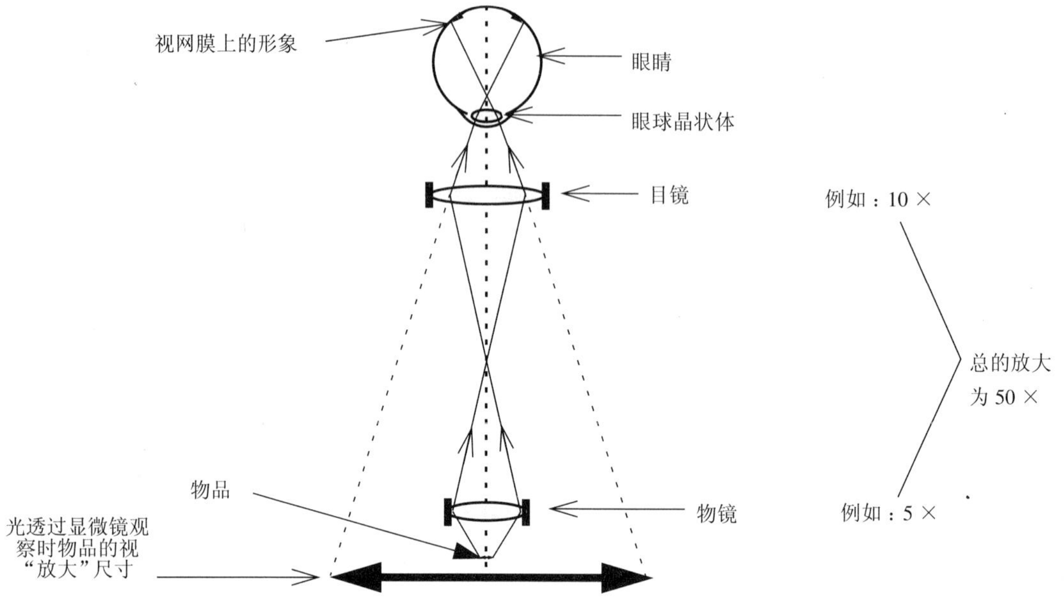

图 12-2　显微镜中透镜系统的位置和放大倍数

12.2　10×放大镜

10×放大镜在宝石学家所使用的各种仪器中是最基本的。对任何宝石的第一步检测应是用肉眼观察其特征，随后用放大镜仔细检查。放大镜便于携带和价廉，而且对观察许多重要和诊断性的特征很有帮助。放大镜的有效使用要求训练、经验和好的照明。当使用放大镜观察已镶和未镶宝石以及装饰品和原石时，笔式手电筒是很有用的。请参阅《宝石观察指南》中关于 10×放大镜使用的说明。

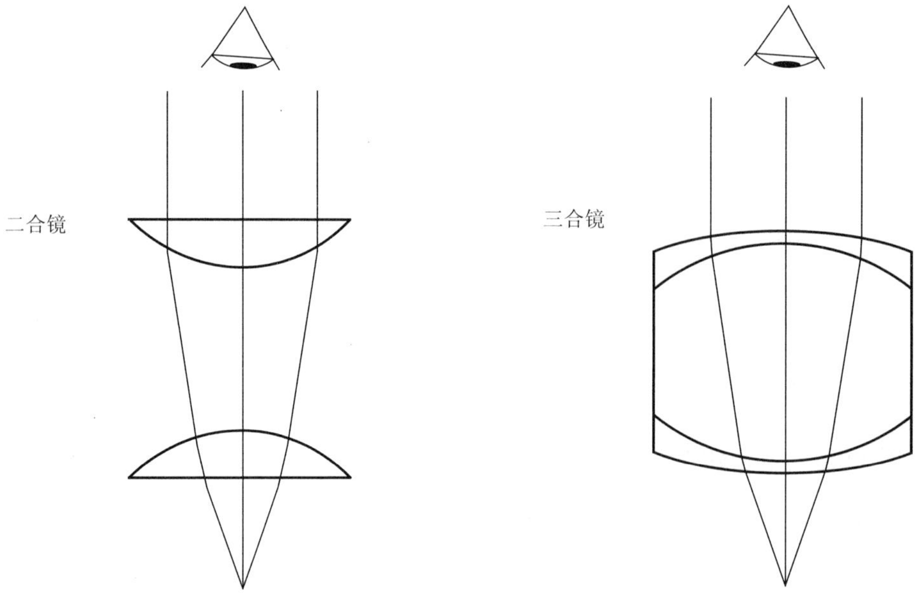

图 12-3　10×放大镜中透镜的两种装配方式

第十二章　光学放大

宝石学家所用的 10×放大镜或是由两个平凸透镜组成的**双合镜**，或是由两个铅玻璃透镜与中间的一个无铅玻璃双凸透镜组成的**三合镜**（图 12–3）。三合镜有较大的工作距离。

一个简单的单透镜在 3×之前还是可以的。超过 3×后，为增加放大倍数就必须加大透镜的曲率，形象畸变（球面象差）和彩色边缘效应（色象差）的麻烦就出现了。

用双合镜可在很大程度上消除畸变现象，而三合镜可消除彩色边缘并防止畸变。经适当校正的放大镜可说成是**消色差**和**消球差**的。

使用质量好、经过很好校正的放大镜是很重要的。当购置放大镜时要检查不能有彩色边缘和畸变，办法是用放大镜在强光下观察白色的米厘纸。如果视域内格子是方的，那就说明已经过校正（图 12–4）。

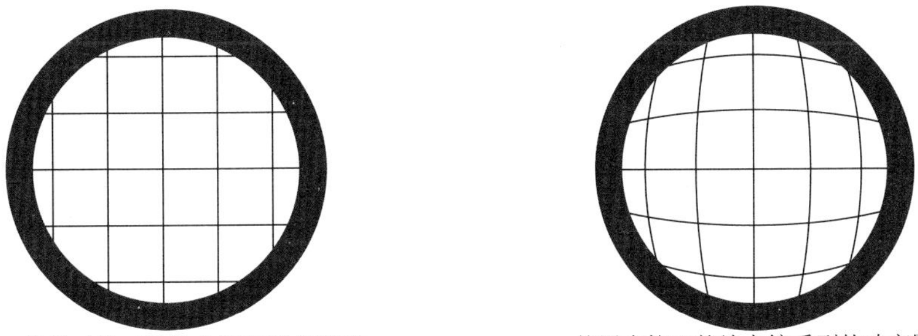

使用已校正的放大镜看到的图形　　　　使用未校正的放大镜看到的畸变图形

图 12–4　透过消球差放大镜看到的直线和该直线因放大镜未校正而畸变的情况

12.2.1　10×放大镜的使用

当检查宝石时，放大镜必须用一只手拿住并尽可能地靠近眼睛，与此同时把宝石夹持在明亮的光中。有效的使用放大镜需要大量的实践，开始时很可能是困难的。重要的是保持头和手不动，这样才能保持清晰聚焦。如你把两只手靠在一起就可避免不必要的移动。通过训练你将很快掌握这项技术。参阅《宝石观察指南》并按检验单一步步地练习和扩展你的技巧。

用 10×放大镜时的照明

当使用 10×放大镜时，良好的照明是特别重要的。

当你使用台灯时，要调节灯罩以便不被直射灯光照得目眩。宝石应夹持在罩沿的正下方。

当你使用笔式手电筒时，要通过转动电筒改变光照的方向，同时夹持宝石材料在光束的上方或紧靠光束。要始终使物品保持聚焦位置，办法就是小心地控制放大镜，还要让自己放松并取比较舒服的姿势。

用 10×放大镜观察

培养自己学会系统观察。通过尽可能多地检查宝石并记录每次的观察结果以积累经验。

首先用肉眼而后用放大镜仔细观察，这必将对你日常的宝石检测工作有很大帮助。这样强调是绝不过分的。

以下是通过 10×放大镜观察可获得的主要证据（图 12-5 和图 12-6）：

(1) 表面损伤——划痕、缺口和表面瑕疵。

(2) 切磨质量——刻面精确性、对称性。

(3) 抛光质量——譬如“火痕”。

(4) 裂隙、愈合裂隙和初始解理。

(5) 包裹体——包括晶体、丝状体、面纱和气泡。

(6) 颜色分布和生长带。

(7) 某些合成宝石中的弯曲生长线。

(8) 沿宝石的某些方向上所见到的刻面棱、尘粒或损伤的重影，这表明宝石有较强的双折射，譬如锆石、碧玺和橄榄石。

(9) 拼合石——譬如光泽变化，拼合面及面上的扁平气泡、尘粒、颜色或胶。

(10) 原石和晶体的内部和外部特征。

随实践的增多和经验的积累。可从放大镜观察中获得宝石鉴别的重要信息。

请参阅《宝石观察指南》中成品宝石和原石材料的图和检验单以及本教程中的彩色图片以熟悉观察证据的更多实例。

除个别情况外，10×放大镜应是你每次开始检测任何宝石材料时最先使用的仪器。好的照明和良好的经过训练的技巧是最基本的。

第十二章　光学放大

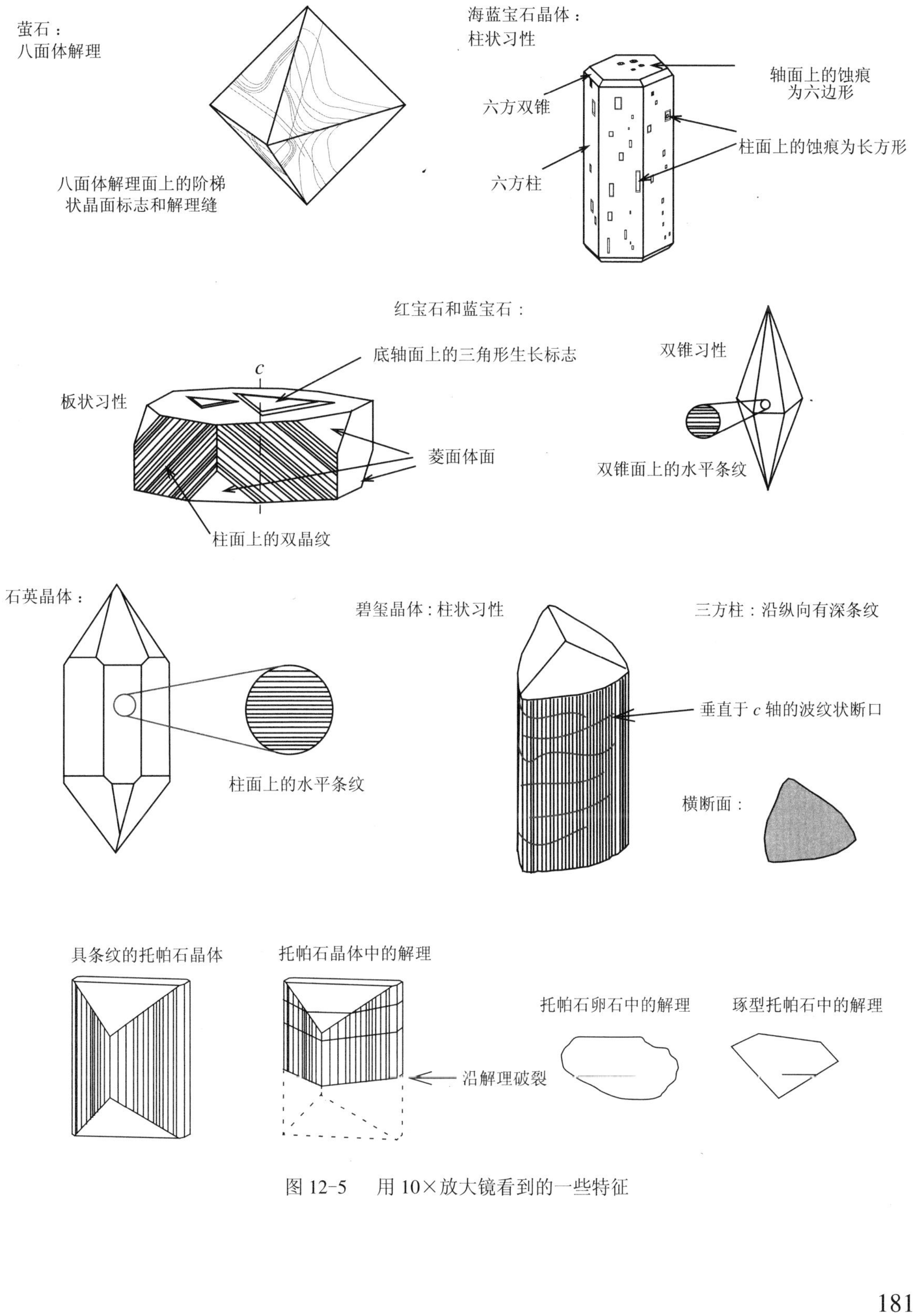

图 12-5　用 10×放大镜看到的一些特征

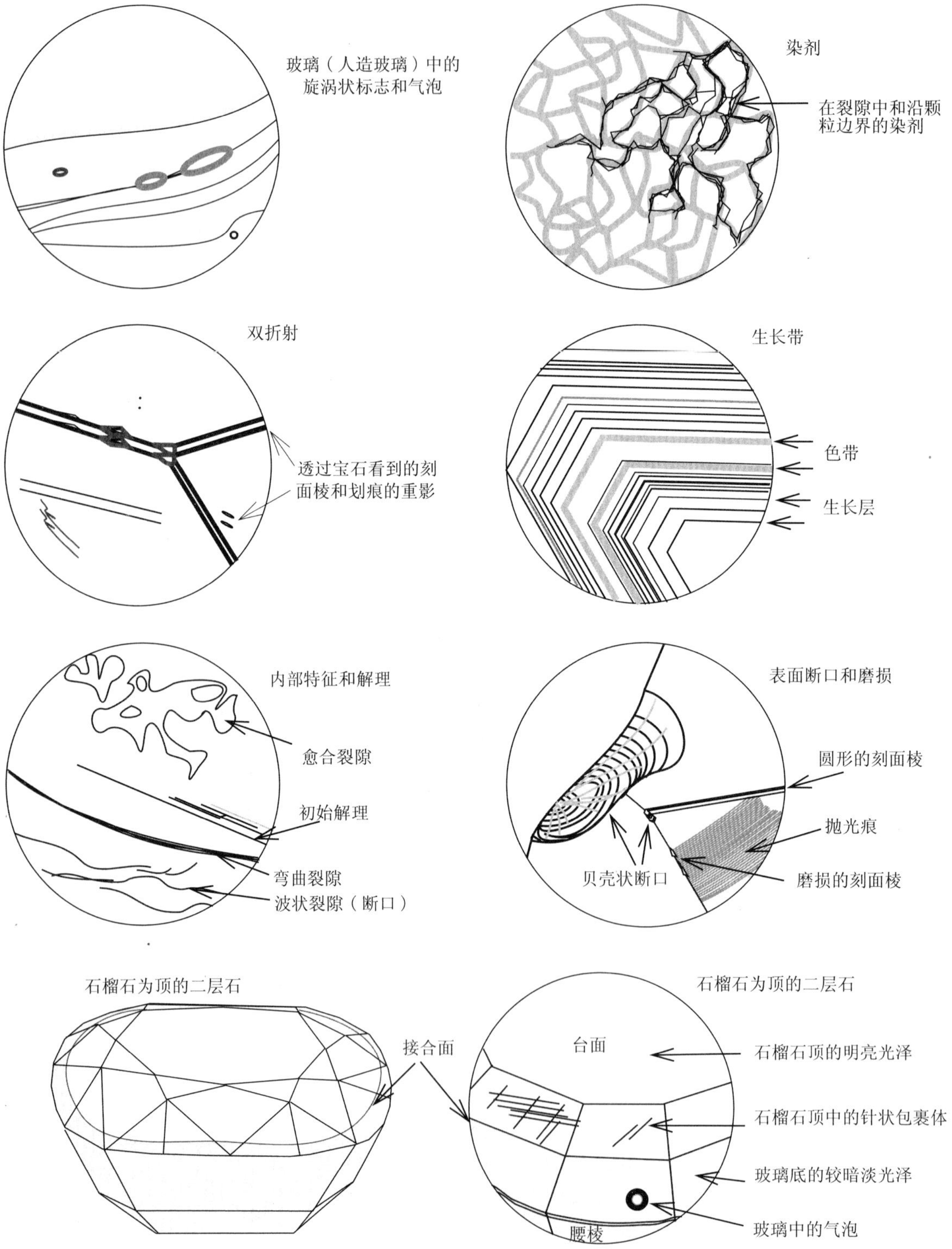

图 12-6　用 10×放大镜看到的一些特征

12.3　显微镜

有多种类型的显微镜，有的有内装照明，有的没有。除基本类型外，还为专门用途设计和装配了更先进的显微镜。

宝石显微镜的基本用途是检查宝石的那些用 10×放大镜不能清晰确定或观察到的内部和外部特征。

现代好的宝石显微镜拥有两套透镜系统，即两个目镜和两个物镜。每个系统由多个透镜组成以提供放大并避免畸变和彩色边缘（图 12-7）。

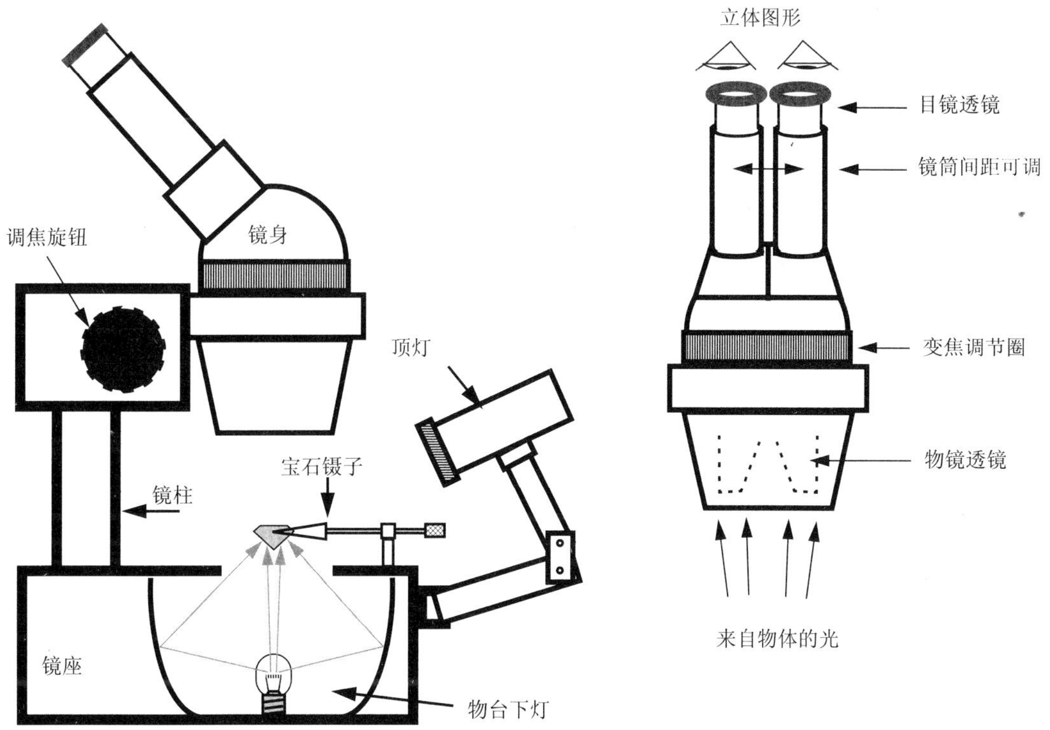

图 12-7　典型的双目实体变焦宝石显微镜

全部调焦靠滑轮和齿轮完成。或通过转动变焦圈或旋钮使放大倍数在连续范围内变化，或转动有两个或更多个物镜的转盘以改变放大倍数。有些显微镜是固定在铰接镜座上，这样整个显微镜可朝观察者倾斜以利于更方便的观察。

实体（立体）显微镜的图像是竖立的，这样就比较容易移动和观察物品，也比较容易定向图像中的细节。在实体显微镜下，可操作的距离足够大，以至你可夹持一颗宝石或一颗原石手标本并缓慢移动以观察不同的细节。用宝石镊子可方便地转动宝石。但是为确保宝石的所有部分都被观察到，在检测过程中必须不止一次地改变镊子夹宝石的位置。

目镜是可以取下来的。其上部镜筒的直径使它通常能装配各种附件，譬如装上微米测尺或装上照相机镜筒以拍摄透过一个目镜筒的单筒图像。分光镜或二色镜也可接到目镜筒上。

12.3.1 照明类型

为最好地使用显微镜，必需有正确的照明。可使用三种类型的照明：**亮域照明**、**暗域照明**和**顶照明**。亮域和暗域照明都属于透射照明。

亮域照明（图 12-8）

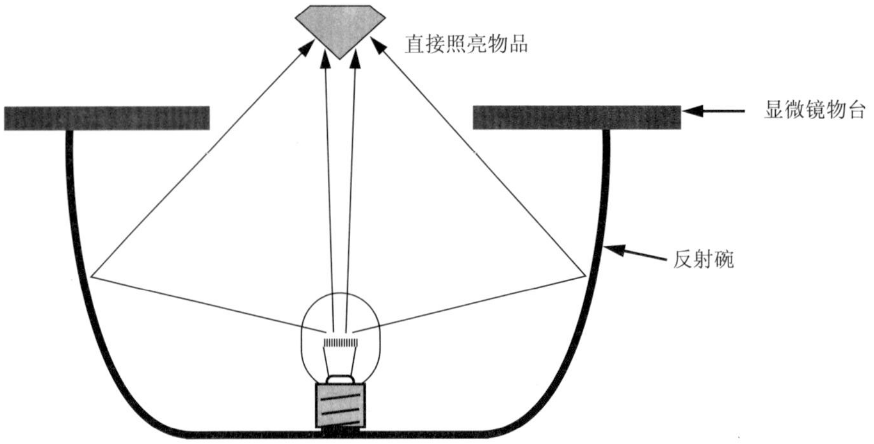

图 12-8　亮域照明

物品由钨丝灯光从正下方照射。可用一片半透明的扩散片（散光片）以便在某些观察中使光变得较“平滑”。某些显微镜物台有可调的锁光圈用来防止光从宝石四周泄漏。

亮域照明对观察许多透明和半透明宝石材料是有效的。当与分光镜等其他光学仪器联用时，亮域透射光也是必需的。

暗域照明（图 12-9）

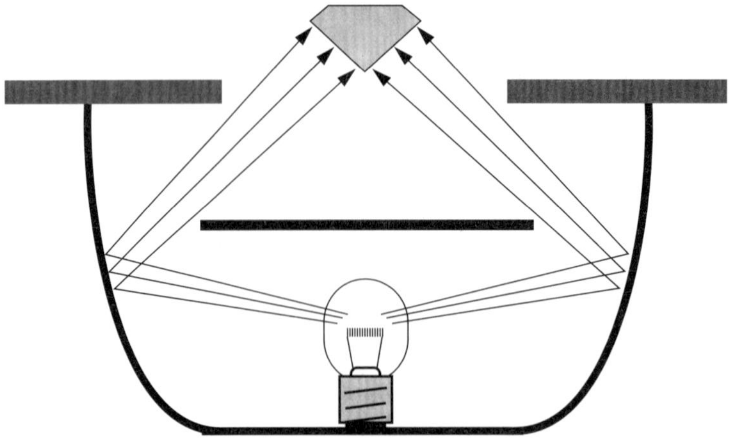

图 12-9　暗域照明

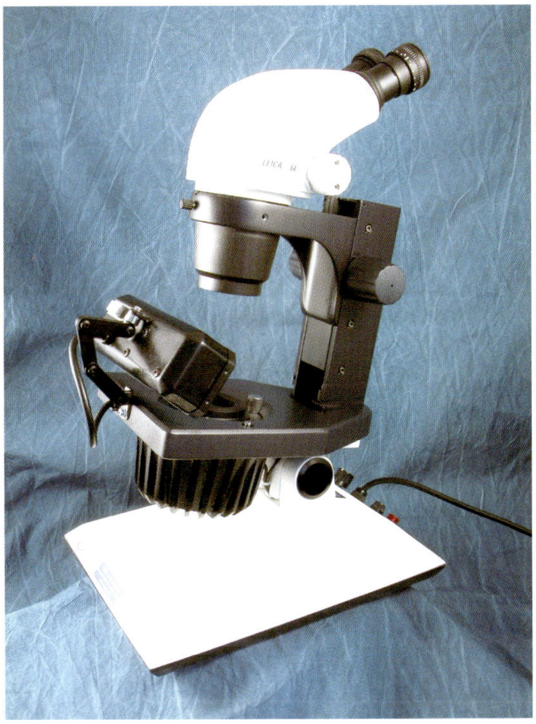

宝石显微镜

© Gem-A Instruments

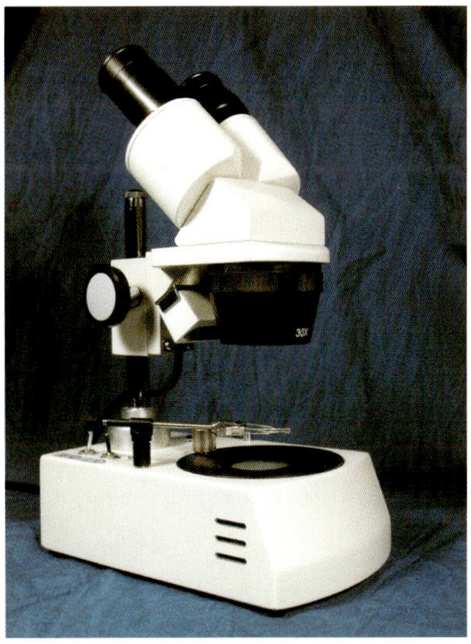

蓝宝石中的色带

© P Daly

锆石，展示刻面的重影和铁染的羽状体

© P Daly

石榴石中的晶体包裹体

© D Garrod

蓝宝石中的金红石包裹体

© GTL

月光石中的解理缝

© D Garrod

蓝宝石中的二相包裹体

© D Garrod

第十二章 光学放大

当使用暗域照明时，宝石是用从显微镜物台下一个碗状反射器内反射的光照亮的。宝石是在宝石下方暗色屏蔽造成的黑暗的背景上观察的。屏蔽可以拿开，这样又恢复到亮域照明。

像极微细的纤维、尘粒或微小的气泡等这样一些类型的包裹体用这种照明方式是较好的。观察到的现象与你在有空气粉尘地区透过一束阳光对着暗色背景所看到的景象相似。

在观察时，非常重要的是改换照明方式。交替使用亮域和暗域照明通常能揭示某些用单一方式照明时会被忽略的细节。

顶照明

顶照明对不透明或几乎不透明的宝石以及透明和半透明的宝石都有用。许多现代的宝石显微镜都配有顶照明。用台灯或甚至手电筒都能方便地提供顶照明。带可折弯光导的光纤灯是非常有用的，因为它使光能从精确和最佳方向照射宝石（图 12-10）。譬如以石榴石为顶的二层石的上、下部分刻面以及玻璃充填红宝石等，当转动宝石并观察顶照明产生的反射时，可检测出光泽的差别。当顶照明和透射照明交替使用时，可识别出一些极微细的细节。

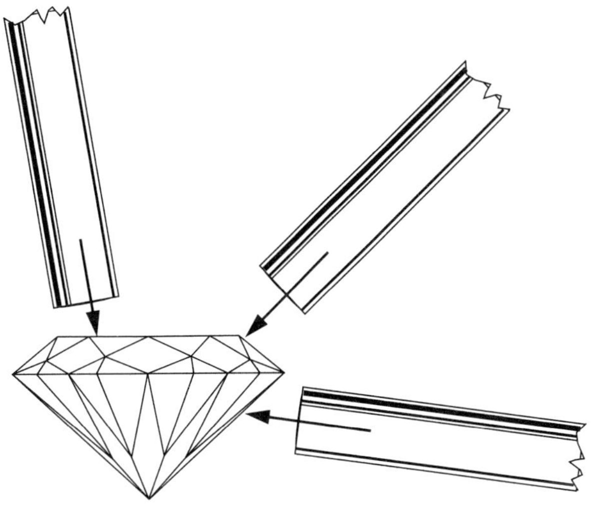

图 12-10　用光纤光源从不同角度照射宝石

对所有类型的照明，光的强度通常是可以调节的。通过改换照明方式和部位，改换测试样品的位置，改换焦距和放大倍数，改换光的扩散和调节锁光圈（如果有的话），将能带来许多好处。只有在这样一些调节过程中才能观察到所有需要的细节。

12.3.2 油浸显微镜

当宝石被浸没在光密度与宝石相近的液体中时，宝石的表面特征变得看不见了。举日常生活中的一个例子，当把一块洁净的冰放入一杯水中时，它就不那么看得清了。当用油浸法检查浸于液体中的宝石时就是利用了这一性质。这个方法的巨大优点是宝石的内部细节看上去清楚多了，而且不受折射或多重反射的干扰（图 12-11）。

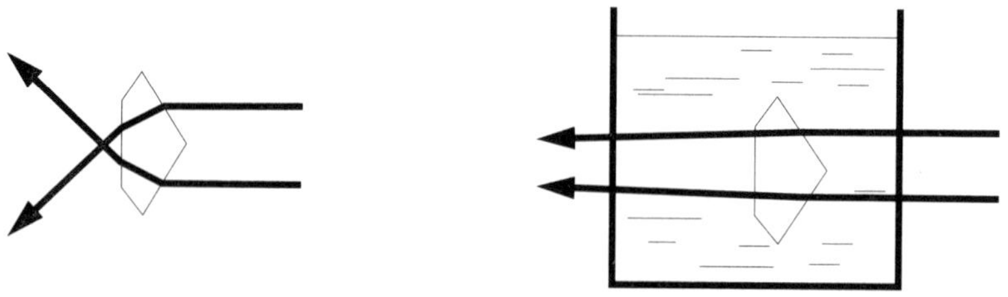

图 12-11　光穿过在空气中和浸液中的宝石时的路径

尽管立式显微镜也可用于观察浸没的宝石，但任何溅出的液体都可能损伤显微镜。水平显微镜（卧式显微镜）能避免这个问题并方便操作宝石（图 12-12）。

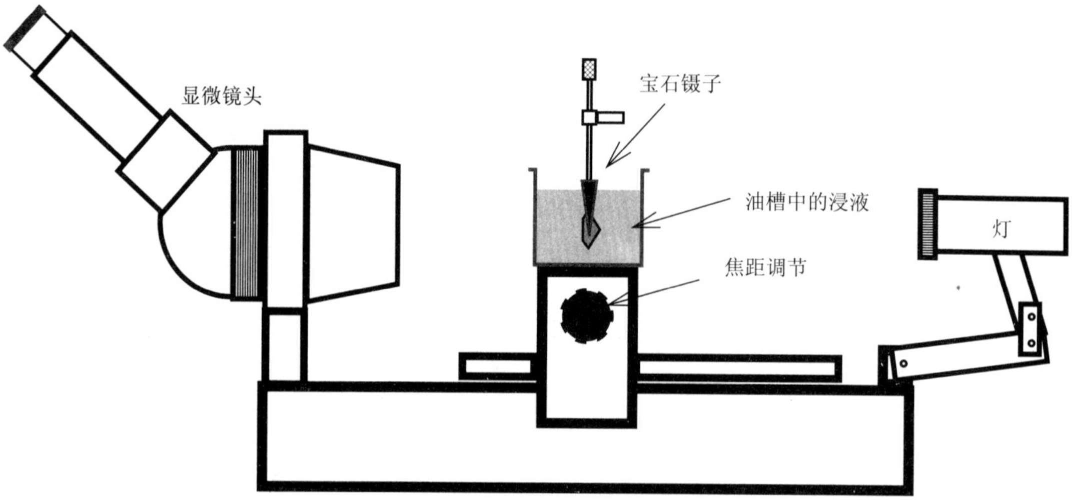

图 12-12　水平（卧式）油浸显微镜

12.3.3　浸液

许多液体可用于油浸法。最有效的是使用折射率尽可能接近于宝石折射率的液体。当没有别的液体时也可以用水。液体不应有浮动的颗粒以免混淆观察结果。不足之处是高折射液较难在实验室之外使用。

一些有用的浸液：

(1)　蒸馏水	RI = 1.33
(2)　液态石蜡（以及杏仁油和“婴儿油”）	RI = 1.47
(3)　苄基苯酸盐	RI = 1.57
(4)　一溴萘	RI = 1.66
(5)　二碘甲烷	RI = 1.74

后三种液体只能在通风良好的地点使用而且要非常小心。要避免接触皮肤。

注意：只有耐所用液体的材料才能浸没在这种液体中。若对镶宝石的首饰使用油浸法，要注意有些宝石是贴箔的、染色的或涂层的，还有些宝石是用粘合剂镶的，特别是一些古时的首饰。最重要的是要保护好有历史价值的首饰。

12.3.4　某些显微镜设备和使用

某些类型的显微镜除用于放大宝石材料的外观外还可用于观察光学性质。譬如加上偏振滤光片后，显微镜可用于观察干涉图、消光效应、多色性和双折射等偏振化效应。

显微镜还可配上分光镜、二色镜和滤色镜使用，也用于度量或估计折射率。一个照相机或摄像机可加在显微镜上以获取宝石和包裹体的永久性记录，或用于展示。

显微镜主要用途归纳

(1)　放大——完成许多用肉眼和10×放大镜难于或不可能进行的观察，譬如
　①　检查已镶或未镶的宝石材料；
　②　原石——观察条纹、蚀痕、三角凹痕、损伤、解理和双晶标志；
　③　装饰品和装饰材料的观察；
　④　成品宝石——切磨质量、刻面接合的准确性和对称性；
　⑤　抛光——过速和劣质抛光的后果；“火痕”；
　⑥　刻面条件——磨损、微细的破裂和解理面以及磨损的刻面棱；
　⑦　宝石的内部特征——包裹体、丝状体、生长线、颜色分布；合成宝石中的弯曲生长线、气泡和“面纱”；裂隙、愈合裂隙、初始解理；双折射；
　⑧　拼合石——接合面、气泡、光泽和包裹体的变化。

(2)　多色性——配上一个二色镜或组合的偏振滤光片。
(3)　光谱——用分光镜取代目镜进行观察。
(4)　显微照相——用照相机加长器和反射照相机或摄像机。

记住，对于所有的观察，不论是用显微镜、放大镜还是用肉眼，都始终要转动物品并确保检查了内部和外部的所有部分。还要注意改换光照。

12.4　宝石中的包裹体

从本章你可看出，使用放大和研究包裹体是极为重要的。它能为宝石学家提供的帮助可归纳为：

(1)　鉴定宝石种。一些类型的包裹体对某些宝石种是典型的，譬如翠榴石中的纤维状包裹体或碧玺中的发状液体包裹体。

(2)　区别天然和合成材料，譬如维尔纳叶合成刚玉中的弯曲条纹。

(3) 检测处理，譬如染色材料裂缝中的染剂。

(4) 评价破裂和解理可能给宝石带来的进一步损伤。当你接受顾客要镶嵌和修复的宝石，或当你销售因耐久性差而易受损的宝石时，这尤为重要。

12.4.1 包裹体的类型

包裹体可以是（图 12-13）：

(1) 固体、液体和气体。譬如，固体包裹体可以是晶体或针状包裹体。固体可与液体和气体一道出现在孔洞中。有这样三种类型：

① 液体、气体或固体的单相包裹体；

② 液体和气体，气体和固体或固体和液体组成的二相包裹体；

③ 含液体、气体和固体的三相包裹体。

(2) 分带，包括颜色分布的分带。

(3) 双晶。

(4) 内部破裂和解理。

(5) 激光孔道等处理。

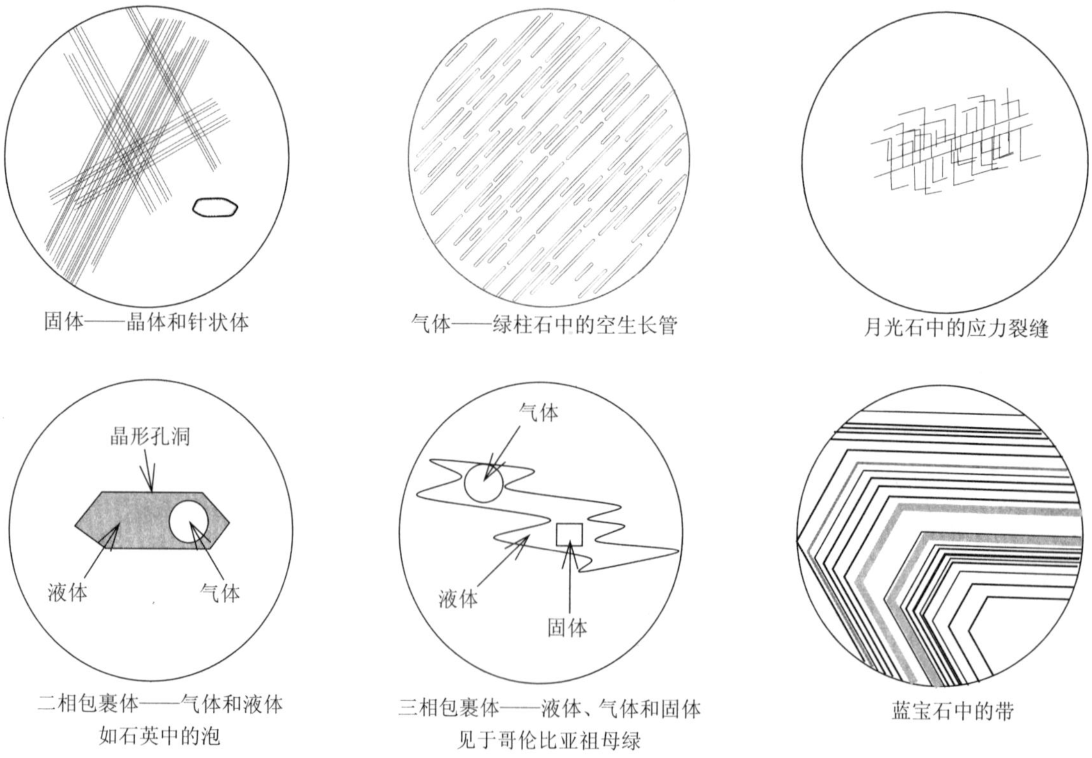

图 12-13　宝石中包裹体的类型

12.4.2　包裹体术语

当描述所观察的不论是表面的还是内部的特征时，应描述直接看到的。然而在宝石学中有些描述特定包裹体的术语已经通用，许多术语是用人们日常生活中熟悉的东西来比喻相似的包裹体。在写检测报告时，像“暗色包裹体及环绕它的部分愈合裂隙”这样的实实在在的描述无疑是正确的，但这一特征也常被描述为“睡莲叶状”包裹体。

不论何时都要让观察清单尽可能地详细，要假设读这个报告的人对这些宝石并不具有与你同等的知识，或他熟悉的是描述该包裹体的别的术语。画一张图通常会有帮助。

对宝石商贸中常用的一些描述的解释

常用的术语	描述和举例
环、晕或煎蛋状	矿物包裹体和环绕它的张性裂缝或环绕一个孔洞或晶体的流体残余物，如在刚玉中所见
竹状	阳起石，如祖母绿中所见
蜈蚣状	月光石中的交叉解理缝
羽状体或指纹（用得很多的术语）	部分愈合的裂缝或裂隙，或在天然或合成过程中被捕获的一组小颗粒
马尾状	翠榴石中从一个核向外呈辐射分布的纤维状包裹体
睡莲叶或水百合叶	橄榄石中环绕一个晶体或孔洞的部分愈合的张性裂缝
针状物	细小的棒状的晶体包裹体
雨状物	绿柱石中定向排列并相互平行的细的直管
丝状体（用得很多的术语）	能使宝石呈雾状外观的细的金红石包裹体，多见于刚玉
雪花	黑曜岩中显现在暗色背景上的稍带白色的雏晶
雪星	环绕一个晶体包裹体呈放射状分布的液滴，如绿柱石中所见
太阳光芒	呈辐射状的张性裂缝，如琥珀中所见
虎纹或斑马纹	石英中沿双晶面分布的部分愈合条带
晶发（发状）	碧玺中所见常交织成网状的微细的流体包裹体，可以是两相的

关于特定宝石中常见包裹体的更详细资料请阅后文中的宝石各论部分。

第十二章强化题

1. 为精确和顺利地进行观察，10×放大镜应拥有哪两个重要特性？
2. 当用 10×放大镜和显微镜进行观察时，除宝石材料、眼睛和仪器本身外，还有什么是基本的？
3. 说出用 10×放大镜可以进行的有助于鉴别的 5 种重要的观察。
4. 显微镜的主要用途是什么？
5. 说出实体（立体）显微镜与单筒显微镜相比较具有的两个优点。
6. 暗域照明有什么用途？
7. 说出顶部照明能够有用的两个原因。
8. 解释为何浸液能与显微镜一道使用。
9. 说出用显微镜研究包裹体能从哪 4 个方面对宝石学家有帮助。
10. 说出除固体、液体和气体包裹体外另 3 种包裹体特征。

第十二章家庭作业

本作业来自《宝石观察指南》的资料。在尝试回答这些问题前，应取得观察技巧的某些经验。

1（a）为何**观察**是所有宝石鉴定和检测工作的基础？（4 分）
（b）用 10×放大镜观察宝石材料特征的主要步骤。（8 分）
（c）当放大检查宝石材料时你如何识别下列类型的表面：
（i） 解理；
（ii） 断口；
（iii） 晶面；
（iv） 抛光宝石的刻面。（8 分）

2（a）说出显微镜最主要的功能。（2 分）
（b）给出能提供下列结果的具体观察的实例：
（i） 肯定的鉴定；
（ii） 证实合成成因；
（iii） 证实是拼合宝石；
（iv） 证实是仿制宝石。 （8 分）
（c）解释当用 10×放大镜检查下列物品时你要进行的观察：
（i） 萤石雕件；
（ii） 染色翡翠弧面宝石；
（iii） 红宝石原石小晶体。（10 分）

第十三章　无机成因的天然宝石材料

材料	页码	材料	页码
绿柱石	**197**	软玉	**219**
金绿宝石	**201**	欧泊（蛋白石）	**220**
刚玉	**202**	橄榄石	**222**
钻石	**206**	石英	**223**
长石	**211**	尖晶石	**228**
萤石	**213**	坦桑石	**229**
石榴石	**213**	托帕石（黄玉）	**230**
堇青石	**218**	碧玺（电气石）	**231**
翡翠	**218**	锆石	**232**

第十三章　无机成因的天然宝石材料

13.1　导言

从第十三章到第十八章提供了为有效进行观察和拓展实践技能所必需的关于天然和人造宝石族、种和品种及其仿制和处理的资料。这六章涵盖了基础宝石学考试的要求，也为开始证书课程的学习打下基础。

13.1.1　观察

观察是**注意**各种现象的技巧。宝石学观察指的是用眼睛对宝石材料进行仔细的查看，以便发现其主要特征及其他任何常见的或特殊的现象。

通过观察，你可以直接鉴别或区分某些宝石材料，检测出许多处理宝石、人造宝石（包括合成宝石）和仿制品。至少，观察可使你确定下一步该采用什么合适的检测方法以获得肯定的结果。

首先用肉眼仔细观察宝石，然后用 10× 放大镜观察。通过仔细观察，你可从已镶或未镶宝石以及原石或装饰材料获得很多信息。利用《宝石观察指南》来训练和提高技能并检查你的观察项目是否齐全。

为在观察之后能精确鉴定，宝石学家必须进行一项或多项测试以得出只有所检测宝石才能给出的结果或综合结果。

随着你的宝石学和宝石知识的不断增加，你会发现，记住各种宝石的物理性质是相当重要的。在你开始鉴定原石或成品宝石时，它能帮助你选择**适用的**测试方法。

如果你要进行下列任一项测试，请注意：

(1)　在使用比重液（重液）和浸液时一定要小心。避免吸入其蒸气；避免其接触皮肤、眼睛和衣服。准备一眼药瓶清洁的水是有用的。避免液体和塑料接触。

(2)　不要直视紫外光，避免皮肤暴露在紫外光下。

有关宝石材料测试方法更详细的实用的论述将在证书课程中提供。这里我们只涉及宝石本身的重要特征，特别是用肉眼和 10× 放大镜能观察到的特征。

本课程和基础宝石学考试中的观察

《宝石观察指南》可帮助你通过学习、复习和训练如何注意和记录（观察）的一般技能，达到在正确照明条件下用 10× 放大镜进行观察的更专门的技能。该指南中所列出的检验单及所要求的步骤是为了指导你掌握这些技能。需要经常检查进展情况，使你的技能能达到基础课程考试、证书实践课程以及日常工作或业余爱好所要求的水平。观察对宝石学来说是基本的，所以你要确保自己从一开始就注意发展良好的观察技能。

基础宝石学考试中有一些演示性的问题，包括一个图或一张照片或一颗用肉眼和 10× 放大镜或分光镜观察的标本。更详细的说明请参阅课程大纲和《课程和考试指南》。

13.1.2 缩略词

可使用的符号和缩略词有：

折射率	RI
双折射	DR
正光性	+ve
负光性	-ve
相对密度（比重）	SG
查尔斯滤色镜	CCF
紫外光	UV
短波（254nm）	SW
长波（365nm）	LW
硬度	H

13.2 常数和特征的变化

你可能会对不同教科书中给出的不同的物理特征感到迷惑不解。譬如，一本书中说绿柱石的 SG 是 2.75 到 2.80，而另一本书则给出范围大得多的 2.65 到 2.90。不要为不同书中给出的不同数值担忧。这些书中提供的是常见数值范围，你测定的某颗宝石的数值很可能就在这个范围内。重要的是记住，一个宝石种的某些品种可能会有与典型范围不同的数值。

本教程中的范围和特定物理性质

(1) 本教程中给出的折射率（RI）是每种宝石最常见的折射率范围，如果有双折射的话，也给出双折射率。譬如，刚玉的 RI 是 1.76 到 1.78，双折射率是 0.008 到 0.009。

(2) 折射率的通常变化范围用折射率两个数值之间加“到”(to)表示。请一定记住，不能用这些数值来计算双折射率。

(3) 单个各向异性宝石样品的具体折射率用所测到的最高和最低折射率数值之间加“—”表示。这两个具体数值之差是该宝石的双折射率。

譬如，一颗碧玺样品的最高和最低折射率是：常光线 = 1.640，非常光线 = 1.622。在本教程中表示为 1.640—1.622。根据两个折射率值之差得出双折射率是 0.018。

(4) 相对密度（SG）的变化范围以和 RI 同样的方式表示。譬如，绿柱石的 SG 是 2.7 到 2.9。

(5) 你需知道，有些样品所拥有的物理性质会在其所属的宝石种或品种的通常数值范围之外。

(6) 并不是所有的文献都使用与本教程中相同的表示 RI 和 SG 范围的方法。

(7) 还请注意，本章中所示的光谱图都是用衍射光栅式分光镜观察得出的，具线性尺度。

化学成分和类质同象

某些宝石种的化学成分随样品或颜色的不同变化很小。譬如，紫晶、黄晶和烟晶都是晶质石英，分子式为 SiO_2。

某些宝石，特别是长石、石榴石、托帕石、橄榄石和碧玺，属于矿物族。同族矿物的化学成分是相关联的，但随样品的不同而有变化。因此，这些宝石的不同样品有不同的性质，譬如 RI 和 SG。在宝石学中知道这种差别很重要。关于类质同象请阅第三章。

包裹体

宝石可因含包裹体而偏离其正常的物理性质参数。当宝石中有大量包裹体时，其 SG 会减小或增加。许多宝石有这种情况。当评价任一具体宝石样品时应有允许误差，这是因为大多数文献中给出的资料都是立足于优质的无包裹体的宝石材料。而有些宝石的魅力却要依赖于大量的包裹体，如显示星光和猫眼效应的宝石以及砂金石英。

蜕晶质宝石

某些矿物的晶体结构因天然辐射而部分或全部地破坏，最终形成部分或几乎全部非晶质的“蜕晶质”材料。所以，这些材料显示很大的物理性质变化范围。最常见的宝石实例是锆石，它的物理和光学性质参数变化极大。

13.3　资料的顺序

对于每个宝石种或品种，下表所列资料但凡适用的都将提供。但为方便起见，顺序也可能与下表不同。

化学成分	用文字表述，也用化学式表示（除非化学成分太复杂）
晶系	晶系、结晶习性和表面特征对鉴别原石有用。成品宝石和原石中解理和某些包裹体以及色带的方向性能为鉴别晶体对称性提供线索。你要尽一切努力检查和鉴别晶体和原石。参阅第三章；利用《宝石观察指南》
结晶习性和表面特征	
解理和断口	解理和断口能提供关于韧性的有用信息。当在成品宝石、晶体或砾石中见到解理时，它有助于把其他方面外观相似的两种宝石区分开，譬如蓝色托帕石和海蓝宝石。断口出现在所有的宝石材料中。有些宝石有特征的断口类型，譬如石英和玻璃有贝壳状断口。对解理和断口观察特征的描述见第四章的耐久性部分和《宝石观察指南》
硬度	硬度测试是破坏性的，不应在宝石或雕件已切磨和抛光的表面进行。然而，硬度对宝石学家和宝石工匠都很重要。宝石上的磨蚀痕能说明相对硬度。宝石工匠需要知道材料的相对硬度以选择最佳的抛光和研磨方法。了解硬度的方向性变化也很重要。硬度会影响宝石表面的光泽和抛光程度。这些也是有用的线索
相对密度	SG 对区分某些外观相似的宝石是有用的，譬如区分翡翠、软玉和玉的仿制品。某些合成宝石，譬如维尔纳叶合成尖晶石和某些合成祖母绿，其 SG 与天然对应物不同。许多宝石因化学成分有变化，故 SG 也不同。通过不断训练，你能通过“掂重”获得鉴别材料的线索。譬如，塑料不如欧泊重；锆石和刚玉与相同尺寸的石英和绿柱石相比显得重。所给出的每个宝石种或品种的 SG 是其通常范围

续表

<table>
<tr><td>颜色，品种，包括猫眼和星光品种</td><td rowspan="3">许多宝石种或品种有其特征的颜色范围或色调。譬如，天然蓝色尖晶石的颜色极少会和合成蓝色尖晶石相同。合成刚玉仿变石的颜色与真正的变石也非常不同。宝石族和宝石种的某些颜色品种是十分罕见的，这会在课文中说明
由某些化学元素致色的宝石材料会显示诊断性的吸收光谱。吸收光谱对鉴别原石、珠子、雕件、弧面宝石和刻面宝石都非常有用。只要求你知道基础课程大纲所列并已图示在基础教程中的吸收光谱，你无需记住吸收线和带的波长数。多色性表明材料是双折射的。多色性和吸收光谱在原石、成品宝石和已镶宝石中都能确定。</td></tr>
<tr><td>多色性</td></tr>
<tr><td>颜色成因和典型的吸收光谱（如果有的话）</td></tr>
<tr><td>光泽</td><td>对于训练有素的眼睛，不论是解理面、晶面还是抛光面上的光泽都经常很有用。譬如黄晶、托帕石和锆石（可能都具类似的黄色）在光泽上的差别有时能使我们快速地把它们区分开。石榴石为顶的二层石中玻璃和石榴石在光泽上的差别也是很重要的</td></tr>
<tr><td>折射率</td><td rowspan="2">对很多双折射宝石，折射率和双折射率结合起来可提供诊断性的鉴定。对单折射宝石，RI 在 1.5 到 1.7 之间的通常是玻璃。RI 值还能指明某些材料是合成的。譬如维尔纳叶合成尖晶石的 RI 高于大多数天然尖晶石
对于每种宝石给出的是常见折射率范围。折射率值是用波长 589nm 的黄光测定的，一般到小数点后第二位。双折射率通常给到小数点后第三位</td></tr>
<tr><td>双折射率（如可用的话）和光性</td></tr>
<tr><td>色散</td><td>用文字描述其相对量。本课程中不要求精确数值</td></tr>
<tr><td>包裹体</td><td>大多数宝石含包裹体，许多类型的包裹体在 10×放大镜和适当光照下是可见的。一些包裹体可用于鉴别宝石种或宝石品种，偶尔还可鉴别产地。包裹体对鉴别许多类型的人造和处理的宝石也很重要。课文和《宝石观察指南》中图示了重要的包裹体类型</td></tr>
<tr><td>产出</td><td>矿床类型。天然宝石材料的地质条件</td></tr>
<tr><td>产地（地理位置）</td><td>大多数宝石是从某些有商业活力的地方获取的，尽管在世界其他地方也能找到。譬如，大家都知道苏格兰和爱尔兰产蓝宝石和托帕石，但其数量达不到商业要求。本教程只给出每种宝石特殊的或商业上特别重要的产地</td></tr>
<tr><td>加工</td><td>一些特征的琢型或专门的加工方法被用于某些宝石种或品种，以显示其特殊光学效应</td></tr>
</table>

13.4 宝石族、宝石种和宝石品种

宝石矿物中具变化特征的某些类质同象系列或“家族”被分类为**族**，譬如石榴石族和电气石（碧玺）族。

矿物或宝石族内具非常近似特征的“家族成员”称为**宝石种**。譬如钙铁榴石是石榴石族中的一个宝石种；刚玉也是一个宝石种（赤铁矿族的一部分）。

宝石种内的某些特殊类型被称为**品种**。譬如，翠榴石是钙铁榴石的一个品种，红宝石是刚玉的一个品种。

第十三章　无机成因的天然宝石材料

13.5　无机成因的天然宝石材料

13.5.1　绿柱石

颜色是绿柱石最重要和令人喜爱的特征。其品种包括祖母绿、海蓝宝石和粉红色绿柱石（摩根石）。宝石常切磨成刻面宝石或雕琢，含许多包裹体的可加工成弧面宝石或珠子。

化学成分	$Be_3Al_2(SiO_3)_8$　铍铝硅酸盐
晶系	六方晶系
解理	极完全，底面解理；在成品宝石中很少见到
硬度	$7^1/_2$ 。祖母绿特别脆
相对密度（比重）	2.65 到 2.80，取决于品种
颜色和品种	各种颜色：绿色——祖母绿；蓝到绿色——海蓝宝石；黄色——金绿柱石（黄色绿柱石）；粉红色——粉红色绿柱石（摩根石）；无色——无色绿柱石（透绿柱石）；褐色和黑色
光泽	玻璃光泽
折射率	1.56 到 1.60，取决于品种
双折射率	0.003 到 0.010，取决于品种
光性	一轴晶
色散	低
光学效应	绿柱石偶有大量定向排列的包裹体，可切磨成星光或猫眼宝石。猫眼效应主要见于海蓝宝石、金绿柱石和祖母绿；褐色或黑色绿柱石可显星光效应

结晶习性、晶形、表面特征

柱状习性。柱、锥和轴面（平行双面）单形。晶面上可有蚀痕（图 13-1）。

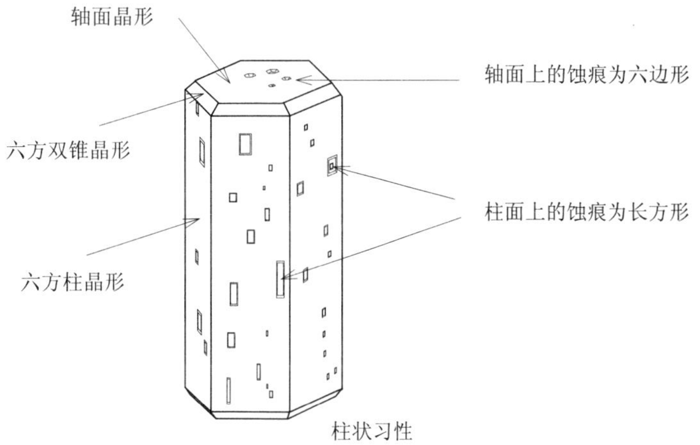

图 13-1　绿柱石晶体

13.5.1.1 祖母绿

结晶习性	祖母绿晶体通常是具轴面终端的六方柱，有时有小的双锥面。大多数祖母绿有包裹体和裂缝。切磨时应考虑使成品宝石尽量少含包裹体和裂缝
颜色	祖母绿是由痕量铬（Cr）致色，也部分地与钒（V）有关。 某些祖母绿在紫外光下发粉红色或红色荧光，在查尔斯滤色镜下为粉红色或红色，但这不是诊断性的。某些主要来自印度和非洲的祖母绿因所含痕量铁抑制了荧光,故仍呈绿色
多色性	弱到强。蓝绿和黄绿二色性
品种	达碧兹祖母绿——来自哥伦比亚的达碧兹祖母绿有几种类型，通常显示六射的辐射状构造。达碧兹祖母绿通常在中心部分有一绿色的六方晶体，向外生长出 6 个同样是绿色的片体。片体之间充填的是无色绿柱石和长石的细粒混合物 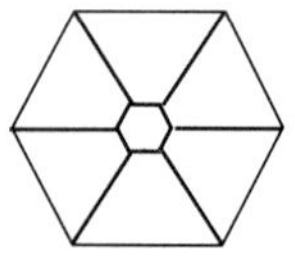
产地	祖母绿的主要产地在巴西、哥伦比亚、印度、尼日利亚、巴基斯坦、西伯利亚、赞比亚、南非和津巴布韦
产出	各种类型的矿床，包括变质矿床和水热矿床
维护保养	需注意，超声波清洗会震裂祖母绿

吸收光谱

祖母绿具铬致色材料典型的吸收光谱。在红区有细线，在黄绿区有弱的普遍吸收（图 13-2）。

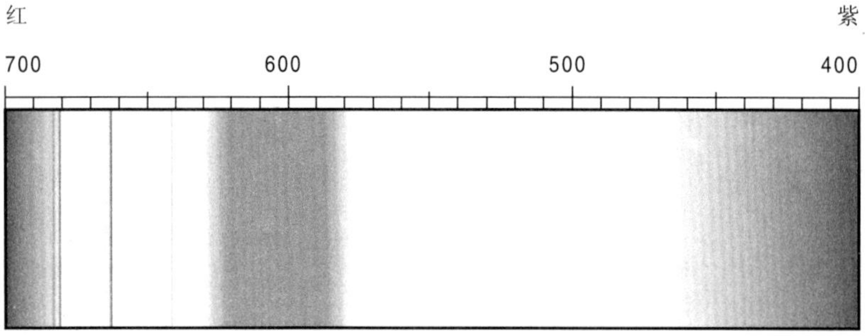

图 13-2　祖母绿的吸收光谱

包裹体

几乎所有的天然祖母绿都含包裹体。这些包裹体对把天然祖母绿与合成祖母绿以及其他绿色宝石区分开是很重要的。一些包裹体在特定产地的祖母绿中常见。把这与 RI、SG 的资料相结合，有可能指明产地。

祖母绿中的主要包裹体和产地实例（图 13-3）

三相包裹体（含晶体和气泡的由液体充填的孔洞）	哥伦比亚
二相包裹体（含气泡的由液体充填的孔洞）	印度
透闪石（通常为纤维状或针状晶体）	津巴布韦
阳起石针状晶体	西伯利亚
云母片	许多产地

第十三章　无机成因的天然宝石材料

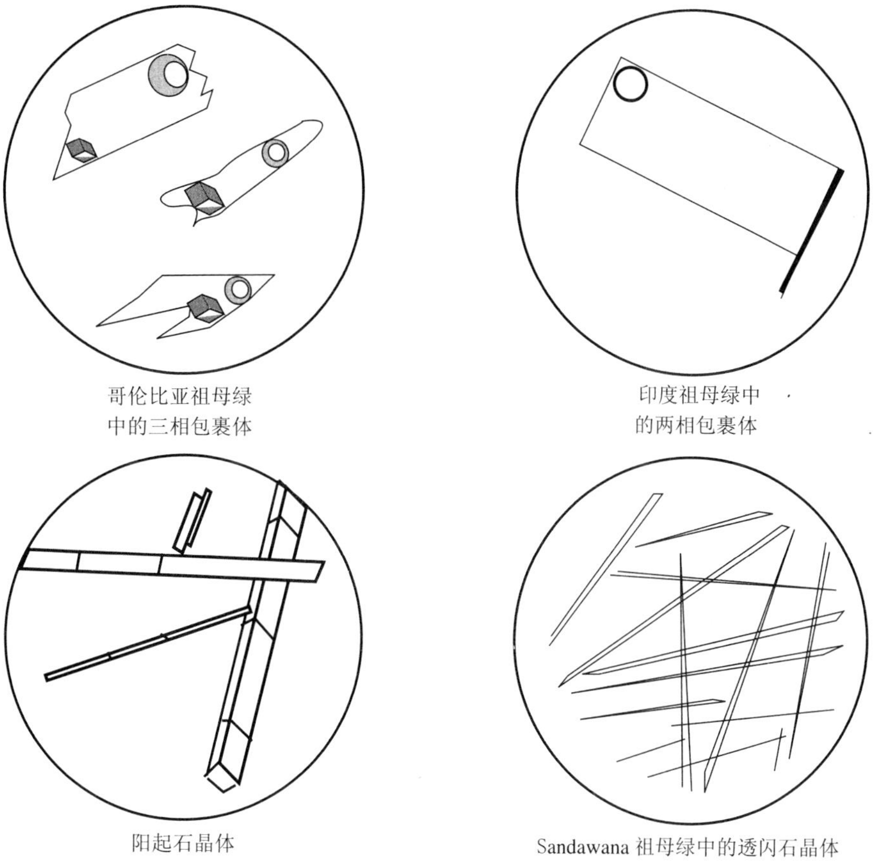

图 13-3　天然祖母绿中的某些包裹体

因合成祖母绿中的包裹体对鉴别有用，故给出下表。关于合成祖母绿的更多信息见第十五章。

助熔剂法合成祖母绿	熔剂小滴——在愈合裂隙中；或有时呈“扭曲面纱”
水热法合成祖母绿	通常无包裹体，但有时有尖头的“钉头状”包裹体

加工

祖母绿可加工成祖母绿琢型—— 一种改型的阶梯琢型。它与标准的阶梯琢型相似，只是截去了 4 个角（图 13-4）。这种琢型可从发育完好的六方形晶体获得最佳尺寸，并减少了镶嵌和佩戴时受损的危险。祖母绿性脆，加工时要小心。

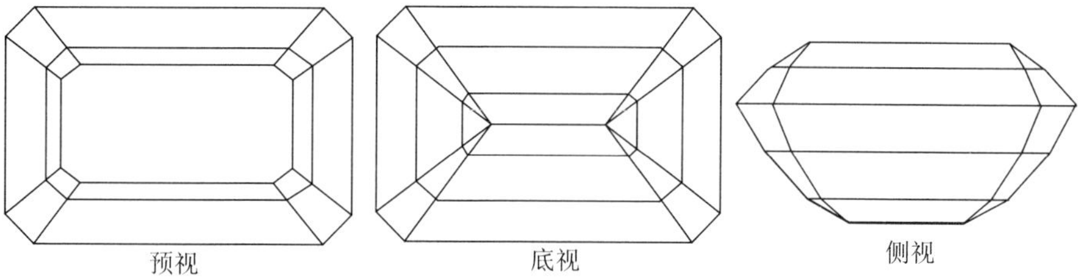

图 13-4　祖母绿琢型

祖母绿还可切磨成几乎所有的花式琢型和高质量的弧面宝石。许多质量较差的祖母绿切磨成弧面宝石和珠子。绿柱石除祖母绿外的各品种可切磨成各种各样的琢型。

处理

商业上销售的许多祖母绿是用油或聚合物树脂处理的。油或聚合物树脂充填了延伸到表面的裂缝。这种处理能掩盖裂缝并通过改善净度和颜色使外观暂时得到改善。超声波清洗通常会把油去除并填入脏的清洗液，而清洗液随后会干涸并弄脏宝石。见第十七章。

13.5.1.2 海蓝宝石

结晶习性	海蓝宝石多呈长柱状晶体。有时在柱面上可看到条纹和长方形蚀痕
颜色	海蓝宝石是浅绿、绿蓝或蓝色绿柱石 海蓝宝石由铁致色 海蓝宝石在查尔斯滤色镜下为绿蓝色
多色性	二色性，蓝或绿色到无色或淡蓝色
处理	商业上销售的大多数蓝色海蓝宝石都是用蓝绿色或绿色材料经热处理生成的
包裹体	（液体和气体充填的）二相尖头状孔洞；平行晶体伸长方向的管（图 13-5）。也见有云母片。许多成品海蓝宝石中见不到包裹体
产地	最重要的产地在巴西、肯尼亚、马达加斯加、缅甸、纳米比亚、尼日利亚、俄罗斯（乌拉尔山）、斯里兰卡、美国、赞比亚和津巴布韦
产出	海蓝宝石见于伟晶岩中。也以水蚀卵石产出

包裹体

图 13-5　海蓝宝石中的包裹体

13.5.1.3 粉红色绿柱石（摩根石）

颜色	这种令人喜爱的桃红、玫瑰红或粉红色绿柱石品种是由锰致色的
多色性	粉红色到蓝粉红色，二色性
包裹体	有与海蓝宝石相似的包裹体
产地	阿富汗、巴西（Gerais 矿和巴西东北部）、马达加斯加、巴基斯坦、美国（加州）
产出	粉红色绿柱石见于伟晶岩中

13.5.1.4 黄色和金黄色绿柱石（金绿柱石）

颜色	颜色范围从淡柠檬黄色到深金黄色。由铁致色
多色性	变化的
包裹体	有与海蓝宝石相似的包裹体
产地	与海蓝宝石的产地几乎完全相同

绿柱石晶体，展示其颜色变化
©NHM, London

祖母绿钻戒
© Hirsh London

黄色绿柱石(金绿柱石)
©NHM, London

海蓝宝石晶体和成品宝石
©NHM, London

祖母绿成品宝石和脉石中的晶体
©NHM, London

摩根石(粉红色绿柱石)
© Gem-A

海蓝宝石中的生长管
© GTL

祖母绿中的三相包裹体
© GTL

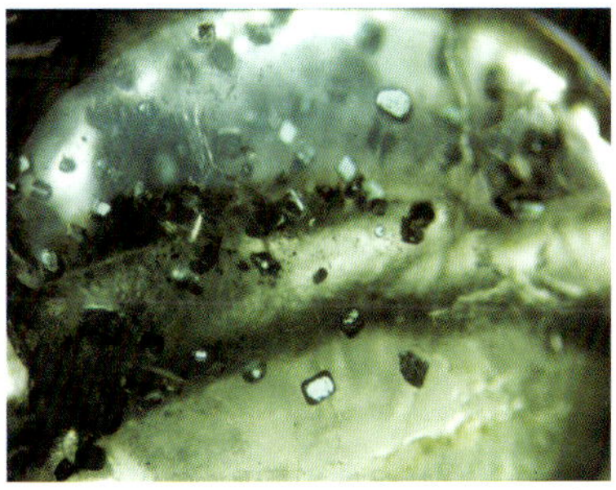

祖母绿中的黄铁矿包裹体
© D Garrod

祖母绿中的方解石包裹体
© D Garrod

13.5.1.5 其他绿柱石

红色绿柱石	红色绿柱石少见，来自美国犹他州的 Thomas 和 Wah Wah 山。由锰致色。大的宝石级材料罕见
褐色绿柱石	褐色绿柱石来自巴西，有时有弱的星光效应
无色绿柱石（透绿柱石）	无色。主要来自美国麻萨诸塞州的 Goshen

13.5.2 金绿宝石

除透明、黄色的金绿宝石外，还有远为少见和昂贵的变石和猫眼品种。金绿宝石的硬度只稍低于刚玉。金绿宝石的所有品种，不论是切磨成刻面或弧面宝石，都显示明亮和耐久的抛光效果。

化学成分	$BeAl_2O_4$，铍铝氧化物
晶系	斜方晶系
解理	弱到中等，柱面解理
硬度	$8^1/_2$
相对密度	3.71 到 3.75
颜色和品种	金绿宝石——黄绿色、绿色和褐色 变石——少见的品种。最佳者在钨丝灯下为山莓红色，在烛光下为更强的红色，而在日光下为令人喜爱的亮绿色
光学效应	猫眼效应
光泽	明亮玻璃光泽
折射率	1.74 到 1.76
双折射率	0.008 到 0.010
光性	二轴晶
色散	低
包裹体	偶尔可见阶梯状双晶面和羽状体。猫眼宝石有伸长的管或针状体
加工	透明的金绿宝石品种多切磨成刻面型。猫眼宝石须切磨成弧面宝石，其底面平行于纤维状包裹体
产出	伟晶岩;高压变质岩。常呈水蚀卵石产出于砂矿中

结晶习性

板状晶体，常有条纹。许多有双晶。最常见的是晶体碎块（图 13-6）。

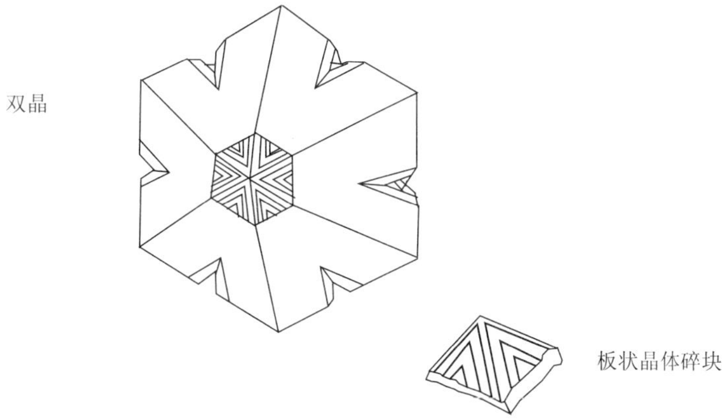

图 13-6　金绿宝石三连晶和晶体碎块

13.5.2.1 金绿宝石猫眼

颜色	透明，黄、绿和褐色
猫眼	这种淡黄、蜜黄或绿/褐色半透明到透明的品种显示良好的猫眼效应。只有金绿宝石猫眼可简称为猫眼。猫眼效应是由非常细的平行的针状体或空管所导致。好的样品显示非常清晰的明亮的“眼睛”
多色性	暗褐色宝石中多色性明显，为同一颜色的不同色调
吸收光谱	黄、绿和褐色品种是由铁致色，在蓝区有诊断性的吸收带。铁抑制了荧光
产地	这些宝石大多数产于巴西和斯里兰卡。另一些产地是马达加斯加、缅甸和津巴布韦猫眼宝石见于巴西和斯里兰卡。另一些产地是印度、缅甸和津巴布韦

13.5.2.2 变石

颜色和吸收	少见的品种。在钨丝灯下最佳者为山莓红色，在烛光下为更强的红色，而在日光下为令人喜爱的亮绿色。变石的外文名称为亚历山大石，据称这是因为这种宝石是在俄国皇帝亚历山大二世生日那天发现的，而红色和绿色又是俄国国旗的颜色。变色效应是由颜色平衡的偏移引起的，在富蓝光的日光下为绿色，在富红光的钨丝灯光或烛光下为红色。第八章中解释了这一现象。变石由铬致色
多色性	变石显强多色性。日光下的多色性颜色是红、橙和绿色
变石猫眼	一种少见的显示良好猫眼效应和变色效应的品种。由铬致色。也和所有猫眼宝石一样，猫眼效应是由微细的平行针状体或空管所致
产地	变石最先发现于俄国乌拉尔山。巴西现今是优质变石的最重要产地。斯里兰卡产大颗粒的变石，其颜色变化是从褐红色到黄绿色。印度、津巴布韦和赞比亚产优质但通常为小颗粒的变石

13.5.3 刚玉

刚玉是硬度仅次于钻石的天然宝石材料。红宝石和蓝宝石这两种最重要的宝石都是刚玉的品种。透明的红宝石和蓝宝石切磨成刻面宝石。半透明的或有瑕疵的材料则切磨成弧面宝石或珠子。刚玉呈多种颜色，且不论琢型或透明度如何。均显示明亮的玻璃光泽。

化学成分	Al_2O_3　氧化铝
晶系	三方晶系
解理	平行于底面和菱面体面的极不完全解理。平行于这些面还发育有“裂开”。裂开是由于这些方向上平行于双晶面的矿物结晶薄层之间的结合力差所致
硬度	9
相对密度	3.80 到 4.05
品种和颜色	红色——红宝石；蓝色——蓝宝石；黄色、绿色、粉红色和其他颜色的，也称为蓝宝石，但要加颜色前缀
光学效应	星光效应：颜色好、星线明显的天然未经处理的星光刚玉并不多见。在切磨适当的弧面宝石中，如果金红石针状体大量存在，且取向平行于侧晶轴，可见到 6 射星光（也有 12 射星光，但罕见）。天然星光刚玉所含的金红石针与合成星光刚玉相比较通常较粗。叫“星光红宝石”和“星光蓝宝石”，但实际上呈各种颜色并有淡灰到黑色调
光泽	明亮玻璃光泽
折射率	1.76 到 1.78
双折射率	0.008 到 0.009
光性	一轴晶
色散	低

红宝石钻戒
© Hirsh London

蓝宝石钻戒
© Cartier Ltd.

星光红宝石
© D Garrod

不同颜色的刚玉
© NHM, London

上图是红宝石晶体，
下图是蓝宝石晶体
© Gem-A

蓝宝石中的羽状包裹体
© P Daly

蓝宝石中的直带
© P Daly

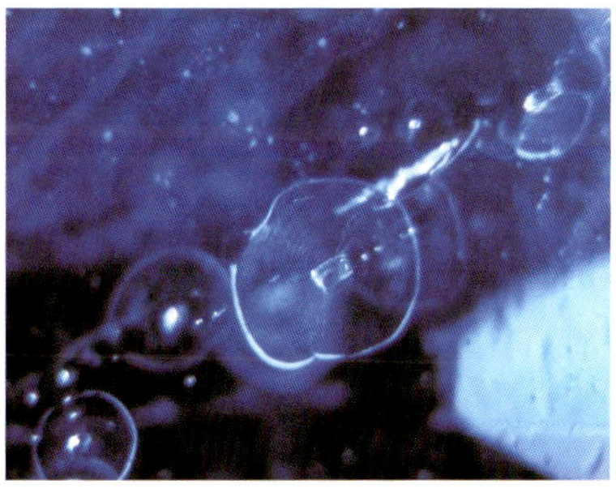

蓝宝石中的晶体包裹体和应力裂缝
© P Daly

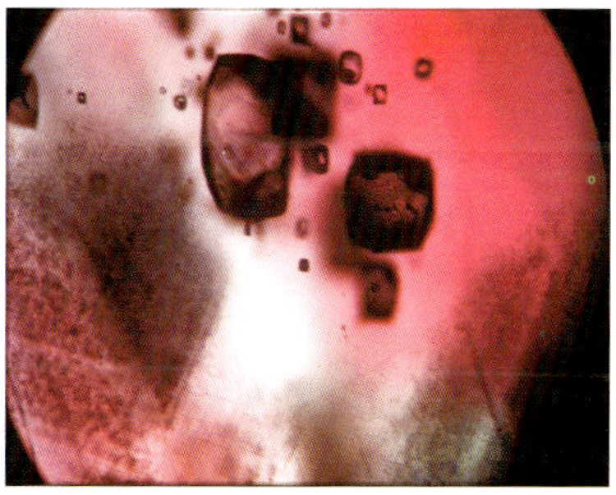

红宝石中的晶体包裹体
© GTL

结晶习性

六边形的柱状或板状晶体，两个终端为平的底轴面。角顶交替发育菱面体面。也发育成六边双锥，并视锥/柱面的相对发育程度，或呈细长或呈短粗的双锥。这些双锥体的两端终止于平的底轴面，从而呈桶状外观。锥面和柱面上有垂直 c 轴的条纹。在底轴面上常有三角形的生长标志。这些三角形标志是很好的鉴别标志（图 13-7）。刚玉常以水蚀卵石产出。这些卵石表面可显示双晶面标志。

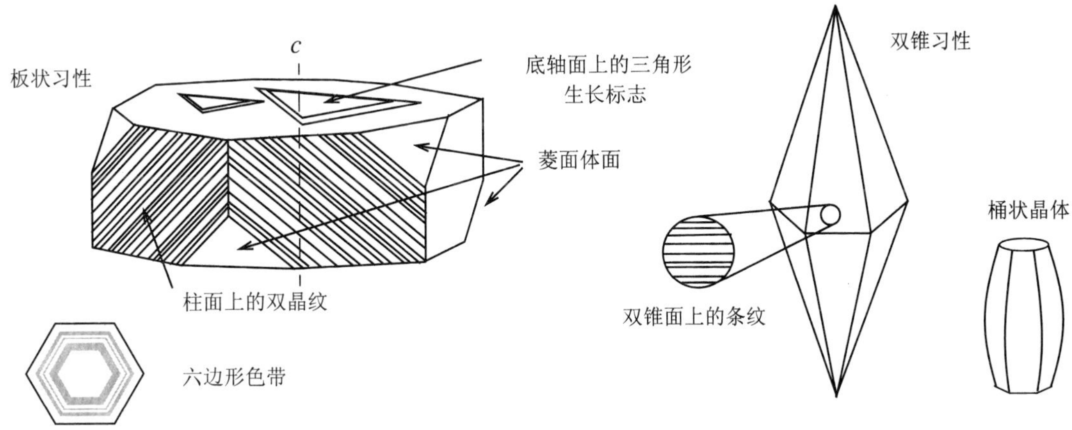

图 13-7　刚玉晶体

人工处理

大多数红宝石和蓝宝石都通过热处理以改善颜色。甚至维尔纳叶合成红宝石也通过热处理以使条纹变得模糊。颜色差或无色的蓝宝石和较少的红宝石可通过扩散处理添色。将红色油注入裂缝可改善红宝石的颜色和净度。可用玻璃和其他物质充填红宝石的裂缝和孔洞。关于处理的更多信息见第十七章。

13.5.3.1　红宝石

颜色	亮红、红、紫红或褐红和深红色
多色性	中等到弱。红和橙红二色性
产地	许多产地有商业数量的生产。最重要的产地在阿富汗、柬埔寨、缅甸、斯里兰卡、坦桑尼亚、泰国和越南
产出	大多数产于变质矿床和冲积砂矿。商业性生产主要是在冲积砂矿（宝石砾）

吸收光谱

颜色是含铬所致。完整的诊断性光谱包括红区的双线和两条弱线，黄区和绿区的普遍吸收，蓝区的三条细线和紫区的普遍吸收。用手持式分光镜通常在蓝区只能看到两条线。在光谱的红区部分可看到明亮的发射线（图 13-8）。

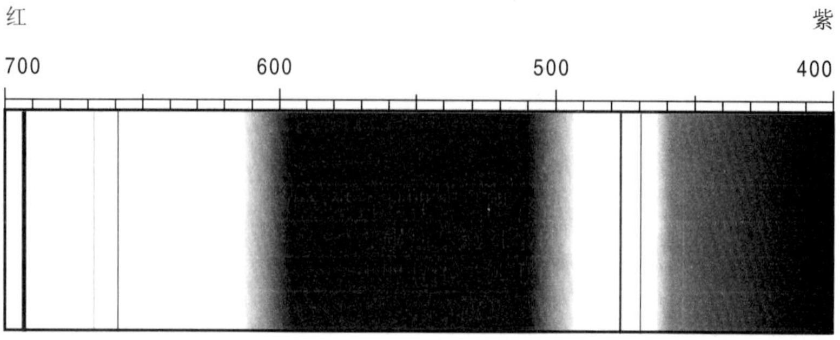

图 13-8　红宝石的吸收光谱

发光

红宝石以及粉红色和紫色蓝宝石含铬，故透过查尔斯滤色镜可见其发红光。他们在紫外光下也发红色荧光。天然红宝石和紫色蓝宝石常含痕量铁，有时会抑制它们的荧光。

包裹体

以下给出最常见的包裹体和出现这些包裹体的产地（图 13-9）：

非常细的针状体，当数量多时称为“丝状体”	缅甸、斯里兰卡
“羽状体”——部分愈合的裂隙	泰国、斯里兰卡
双晶面	泰国
锆石晕	斯里兰卡
色带和生长带	斯里兰卡
“糖浆”——不规则的颜色旋涡	缅甸

尽管这些包裹体常出现在上表所列地区的宝石中，但它们也出现在其他产地的宝石中。

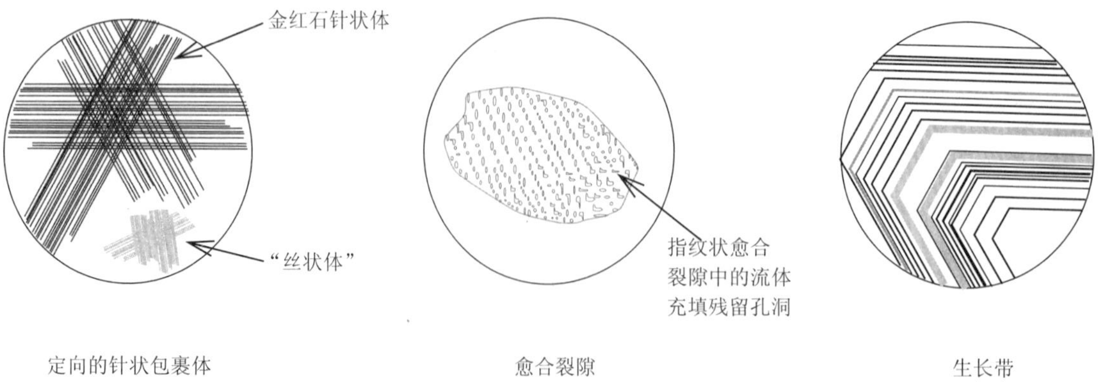

定向的针状包裹体　愈合裂隙　生长带

图 13-9　天然红宝石和蓝宝石中的包裹体

13.5.3.2　蓝宝石

颜色	刚玉可呈各种颜色。蓝宝石是对除红宝石外所有颜色的刚玉的称呼。蓝色的蓝宝石可直称为蓝宝石，其他颜色的都必须注明颜色，譬如“绿色蓝宝石”。蓝色蓝宝石由铁和钛共同致色。有些蓝宝石有变色效应
多色性	除黄色外其他颜色品种有强多色性，为同一体色的不同色调。一些蓝色蓝宝石显蓝和绿色二色性
产地	主要产地包括澳大利亚、柬埔寨、缅甸、斯里兰卡、泰国和美国
产出	变质岩、熔岩、伟晶岩和宝石砾。大部分采自砂矿砾石层

吸收光谱

蓝色蓝宝石的吸收光谱常显示为蓝区的一个带（图 13-10）。在一些天然蓝色蓝宝石中可在蓝区看到一组 2 个或 3 个靠得很近的带；类似的光谱也见于许多绿色和金黄色的蓝宝石。

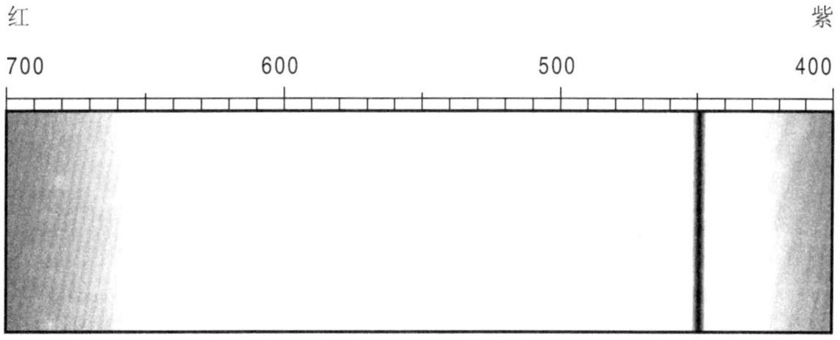

图 13-10　蓝色蓝宝石的吸收光谱

包裹体

常见包裹体及其典型产地举例见下表。与红宝石一样，类似的包裹体也见于其他产地的蓝宝石。

金红石针状体——丝状体	缅甸、斯里兰卡
“羽状体”（指纹）——部分愈合裂隙	克什米尔、柬埔寨、斯里兰卡、缅甸
色带和生长带	所有产地
某些产地的蓝宝石可能是双色的	斯里兰卡、澳大利亚
锆石晕	斯里兰卡

合成刚玉

合成刚玉可用下表所列 4 种方法来生产。每种方法生产的宝石可含特征的包裹体，但许多产品是“洁净的”，致使难于确定其合成成因。可合成出各种颜色的。许多产品是用于研究和工业，宝石是合成产品中的“副产品”。关于合成刚玉的更多信息见第十五章。

维尔纳叶焰熔法	弯曲生长线、气泡
助熔剂法	熔剂充填的孔洞、铂片晶
丘克拉斯基法	细的弯曲的生长线、气泡
水热法	强的生长带、铜合金晶体、指纹状包裹体

13.5.4 钻石

从商业角度，钻石是所有宝石种中最重要的。据估计，钻石约占全球宝石交易额的90%。钻石切磨成刻面宝石以显示其金刚光泽和火彩的独特组合。其极高的硬度保证了切工持久的精确性，这在宝石中也是独一无二的。

化学成分	C　碳
晶系	立方晶系
解理	完全的八面体解理。加工钻石时可利用解理劈开大的晶体或削掉多瑕疵的部分。解理可见于成品钻石和原石的内部和表面
硬度	10；钻石是已知最硬的天然材料。钻石的硬度随结晶方向而变化。但不论是沿任何方向，钻石的硬度依然比其他任何宝石要高许多。大多数成品钻石有刀刃般的刻面棱和绝对平的刻面
相对密度	3.52
颜色	无色；淡黄、淡褐、淡绿色或灰色 彩色钻石（有明显色彩的）包括黄色和褐色；较少有绿色、粉红色、蓝色和黑色；极少有红色和紫色 关于钻石类型详见证书教程
透明度	透明到不透明
光泽	金刚光泽
折射率	2.42。单折射。许多钻石显示异常消光
色散	高（0.044）。钻石显示比其他任何天然无色宝石都要高的色散
产出和回收	关于金伯利岩筒和砂矿的描述以及如何从这些矿床开采和回收钻石，请阅第二章
产地	从古典时期到18世纪，印度和婆罗洲的砂矿是唯一已知的钻石产地。重要的巴西产地发现于1725年前后。南非的砂矿和金伯利岩筒发现于19世纪后半叶。西伯利亚的钻石矿发现于20世纪50年代。更后，澳大利亚产于与金伯利岩相似的钾镁煌斑岩中的钻石矿成为重要产地。不久前在加拿大发现了有商业价值的钻石矿并于20世纪90年代后期开始开采。重要的宝石级钻石产地在安哥拉、博茨瓦纳、巴西、加拿大、中国、纳米比亚、俄罗斯、塞拉利昂、南非、坦桑尼亚和赞比亚

结晶习性

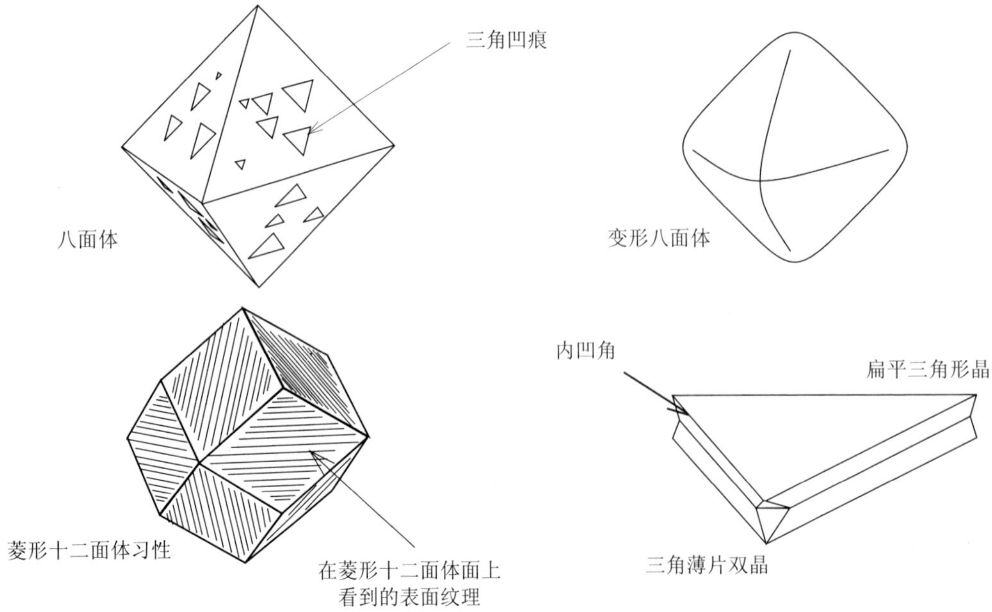

图13-11　钻石晶体的常见习性

成品钻
© DTC

天然彩钻戒指
© Hirsh London

各种钻石晶体
© DTC

三角凹痕
© DTC

钻石亭部上的原晶面
© Gem-A

钻石中的羽状和
云状包裹体
© Gem-A

钻石台面中的小的初始解理
© Gem-A

钻石中的晶体包
裹体
© Gem-A

八面体单形是钻石的常见习性。还有包括菱形十二面体在内的更复杂的晶形。常有圆化的晶面和称为“三角薄片双晶”（macle）的三角形双晶。在八面体面上可见到称为三角凹痕的三角形蚀坑（图 13-11）。

颜色成因

纯的钻石全部由碳组成，是无色的。然而，钻石晶体通常含痕量元素，最常见的是氮，这使天然钻石呈常见的淡黄色。硼是钻石中少见的痕量元素，它导致蓝色。

然而，并非所有钻石都是由痕量元素致色。褐色和粉红色钻石是由晶体结构中的缺陷致色，而绿色钻石则是因晶体结构中存在空穴。

关于颜色成因的更详细介绍见证书课程。

发光

钻石在紫外辐射下发荧光的强度是变化的，从惰性到强。在天然钻石中，长波紫外光下的荧光大都强于短波紫外光。长波紫外光下的荧光最通常的是蓝色到蓝白色，但也有其他颜色，包括紫色、绿色或黄色，偶见红色。

在评价镶了许多无色宝石的首饰时，钻石荧光的变化性是特别有用的。如果一件首饰上的所有宝石对紫外光的反应都是一样的，这些宝石看来不是钻石。

紫外光照射后的磷光有类似的变化并取决于荧光的强度。显示亮蓝色荧光的钻石总是显示黄色的磷光。粉红色钻石可显示橙色的荧光和磷光。

包裹体

橄榄石是钻石中常见的矿物包裹体；其他主要的包裹体包括石榴子石、辉石、尖晶石和不透明矿物如铬铁矿和赤铁矿；不透明的黑色包裹体有时被不恰当地称为“碳斑”，而实际上成分为碳的石墨虽偶呈包裹体出现，但很少见。“羽状体”和解理是钻石中常见的包裹体。

加工

钻石通常切磨成刻面型，但极少情况下也有把未切磨的晶体直接镶在首饰上的。切磨钻石的工艺是高度专业化的。钻石的硬度使得需要使用特殊的工艺。切磨钻石时所必需达到的比例和角度的精确度要求钻石切磨工有极高的技巧。钻石切磨工通常不切磨其他种类的宝石，而宝石工匠通常也不切磨钻石。

钻石最常见的琢型是圆形明亮琢型（图 13-12）。比例良好的明亮琢型的 57 个（加上底尖共 58 个）刻面按一定角度关系抛磨。设计这种琢型是为了最大限度显示亮度（反射）和色散光学效应。钻石加工包括 4 个基本阶段：设计、劈开或锯开、粗磨和抛光。这些将在第十九章中详述。梨形、马眼形和蛋形琢型是圆形明亮琢型的改型，可有相同的刻面数。

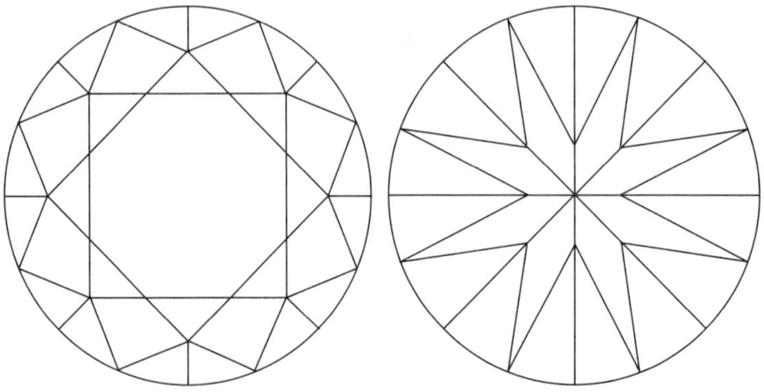

图 13-12　圆形明亮琢型

也采用祖母绿琢型和阶梯琢型。公主琢型可增加扁平方形钻石的亮度。细长形琢型和斜细长形琢型是阶梯琢型的改型，用于小的钻石。玫瑰琢型是一种老式琢型，它有平的底和由若干三角形刻面组成的顶；这种琢型主要见于古代的首饰。

钻石加工中新的设计不断出现。这一方面是为了增加可供顾客选择的款式；另一方面是设法利用不常见的、形状难于加工的原石。关于加工和琢型的更多信息见第十九章。

处理

处理钻石的目的或是改变和隐蔽包裹体，或是改善或改变钻石的颜色。譬如用激光打孔降低包裹体的可见度，又如用玻璃充填法来充填延伸到表面的裂缝。

染色和表面涂层被用来使带点色调的钻石给人以高于实际体色的较高色级的印象。蓝色染剂和涂层用来抵消钻石的黄色调。

原子轰击可改变钻石的颜色，但不能使颜色变浅。所以不能用这种方式改善稍带色调的钻石的色级，也就是说不能变成无色的。轰击能在色调不太好的钻石中产生彩色。

高压高温（HPHT）处理被用于把褐色钻石变成较为无色的，或把含氮的钻石变成彩黄到彩黄绿色。

关于处理的更多信息见第十七章。

合成钻石

宝石级钻石现今用两种方法合成：压带法和 BARS（或分裂球）系统。这两个方法都使用高压和高温。合成钻石将在证书课程中连同其鉴别方法一道详述

钻石仿制品

许多天然、合成和人造的材料被用来仿钻石。在不包括拼合石的所有常见的钻石仿制品中，外观最像的仿制品是：

(1)　立方氧化锆（CZ）；

(2)　合成莫依桑石（合成莫桑石）；

(3)　某些类型的玻璃；

(4)　无色锆石；

CZ 是迄今使用最多的钻石仿制品。用于仿钻石的其他材料还有合成无色蓝宝石和合成无色尖晶石。钻石仿制品的性质和用于把这些仿制品与钻石区分开的方法见第十六章。

13.5.4.1　钻石分级体系

钻石的等级和它的价值是按照 4 个因素来评价的，通常把这 4 个因素称为 **4C**。

克拉重（Carat weight）	钻石的重量。在其他 3 个因素相同的情况下，钻石越重，其克拉价越高。这是一个非线性的尺度。较大钻石要值钱得多
切工（Cut）	款式和切磨质量
颜色（Colour）	颜色等级，即相对“白度”；或彩色的稀有性和令人喜爱的程度
净度（Clarity）	净度，或少包裹体的相对程度

钻石的精确分级需要很高的技巧和丰富的经验。钻石在分级后才可估价。本章中我们概要地介绍钻石分级。在第二十章中我们将概要介绍估价。

颜色

现今见到的大部分成品钻石在大多数人眼里是无色的，但实际上都带一点黄色调。范围从无色到淡黄色的钻石曾被称为“开普系列”，这是因为，当提出这个名称时这种钻石大都产自南非的开普区。也有带其他色调的钻石，譬如褐色、灰色或绿色。

为分级成品钻石，常使用商用分级灯。对于原石，在北半球可用朝北的日光，在南半球则用朝南的日光。只有这样的自然光才是最可靠的，而直射的阳光含大量的紫外辐射，会激发荧光从而掩盖钻石的真正体色。

注意，每个色级代表了一个颜色范围而不只是颜色系列中的一个点。

以下是广泛使用的两个颜色分级体系。

GIA	CIBJO	总的外观
D	Exceptional White+（EW+）极白+	台面朝上无色 台面朝下无色
E	Exceptional White（EW）极白	
F	Rare White+（RW+）优白+	台面朝上无色 台面朝下略带色调
G	Rare White（RW）优白	
H	White（W）白	
I J	Slightly Tinted White（STW） 较白（微黄白）	
K L	Tinted White（TW） 次白（浅黄白）	台面朝上略带色调 台面朝下明显带色调 台面朝上明显带色调 台面朝下明显带色调
M . . . Z	Tinted Colour（TC）带色调	
彩色	Fancy colour 彩色	台面朝上有特定颜色

净度

钻石的净度是指钻石少包裹体的程度。净度等级是由有经验的分级师用 10×放大镜在“无瑕”到“重瑕”的体系内确定的。

以下是广泛使用的两个净度分级体系。

GIA	CIBJO	描　述
Flawless（FL）无瑕	Loupe Clean（LC） 放大镜下洁净	不见包裹体或表面缺陷
Internally Flawless（IF） 内无瑕		不见包裹体和只有不明显的表面缺陷
Very Very Slightly Included（VVS） 极轻微瑕	Very Very Small Inclusions（VVS） 极微小包裹体	含有经验的分级者在 10×放大镜下也难确定的微小包裹体
VVS1	VVS1	包裹体极难看到
VVS2	VVS2	包裹体很难看到
Very Slightly Included（VS） 轻微瑕	Very Small Inclusions（VS） 微小包裹体	含小的包裹体。小的晶体、羽状体和云雾体是特征的
VS1	VS1	包裹体难看到
VS2	VS2	包裹体有时难看到
Slightly Included （SI） 微瑕	Small Inclusions（SI） 小包裹体	含明显的包裹体
SI1	SI1	包裹体易看到
SI2	SI2	包裹体很容易看到（甚至肉眼从亭部就可看到）
Imperfect（I） 重瑕	Pique（P） 不洁	含 10×放大镜下明显的包裹体，台面朝上时通常肉眼可看到。它们会危及钻石的耐久性，或数量很多以致影响钻石的透明度和亮度
I1	P1	瑰丽或耐久性受到一定影响。包裹体肉眼可见
I2	P2	瑰丽或耐久性受到严重影响。包裹体肉眼可见
I3	P3	瑰丽或耐久性受到严重影响。包裹体肉眼容易看到

13.5.5　长石

长石构成地壳中最丰富的一个矿物族。长石是用于建筑和装饰材料的许多坚硬岩石的基本组成部分。大的长方形的长石晶体可见于抛光的石材贴面，譬如城市建筑上的花岗岩贴面。长石的重要宝石品种可根据各种内反射效应或不寻常的体色来区分。

化学成分	钾钠铝硅酸盐（正长石到钠长石） 钠钙铝硅酸盐（钠长石到钙长石）
晶系和结晶习性	正长石——单斜晶系；微斜长石——三斜晶系；斜长石——单斜到三斜晶系；柱状晶体和晶体碎块，常见双晶
品种	钾长石：正长石（月光石）和正长石/微斜长石（天河石） 斜长石：日光石和拉长石
解理	好，两个方向。可看到细的平行的裂缝
硬度	6
相对密度	2.56 到 1.75
折射率	1.52 到 1.57
双折射率	0.004 到 0.009
光性	二轴晶
色散	低
光泽	玻璃光泽
透明度	透明到不透明
加工	在首饰业，长石主要加工成弧面宝石和珠子，只偶尔加工成浮雕。天河石和拉长石也加工成装饰件，譬如雕刻品和小的装饰盒

长石族的宝石品种

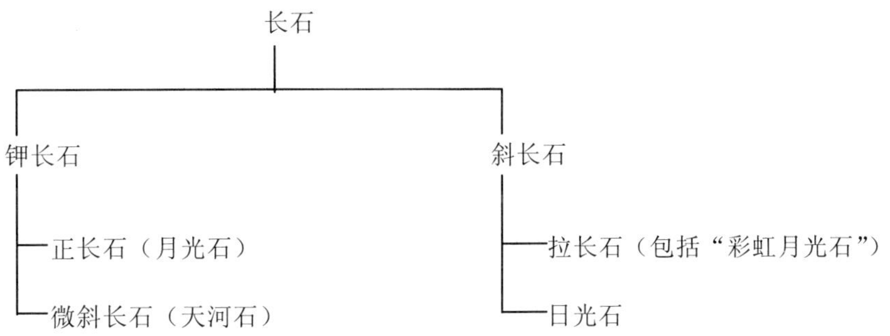

13.5.5.1 月光石

颜色	无色、白、粉红、橙、黄、绿、褐和灰色
光学效应	带蓝色调的反射是最珍贵的。大多数月光石显示更多“银色”的反射。某些月光石显示猫眼效应 （注意：现在有些透明的拉长石也用“月光石”或“彩虹月光石”的名称销售，它们除蓝色外还显红色和黄色反射）
包裹体	交叉的应力裂缝形成特征的外观像“蜈蚣”的样式 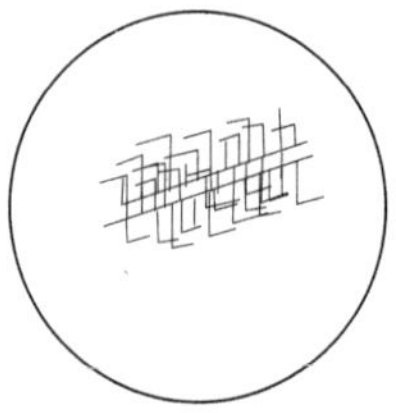
产地	印度、缅甸、马达加斯加、斯里兰卡、坦桑尼亚和美国

13.5.5.2 天河石

颜色	绿到蓝绿色，常带白色条纹，半透明到近不透明
产地	最重要产地是美国科罗拉多州，但天河石也产于加拿大、马达加斯加、南非、撒哈拉沙漠和坦桑尼亚

13.5.5.3 拉长石

颜色	暗蓝色到灰色的半透明到不透明材料。也见有透明的浅黄、浅褐或淡灰到无色的材料
光学效应	当从特定角度看时能看到跨过表面的晕彩。透明的拉长石现也以“月光石”或“彩虹月光石”的名称在市场销售。它们除蓝色外还显红和黄色反射，据此可与“传统的”月光石区分开
产地	加拿大、芬兰、马达加斯加、墨西哥、俄罗斯和美国

13.5.5.4 日光石——奥长石

颜色	无色、橙色或浅褐色
光学效应	砂金效应
包裹体	大量小的六边形针铁矿或赤铁矿片，有时是透明的，常平行于一个面
产地	加拿大、印度、挪威、俄罗斯和美国
俄勒冈日光石	带有小的铜包裹体的黄到浅红色或绿色的长石见于美国俄勒冈州

13.5.6　萤石

尽管萤石硬度低并有完全、易劈的解理，但它用作装饰材料已有很长历史。

化学成分	CaF_2　　氟化钙
晶系	立方晶系
结晶习性	立方晶体和穿插晶体 由于完全、易劈的解理，具解理八面体的萤石原石并不少见 条带状多晶质块体也常见 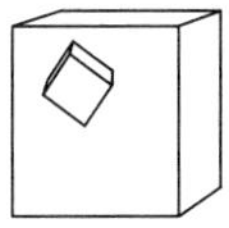
解理和断口	完全的八面体解理（4 个方向） 贝壳状断口 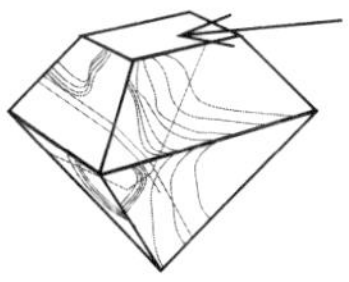 解理八面体
硬度	摩氏硬度 4。易劈开的软的材料，操作时要小心
相对密度	3.0 到 3.2
颜色	除红或黑色外几乎所有颜色
品种	蓝色约翰——条带状的紫色、白色和淡黄色品种，用于首饰和装饰品。产于英格兰的德比郡。条带状的绿色、紫色和无色品种见于中国
折射率	1.43 到 1.44
光性	各向同性
发光	萤石在长波紫外光下可显明亮蓝色到浅紫或绿色荧光，短波紫外光下较弱。有些萤石呈惰性
光泽	暗淡玻璃光泽
透明度	透明、半透明和不透明
色散	很低
包裹体	二相和三相包裹体、初始解理和固体包裹体如黄铁矿
加工	弧面宝石、珠子和雕件。刻面宝石供收藏
产地	产于世界各地。特别是中国、英格兰和美国

13.5.7　石榴石

石榴石是成分和晶体结构上有关联的一个矿物族。宝石级石榴石的颜色有红色、橙色和绿色。也像其他宝石一样，石榴石的质量决定了它是切磨成刻面型还是弧面型。发育完好的晶体偶尔制成打眼而无刻面的珠子，或直接镶在首饰上。

石榴石族

所有石榴石有相同的总的化学式 $X_3Y_2(SiO_4)_3$，见第二章。石榴石族有两个**类质同象系列**。

在一个系列中，X 可以是镁(Mg)、铁(Fe)或锰(Mn)，而 Y 总是铝(Al)。

在另一个系列中，X 总是钙(Ca)，而 Y 可以是铬(Cr)、铝(Al)或铁(Fe)。

石榴石族的宝石品种

石榴石总的化学式：$X_3Y_2(SiO_4)_3$

- $X_3Al_2(SiO_4)_3$ 类质同象系列
  - 镁铝榴石 $Mg_3Al_2(SiO_4)_3$
  - 铁铝榴石 $Fe_3Al_2(SiO_4)_3$
  - 锰铝榴石 $Mn_3Al_2(SiO_4)_3$
- $Ca_3Y_2(SiO_4)_3$ 类质同象系列
  - 钙铝榴石 $Ca_3Al_2(SiO_4)_3$
    - 铁钙铝榴石（桂榴石）
    - 绿色钙铝榴石(铬钒钙铝榴石)
  - 钙铁榴石 $Ca_3Fe_2(SiO_4)_3$
    - 翠榴石

同一类质同象系列内有广泛的元素交换，在两个类质同象系列之间也有元素交换，但程度要差一些。宝石级石榴石的成分通常与上述的任一纯化学式都不相符，任何类型石榴石的物理性质则是在常数表给出的范围内变化。

晶系	立方晶系
解理	无。贝壳状到不均匀状断口。内部应力可导致沿平行面的破裂
硬度	$6^1/_2$ 到 $7^1/_2$
折射率	单折射。异常消光常见，特别是镁铝—铁铝榴石系列。折射率范围见下文
产出	石榴石晶体产出于变质岩和火成岩中，磨圆的砾石产出于砂矿中

结晶习性

菱形十二面体；其次是四角三八面体；菱形十二面体和四角三八面体的聚形也常见（图13-13）。

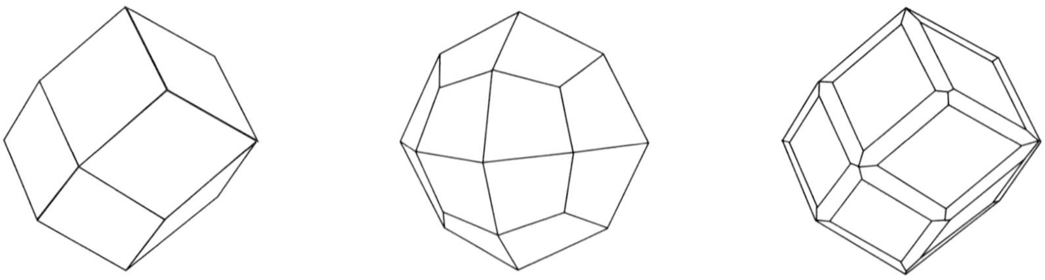

菱形十二面体　　四角三八面体　　两者的聚形

图 13-13　石榴石晶体的习性

13.5.7.1　镁铝榴石

化学成分	$Mg_3Al_2(SiO_4)_3$　镁铝硅酸盐
硬度	$7^{1}/_{4}$
相对密度	3.7 到 3.8（见下文）
颜色	红和紫红色。红色是由少量铁和（或）铬所导致
光泽	玻璃到明亮玻璃光泽
透明度	透明到半透明
折射率	单折射，1.74 到 1.76（见下文）
色散	中等
包裹体	针状包裹体。镁铝榴石通常含较少的包裹体
吸收光谱	在许多镁铝榴石中可见到铁铝榴石的铁谱（见下文）
加工	镁铝榴石多加工成刻面型。19 世纪时多加工成玫瑰琢型
产地	全球范围内有许多产地。著名的产地在南非（产于金伯利岩中）、斯里兰卡、俄罗斯和美国。20 世纪前首饰中所用的材料多数来自波希米亚（现今捷克共和国的一部分），称为波希米亚榴石

在镁铝榴石 $Mg_3Al_2(SiO_4)_3$ 和铁铝榴石 $Fe_3Al_2(SiO_4)_3$ 之间存在一个或多或少完全的类质同象系列。镁铝榴石和铁铝榴石之间的划分界线是人为确定的。有两个可供选择的分类：

(1) 相对密度值低于 3.8 和折射率低于 1.76 的叫镁铝榴石，高于这些数值的叫铁铝榴石。

(2) 把相对密度在 3.8 到 3.95 之间和折射率在 1.75 到 1.78 之间的作为中间类型。对于镁铝—铁铝系列的这一中间部分，国际上并无统一采用的名称。然而，这个范围内的石榴石有令人喜爱的亮紫红色，以“红榴石”（rhodolite）的商业名称销售。

“铁铝榴石谱”的存在表明晶体结构中有铁存在。因铁实际上存在于所有的镁铝-铁铝榴石中，故特征的铁铝榴石谱也见于本系列的许多石榴石中。但本系列只一部分叫“铁铝榴石”，所以把有铁铝榴石谱的都叫铁铝榴石是不正确的。它能表明在石榴石中有“铁铝榴石”分子，这对鉴定宝石是石榴石有帮助，也有助于把石榴石和红宝石、红色尖晶石、人造玻璃和碧玺区分开。

13.5.7.2　铁铝榴石

化学成分	$Fe_3Al_2(SiO_4)_3$　铁铝硅酸盐
颜色	褐红到紫红，淡到深紫
硬度	$7^{1}/_{2}$
相对密度	3.8 到 4.2（见前文）
光泽	明亮玻璃光泽
透明度	透明到半透明
折射率	1.76 到 1.81（见前文）
色散	中等，被体色掩盖
包裹体	铁铝榴石可有圆的或不规则形状的晶体包裹体，有时伴有应力裂缝（锆石晕） 金红石针状晶体是特征包裹体，它们通常平行菱形十二面体晶棱排列
光学效应	显 6 射或 4 射星光的宝石并不多见。有些可同时有 6 射和 4 射星光
加工	刻面宝石、弧面宝石和珠子。色深的宝石可切磨成凹凸弧面型，英文名称是“carbuncles”
产出和产地	铁铝榴石产于世界各地的变质岩中。有商业意义的重要产地在巴西、印度、马达加斯加、斯里兰卡、坦桑尼亚、美国和赞比亚

吸收光谱

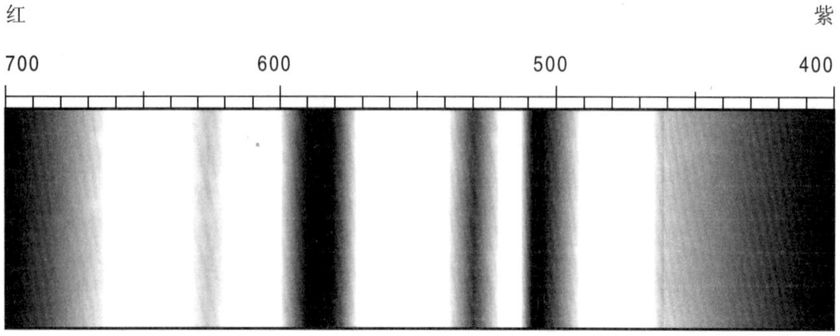

图 13-14　铁铝榴石的吸收光谱

铁铝榴石的吸收谱是由铁所致，包括光谱黄、绿和蓝绿区的 3 个带。有时还伴有橙区的 1 个弱带和蓝区的 1 个窄带（图 13-14）。

13.5.7.3　锰铝榴石

化学成分	$Mn_3Al_2(SiO_4)_3$　锰铝榴石
颜色	黄橙、红和褐红色
吸收光谱	锰铝榴石光谱是由锰所致，但锰铝榴石中的锰吸收带总是伴有强的铁铝榴石谱最终的吸收样式是复杂的，并可能搞混。更详细的描述见证书课程
硬度	$7^1/_4$
相对密度	4.1 到 4.2
光泽	明亮玻璃光泽
透明度	透明到半透明
折射率	1.79 到 1.82
色散	中等，被体色掩盖
包裹体	锰铝榴石中的典型包裹体是液滴组成的波状羽状体，常有特征的“扯碎状”外观
产出和产地	产于花岗伟晶岩中。主要产地是巴西、马达加斯加、缅甸和斯里兰卡。产宝石级材料的地区还有澳大利亚（新南威尔士）、纳米比亚和美国（加州）
加工	通常加工成刻面型

13.5.7.4　钙铝榴石

化学成分	$Ca_3Al_2(SiO_4)_3$　钙铝榴石
颜色	淡黄、褐、绿和橙色
品种	铁钙铝榴石（桂榴石）、铬钒钙铝榴石（沙弗来石）
硬度	$7^1/_4$
相对密度	3.4 到 3.8
光泽	明亮玻璃光泽到玻璃光泽
透明度	透明到半透明
折射率	1.73 到 1.75
色散	中等，被体色掩盖

金绿宝石晶体和成品宝石
© NHM, London

长石，包括天河石的晶体和弧面宝石以及月光石和粘到磨杆上的一颗日光石
© NHM, London

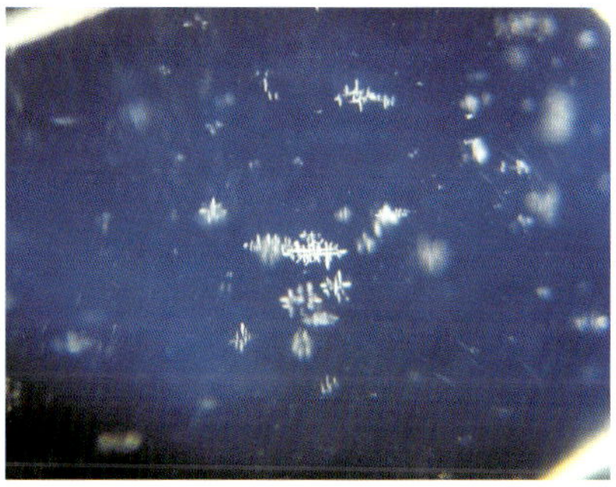

月光石中的解理缝
© P Daly

拉长石
© B Maurer

萤石晶体、解理八面体和弧面宝石
© Gem-A

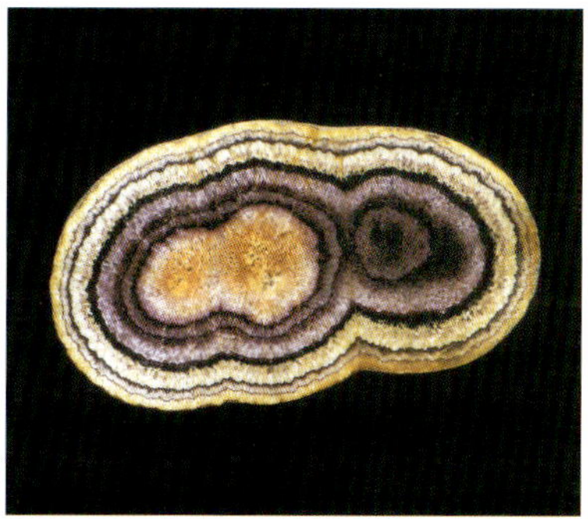

产于英国德比郡的蓝色约翰萤石的抛光片
© NHM, London

铁铝榴石
© NHM, London

翠榴石中的纤维状包裹体
© GTL

放在钙铁榴石晶体上的钙铝榴石和翠榴石成品宝石
© NHM，London

铁钙铝榴石

颜色	褐黄到褐红和橙色。有时叫“桂榴石”
包裹体	内部特征对这个品种是典型的。粒状外观是由大量圆形晶体和独特的“油状”或“旋涡状”内部效应所导致。晶体可以是磷灰石、方解石或锆石
成因、产出和产地	大多数铁钙铝榴石产于变质灰岩中。大多数宝石级材料来自斯里兰卡的宝石砾，但也有些来自巴西、加拿大、巴基斯坦和坦桑尼亚
光学效应	在偏光镜下几乎所有位置上都透些亮，这是因为铁钙铝榴石中特有的大量晶体包裹体。当在偏振滤光片间转动宝石并放大观察时会发现这些包裹体是亮暗交替出现的

绿色钙铝榴石（铬钒钙铝榴石）

颜色	亮蓝绿到黄绿色。不等数量的痕量铬和钒可能是致色原因。有些在查尔斯滤色镜下显粉红或红色
包裹体	针状到纤维状包裹体、羽状体
产出和产地	产于肯尼亚、马达加斯加、巴基斯坦和坦桑尼亚的变质岩中。20 世纪 60 年代在肯尼亚和坦桑尼亚边界地区的 Tsavo 发现了含极优绿色材料的矿床。因而把产于世界各地的绿色钙铝榴石命名为 Tsavorite（tsavolite）

13.5.7.5　钙铁榴石

化学成分	$Ca_3Fe_2(SiO_4)_3$　钙铁硅酸盐
颜色和品种	绿色（翠榴石）、黑色（黑榴石）和黄色（黄榴石） 黑色几乎不透明的品种称为黑榴石（钛钙铁榴石），曾用于丧礼首饰和内嵌材料
硬度	$6\frac{1}{2}$
光泽	明亮玻璃光泽到亚金刚光泽
透明度	透明到半透明
相对密度	3.82 到 3.85
折射率	1.89 左右
色散	高于钻石。透明钙铁榴石的火彩尽管部分被体色所掩盖，但依然使外观显得灵活

翠榴石

颜色	绿和黄绿色。绿色宝石是由铬致色的。翠榴石在查尔斯滤色镜下可呈浅红色
包裹体	纤维状矿物的放射状集合体是翠榴石的特征包裹体，被称为“马尾状”包裹体。这是翠榴石的诊断性特征，弯曲的纤维几乎出现在所有的俄罗斯产翠榴石中。纳米比亚产的翠榴石中有小的圆形应力裂缝，但没有纤维状包裹体。 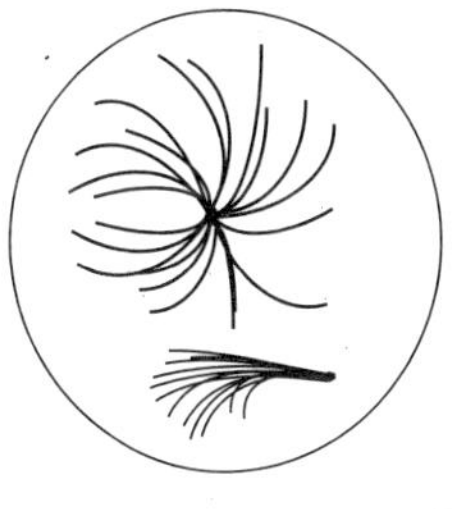
加工	通常切磨成刻面型
产出和产地	大多数宝石级的翠榴石产自俄罗斯的乌拉尔山，主要以磨圆的砾石和圆化的晶体出现在砂矿中；另一产地为纳米比亚

13.5.8 堇青石

堇青石因强多色性而著称，也因此被称为“二色石”（dichroite）；其矿物学名称为 cordierite。

化学成分	镁铝硅酸盐
晶系	斜方晶系
结晶习性	有晶面的晶体不多见，通常是水蚀卵石或无晶形的碎块
解理和断口	不明显的解理；不均匀断口；性脆
硬度	$7\frac{1}{2}$
相对密度	2.57 到 2.61
颜色	蓝色，少数为无色
多色性	强，二色性或三色性。当从不同方向观察时，体色可有很大变化。其多色性颜色是蓝、紫和淡黄色
吸收光谱	黄区有 2 个带，绿区有 1 个窄带，蓝和紫区有 3 个带。随观察方向的不同会有变化
光泽	玻璃光泽
透明度	透明到半透明
折射率	1.54 到 1.56
双折射率	0.008 到 0.012
光性	二轴晶
色散	低
包裹体	在斯里兰卡产的堇青石中，氧化铁的薄片常呈平行排列。当数量多时能使堇青石呈浅红色（血点堇青石）。常见不同取向的波状裂缝和愈合裂隙
加工	刻面宝石、珠子和弧面宝石
产地	印度、马达加斯加、缅甸、挪威和斯里兰卡
注释	堇青石有时被称为“水蓝宝石”，这会给宝石的真正身份带来错误印象。堇青石有时会与坦桑石相混淆，尽管两者都具强多色性，但颜色十分不同，RI 也很不同

13.5.9 翡翠

宝石级的翡翠是多晶质岩石。它是称为玉的两种材料之一，另一种是软玉。高韧性再加上其瑰丽使翡翠成为制作雕件或加工珠子和弧面宝石的理想材料。

化学成分	$NaAl(SiO_3)_2$　钠铝硅酸盐
晶系	单斜晶系
结晶习性和产出	用作雕件和宝石的翡翠是多晶质的。它是变质岩并以砾石形式产出于冲积层中。具韧性和粒状交织构造。用放大镜可看出颗粒的纤维结构
硬度	7 左右。不同晶体有稍微的方向性差别
相对密度	3.30 到 3.36
颜色	白、浅紫、紫、红、橙、黄、褐、淡到深祖母绿绿色、绿和白斑杂、深绿到黑以及蓝色。翡翠砾石可显示斑杂状的几种颜色。外表面的风化形成褐色的“皮”。半透明到近透明的祖母绿绿色品种是最珍贵的，称为“特级玉”
吸收光谱	翡翠的特征吸收谱是蓝/紫区的一条强线，可伴有蓝区的弱带。祖母绿绿色翡翠是由铬致色，有典型的铬吸收谱，在红区有双线，有时蓝区有一条线。进一步的描述和图示见证书课程
光泽	油脂光泽到玻璃光泽

续表

透明度	透明（很少见）、半透明到不透明
双折射率	双折射晶体的随机取向使放在正交偏振滤光片之间的半透明翡翠在所有位置上都透光
产地	主要的有商业意义的产地是缅甸，但翡翠也产于危地马拉、日本、俄罗斯和美国（加州）
加工	弧面宝石、珠子、雕刻品和用于首饰的小雕件。当用放大镜观察老的制品和未用钻石粉抛磨的制品时，能看到特征的不均匀抛光，即“桔皮效应”。这种不均匀的抛光是岩石中随机取向晶体颗粒的差异硬度所导致。用钻石磨料抛磨能产生平滑和极光亮的表面
处理	漂白、染色、树脂灌注或涂层是常用和必须申明的处理方法。浸腊是传统的方法，已被商界所接受。进一步的信息见第十七章
仿制品	翡翠常被仿制。仿制品包括半透明祖母绿、玉髓、砂金石英、鲍文玉和其他蛇纹石以及玻璃和塑料。进一步的信息见第十六章

13.5.10　软玉

软玉和翡翠两者都包括在总的术语“玉”（jade）中。软玉是具韧性的瑰丽的岩石。它有与翡翠一样的令人喜爱的外观和坚实的质地。所以，它的使用也与翡翠相似。在中国，软玉的使用可追溯到 7 000 年前。

化学成分	含羟基（OH）的钙镁硅酸盐。镁可大量被铁置换
晶系	单斜晶系
结晶习性和产出	由角闪石族阳起石—透闪石系列的微细纤维状晶体的交织块体组成的岩石。因交织结构而具高韧性。软玉是变质岩，可呈几米厚的矿体，也呈冲积砾石或卵石产出
硬度	$6\frac{1}{2}$
断口	特征的不均匀状或称“参差状”断口
相对密度	2.8 到 3.1
颜色和品种	与翡翠比较，软玉的颜色范围要窄得多，包括白到暗绿、褐、橙、蓝灰和黑色。绿和褐色是由铁导致。沿砾石裂缝和表面的风化能产生褐色的皮。“葬玉”是在晚史前时期到早有史时期加工的材料。随后的埋藏使材料在土壤和坟墓条件下变成黄褐、粉褐或灰褐色
光泽	油脂光泽到玻璃光泽
折射率	1.62 左右。组成软玉的单个晶体是双折射的，但在折射仪上只能看到一个模糊的阴影边界
双折射率	双折射晶体的随机取向使放在正交偏振滤光片之间的半透明翡翠在所有位置上都透光
透明度	半透明到不透明
包裹体	软玉中常有黑色矿物包裹体
处理	软玉可通过加热或化学处理以产生老货的外观
产地	软玉有许多产地。有商业意义的产地包括加拿大（不列颠哥伦比亚）、中国（新疆和台湾）、朝鲜、新西兰、俄罗斯（西伯利亚）和美国（怀俄明州）
加工	弧面宝石、珠子、装饰用雕刻品和用于首饰的小雕件
仿制品	仿制品包括玉髓、鲍文玉和其他蛇纹石以及玻璃和塑料

13.5.11 欧泊（蛋白石）

欧泊有两个不同的品种——贵欧泊和普通欧泊。两者都作为宝石加工，但只有贵欧泊显示美丽的变彩并由此而成为珍贵的宝石。

迄今最重要的欧泊产地是澳大利亚的新南威尔士、南澳大利亚和昆士兰。澳大利亚的欧泊是 1872 年在昆士兰中部的 Listowel Downs 首次发现的。

化学成分	SiO_2 二氧化硅，含水可达 10%
结构	贵欧泊由规则排列的二氧化硅小球体组成，变彩取决于球体尺寸和排列的一致性。整体结构为非晶质
硬度	6
相对密度	黑和白欧泊为 2.10 左右 火欧泊为 2.00 左右
颜色和品种	显示变彩的品种是最重要的宝石品种。不论变彩如何，欧泊的背景色可有近乎黑色、灰色、半透明白色或透明无色；也有其他各种颜色的，特别是橙、黄、褐和蓝色 “黑”欧泊或“白”欧泊等术语是用来描述变彩欧泊的背景色的。“黑”欧泊包括灰、暗蓝和暗绿色。“白”欧泊用于浅色调的 黄到橙色的欧泊称为“火欧泊”。该品种有的显示变彩，有的不显示 一些白色欧泊显示半透明乳状外观，这不是变彩，其正确的叫法是“乳光”
光泽	玻璃光泽
透明度	透明到不透明
折射率	1.44 到 1.46；单折射 然而，火欧泊的折射率可低至 1.40 注意，接触液会损伤多孔的欧泊
光学效应	变彩
发光	白欧泊和普通欧泊在长波和短波紫外光下发白、浅绿、浅蓝或浅褐色荧光 可有磷光，有时持续时间较长 黑欧泊通常呈惰性 火欧泊可显绿褐色荧光 大多数天然白欧泊在经长波紫外光照射后会有绿色磷光，而“合成欧泊”则没有
加工	大多数品种加工成弧面宝石、珠子和雕件。火欧泊可加工成刻面宝石，通常台面稍上凸。用天然欧泊制作的拼合石也常见（见下文）
产出	欧泊是从低温含二氧化硅水溶液沉淀到岩石的孔洞和裂缝中。欧泊也可交代化石或可溶矿物等已有的结构
产地	澳大利亚的新南威尔士、南澳大利亚和昆士兰。巴西和美国也产显变彩的欧泊 火欧泊主要产于墨西哥。从古罗马时期直到 19 世纪末在澳大利亚发现欧泊为止，欧泊采自匈亚利的一个矿区。少量的欧泊也见于尼日利亚和索马里

品种

贵欧泊	在浅或深色背景上显示不规则的晕彩色斑。10×放大镜下这些色斑呈丝绢光泽并有平行的条纹。不同斑块中条纹的取向不同。倾斜宝石时晕彩色通常有变化，所以把这叫“变彩”。所观察到的变彩色的范围随组成欧泊的二氧化硅球体的大小而变化
砾背欧泊	由含贵欧泊薄层的岩石组成。这些薄层太薄，若没有褐色脉石作底衬将无法切磨。以“脉石欧泊”名称销售的欧泊通常是孔洞或孔隙中含贵欧泊的岩石
水欧泊	几乎透明的无色或淡黄色具变彩的欧泊

堇青石中的片状包裹体
© D Garrod

翡翠
© Gem-A

软玉
© Gem-A

蓝色翡翠钻戒
© Cartier Ltd.

欧泊原石
© John Harris

火欧泊
© Bob Maurer

欧泊
© Victoria James

橄榄石原石和成品宝石
© NHM, London

橄榄石中环绕小晶体包裹体的张性裂缝
© D Garrod

续表

火欧泊	透明到半透明的褐黄色、橙色、红橙色品种。当在这些令人喜爱的体色上有变彩显示时是最合意的 火欧泊主要来自墨西哥，包括 Queretaro、Jalisco、Choihuahua 和 San Luis Potosi 等几个州
其他半透明品种	不显变彩的欧泊可因体色美丽而被喜爱。包括绿、红、粉红、蓝和黄色。某些欧泊有黑色包裹体，切磨后可显现出树状或风景图像

有天然欧泊的拼合石

制作的天然欧泊拼合石是把薄层天然欧泊用手工方法粘结到其他材料上（见下图）。

(1) 欧泊二层石—— 一片天然欧泊粘结到基底材料上。

(2) 欧泊三层石—— 一片天然欧泊粘结到基底材料和通常是玻璃或石英的透明顶层之间。

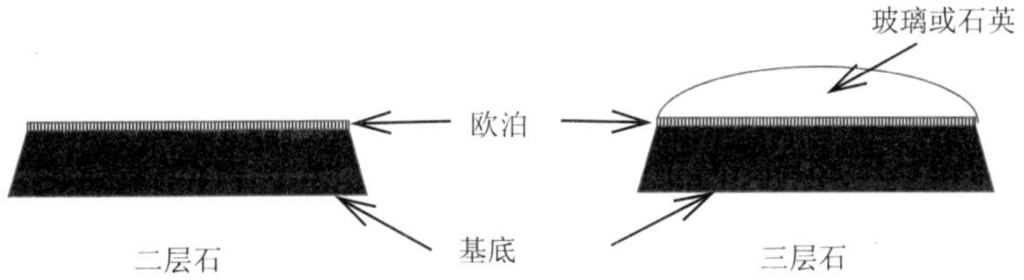

处理

一些类型的多孔白欧泊通过染色使背景色加深，这样一来变彩看上去效果更佳。办法是把欧泊浸在糖水中，随后用浓硫酸处理以除去水。处理的结果是把糖中所含的碳留在欧泊的裂缝和粒间。

某些欧泊品种可能是因欧泊结构失水而有自发裂开的趋势。还没有任何已知的处理方法能解决这个问题；有时用油来掩盖裂缝，但这不能持久。现在用得更多的是树脂和氧化硅密封剂。

仿制品

最使人信服的欧泊仿制品是：

(1) 有几个公司，特别是吉尔森公司，已生产出结构与天然欧泊相似的材料。这种材料大部分由非晶质的二氧化硅组成并显示变彩。它以“合成欧泊”的名称销售，但其化学组成与天然欧泊稍有不同。现在生产的有与黑欧泊、白欧泊和火欧泊相似的品种。进一步的信息见第十五章。

(2) 具有与变彩欧泊二氧化硅球体相同尺寸和排列的球体结构的塑料仿制品。这种材料的光学效应与欧泊的非常相似，但塑料软于欧泊。

(3) 称为“斯洛卡姆石”的一种显示晕彩的玻璃。晕彩色闪光是由于玻璃中所含材料的薄膜使光衍射造成的。这种材料的折射率与包含它的玻璃的折射率稍有不同。

13.5.12 橄榄石

橄榄石（peridot）是橄榄石矿物（olivine）的透明宝石品种。最佳的橄榄石因其艳“油”绿色而被青睐。

化学成分	$(Mg，Fe)_2SiO_4$　　镁铁硅酸盐 宝石橄榄石是矿物橄榄石以镁橄榄石和铁橄榄石为端员的类质同象系列的一员
晶系	斜方晶系
解理	差
硬度	$6^1/_2$
相对密度	3.32 到 3.37
颜色	淡黄绿到深绿色，绿褐到褐色（少见）
多色性	弱，绿和黄绿色
光泽	玻璃光泽，有时呈油状
折射率	1.65 到 1.69
双折射率	0.036
色散	中等
光性	二轴晶
包裹体	黑色铬铁矿包裹体及由它们印发的像水百合叶的扁平应力裂缝。云母片——可使宝石稍带褐色调 在较大的宝石中可见到因双折射率高而导致的包裹体的重影 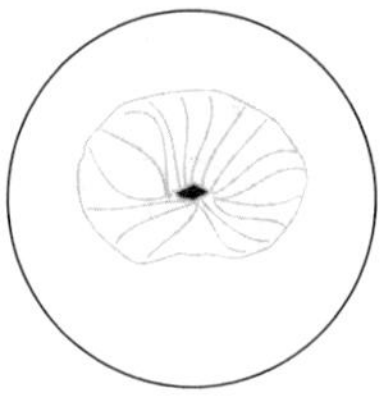
产地	宝石材料的主要产地有中国、缅甸（莫谷区）、巴基斯坦、美国（亚历桑那州）和红海中的 Zabargad 岛（圣约翰岛）

结晶习性

具菱形横截面的斜方柱（图 13-15），通常是破裂的或磨圆的，暗淡玻璃光泽或油脂光泽。

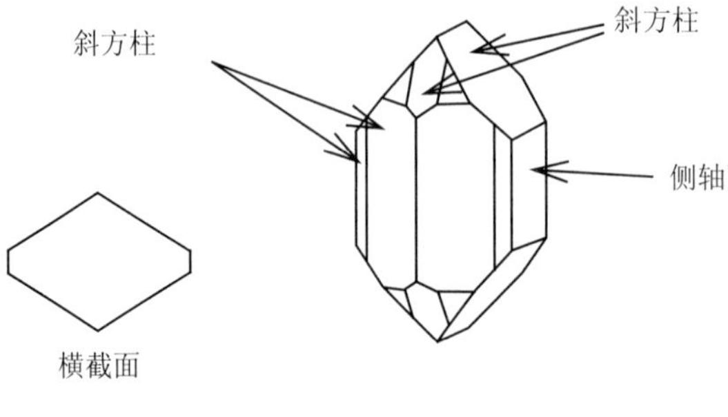

图 13-15　橄榄石晶体

发育完好的柱状晶体见于巴基斯坦。其他产地的橄榄石多为晶体碎块或磨圆的砾石。

吸收光谱

橄榄石由铁致色，通常显示典型的铁谱，在蓝区有 3 个带（图 13-16）。有些橄榄石的光谱只显示 3 条非常不明显的吸收“边”。

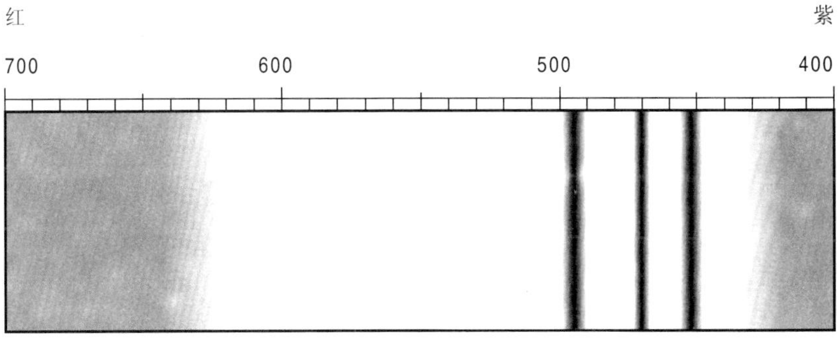

图 13-16　橄榄石的吸收光谱

13.5.13　石英

石英是地壳中最多量的矿物之一。它显示多种多样的颜色、样式和光学效应，提供了比任何矿物都多的宝石品种。

化学成分	SiO_2　二氧化硅
晶系	三方晶系
解理	很差。断口通常为贝壳状
硬度	晶质：7；　多晶质：6 到 7
相对密度	晶质：2.65；　多晶质：2.6
颜色和品种	见下文
多色性	弱到强，取决于品种。通常是同一体色的深和浅色调。紫晶中明显，黄晶中少见。
光泽	玻璃光泽
折射率	晶质：1.54 到 1.56 多晶质：1.53 到 1.55。通常只一个读数
双折射率	0.009
色散	低
光性	一轴晶

结晶习性

晶体为柱状，通常是终止于两套菱面体的六方柱（图 13-17）。两套菱面体的组合产生了锥状外观，但通常是一套菱面体的发育优于另一套，从而揭示了三次对称性。

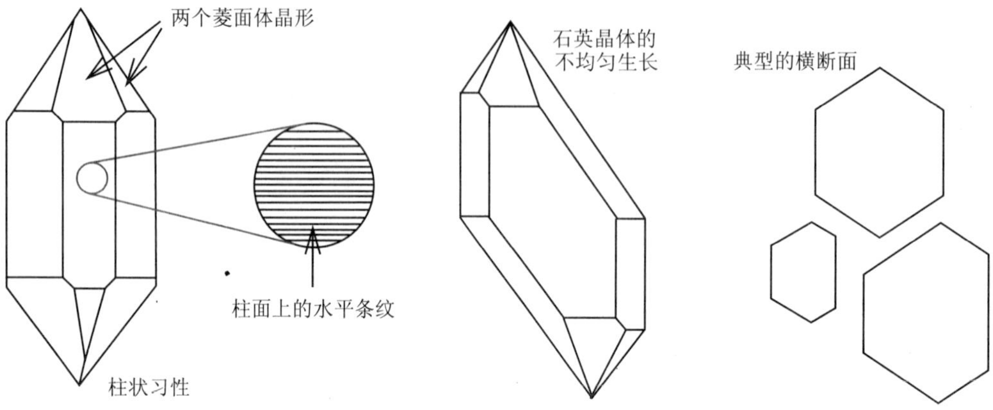

图 13-17　石英的晶形和形状

晶面显示玻璃光泽；晶体破损处可见到贝壳状断口面。石英的柱面上几乎总是有横纹。

品种

石英的宝石品种有两种主要类型：

(1) 晶质的——较大的单晶，通常肉眼可见（图 13-17）；

(2) 多晶质的——微小或显微晶体的集合体。

玉髓，例如玛瑙、缟玛瑙、碧玉和虎睛石，以及石英岩都是多晶质的。多晶质石英呈砾石、结核和层产出。

玉髓呈结核和脉状产出，常与晶质石英紧密共生。也以**假象**形式产出，即石英交代了其他矿物和有机物质。譬如木头被交代，形成“石化木”。

第十三章　无机成因的天然宝石材料

石英族的宝石品种

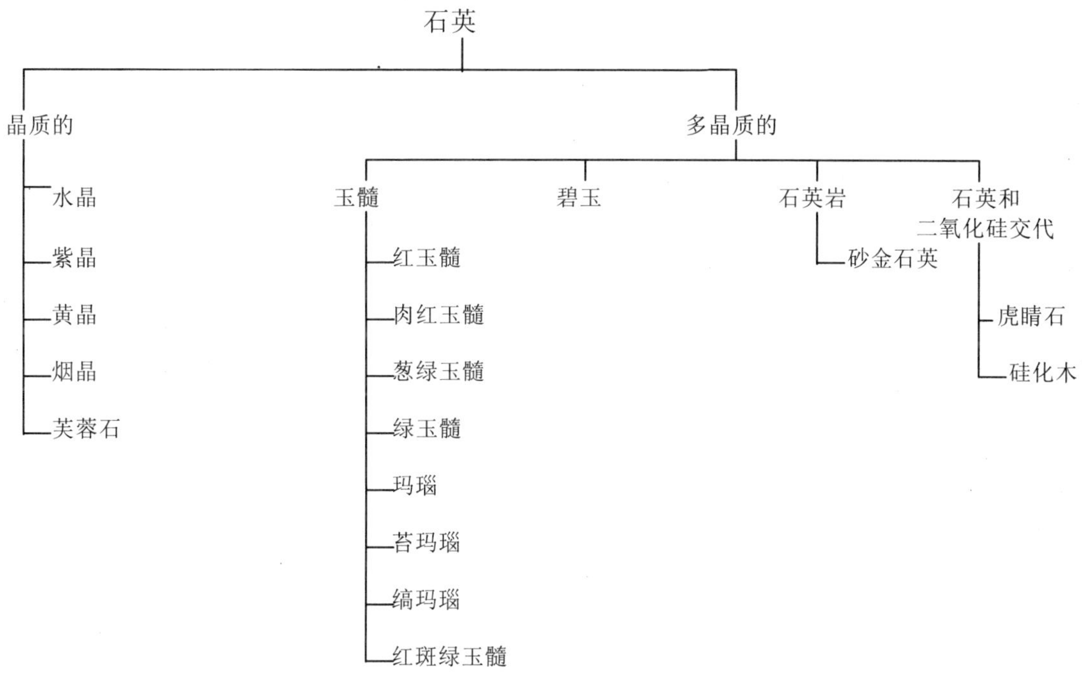

13.5.13.1　晶质石英

本节中所列的品种名称是商贸中常使用的。推荐使用这些名称以取代那些模糊不清的或错误的名称，特别是多晶质石英的名称。

水晶

颜色	无色的纯的或几乎纯的石英
包裹体	晶体、二相包裹体、部分愈合的裂隙。各种颜色但大多数是黑色的电气石包裹体（含电气石石英）或细的金黄色发状金红石（含金红石石英）。也有其他的包裹体 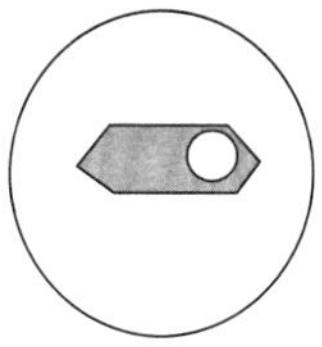
产出和产地	产于孔洞、晶洞和伟晶岩中，也呈水蚀卵石。有些晶体的重量超过 2 吨。产于世界各地。主要产地在巴西（Gerais）、中国、法国（中央台地）、日本、马达加斯加、缅甸、俄罗斯（乌拉尔山）、瑞士和美国（阿肯色州）

紫晶

颜色	紫晶含铁，铁产生了由深紫到浅紫的颜色变化和从透明到半透明的变化。颜色极少是均一的，多呈斑块或有直边的条纹分布
包裹体	称为“虎纹”或“斑马纹”的带状构造是最典型的 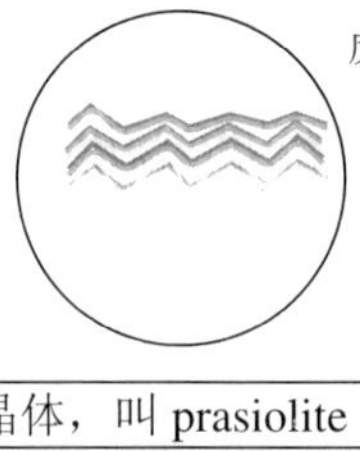 虎纹
处理	紫晶通过加热可变成黄晶，或有时变成透明绿色的晶体，叫 prasiolite
产出和产地	晶体通常见于晶洞中，只晶体的终端是紫色的，其余部分则是无色的。最重要的有商业意义的产地在巴西、俄罗斯（西伯利亚）、马达加斯加、纳米比亚、津巴布韦、斯里兰卡、印度、赞比亚和玻利维亚

黄晶

颜色	黄、金黄、褐和浅红色石英，由铁致色。天然黄晶不常见，大多数黄晶是紫晶经热处理形成的
包裹体	可含与紫晶相同的包裹体，譬如“虎纹”和直的色带
产出和产地	同紫晶

紫黄晶

颜色	紫色和黄色的带状石英。也可通过紫晶加热形成
产出和产地	同紫晶

烟晶

颜色	颜色范围从烟黄到深褐和黑色。由天然和人工辐照致色。缓慢加热可使颜色变浅
包裹体	与水晶中的包裹体相同
处理	许多商业上使用的烟晶是水晶经人工辐照而成
产出和产地	世界各地，与水晶相同

芙蓉石（蔷薇石英）

颜色	可能是钛和铁致色，颜色范围淡粉红到深玫瑰粉红，极少数为橙色。通常是半透明的，有裂缝
包裹体	在芙蓉石结构中有定向的（金红石或矽线石）针状体。当切磨成珠子和弧面宝石后，会显示强星光效应。因“透星光”强于“表星光”，故这种效应在透射光下看得最清楚，但仔细观察时两种星光都能看到。曾生产过底部衬镜面的芙蓉石弧面宝石以仿星光蓝宝石
产出	芙蓉石产于伟晶岩中，极少是发育好的晶体，多数是填充孔洞的块体

石英猫眼

注释	是具平行石棉纤维的晶质石英，切磨成弧面宝石后显示猫眼效应。包裹体和猫眼效应与金绿宝石猫眼相比较通常较粗。（也见随后的虎睛石）

13.5.13.2　多晶质石英

玉髓（玛瑙、缟玛瑙等）、碧玉、虎睛石和石英岩都是多晶质的。它们由石英的微小到显微晶体或颗粒组成，有少量的杂质。不同的杂质导致不同品种的不同颜色和结构。多晶质石英呈砾石、结核、裂隙充填物和层状产出。

玉髓是个总的术语，指半透明的以显微纤维的带状构造为特征的细粒状石英。在大多数品种中可不同程度地看到条带，这是玛瑙和缟玛瑙最令人喜爱的特征。有些玉髓品种没有专用名称，那就要在玉髓前加上颜色前缀，譬如白色、蓝色、粉红色和灰色玉髓。其他颜色和样式的玉髓则视为独立的品种。

玉　髓	
红玉髓	亮橙到浅红色的玉髓，由氧化铁致色
肉红玉髓	各种褐色色调的玉髓，由氧化铁致色
葱绿玉髓	暗绿色的玉髓，由绿色矿物包裹体致色
绿玉髓	由镍致色的玉髓；淡绿到艳绿色，半透明到几乎不透明
玛瑙	显示明显的弯曲的带，颜色和透明度有逐层的变化。常染色处理。当刚刚从围岩中剥离出时，玛瑙看上去非常像树木的瘤节
苔玛瑙	含枝状的矿物包裹体，通常是氧化铁和氧化锰，看上去像苔、蕨或树。这些植物状的包裹体可以是黑色、褐色或绿色。优质的苔玛瑙在玉髓家族中可能是最珍贵的
缟玛瑙	条带状，颜色范围有限。通常用于凹雕和浮雕。褐色和白色的带状材料称为缠丝玛瑙（在首饰商贸中把黑色非带状的材料也称为缟玛瑙。）
红斑绿玉髓	绿色带氧化铁红斑点；许多红斑绿玉髓看来主要是由碧玉组成（见碧玉）。从前把这种材料叫 heliotrope
其他多晶质石英品种	
碧玉	碧玉是不透明多晶质石英。它含总量可达 20%的粘土和氧化铁的细粒物质。可按颜色细分品种，譬如红色碧玉和绿色碧玉
砂金石英	商业上称为砂金石英（东陵石）的材料是由石英颗粒组成的岩石，即石英岩。绿色砂金石英含数量不等的亮绿色云母，常在市场上当成“玉”销售。有些材料是经过染色的，故需要仔细检查裂缝中有无染剂 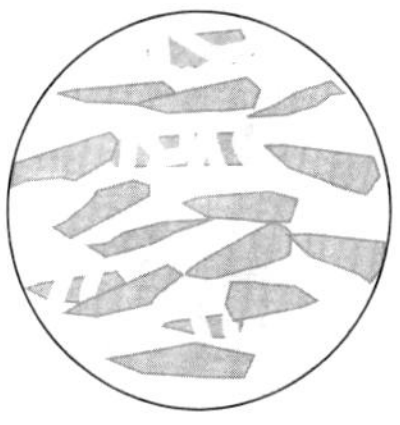
石英和二氧化硅交代	
虎睛石	虎睛石是石英交代蓝色纤铁钠闪石石棉的产物，保留了石棉的纤维状外观。由氧化铁致色，其颜色范围从各种黄色调到深金黄褐色和蓝色。褐色和黄色材料经加热会变红。虎睛石可切磨成猫眼弧面宝石。也像其他的多晶质石英一样，虎睛石可染成几乎任何颜色。主要产地是南非和西澳大利亚
硅化木	二氧化硅常常交代埋藏达数百万年之久的树干，并保留了木头小到单个细胞的结构。许多材料用于大的雕刻品，但较小的材料也切磨成弧面宝石。这种材料可根据保存的木头的结构来鉴别

许多商业上销售的玛瑙和缟玛瑙是用化学处理方法着色的。条带状方解石常被错称为“缟玛瑙大理石”（onyx marble）或甚至就称为“缟玛瑙”（onyx），但这是与真正的缟玛瑙不同的矿物。

注释

细裂纹石英（“火烧石”）是通过加热晶质石英而后投入到所需颜色的染剂溶液中形成的。快速冷却使石英发育裂隙，染料进入裂隙中。以这种方法处理的石英被用作某些宝石的仿制品，譬如染绿的石英被用来仿祖母绿。

晶洞（**晶球**）是热的硅质溶液渗过含气孔的火山岩时形成的。当冷却时，二氧化硅以晶洞的形式在气孔中缓慢地结晶出来。当暖的或冷的硅质溶液渗过其他类型岩石时也可形成晶洞。

13.5.14 尖晶石

尖晶石是坚硬明亮的宝石，主要以淡蓝、紫、粉红和红色产出。除红色外，其他颜色的尖晶石受重视的程度较差，它们应该被更多地重视和使用。特别大的红色尖晶石在英国和其他国家的王室珠宝中占有重要地位，传统上被称为“巴拉斯红宝石”。

化学成分	$MgAl_2O_4$　镁铝氧化物
晶系	立方晶系
解理	无
硬度	8
相对密度	3.58 到 3.61 （维尔纳叶合成尖晶石约为 3.65）
颜色和品种	尖晶石显示范围很广的颜色，从近无色经各种色调的橙色到粉红和红色以及从淡蓝到深蓝、深蓝绿和黑色。化学成分纯的尖晶石是无色的。大多数看似无色的尖晶石实际上都带很淡的粉红或丁香紫色调。铬导致粉红或红色。当存在二价铁时，尖晶石可呈蓝色。有时出现显 4 射和 6 射星光的尖晶石
光泽	玻璃光泽，明亮。有些八面体晶体有显示明亮玻璃光泽的光滑晶面
折射率	1.71 到 1.74。单折射 大多数宝石级尖晶石的折射率是 1.718 左右 （大多数维尔纳叶合成尖晶石的折射率是 1.728 左右）
色散	中等
包裹体	许多天然尖晶石含有微小的可能属于其他尖晶石型矿物的八面体。也可见到锆石晕，特别是在产于斯里兰卡的尖晶石中。铁染的裂缝常见
产地	大多数宝石级尖晶石与刚玉一道产于斯里兰卡和缅甸的冲积砂矿中。宝石级尖晶石也产于阿富汗、澳大利亚、巴西、尼日利亚和美国

结晶习性

通常以八面体单形产出。晶面可以很平，像是抛过光的。有时晶面上有三角形的生长标志或蚀痕（图 13-18）。明亮玻璃光泽。双晶通常很扁，像崩角的三角形。角顶上通常有内凹角。尖晶石也以水蚀卵石产出，卵石常显示磨蚀的八面体面。

紫晶晶体和成品宝石
© NHM, London

紫晶、黄晶和烟晶的刻面宝石
© Gem-A

重34.52克拉的紫晶，由Bernd Munsteiner加工，原石是Thompson的宝石收藏品
© B Maurer

雕琢的条带状玛瑙
© R Huddlestone

苔玛瑙
© Gem-A

砂金石英
© Gem-A

尖晶石晶体和成品宝石
© NHM, London

尖晶石钻戒
© Cartier Ltd.

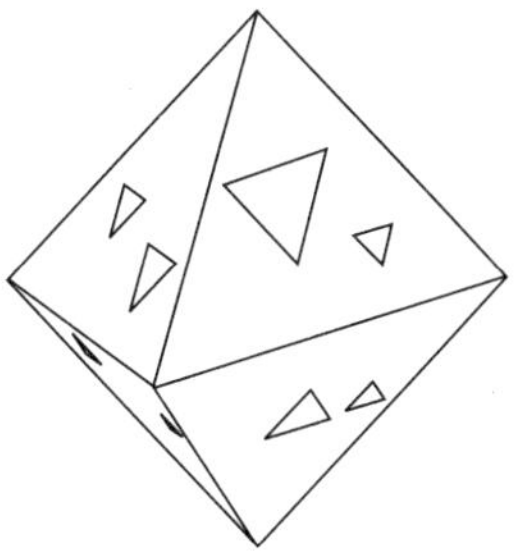

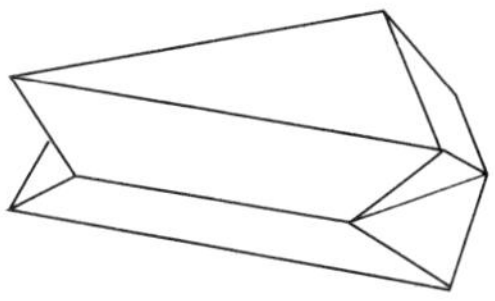

图 13-18　尖晶石晶形和双晶

13.5.15　坦桑石（黝帘石）

坦桑石是黝帘石矿物的一个品种，是 1967 年发现的一种新的宝石。尽管硬度较低，但因其瑰丽和稀有而受到喜爱。

化学成分	含羟基（OH）的钙铝硅酸盐
晶系	斜方晶系
结晶习性和表面特征	柱状晶体，大致为长方形的横截面，一些晶面上有条纹（图 13-19）
断口和解理	半贝壳状断口。一个方向完全解理
硬度	$6^1/_2$　易受脆性破裂影响
相对密度	3.15 到 3.38
颜色和品种	坦桑石是黝帘石的蓝到紫色透明品种
多色性	强多色性。未经处理的坦桑石为紫、黄绿和蓝色；经热处理的为紫和蓝色
折射率	1.69 到 1.70
双折射率	0.006 到 0.013
光性	二轴晶
光泽	玻璃光泽
透明度	透明
色散	低
加工	透明材料加工成刻面型
处理	许多颜色的黝帘石在加热到 300—400℃时变成蓝色到紫色
产地	坦桑尼亚

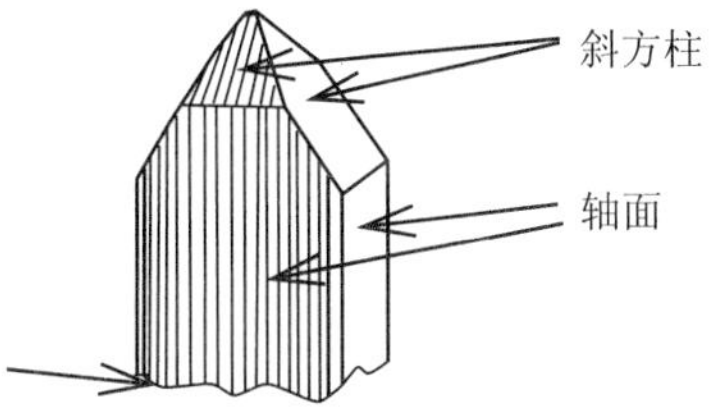

图 13-19　坦桑石的结晶习性

13.5.16 托帕石（黄玉）

托帕石能以大的含包裹体少的晶体产出，可加工出无瑕疵的首饰用刻面宝石。许多博物馆有专门切磨出供展示的特别大的托帕石刻面宝石。

化学成分	$Al_2(F，OH)_2SiO_4$　　含羟基的铝氟硅酸盐 物理性质随氟和羟基的相对数量而变化。这些变化发生在所有颜色中，因而把特定的 RI 与 SG 值与特定的颜色联系起来是不妥的
晶系	斜方晶系
解理	完全和易劈，平行于底轴面。在砾石、刻面宝石和晶体中常可看到（图 13-20）
硬度	8
相对密度	3.5 到 3.6
多色性	明显。表现为体色的不同强度。深黄色托帕石可显示粉红色和黄色多色性
颜色、品种和处理	红、橙、黄、褐、蓝色和无色，少见绿色。产自巴西 Ouro Preto 的黄色和褐色托帕石含少量铬，可通过热处理变成粉红色，也偶尔为红色。现在市场上的许多蓝色托帕石是用某些天然无色托帕石处理而成。这是先用辐照处理成褐色，再加热处理成蓝色
光泽	玻璃光泽
折射率	1.61 到 1.64
双折射率	0.008 到 0.010
光性	二轴晶
色散	低
包裹体	具两不混溶液体的孔洞对托帕石是典型的（虽然并不常见）；宝石可含长管状孔洞愈合裂隙；初始解理
产地	托帕石产于世界各地，常与其他宝石一道产出在伟晶岩中。巴西是最重要的产地。其他有商业意义的产地包括澳大利亚、日本、马达加斯加、墨西哥、缅甸、尼日利亚、巴基斯坦、俄罗斯、斯里兰卡、美国和津巴布韦
加工	托帕石的解理很完全和易劈裂，故切磨、处置和镶嵌时要小心以免损伤宝石

结晶习性和产出

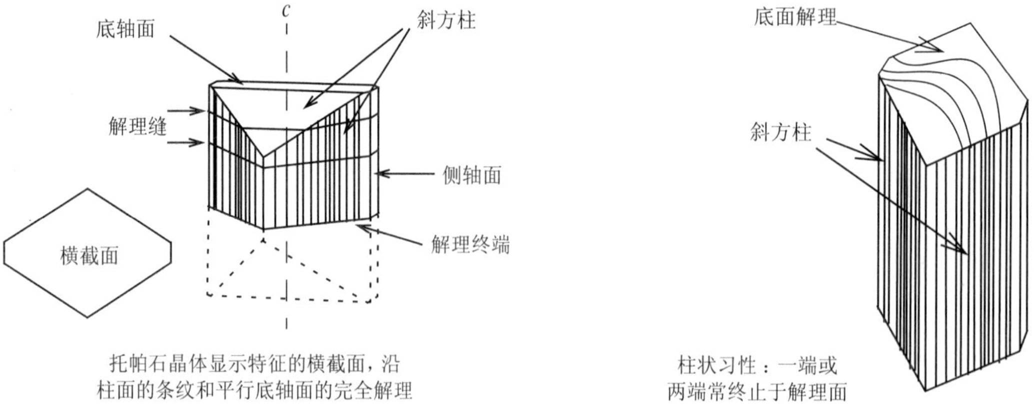

托帕石晶体显示特征的横截面，沿柱面的条纹和平行底轴面的完全解理

柱状习性：一端或两端常终止于解理面

图 13-20　托帕石晶体的形状、晶形和解理

平行于 c 轴的斜方柱单形通常是长的并常有条纹，有时条纹浓密。横截面通常为菱形。解理可见于内部和外表面。解理完全并只见于一个方向，即垂直于 c 轴的方向（图 13-20）。发育完好的晶体产于伟晶岩中，也产于花岗岩的孔洞中。托帕石也呈水蚀卵石产出。

13.5.17　碧玺（电气石）

碧玺的颜色范围很宽，许多单个晶体显示几种明显颜色的分带。成品宝石可保持这种杂色效应。碧玺通常切磨成刻面宝石，但也可切磨成珠子、弧面宝石和雕件。

化学成分	复杂的铝镁铁硼硅酸盐
晶系	三方晶系。碧玺属于无对称中心，主轴（c 轴）是极性的晶类。因此，碧玺是： （a）热电性的，当受热时晶体两端出现相反的电荷 （b）压电性的，当施压时带电 （c）晶体两端晶形不同的，有时颜色也不同。晶体通常终止于锥面或单面
解理和断口	在原石和成品宝石中常见非常不均匀的解理，表现为垂直于 c 轴的波状裂缝 明亮的凸凹的解理或破裂面很特征
硬度	7 到 $7^1/_2$
相对密度	3.0 到 3.1
颜色	碧玺可呈各种颜色。碧玺的颜色变化范围大于其他常见宝石。杂色碧玺也相当常见，色带可平行于晶体底面，也可环绕 c 轴方向
多色性	大多数宝石多色性强，取决于颜色和颜色的深度。二色性颜色可以是同一体色的两种色调，也可以是两种完全不同的颜色。黄色碧玺通常多色性弱。在深色碧玺中，常光线可全部被吸收。许多绿色碧玺显绿色和褐色多色性
光泽	玻璃光泽
折射率	1.62 到 1.65
双折射率	0.014 到 0.021。除非宝石的颜色很深，否则借助 10× 放大镜可在大的原石和成品宝石中看出双折射
光性	一轴晶
色散	低
光学效应	含许多平行纤维或管道的碧玺显示猫眼效应
包裹体	不规则线状孔洞和扁平薄膜。不规则的或波状的初始解理以及愈合裂隙的取向通常垂直于 c 轴
处理	用热处理和辐照来改善颜色。譬如，某些绿色和蓝色碧玺可通过加热变浅，而有些红色调的可通过辐照加深颜色
产出和产地	伟晶岩和其他花岗质岩石。有商业价值的重要产地包括阿富汗、巴西、马达加斯加、莫桑比克、纳米比亚、巴基斯坦、俄罗斯（乌拉尔山）、坦桑尼亚和美国

结晶习性

柱状晶体。柱可以是三边、六边或九边形的。三方柱的柱面通常是凸起的，使横截面呈圆三角形。柱面上有大量的平行于 c 轴的条纹（图 13-21）。晶体的平行生长常见。

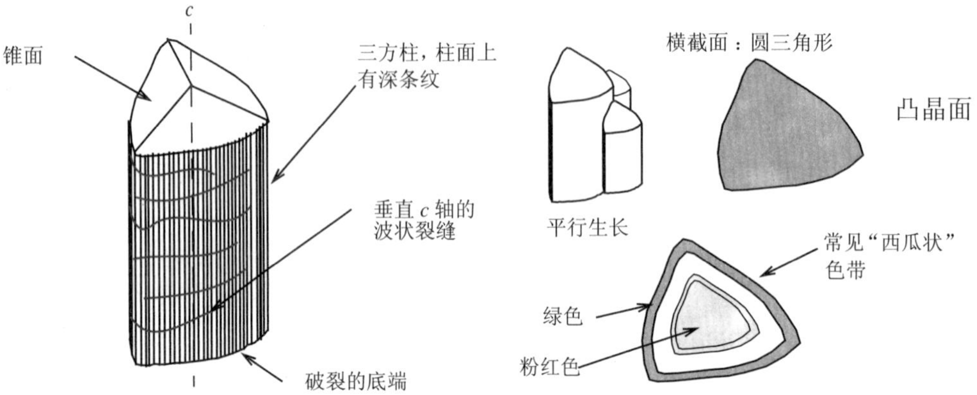

图 13-21　碧玺晶体的形状、晶形和裂缝

加工

许多碧玺加工成刻面宝石、雕件、弧面宝石和珠子。因常光线的吸收通常远强于非常光线，故加工刻面宝石时，对深绿和深蓝色等深色碧玺，应使台面平行于 *c* 轴；对粉红色和黄色等浅色碧玺，应使台面垂直 *c* 轴。猫眼宝石加工成弧面宝石。

13.5.18　锆石

锆石加工成刻面型以显示其接近于钻石的强光泽和色散。最常见的颜色是明亮天蓝色和金黄色；无色锆石曾在几个世纪里被用作有效的钻石仿制品。

锆石以“高”型（全晶态）和“低”型（蜕晶态，见第三章）的形式存在。取决于锆石晶体结构破坏并变成蜕晶态的程度，可发现其物理和光学性质在介于高型和低型之间的很大范围内变化。结构的破坏是在数百万年时间里逐步发生的，因而存在具中间性质的中间态的一个连续系列。

化学成分	$ZrSiO_4$　硅酸锆。锆石中含不等数量的放射性元素铀和钍。随着时间，某些锆石的有序晶体结构被放射性轰击而瓦解，变成低型或蜕晶质的锆石
晶系	四方晶系
解理	差
硬度	低型：$6^1/_2$；高型：$7^1/_2$。锆石性极脆，故刻面棱易受损。如成品宝石在包装纸内相互磨擦则会出现崩口。因此，锆石多是用薄纱纸单个包装
相对密度	低型 3.9 到高型 3.8
颜色和品种；产地	天然色有红、褐、黄、绿、紫色和无色。产自越南和泰国的浅红色和褐色的锆石可通过热处理以产生人们熟悉的天蓝色、金黄色和无色的锆石。低型锆石主要呈水蚀卵石产于斯里兰卡和缅甸，通常为黄色或绿色。这些低型锆石经过一段时间的强加热后可重新获得高型锆石的光学和物理性质
多色性	通常弱，但热处理的蓝色锆石是个例外，它的二色性颜色是蓝色和无色
光泽	亚金刚光泽到明亮玻璃光泽。即使在磨蚀的晶体和砾石中也看得很清楚
折射率	大多数宝石级锆石的折射率超出标准折射仪的范围。高型锆石：1.92 到 1.99；低型锆石：1.78 到 1.90

坦桑石晶体和成品宝石
© NHM, London

托帕石的成品宝石，重22.05克拉，属Thompson的宝石收藏品
© B Maurer

托帕石晶体和成品宝石
© NHM, London

托帕石戒指
© Hirsh London

碧玺
© NHM, London

碧玺晶体
© Gem-A

粉红色和绿色碧玺胸针，由David Webster制做
© B Maurer

碧玺戒指
© Hirsh London

重19克拉的碧玺，由M Dyber切磨
© A de Goutiére

锆石
© NHM, London

续表

双折射率	最大值为 0.059（高型），而在蜕晶质锆石中几乎是零。在高型锆石中，在不平行于 *C* 轴的任何方向上观察，均可见到刻面棱和其他特征的显著重影
光性	一轴晶，但蜕晶质锆石可几乎是各向同性的
色散	高

结晶习性和产出

柱状晶体，多具方形到长方形横截面，终端多为锥。双终端的晶体相当多见，偶尔有双锥状的晶体，看上去像个八面体（图 13-22）。有时可见膝状双晶，锆石也以水蚀卵石产出。

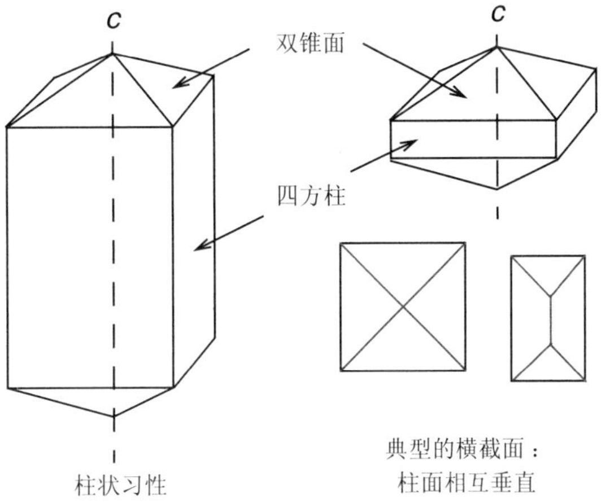

图 13-22　锆石晶体

吸收光谱

锆石光谱可有 0 到 40 条左右的吸收线。许多高型锆石有特征的大量清晰的细线（图 13-23），而低型锆石则只有模糊的光谱。

吸收光谱通常容易看到，红区 653nm 的吸收线是诊断性的。

许多锆石中所见到的光谱主要是因为存在铀。然而，某些吸收线也与稀土元素有关。

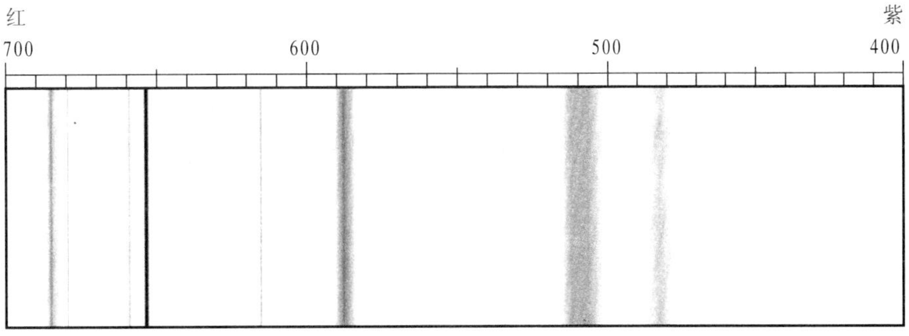

图 13-23　褐色锆石的吸收光谱

第十三章强化题

1. 当你开始鉴别或检查一个宝石材料时，你要采取的第一个有用步骤是什么？
2. 在英国宝石学教程中，折射率值以两种方式表示。譬如，一种宝石的折射率可写成 1.54 到 1.56。同一宝石材料还可写成 1.544—1.553。在这两组数值中哪个能用来计算双折射率？
3. 上述两组数值是否涵盖了该材料样品所有可能的折射率值？简要给出你的解释。
4. 钻石是商业上最重要的宝石。最常见的款式是圆形明亮琢型。标准圆形明亮琢型有多少个刻面？在这种琢型中要设计开发的两个光学效应是什么？说出 3 种钻石仿制品。
5. 在下列组别中各说出 3 种宝石：

（a）常加工成弧面宝石或珠子的蓝色装饰材料
（b）可完好劈开的黄色宝石级晶体
（c）不能完好劈开的黄色宝石级晶体
（d）有特征光谱的红色宝石
（e）硅酸盐
（f）能通过裂隙充填改变或改善外观的宝石
（g）硬度等于或大于 8 的宝石
（h）采自巴西的宝石
（i）天然的刻面琢型的有火彩光谱闪烁的宝石
（j）天然、晶质和单折射的宝石
（k）一轴晶的
（l）二轴晶的
（m）常见到双晶的
（n）能见到呈柱状结晶习性的
（o）呈玻璃光泽到暗淡玻璃光泽
（p）当用 10×放大镜观察时能从合适方向显示双折射的
（q）总是绿色的
（r）能显示强多色性的
（s）晶体原石表面常有条纹的
（t）可有特征的或诊断性的天然包裹体的
（u）可有诊断性光谱的
（v）天然、无机、多晶质的

第十三章家庭作业

1（a）对于下列每种宝石，给出最重要的观察特征和可测试的性质（你可使用《宝石观察指南》中提供的常数表）：

（i）欧泊；（ii）镁铝榴石；（iii）钻石；（iv）橄榄石；（v）变石。（15 分）

（b）讨论这 5 种宝石用于镶宝戒指各有何优点和缺点。（5 分）

2（a）借助示意图讨论当检查包内混装的下列原石时能观察到的常见晶质特征，包括任何可见的晶形和习性：

（i）紫晶；（ii）坦桑石；（iii）尖晶石；
（iv）海蓝宝石；（v）萤石；（vi）月光石。（15 分）

（b）如果你打算买这些成包宝石供切磨，那么，为确认这些宝石，你应该对这些材料进行哪些诊断性的测试或观察？（5 分）

3 你如何区分和鉴别下列宝石：

（i）粉红色碧玺、粉红色蓝宝石和粉红色托帕石；
（ii）祖母绿、翠榴石和绿色锆石的弧面宝石；
（iii）黄色人造玻璃、黄晶和黄色金绿宝石的刻面宝石；
（iv）软玉、翡翠和砂金石英的雕件；
在你的回答中要指出特别有用的观察特征。（20 分）

第十四章　有机成因的天然宝石材料

第十四章　有机成因的天然宝石材料

14.1　导言

本章中所描述的材料是有机成因的，它们由活的有机体的活动生成。

(1)　珊瑚、牙类、珍珠、贝壳和龟甲由动物生成；

(2)　琥珀和煤精是石化植物产品。

在鉴定这些材料和鉴别仿制品及拼合石时，10×放大镜是很有用的，因为可供鉴别的构造特征和其他特征通常是可见的。

14.2　琥珀

成分和成因

琥珀是石化的天然植物树脂。它是碳、氢和氧的有机化合物的混合物。琥珀来源于几类不同的植物，故化学成分可有些变化。研究表明，琥珀的年龄范围从 1 千万年到 3 亿年。大多数宝石级琥珀的年龄是从 1 千 5 百万年到 4 千万年。

构造	琥珀是非晶质的。它可显示流线,流线会因成串的包裹体而变得明显
断口	贝壳状和糖粒状
硬度	$2^{1}/_{2}$,易被刻划和损伤
相对密度	1.05 到 1.10（在饱和食盐水溶液中上浮）
颜色	黄到褐和褐红色以及近白色。少数带绿或蓝色调。随时间会变暗成褐色和红色
透明度	透明到不透明
光泽	树脂光泽
折射率	1.54。接触液会损伤琥珀和某些塑料的表面
加工	珠子、弧面宝石、雕件、戒指、耳环、手镯和其他饰品

包裹体

琥珀可含植物碎屑、昆虫和蜘蛛等小动物以及矿物和尘粒，还有液体和气泡。可见到圆或椭圆盘状应力裂缝，但主要是出现在热处理的琥珀中；还可含染剂。

热针测试

当用热针触探时琥珀因其成分会产生特殊的气味（小心，这是破坏性测试）。气味可依产地而稍有不同。通过测试已知的琥珀样品，而后与塑料产生的辛辣味以及天然未石化树脂产生的较强松香味进行比较，就可记住琥珀产生的气味。

可切性

当用刀削时，琥珀和柯巴树脂（见下文）会崩口或破裂，而塑料仿制品则会产生卷边的薄片或长条。这种测试是破坏性的，只能小心地在未抛光的或珠子的钻孔等不显眼的部位进行。

电性

琥珀是强绝缘体，当用力摩擦时会带静电荷，能吸起小纸片等小物品。这可用于与玻璃仿制品相区分，但不能用于与许多塑料相区分，因为塑料被摩擦时也带电荷。

发光

通常琥珀在长波紫外光下发蓝白色荧光，在短波紫外光下发淡绿色荧光。多米尼加、墨西哥和意大利西西里产的琥珀在日光下会显示绿色或蓝色荧光这样一种表面效应。当琥珀刚刚从矿山采出时，这种效应最强，随后荧光逐渐减弱，大致在10年后就很难看出。

产地和品种

当今最重要的有商业价值的产地在波罗的海沿岸的北欧国家以及多米尼加和墨西哥。

琥珀可被海水长距离自然搬运，并可发现在波罗的海和北海的海岸带。现在，在波兰东北部以及多米尼加和墨西哥有商业性的露天矿坑开采。

用于描述特定产地琥珀的常用名称有：

波罗的海琥珀	波罗的海地区	黄、金黄到褐色
缅甸琥珀	缅甸	深樱红到暗褐色
多米尼加琥珀	多米尼加	透明金黄色，有强的荧光和许多包裹体
墨西哥琥珀	墨西哥	常为洁净的黄到金黄色外观，通常有荧光
罗马尼亚琥珀	罗马尼亚 Carpathian 山	大多数为洁净的淡黄色，但有大量的因地壳运动的压力而产生的裂缝
高氧琥珀	意大利西西里	多种颜色，常有荧光

14.2.1 处理

净化

琥珀中的云雾是由微细的气泡所导致。通过各种热处理可去除气泡，使琥珀更透明。在冷却过程中如不留心，会出现圆形应力裂纹。然而，有时也故意诱发这种副作用，因为常被称为“百合叶”或“太阳光芒”的裂缝能被人喜爱。

染色和着色

在暴露于空气中数年后，琥珀表面会变红。通过染色和加热可仿制陈年老货外观。染色还可用于产生其他颜色，特别是绿色。“百合叶”应力裂缝可通过染色或加热使其成红褐色。

压制琥珀

尽管有时把压制琥珀视为一种处理，但本课程中把它当成拼合材料并在第十六章中讨论。

14.2.2 仿制品

柯巴树脂（硬树脂）

柯巴树脂是比琥珀年轻的树脂，大多数的形成时间在一百年以内。通常为浅金黄色，有与琥珀相同的物理和化学性质，但较易裂开（发育表面裂缝）。与琥珀不同的是柯巴树脂易溶于酒精和乙醚（使用时要小心）等液体中。柯巴树脂也和琥珀一样，可含动物和植物包裹体。当刻划或摩擦柯巴树脂表面时常会有松木油的气味，而琥珀则不会，因为在漫长时间内这种成分已蒸发掉。柯巴树脂的实例有新西兰的卡乌里树胶和非洲的柯巴树脂。

玻璃

玻璃仿制品有不同和较高的折射率，有高得多的相对密度，有较高的硬度，接触时感觉较凉。可能会有明显的铸模痕。样子不那么逼真。

塑料

塑料可提供非常逼真的替代品。然而，大多数塑料仿制品的相对密度高于琥珀，在饱和盐水溶液中下沉。可能会有明显的铸模痕。

14.3 珊瑚

成因

称为珊瑚的材料是由**珊瑚虫**动物分泌的，它构成生活在一个“杯”内的珊瑚虫身体的支撑构造。杯可有辐射状的内壁。珊瑚虫可以是单体的（单独生活的）或群体的。某些群体珊瑚构筑了由连续世代支撑构造累积成的构造，称为**礁**。有两种主要类型的宝石级珊瑚：主要由碳酸盐组成的“贵珊瑚”和主要由角质有机质组成的黑色和金黄色珊瑚。

14.3.1 贵珊瑚

贵珊瑚由方解石（碳酸钙）组成。其颜色范围从红色到粉红色和白色，有时为斑点状。贵珊瑚不构成大的礁，而是呈较小的分枝状构造附着于海底。枝状体以沿纵向延伸的细波纹状构造为特征。枝状体的横截面上显示同心的“蜘蛛网状”构造（图 14-1）。也和珍珠一样，珊瑚易被酸侵蚀。

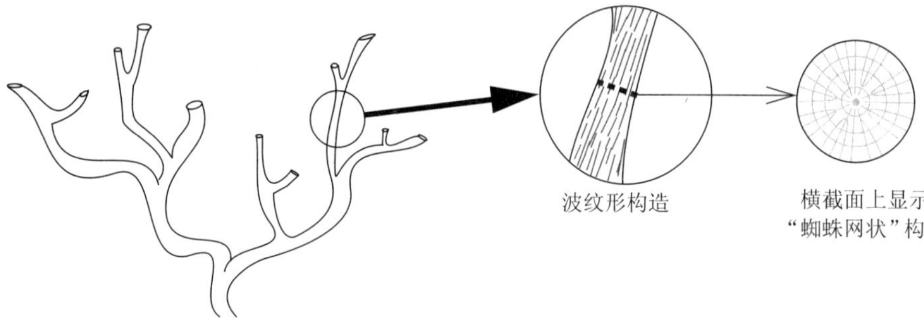

图 14-1　碳酸盐型珊瑚的枝状构造

颜色	红、粉红、橙和白色
硬度	$3^1/_2$
相对密度	2.65
透明度	半透明到不透明
光泽	蜡状光泽
产出	大多数宝石级珊瑚一度是用拖网法从西地中海采集的。现今则主要产于日本以南海域，其中有一部分送到意大利加工
处理	可染色，通常是染成红或粉红色
加工	弧面宝石、珠子、耳坠、浮雕和雕件

琥珀
© Gem-A

琥珀中的昆虫
© GTL

琥珀中的应力裂纹
© GTL

硬树脂
© Gem-A

珊瑚
© NHM, London

白珊瑚
© Gem-A

黑色和金黄色珊瑚
© Gem-A

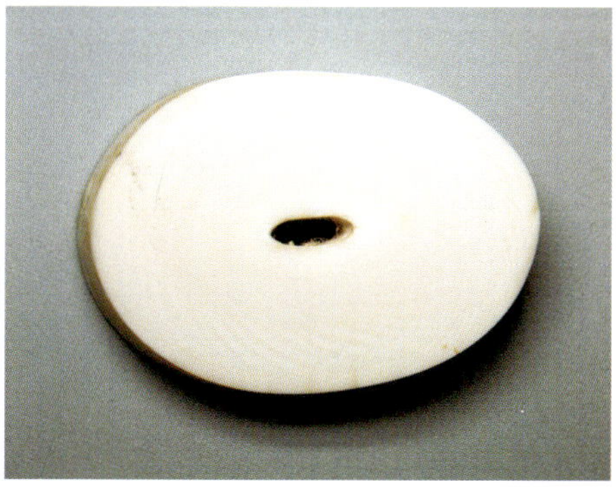
象牙
© Gem-A

海象牙
© Gem-A

14.3.2　黑色和金黄色珊瑚

由类似角质的有机材料组成，含少量碳酸钙或不含。黑色和金黄色珊瑚的分枝显示与植物年轮相似的同心状构造（图 14-2）。表面呈明显的丘疹状（疙瘩状）。

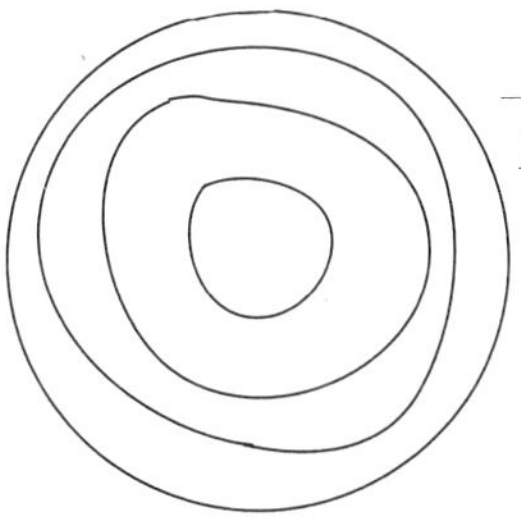

图 14-2　黑色和金黄色珊瑚中见到的生长环

颜色	黑色、金黄色
硬度	$2\frac{1}{2}$ 到 3
相对密度	1.37
透明度	半透明到不透明
光泽	蜡状光泽
产出	西印度洋、夏威夷海域、澳大利亚和其向南朝南极的海域。在夏威夷和西印度洋，对采集和出口有严格控制。在澳大利亚则禁止采珊瑚
处理	金黄色珊瑚可天然生长，也可通过漂白黑色珊瑚来仿制
加工	弧面宝石、珠子、耳坠、浮雕和雕件

14.3.3　仿制品

玻璃和塑料常用来仿珊瑚。用 10× 放大镜观察是最有用的。它们可见的特征如光泽、铸模痕、旋涡状条纹和气泡都有助于和珊瑚区分开。它们也没有特征的珊瑚构造。

染色大理岩具方解石颗粒的粒状构造并有染剂分布在颗粒间。

14.4　牙类

牙类是指来自哺乳动物如象、猛玛、河马、疣猪、一角鲸和海象的牙和变型牙的牙质。象牙是牙类中最常使用的品种，它取自象的长牙（獠牙），这是变型的门牙。象牙的贸易从 1991 年开始被禁止；有严格的法律来保护现存的象群。

猛玛和海象牙都发现有石化的，其外观与它们的现今对应物很相似。颜色会变黄。猛玛牙易碎裂，故难于加工。对石化牙的销售没有限制，故自从新牙类的销售被限制后，化石牙的销售变得比以往普遍。

尽管西方国家现今已不再加工牙类，但别的一些地方依然在加工牙制品。在过去，牙制品是常见的，譬如牙类曾被用来制作雕刻品、珠子、镶嵌品以及装饰用梳子、发刷座、镜座和台球等工艺品。在用单个长牙加工成的大件物品中可看出长牙的弯曲。

大多数类型的牙类是白到淡黄色，半透明到不透明的。牙类可染成各种颜色。象和猛玛的长牙显示特征的交叉弯曲线或带的样式（图 14-3）。这种样式对于象牙和猛玛牙是诊断性的。其纵截面显示波状近平行条纹样式，有些塑料仿牙类制品仿制了这种样式。所以，必须从不同角度观察制品以检测未被塑料仿制的诊断性的交叉样式。

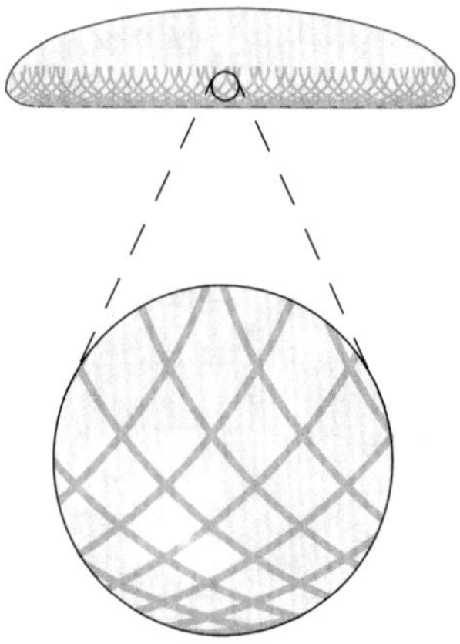

图 14-3　象牙和猛玛牙弧面宝石中的“旋转引擎”样式

海象牙

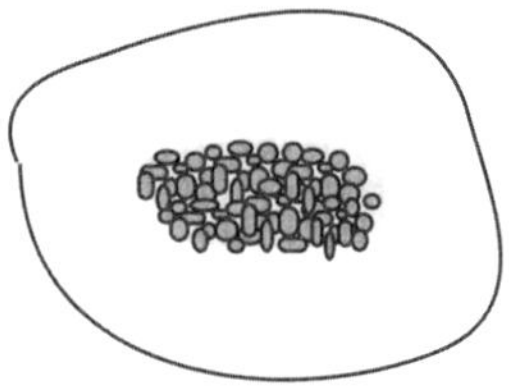

海象的长牙可以很长，有时会达到 1 米。海象牙具椭圆形的横截面，其外层是牙骨质，中心部分是纵向延伸的大的浆状空洞。这个空洞由粗的泡状或球状材料组成。

14.4.1　仿制品

常见的仿制品包括骨头、塑料和植物象牙。骨头在外观和物理性质上很像牙类，但可根据构造区分开。骨头含许多小管，在横截面上呈小孔，而在纵截面上呈线状。塑料可根据规则得多的条纹外观以及完全无“旋转引擎”样式来区分。植物象牙采自某些棕榈树的坚果。这些坚果的长度可达 5cm，在透射或反射光下放大观察可看出点状或孔洞状的样式。

14.5　煤精

成因

煤精是一种形式的石化木。它由碳氢化合物组成，含痕量矿物。外观像褐煤。木头最初是埋藏在海底或滞水沼泽的泥质沉积物中。煤精形成在沉积岩中，是在还原（缺氧）条件下由不断增高的温度的长期作用的结果。在煤精原石样品中通常可看到原始木头构造的证据。

断口	贝壳状
硬度	$2^1/_2$ 到 4
相对密度	1.3 左右
颜色	黑色。只是没有斑块的材料才用于首饰
透明度	不透明
光泽	蜡状光泽到玻璃光泽
折射率	1.66 左右。只能获得模糊的读数
气味	当用热针触探时产生烧煤的气味
产地	英格兰、中国、法国、西伯利亚和西班牙
加工	珠子、链、刻面坠子和雕刻品

鉴别

当在未上釉的瓷板上刻划时，煤精留下深巧克力褐色粉末或“条痕”。煤精的常见仿制品（除硫化橡胶外）取决于所使用的材料，产生黑色或白色条痕。一些仿制品有较高的硬度，能刻划瓷板而不留下粉末。煤精饰品粉末色的观察方法是用尖的针在不显眼的地方小心地刻出一个很小的划痕，而后用 10× 放大镜或双目显微镜在明亮光照下进行观察。当强烈摩擦时它也和琥珀一样能带电。

14.5.1　仿制品

玻璃和塑料

玻璃和塑料可根据外观以及不同的光泽、可能的铸模痕、旋涡纹和气泡与煤精相区分。当用热针触探时，不同类型的塑料可产生不同的辛辣气味。譬如，酚醛塑料（电木）产生“消毒剂”石碳酸气味；酪蛋白塑料产生烧焦的牛奶气味。与煤精的深褐色条痕相比，大多数塑料的条痕色淡。热针和条痕测试都是破坏性的，当检测成品宝石时，只能小心地在不显眼的部位进行。

硫化橡胶

当摩擦一块硫化橡胶时或硫化橡胶刚从密封容器中取出时，可察觉到硫的气味。长期暴露于阳光下会褪色。硫化橡胶是热塑性的，可模制。模制品具圆的棱和低的起伏。手工雕琢的可有尖锐的棱和高的突起。在 20 世纪，硫化橡胶大部分已被塑料所取代。

煤

一些较硬的煤种。譬如烛煤或无烟煤，曾用作煤精的仿制品。烛煤因主要由植物的孢子组成，所以没有木头的构造。它不像煤精那么黑，破裂面上有银白色光彩。无烟煤有玻璃状或金属状光泽。硬煤（烟煤和无烟煤——译者注）具黑色条痕，不同于煤精的深褐色条痕。

煤精的其他仿制品包括黑曜岩和染黑的玉髓。它们二者都有较高的相对密度和硬度。接触时有凉感。几乎所有煤精的仿制品都不能提供像煤精产生的深巧克力褐色条痕或粉末。

14.6 珍珠

珍珠是最早用于个人装饰的宝石之一。它是由软体动物生成的。软体动物环绕自身分泌硬的富矿物质的壳。这些软体动物生活在世界各地的淡水或咸水中。珍珠无需通过切磨和抛光来揭示自身的瑰丽。

用于首饰的珍珠分成两类：**天然的**和**养殖的**。天然珍珠**完全**由天然过程形成，而养殖珍珠则是人为引发和养殖的。

现今，从商业角度，养殖珍珠远比天然珍珠重要。

常用于珍珠的重量单位是珍珠格令：

1 珍珠格令 ＝0.25 克拉

珍珠的仿制品通过在珠子表面涂层来仿天然和养殖珍珠的外观。

珍珠的成因

珍珠是由水生的某些类型的软体动物产生的。最重要的产珠软体动物是咸水牡蛎和淡水河蚌。这些动物属于软体动物中称之为**双壳类**的一个亚族，它的壳由铰合的两个部分组成。

双壳类贝壳由 3 层组成（图 14-4）：

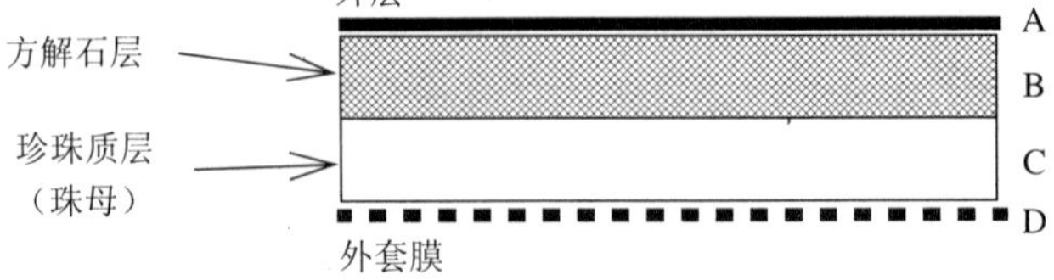

图 14-4　双壳类贝壳一部分的截面

天然珍珠
© GTL

雕琢的煤精
© Gem-A

无核淡水养殖珍珠
© GTL

海水养殖黑珍珠
© Pearls of Tahiti

淡水河蚌壳和
贝附珍珠
© GTL

南洋珠养殖场中悬挂在
金属丝网内的牡蛎
© Pearls of Tahiti

贝壳浮雕
© Gem-A

鲍贝贝壳的表面
© D Minster

龟甲
© Gem-A

(1) 由硬的有机质组成的薄的外层；

(2) 主要由以柱状方解石晶体形式产出的碳酸钙组成的厚层；

(3) 由以文石形式产出的碳酸钙叠覆片状晶体和富蛋白质的有机质“胶结物”组成的内层。这是**珠母**或称**珍珠层**。

软体动物的贝壳是由身体的称为**外套膜**（D）的部分分泌的。

珍珠的珍珠层也是由文石和有机物质组成。它与贝壳的珍珠层一样也是由外套膜分泌的。珍珠的形成与寄生虫、病害或被捕食者攻击导致外套膜受损有关。

人们熟悉的圆形珍珠就是囊珍珠常见的例子。当外套膜珍珠囊从外套膜主体分离时，囊珍珠就形成了（图 14-5）。它的细胞依然是活的并继续分泌有机物质、方解石和富文石层，形成单个的生长中的珍珠。其形状通常是近球形。然而，这些单个的珍珠不论其形状如何都称为囊珍珠（图 14-6）。

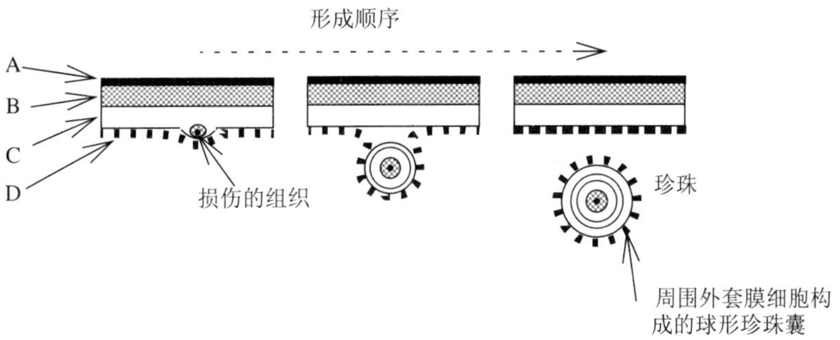

A—介壳质

B—方解石柱体

C—介壳质加文石小晶片：珍珠层

D—外套膜，它分泌出 A、B 和 C

图 14-5　囊珍珠的发育顺序（剖面图）

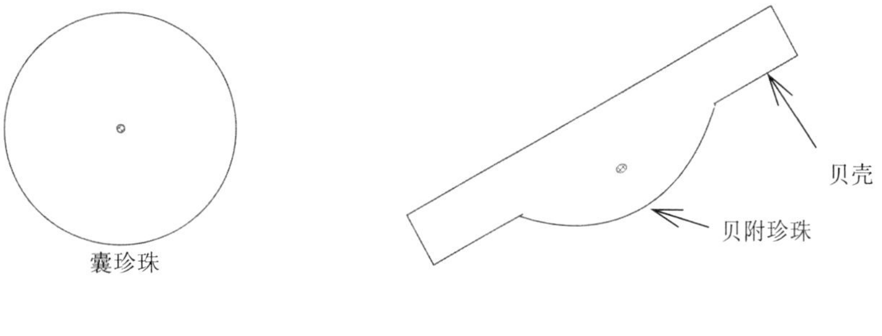

图 14-6　囊珍珠和贝附珍珠（剖面图）

当珍珠层的分泌发生在外套膜和贝壳之间，形成拱状突起并附着在贝壳上时，称为**贝附珍珠**（附贝珍珠）（图 14-6）。贝附珍珠可从贝壳锯下，经宝石工匠处理后镶到首饰上。通常会有一部分贝壳物质留在锯开面上。

光泽和“珠光”

珍珠的独特光泽是一种复杂的效应，与其他抛光宝石的表面光泽非常不同。它部分来自光的表面反射，部分来自精细的晕彩。产生晕彩的原因是：

⑴ 在叠覆的文石片状晶体边缘处发生的衍射；

⑵ 当光穿过某些薄片晶并反射回表面时发生的干涉。

最终的综合反射效应称为**珠光**。它是可察觉的不同于体色的精细效应，但不是一个有确切科学定义的术语。对光泽品质的评价取决于观察者的经验。

颜色

珍珠的体色可大致划分为白色、黄色、灰色、褐色和黑色。此外，可有粉红色、绿色、蓝色和淡紫色等晕彩色调参与组成珍珠层的整体颜色。

形状

理想的是球形，但许多珍珠并不具有这种完美的形状。梨形（水滴形）珍珠也是很受欢迎的。扁球形的珍珠称为**钮扣**珠。不规则形状的称为**异形**珠。

咸水产珠软体动物

珍贵的天然咸水（海水）珍珠采自双壳类的珠母贝属。在珍珠养殖业中，较小的海水养殖珍珠是由日本白唇**阿古屋牡蛎**（阿古屋贝）生成的。较大的商业上称为**南洋珠**的白色和有色的养殖珍珠是由体型较大的牡蛎种生成的，这些牡蛎的饲养地在环太平洋的海域如澳大利亚、印度尼西亚、南太平洋诸岛和中国。黑色和灰色的养殖珍珠是由塔希提和库克岛的黑唇牡蛎生成的，商业上的名称是**塔希提养殖珍珠**，有些有晕彩。

淡水产珠软体动物

某些类型的淡水双壳类亦产珍珠。最佳质量的珍珠是由珍珠蚌属河蚌生成的。过去在许多欧洲国家的河流中都养殖这种河蚌，但现在已很少了。北美的异形珍珠绝大部分来自密西西比谷地的河流中。在日本和中国，淡水双壳类被用来生产大量的无核养珠。这些本章将在随后讨论。

14.6.1　天然珍珠

成分

天然珍珠的组成绝大部分是碳酸钙，有 10%~14%的富蛋白质有机物质（有时称之为介壳质）和 2%到 4%的水。碳酸钙通常以斜方晶系**文石**的形式存在。作为碳酸钙三方晶系形式的方解石见于某些淡水珍珠中。

硬度	$3^{1}/_{2}$ 到 4
相对密度	2.60 到 2.78

天然珍珠的构造

天然珍珠具同心构造，由被有机物质胶结的文石组成（图 14-7）。这些同心层通常与动物的季节性生长有关。

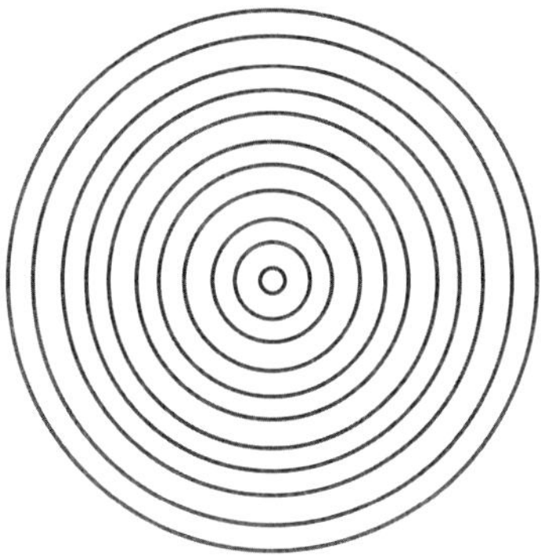

图 14-7　天然珍珠的同心构造

在富碳酸盐层内，微细的文石晶体呈片状，而且这些片体如房顶的瓦那样是叠覆的。然而，晶体的 c 轴是垂直于片体的，所以就珍珠整体而言，c 轴是呈辐射状分布的。这一特征在珍珠检测中有重要意义。

产出

过去最重要的天然珍珠场是在中美、波斯湾和马纳尔湾（在斯里兰卡和印度之间）。天然珍珠的商业性采集现实际上已不复存在。这是因为海洋生态系统的巨大变化和经济状况的改变。在这些地方只偶尔还能见到天然珍珠。此外，在养殖太平洋“南洋珠”的地方以及在红海、墨西哥湾、委内瑞拉沿岸和澳大利亚北海岸采集珠母贝壳过程中，偶尔能采集到一些天然珍珠。

14.6.2 养殖珍珠

淡水和海水养珠现今有巨大的市场。早在13世纪，中国人就把佛像放到软体动物的壳和外套膜之间使佛像覆上珍珠层。1896年日本人御木本辛吉获得养殖贝附珍珠的专利。1920年前后，日本的圆形养殖珍珠在市场出现。

海水有核养殖珍珠

现代的有核养殖囊珍珠生产已发展成一个巨大的产业。在珍珠养殖场养殖牡蛎，经过一段时间的生长后牡蛎已可用于养殖珍珠。把牡蛎从水中捞起，植入1个或更多个珠母小珠。这些珠母小珠多是用北美河蚌的贝壳制成的。在植入前，把从宰杀的牡蛎内取出的外套膜组织分泌珍珠质的部分切成小片。在宿主牡蛎体内切开一个或若干个口，每个口内放入一片外套膜小片，而后在每个外套膜小片的旁边放上一个珠母小珠。一些牡蛎随后会死去或吐出珠母小珠。然而，在大多数牡蛎体内，植入的活的外套膜组织会存活下来并环绕珠母珠核生成珍珠囊。珍珠囊由外套膜细胞组成，这些细胞分泌珍珠质层包封珠母珠核。

通常在每个产珠软体动物体内植入的珠母珠核不超过3个，这取决于牡蛎的种类。阿古屋贝可植入直径为6mm的珠核，较大的南洋牡蛎可植入直径达12 mm的珠核。

把植了珠核的活的软体动物放回水中一段时间。在早年的商业性养殖中，通常是2—3年。现在一般只有9到12个月。在珠核上所生成的珍珠层的厚度从0.2 mm到1 mm（图14-8）。

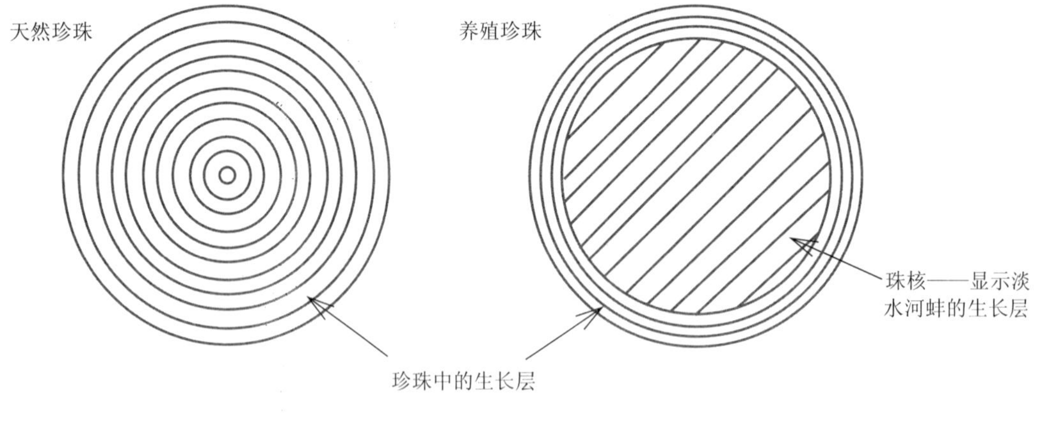

图14-8　天然珍珠和有核养殖珍珠的剖面图

马白珍珠（拼合的养殖贝附珍珠）

马白（mabe，发音为mah-bay）养殖珍珠的生产方法是把拱形的珠母、块滑石或塑料珠核植入到软体动物的外套膜和壳之间。

当拱形珠核被适当厚度的珍珠层覆盖后，从壳上把整个珍珠切下。掏出拱形珠核：块滑石（皂石）因无粘结性而较适用。把拱的内壁清洗干净，涂上仿珍珠外观的材料。而后，用树脂等材料充填珍珠质空壳，再用一块抛光的珠母将底封上。

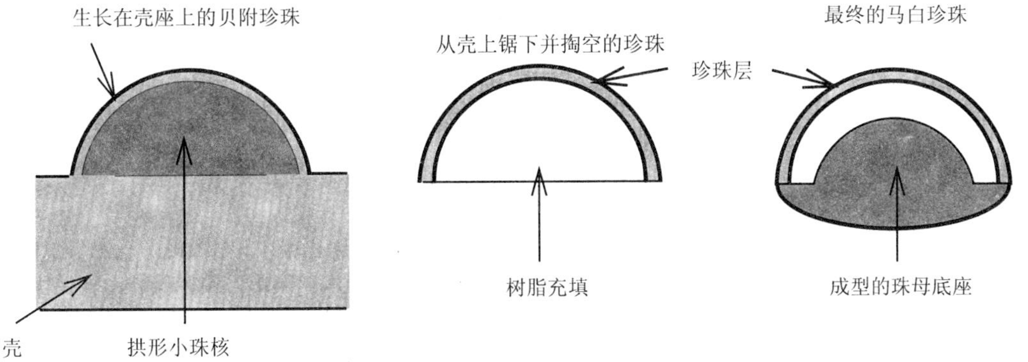

图 14-9　马白珍珠：拼合的养殖贝附珍珠

图 14-9 所示的是一种典型形状的底衬，但许多养殖拼合珠有平的或只是稍凸的底。马白养殖珍珠的尺寸从 9mm 到 17mm 或更大。虽然生产最多的是圆形的，但心形和梨形的也常见。

之所以叫马白珍珠，是因为最初的养殖贝附珍珠是在马白牡蛎中生长的。现在马白这个词已用来泛指经过加工的拼合养殖珍珠，而不论是在哪种软体动物中生长的。

产地

大量的养殖珍珠场集中于中国和日本。澳大利亚、缅甸、菲律宾、塔希提、泰国和其他一些国家也有生产。

无核养殖珍珠

无珠核养殖珍珠的生产最早是在日本的琵琶湖。所用的软体动物是琵琶湖当地的淡水河蚌。最初生产出的无核养殖珍珠是异形的。现在琵琶湖因环境污染已不再生产珍珠。然而，就在同一时期，无核淡水养殖珍珠业在中国得到了迅猛发展。最初的中国珍珠有与琵琶湖珍珠相似的外观，但现在也生产较圆的珍珠。

将成熟的河蚌从养殖它们的湖泊和水塘中捞出，将取自宰杀河蚌的小片活外套膜组织植入宿主河蚌外套膜边缘的切口中。随后开始发育珍珠囊，囊内生长珍珠，但确切的生长机理还不清楚。淡水河蚌的外套膜大而厚，覆盖了两个壳瓣的内里。

河蚌置于塑料网内并悬挂在水中约 2 年或更长时间，随后取出珍珠。在一个大的河蚌内可同时生长 50 粒左右较小的珍珠。然而，珍珠的尺寸越大，珍珠的数量就越少。河蚌可活着并再次用于养殖，但生产的质量通常下降。

在无核淡水养殖珍珠的中心通常有一个小的不规则的空洞（图 14-10）。空洞指明了早先植入而现已腐解的外套膜“核”的位置。珍珠具明亮光泽，其形状为圆形、土豆形、钮扣形和长卵形。

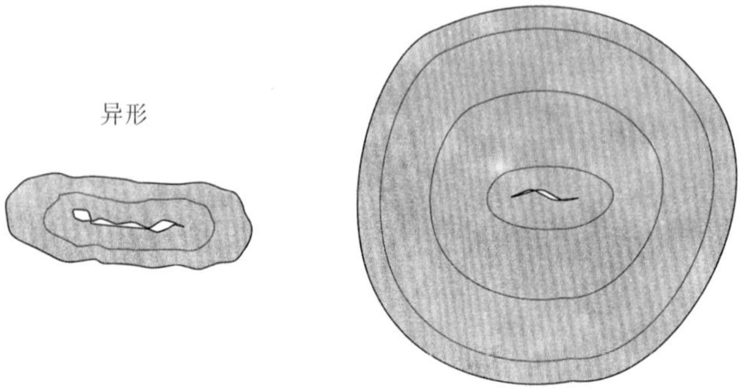

图 14-10　无核淡水养殖珍珠的剖面图

在太平洋的南洋地区也用海水牡蛎生长无核海水养殖珍珠。

注释

珍珠的质量根据**光泽**、**表面光滑度**、**形状**、**颜色**和**尺寸**进行评价。

14.6.3　珍珠的处理

漂白、染色和抛光被广泛用于改善养殖珍珠的颜色。天然珍珠也可进行处理。

染色

天然或养殖的珍珠可通过先浸泡在硝酸银溶液中而后暴露在光照下的办法染成黑色。硝酸银分解后在表面下沉淀了一层金属银，产生灰色或黑色的外观而且不会褪色。

把未钻孔的珍珠浸泡在合适的染剂中，可使珍珠染上较浅的色调。钻了孔的珍珠可染成较深色。取决于所使用的染剂，会出现一些褪色现象。

辐照

辐照可使淡水养殖珍珠变灰。有核养殖珍珠内的淡水珠核也会变黑，使养殖珍珠整体呈灰色。

漂白

漂白的方法是把珍珠浸泡在柔和的漂白剂如过氧化氢中。

14.6.4　维护和保养

微细的碳酸盐晶体和富有机质基质的组合使珍珠成为稳定性有限的材料。所以，即便是对柔和的酸的作用，珍珠的反应也十分敏感。甚至佩戴者皮肤的酸性分泌物也会损伤珍珠。洗涤剂、肥皂和化妆品都会伤及珍珠。要避免让珍珠接触发胶。即便是轻微的加热也应避免，以防珍珠表面裂开和粉化。建议定期仔细的清洗和重新穿珠。当存放、清洗或戴着珍珠工作时都要特别小心。

14.6.5　珍珠钻孔

用于项链的珍珠需要在中心钻孔。这项操作不像看上去那么简单。如果钻的孔偏离了中心，珍珠会一侧较重，从而不能合适地放置在珠线上。对于天然珍珠，要使珠孔尽可能小以使重量损失降到最低。为确保珠孔能居中，通常是从两头钻孔。空的直径通常小于 1mm。珍珠也可只钻半截孔以便镶在戒指或耳环的金属钉上。直径小于 2 mm 的天然珍珠叫**子珠**。珍珠可切成一半并像弧面宝石一样地镶嵌。有时所切掉的不到一半，这样就成了四分之三珠。随后，半珠和四分之三珠可钻半截孔并镶在戒指或耳环的金属钉上。

14.6.6　珍珠仿制品

珍珠仿制品可以是涂了仿珍珠外观材料的珠母珠、玻璃和塑料（图 14-11）。较老式的仿制品，其涂层含从青鱼鱼鳞提取的被称为“鱼鳞精”的鸟嘌呤石。现代的涂层使用的是其他的有光泽的材料。也使用未加涂层的珠母珠。

中空的玻璃珠是一种老式的仿制珍珠，其内表面涂上“鱼鳞精”，而后用蜡充填。

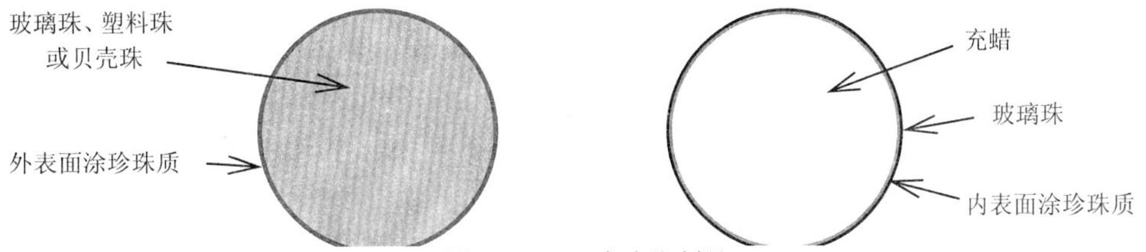

图 14-11　珍珠仿制品

14.6.7 珍珠的鉴定

如果是天然或养殖的珍珠，那么切开后从底面将很容易鉴别。天然和无核的半珠将显示同心环状构造。切开的有核养殖珍珠中可看到一个颜色均匀的珠核和上覆的薄的珍珠层。

如果项链中所有的珍珠都是一样大小的，它们可能是（但不是确定性的）养殖的。项链中的天然珍珠通常都是朝两端渐小的，因为很难使尺寸匹配。

放大观察

用10×放大镜仔细检查珍珠项链上的钻孔眼可获得关于珍珠本质的线索。外层从下伏珠核脱落的现象表明是养殖珍珠或仿制珍珠。在有核养殖珍珠中应有可能看到表面珍珠层和珠母珠核之间的分界。

如果珍珠是经过处理的，那么在孔眼内或珍珠表面可以看到染剂。

天然珍珠会在孔眼内显示同心层状构造。

对于怀疑是有核养殖珍珠的，可用强漫射光从背后照射并转动观察。如果确是有核养殖珍珠，将会在较薄的珍珠层之下看出珠核的带状构造。这种方法叫“光照法”。

X射线照相

这是宝石实验室中使用最多的鉴定方法之一。把珍珠放置在装有工业用X射线底片的暗盒上并用X射线照射。与牙医所用X射线照片相似的照片可揭示如下的结果：

(1) 天然珍珠的图像显示出直到中心的一系列弯曲的线，这是连续的天然季节性生长的证据；

(2) 有核养殖珍珠的图像显示被珍珠层环绕的圆的珠母珠核。如果在珍珠层开始生长前有较多有机质堆积，会使珠核与珍珠层之间的界线更明显；

(3) 对于无核养殖珍珠，小的不规则的中心空洞表示了养殖过程中最初阶段的强制生长；

(4) 对于中心为玻璃的仿珍珠，图像通常是均匀曝光的，外圈任何白色的轮廓都表明有X射线不透的涂层，例如碳酸铅。

X射线衍射

窄束X射线穿过珍珠中心时衍射的样式有助于检测有核养殖珍珠，但不能把天然珍珠和无核养殖珍珠区分开。关于X射线衍射方法的进一步说明见证书课程。

X 射线荧光

在 X 射线照射下，大多数天然海水珍珠呈惰性或只有微弱的荧光。有核养殖珍珠因其珠母珠核而显示黄绿色荧光，还有弱的磷光。淡水珍珠也显示同样的荧光和磷光，但更强些。

14.7　贝壳

贝壳以不同的尺寸、形状和颜色产出。一些较小的品种可不加修饰直接用在首饰上。许多有较高装饰价值的贝壳来自热带。贝壳是有机成因的，主要由碳酸钙组成，其硬度约为 $3^1/_2$ 到 4。

用于浮雕的贝壳

大海螺和盔贝具层状构造，最适合于雕琢成浮雕。大海螺具粉红色和白色层，而盔贝具褐色和白色层。相邻层中纹路的方向不同。彼此呈一个角度，这是区分贝壳和它的仿制品的一个有用的特征（图 14-12）。首饰用的浮雕大部分是用从大海螺和盔贝壳切下的椭圆形材料加工的。从许多浮雕的整体形状能看出贝壳的弯曲度。用整个贝壳加工出的大的浮雕可作为装饰件固定和展示。

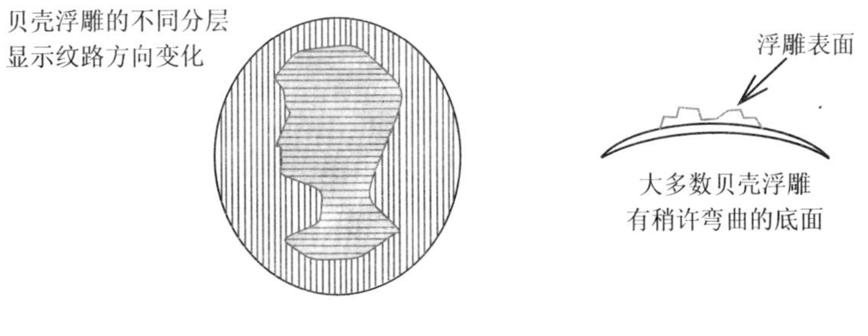

图 14-12　贝壳浮雕

珠母

大的产珠双壳类如珍珠贝以及单壳类如鲍贝，都因具可用于装饰目的的具晕彩色的珍珠质贝壳内衬而受到重视。珠母可加工成珠子和弧面宝石以及钮扣、鼻烟盒和刀柄。它们还可加工成浮雕和镶嵌到盒子和家具上。

14.8 龟甲

虽然叫龟甲，但实际上是专指玳瑁的甲。龟甲用于多种物品，如梳子、盒子和首饰，也与珠母和金属一道制成镶嵌品。龟甲是透明到半透明的，其颜色变化从有斑点的褐色到无斑点的淡黄色。有斑点的色斑是由 10×放大镜和显微镜下可见的色素的微小圆形浅红色圆点组成。塑料仿制品的颜色也可呈斑块状或带状，但没有圆点。龟甲具可切性和热塑性（受热可折弯），故龟甲小片可热压到一起并模制成所希望的任何形状。龟甲的薄片被粘结到彩色塑料底座上，用于首饰和木盒等其他物品。

第十四章强化题

1. 说出可用于琥珀的两种不同的处理。
2. 说出 3 种琥珀仿制品。
3. 珍珠、大多数珊瑚、方解石、孔雀石和菱锰矿都是碳酸盐，它们有什么共同的缺点？
4. 说出两种煤精仿制品。你如何把它们与煤精区分开？
5. 什么生物能产生（a）海水囊珍珠和（b）淡水无核养殖珍珠？
6. 马白珠有天然的吗？是/否
7. 说出 4 种能用于珍珠的处理。
8. 说出 4 种白色或近乎白色，可磨成圆珠并串成项链的有机材料。
9. 说出 3 种淡黄或黄色，可用于装饰品或镶嵌品的有机材料。
10. 贝壳浮雕、碳酸盐珊瑚珠和象牙雕件都可用同一方法检测并与仿制品相区分。这是什么方法，每种材料中的主要特征是什么？

第十四章家庭作业

1（a）有机成因宝石材料和其仿制品常通过观察内部或表面特征来鉴别。结合实例说出下列每种材料常怎样加工以及你如何根据所观察到的特征来识别每种已加工的材料：
（i）琥珀；（ii）煤精；（iii）红珊瑚的塑料仿制品。（9 分）
（b）说出对这些已加工材料做进一步测试获得的结果，要注意什么以免测试中损坏它们的外观？（3 分）
（c）简述能帮助你鉴别下列材料的一项观察，需要时可放大观察：
（i）象牙；（ii）骨头；（iii）植物象牙；（iv）贵珊瑚；
（v）粉红色玻璃仿珊瑚；（vi）龟甲；（vii）黑色珊瑚；（viii）贝壳浮雕。（8 分）

2（a）简述养殖（i）海水珠和（ii）淡水珠的方法。给出这些珍珠有商业意义的重要养殖地。（4 分）
（b）你如何用 10×放大镜尽可能地区分养殖珍珠和它们的仿制品？（7 分）
（c）说出并描述在实验室中用 X 射线检测珍珠的 3 种方法。（3 分）
（d）说出并描述用于改善天然和养殖珍珠外观的 3 种处理方法。（6 分）

第十五章　人造宝石材料

第十五章　人造宝石材料

15.1　人造宝石材料

人造材料是人类加工生产的材料。常见的实例是玻璃、混凝土和金属合金。人造宝石的形成也是人工过程，然而，天然材料也能作为添料或作为晶核参与这些过程。

人造宝石材料是指那些生产出来的而非天然形成的宝石材料。

人造宝石可比开采天然宝石便宜和易于生产，还可大量生产以仿制较稀有和较贵重的宝石。它们会被审慎地用于仿冒。

各种人造宝石当用来仿天然宝石外观以及内部化学成分和结构时，其令人信服的程度是不同的。

15.2　合成宝石材料

“合成的”这个词通常用于描述把组成成分合成而生产出来的任何东西。

然而，在宝石学中“合成的”这个词有专门的用法。

人造宝石要称为合成的，必须能满足一个特定要求：它必须有**天然对应物**。所以，必须存在相同**成分**和**结构**的矿物（即天然、无机、晶质和固体的材料）。

根据宝石学给“合成的”所下的定义，合成宝石与其天然对应物在化学成分、结构和物理性质上必须是几乎相同的。然而，从本章稍后对合成尖晶石的描述中可看出，一些变化还是允许的。

一些用来仿钻石的材料，譬如钛酸锶，并无天然对应物。应使用**人造材料**这个术语以区别于**天然材料**。在宝石学中不能称这些材料为合成材料。

所以，所有的合成宝石材料都是人造的，但许多人造宝石材料不能分类为合成的。

合成宝石材料　是指那些与天然、无机矿物对应物有相同成分和结构的人造材料。

在定义中加入**天然**和**无机**这两个词是因为天然有机成因的宝石材料是无法合成的。有机成因的宝石是植物和动物自然生长这个生命过程的产物，是无法复制的。然而，有机成因宝石的外观，有时甚至成分，却是可以仿制的。有机化学产品被用于生产某些人造宝石材料，特别是塑料。

在(a)那些用来替代其天然对应物的合成宝石与(b)那些也用来仿制其他品种宝石的合成宝石（见第十六章）之间是有明确界限的。因此，使用合成一词必须十分谨慎。譬如，与蓝宝石相像的合成尖晶石可称为**合成尖晶石**和（或）仿蓝宝石，但不能称为“合成蓝宝石”。

大多数合成宝石是从单晶上切割下来的，所以我们将先介绍单晶的合成，随后再介绍欧泊等非晶质材料及由晶质集合体组成的材料的合成。

15.3　单晶材料

现在有许多方法用来生产足够大的单晶以制作成品宝石。这些方法可分为两大类：从**熔体**中结晶和从**溶液**中结晶。除这两大类方法外还有高压高温法用于合成钻石。

15.3.1　从熔体中结晶

当熔体的温度降到略低于熔点时，一些熔融的物质将结晶。使用的方法包括维尔纳叶“**焰熔法**”和从一个盛有熔融材料的容器中“**提拉**”晶体的方法，还有在极高温度下从水冷坩埚中结晶生长的方法（**冷坩埚法**）。后两种方法将在证书课程中介绍。

维尔纳叶法

维尔纳叶法是以 A V L Verneuil 教授的姓命名的。他在 1902 年用焰熔法首次生产出了合成红宝石。这是用于合成宝石的第一个商业性方法，直到现今依然重要。

这个方法的优点是生产成本较低，生长速度较快。因而它被用于生产许多合成刚玉和尖晶石，也用于生产用作钻石仿制品的合成金红石和钛酸锶。

这个方法的基本原理很简单。合适成分的细粉末下落穿过极热的氢氧焰时被熔化，而后固结成单晶。

维尔纳叶法合成刚玉（图 15-1）

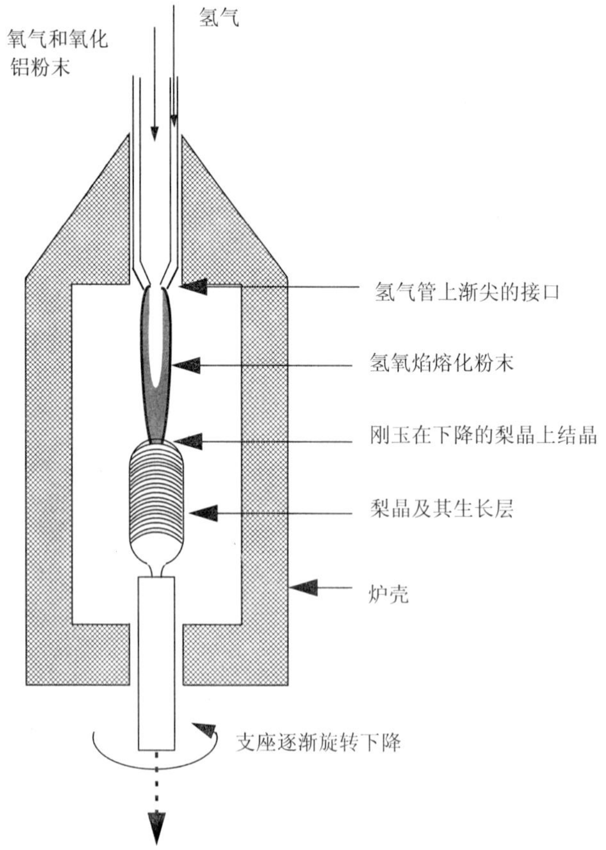

图 15-1　维尔纳叶炉中刚玉晶体的生长

第十五章　人造宝石材料

氧化铝粉末添料装在一个具有筛底的容器中。小量的粉末均匀地、自动地从筛眼释放出。粉末通过一个向下变尖的吹管的内管下落。氧气也通过此内管并在喷嘴处与吹管外管携带的氢气混合。

两种气体燃烧产生的高温足以使熔点约为 2 000℃的刚玉熔化。熔融的粉末落在一个旋转平台上，平台逐步下降以使其上能形成一个锥。从这个锥上生长出一个圆柱状晶体，在主要生长阶段，其生长速度为每小时 10mm。

当生长结束后，关掉气体，使晶体冷却。在晶体生长过程中，晶体内部积聚了大量的应力。当停止加热后，晶体会沿纵轴裂成两半。如果未裂开，那么在切磨前要用锤子轻轻敲击使它裂开，这同样可释放某些应力。由这种方法生长的晶体叫**梨晶**。梨晶的某些特征是典型的，对宝石学家非常重要。稍后这在本章将会介绍。

纯氧化铝粉末添料产生无色刚玉，即“白刚玉”。通过在粉末添料中加入少量致色元素可使刚玉呈各种颜色。

颜　色	致色元素	品　种
红色	铬	红宝石
紫色	铬 + 钛 + 铁	蓝宝石
蓝色	钛 + 铁	蓝宝石
黄色	镍，镍 + 铁	蓝宝石
浅紫色	钒 + 铬	变色蓝宝石

红宝石的基本化学成分是氧化铝（Al_2O_3）。它还含少量的铬，这是导致红色的原因。据此，用于合成的粉末添料是纯氧化铝再加上 1%到 3%的氧化铬（Cr_2O_3）。

用于仿变石的紫色变色品种通常显示从钨丝灯下红紫色到日光下灰蓝或蓝紫色的变色效应，这不同于变石从红到绿的变色效应。

用这种方法生产的合成刚玉也用于精密工业，譬如用作耐磨的轴承材料。

维尔纳叶法合成尖晶石

几乎所有的合成尖晶石都是用维尔纳叶法生产的，大部分用于首饰中以模仿许多不同的宝石种。其合成方法基本上与合成刚玉相同。合成刚玉的梨晶通常具圆形或椭圆形横截面，而合成尖晶石的梨晶可局部发育一些平坦的晶面。

维尔纳叶法合成尖晶石的成分通常与天然尖晶石的不同。然而，尽管如此，它仍被称为“合成的”而不只是“人造的”。

用于首饰业的天然尖晶石是镁铝氧化物，其化学式是 $NgAl_2O_4$，也可按氧化物的成分表示成 $MgO \cdot Al_2O_3$（氧化镁和氧化铝）。

这种表示方法使我们能检查天然尖晶石中氧化镁和氧化铝的分子比例（相对分子比例）。在天然尖晶石中：

$$MgO:Al_2O_3 = 1:1$$

用维尔纳叶法生长这种化学成分的合成尖晶石已被证明是很困难的，只生产过少量具这种比例的红色尖晶石。

然而，若采用较高比例的 Al_2O_3，尖晶石的合成就容易得多。这些合成尖晶石中 $MgO:Al_2O_3$ 通常为 $1:1^1/_2$ 到 $1:3^1/_2$。

$MgO:Al_2O_3$ 的差别产生了一些有趣且具有重要宝石学意义的结果。

它们的物理性质稍有不同。最有意义的是维尔纳叶法合成尖晶石的 RI 是 1.727，而大多数天然尖晶石的 RI 是 1.718。过量的氧化铝导致合成尖晶石晶体结构中的应变。由此，放在正交的偏振滤光片间观察时可见到斑块状或云雾状效应。这种应变效应称为**异常消光**。这是维尔纳叶法合成尖晶石的特征。

在维尔纳叶法合成尖晶石中能产生的某些颜色及其致色元素是：

颜　色	致色元素
红、褐、绿色	铬
粉红色	铜
蓝色	钴
蓝、绿、褐、粉红色	铁

15.3.2　从溶液中结晶

将化学组分溶于液体中。调节条件使所期望材料的晶体能够生长。这里我们简单地介绍助熔剂法和水热法。

“单晶”生产方法的一个主要目标就是控制生长晶体的数目，以便只有少数几个相当大的晶体或甚至只一个大的晶体能够生长。

前述从熔体中结晶的方法对生产某些材料譬如氧化物的大晶体是非常合适的。然而，还有一些材料，特别是硅酸盐类，却不能用这种方法生长。

流体的粘度（即液体流动的难易程度）影响原子在流体中移动和聚集形成生长晶体结构单元的难易程度。硅酸盐熔体的粘度很高，除非熔体的冷却速度极慢，否则将会固结成玻璃。如果把需要的成分溶解到液体中，上述困难就可克服。

大多数能直接从熔体中结晶的人造宝石，譬如尖晶石和刚玉，也可以从溶液中结晶。然而，生产成本相对而言要高得多。因而用溶液法合成的宝石相对少见，但宝石学家必须谨慎地检查以防被它们逼真的外观所欺骗。

从溶液中生长有两个基本方法：**助熔剂法**和**水热法**。助熔剂溶液非常像熔体，用在高温条件下。水热溶液是一定压力下的热水溶液。这两种方法都用于高质量合成宝石的商业性生产。

第十五章　人造宝石材料

助熔剂法

尽管有“熔”这个词，但它实际上是从溶液中生长的方法。主要用于合成祖母绿、红宝石、蓝宝石和变石。使用称为**熔剂**（**助熔剂**）的熔融液体而不是水来溶解生长宝石所需的材料。熔剂起溶剂的作用，它使生产宝石所需的组分溶解于其中，而后结晶形成所期望的宝石材料。熔剂放置在铂或石墨等耐热材料制成的坩埚中。

宝石学家们最先见到的助熔剂法生长的宝石是 20 世纪 30 年代在德国生产的合成祖母绿。类似的方法已被许多厂家采用，如查塔姆（Chatham）、吉尔森（Gilson）、莱尼克斯（Lens 或 Lennix）和精工（Seiko）。

助熔剂法合成祖母绿

祖母绿是含铬的绿柱石品种。绿柱石是铍铝硅酸盐，化学式为 $Be_3Al_2(SiO_3)_6$。

二氧化硅(SiO_2)以二氧化硅玻璃的形式添加到熔剂中并漂浮在熔剂表面。其他组分包括氧化铝 (Al_2O_3)、氧化铬(Cr_2O_3) 和氧化铍(BeO)，它们的密度高于熔剂，是通过导管送到开口坩埚的底部（图 15-2）。

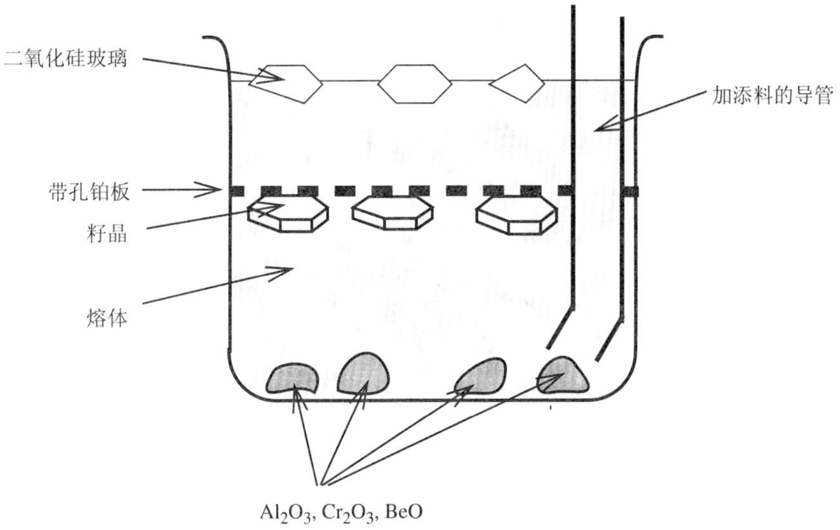

图 15-2　用助熔剂法合成祖母绿

被溶解的组分在熔体中扩散并相互作用，在溶液中形成祖母绿。绿柱石籽晶片（小的祖母绿晶体）是为了防止祖母绿在二氧化硅玻璃上形成不期望的晶核。一个穿孔的铂板被用来防止祖母绿籽晶片浮到表面。定期地补充添料以保证晶体的生长。

视所要求的尺寸，祖母绿的生长时间为 2 个月到 1 年，所用的温度为 800℃左右。

助熔剂法合成刚玉

合成红宝石和蓝宝石的现代方法是个熔剂迁移过程，在这个过程中，氧化铝和氧化铬被溶解在由氧化铅和少量氧化硼组成的熔剂中，其温度为 1 300℃。

目前销售的助熔剂法合成刚玉有查塔姆合成红宝石以及卡善(Kashan)、拉姆拉(Ramaura)和尼奇卡(Knischka)合成刚玉。

水热法

自然界中有许多矿物是在高温高压条件下从水溶液中结晶的。水热合成方法正是模仿了这一天然过程。

将原料放入部分充水的密封金属容器中，然后加热到远高于 100℃这个正常大气压下沸点的温度。由于容器是密封的，蒸气无法逸出。在 200℃温度下容器中的水作为高温高压的液体能溶解那些在正常条件下不能溶的材料。

这种容器称为高压釜，由于高压釜有因承受不了其中超热蒸气的巨大压力而破裂的可能性，因而有一个更形象的名称“炸弹”（或弹，bomb）。

祖母绿和石英可用这种方法合成。祖母绿的合成是通过溶液反应，石英的合成是通过溶液迁移。

这两个过程都依赖于存在有温差不大的两个区域，在较高温区添料被溶解，在较低温区晶体生长。

水热法合成祖母绿

在这一过程中，粉碎的石英（提供二氧化硅）置于高压釜的顶部，反应物氧化铬、氧化铝和氧化铍在底部溶解（图 15-3）。

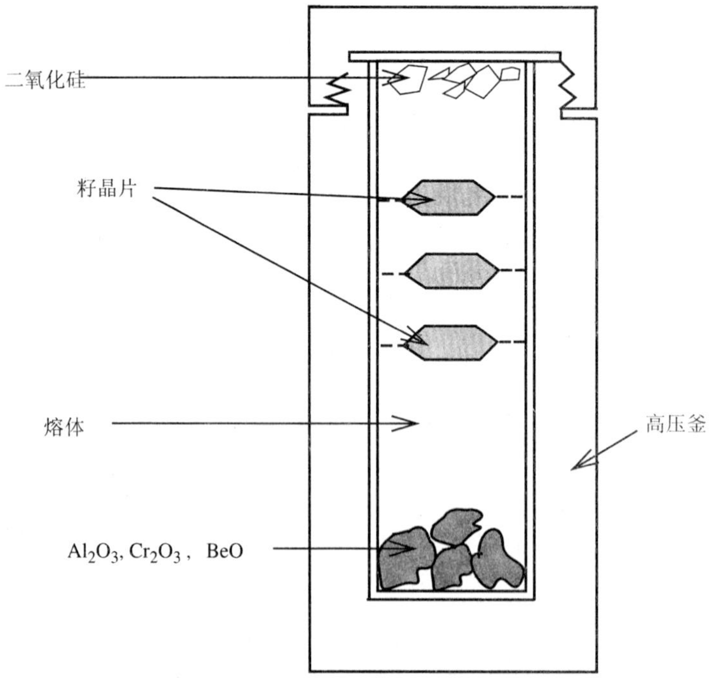

图 15-3　水热法合成祖母绿

维尔纳叶法生产设备
© I Mercer

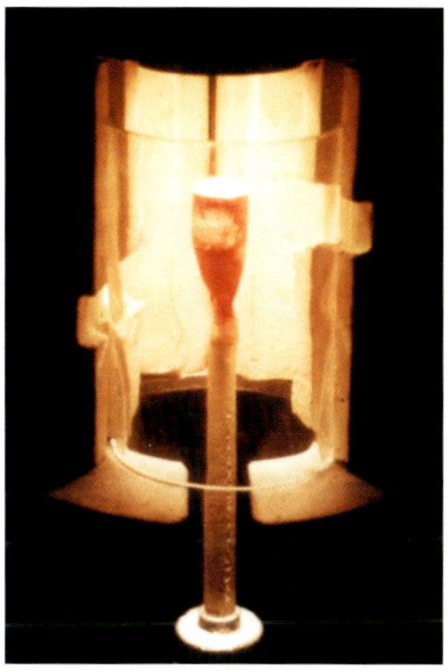

生产过程中的焰熔法梨晶
© I Mercer

维尔纳叶焰熔法合成刚玉的梨晶
（上图和下图）
© Gem-A

维尔纳叶焰熔法合成红宝石和蓝宝石的刻面宝石
© Gem-A

维尔纳叶焰熔法合成红宝石中的弯曲条纹
© GTL

助熔剂法合成的红宝石和蓝宝石板状晶体
© Gem-A

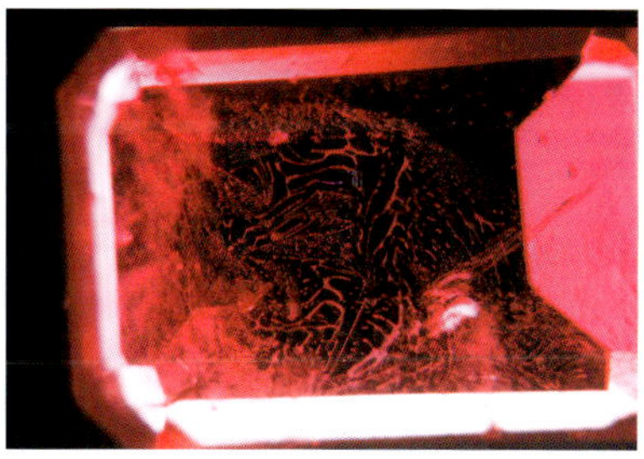

助熔剂法合成红宝石中的部分愈合裂隙
© P Daly

水热法合成祖母绿中的生长构造
© GTL

对流推动扩散，使这些反应物在高压釜中部相遇并发生反应，形成祖母绿溶液，而后在籽晶片上结晶。

晶体在 600℃左右温度和 1 000 个大气压的条件下生长，生长速度可达到每天三分之一毫米，生长周期为两星期。

由于高压釜是密封的，养料不能再添加。较大的宝石都是利用上一次生长的晶体作为下一次生长的籽晶生长而成。生产厂家有林德(Linde)、拜荣(Biron)、真空风险公司(Vacuum Ventures)（现产品名为雷杰西，Regency）和俄罗斯。

水热法合成石英

合成石英使用溶液迁移方法大量生产。大多数合成石英是无色的，主要用于工业目的，但也生产出各种颜色的品种。黄晶和紫晶的商业性生产主要在俄罗斯和日本。不清楚究竟有多少合成宝石级石英进入市场。通常难于确定石英是天然的还是合成的；常缺少诊断性包裹体。

15.3.3　高压高温法合成钻石

合成钻石首次生产是在 1953 年。现在广泛使用的是“压带法”和 BARS 法。两种方法都要求约 70Kb 的极高压力和约 1 800℃的极高温度。

这些方法和合成钻石的鉴别将在证书课程中详细讨论。

15.4　检测和鉴别

15.4.1　维尔纳叶法合成刚玉

合成红宝石和蓝宝石，不论是如何生产的，其物理性质都与天然的非常相似。折射率和相对密度是相同的，因而，由生产方法所导致的生长特征成为重要的鉴别特征。用 10×放大镜或显微镜在变换的光照条件下进行观察可获得最佳结果。

当粉末添料通过维尔纳叶炉的火焰时变成半熔融状态。完全熔融发生在生长梨晶弯曲顶部的薄层。据估计，这一过程只有 7 秒钟时间。

由此导致了两个重要的结果：

⑴　由下落的粉末所捕获的气泡在结晶发生前没有足够的时间逸出；

⑵　生长晶体的各个薄层会有轻微的差别。

气泡对于维尔纳叶法合成刚玉是特征的（图 15-4）。它们通常是小的，在低倍放大时只显示为微小的点。但由于气体的折射率与宿主刚玉的折射率差别很大，所以它们清晰可见。

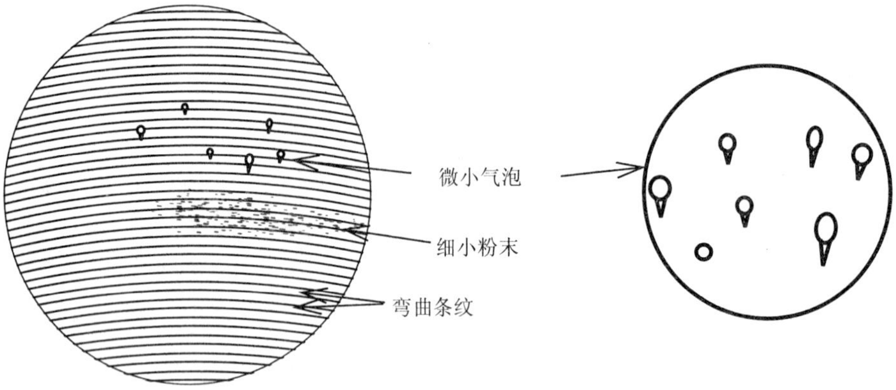

图 15-4　维尔纳叶法合成刚玉中的气泡、尘粒和条纹

气泡通常是球形的，但也有变形的或有个尾巴，即蝌蚪状的。它们可单独出现，也可聚集在一起成云状。

在较老的维尔纳叶法合成刚玉中，通过仔细检查通常可发现气泡。气泡的存在是合成成因的证据。然而，现代的维尔纳叶法合成品可几乎不含气泡。所以，没有气泡并不能作为宝石是天然成因的证据。

在从梨晶切下的宝石中可看出成分上的轻微差别。不同层在成分上的变化显示为平行弯曲的构造线或色带。这些特征只能从一定方向才能看到，因此为看到这些特征，需要调整宝石的位置。在较浅色的宝石譬如黄色蓝宝石中，这些条带很难看到或不可能看到。

在天然刚玉和助熔剂法合成刚玉中构造线或色带是直的，当方向变化时，两组直线以明显的角度相交。平行弯曲线或色带是维尔纳叶法合成刚玉的强有力证据，但注意绝不可与玻璃中取向性较差的弯曲条纹相混淆。

当成品红宝石的台面垂直于光轴时可获得最佳的颜色，所以天然宝石通常以这种取向切磨（见第十章多色性部分）。

合成红宝石的梨晶通常沿纵轴破裂成两半。所以，加工维尔纳叶法合成红宝石时较方便的是使台面或多或少地平行破裂面。由于梨晶的光轴通常大致平行于破裂面，所以透过合成红宝石台面的颜色通常是不那么令人喜爱的橙红色。

这种差别不能作为宝石检测的基础，它只表明该宝石有可能是合成的。

合成星光刚玉

刚玉中的星光效应是由三组分布在一个平面内并以 120° 相交的微细的金红石针状包裹体所导致（见第六章）。

维尔纳叶法合成星光刚玉是用通常方法生产的，只是在粉末添料中加入 0.1%~0.3%的氧化钛(TiO_2)。TiO_2 最初是以固溶体状态存在于刚玉梨晶中。随后在加热到 1 300℃并保持 24 小时后，TiO_2 将在刚玉单晶中出溶成定向分布的针状晶体。然而，合成星光刚玉的外观通常与天然星光刚玉有显著不同：

(1) 通常合成星光刚玉的颜色要比天然星光刚玉明亮。

⑵ 合成星光刚玉的星光通常非常清晰，且显得就在表面。在天然星光刚玉中，星光大多是发散的，并显得是在宝石稍深的部位。

⑶ 合成宝石的星光大都有直的星线，而且外观很规则。天然宝石的星光大都不那么规则，即稍有弯曲且强度也不均匀。

⑷ 在一些合成星光刚玉中可见到气泡和（或）弯曲生长线。

⑸ 合成星光刚玉的切磨款式往往具有几何精确性。它们具有对称的中等高度的拱和平的通常是抛光的底。

⑹ 天然星光刚玉的切磨款式一般不那么完美。拱不规则且高度也有变化。星光常是偏离中心的，而底则常是“笨重的”，这是因为宝石切磨师通常不想去掉多余的材料（图 15-5）。即便底面经过良好抛光，也多呈凸面而很少是平的，这同样是因为除去这些多余的材料即使不影响颜色，也将减少宝石的重量和价值。笔式手电筒对检测星光宝石非常有用。

具抛光平底的切工精良的合成星光宝石

具圆的未抛光底面的天然星光宝石中的偏心星光

图 15-5　典型的星光刚玉弧面宝石

其他特征

刻面宝石上出现的称为“火痕”或“颤痕”的波纹状或裂纹状表面标志被认为是维尔纳叶法合成成因的指示特征。这些特征是抛光过程中产生的，而且对不谨慎抛光的刚玉是典型的。

当抛光一颗大的优质的红宝石和蓝宝石时肯定会十分小心，如果火痕出现在这样的宝石上会让人吃惊。基于这种情况，火痕的出现应引起宝石学家的警觉并意识到这颗宝石可能是合成的。然而，火痕不应该作为合成宝石的证据。

尽管颜色、切磨款式和精确度等特征能为宝石学家提供关于宝石可能成因的初步有益的印象，但这毕竟是表面的而不是诊断性的。在检测宝石时，这点应该牢记在心。现今的合成宝石通常是由自动系统进行抛光，可有极好的对称性和抛光质量。

15.4.2　维尔纳叶法合成尖晶石

鉴定特征包括：

（1）如果有气泡，其形状会比刚玉中所见到的复杂。譬如，它们可能是拉长并缩颈的，有时被称为“异形”气泡。

（2）尖晶石是单折射的。大多数维尔纳叶法合成尖晶石的折射率相当稳定,是 1.727。大多数作为宝石切磨的天然尖晶石的折射率为 1.714 到 1.718。这一显著差别是鉴别维尔纳叶法合成尖晶石的重要手段。

（3）异常消光——因为天然尖晶石和助熔剂法合成尖晶石是各向同性的，所以它们通常在正交偏光下的任何位置都是暗的。维尔纳叶法合成尖晶石的晶体结构内存在的应变导致了在偏光镜下转动宝石过程中有不均匀的异常消光效应掠过。这是非常重要的鉴别特征。

（4）许多淡蓝色和深蓝色维尔纳叶法合成尖晶石是由钴致色的，产生特征的吸收光谱和滤色镜反应（见第九章）。

15.4.3 助熔剂法合成祖母绿

许多助熔剂法合成祖母绿具有比天然祖母绿低的折射率和相对密度。

包裹体有（图 15-6）：

⑴ 面纱状或花边状羽状体，通常是弯曲或扭曲的，与天然祖母绿中见到的不同。

⑵ 来自坩埚的小的金属晶体。

⑶ 晶体、钉状包裹体和熔剂充填的孔洞。

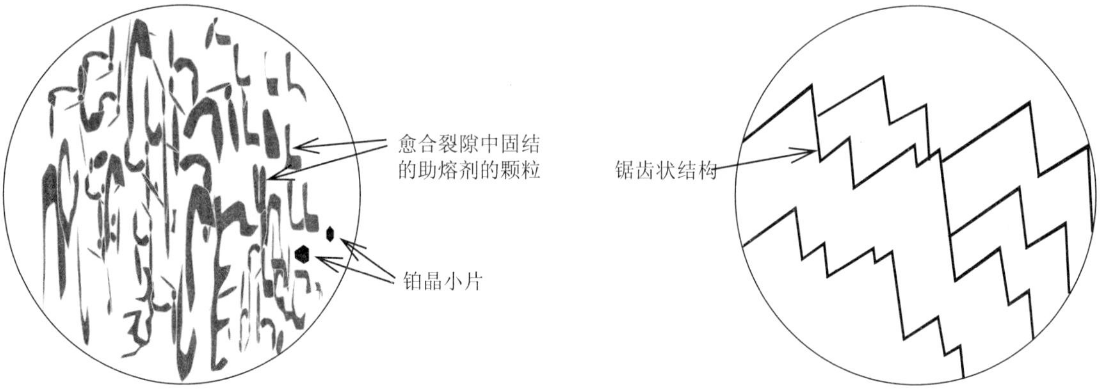

图 15-6　助熔剂法合成祖母绿（左）和水热法合成祖母绿中的包裹体

15.4.4 水热法合成祖母绿

水热法合成祖母绿中含有许多与助熔剂法合成祖母绿中所见相似的包裹体，譬如面纱、头部为晶体的钉状孔洞以及来自坩埚的铂片晶。在某些方向上可看到锯齿状（人字形）构造、热雾状构造和生长标志。

一些合成祖母绿，包括助熔剂法合成的和水热法合成的，在查尔斯滤色镜下呈非常明亮的红色。另一些则因含多量的铁致使荧光被抑制。然而，哥伦比亚天然祖母绿在查尔斯滤色镜下也呈与一些合成祖母绿一样明亮的红色。因而，这种测试对合成祖母绿不应视为结论性的。

15.4.5　助熔剂法合成红宝石

天然的和助熔剂法合成的红宝石有相同的物理性质。助熔剂法合成蓝宝石也与其天然对应物有相同的物理性质。然而，包裹体可揭示它们的不同成因。

特征的包裹体是：

⑴　各种形状的由熔剂充填的孔洞，譬如羽状体/指纹状包裹体以及“油彩状色斑”和慧星状构造。一些熔剂为橙色或白色。

⑵　来自坩埚的铂片晶。

15.5　多晶质和非晶质材料

15.5.1　多晶质人造材料

人造“青金岩”、“珊瑚”和“绿松石”

目前有商业性生产的这几种宝石材料被称为“合成的”绿松石、青金岩和珊瑚。它们是人工生产的。由于这类材料的生产细节鲜为人知，无法给出确切的信息。然而，一般认为是使用的制陶技术。关于它们的生产、主要用途和简易鉴别将在第十六章中更详细地讨论。

15.5.2　非晶质人造材料

合成欧泊

贵欧泊的外观在天然宝石中是独特的。在 1964 年前，导致欧泊变彩的结构尚不为人知。因而，合成欧泊是不可能的。

当人们知道了欧泊珍贵的光学效应是由大小相等、紧密堆积的二氧化硅球体规则排列导致时，设计再造这种结构的方法成为可能。1974 年，合成欧泊首次由吉尔森（Pierre Gilson）投入市场。合成欧泊的生产和检测将在证书课程中讨论。

人造“塑料欧泊”

通过模拟贵欧泊的结构，生产出了贵欧泊的极具欺骗性的塑料仿制品。使用的是聚苯乙烯球体而不是二氧化硅球体。通过灌注折射率不同的另一种塑料将它们胶结。

这些塑料仿制品的物理性质不同于欧泊。如何鉴别见第十六章。

玻璃

合适的有色玻璃可用于仿所有透明和半透明的宝石以及大多数不透明的宝石。玻璃是最老的一种仿制材料，至今仍广泛使用。

玻璃是非晶质。非晶质与晶质的区别在于其原子键合的随机排列。在玻璃中，这是由于熔融玻璃的快速冷却，致使规则、晶质的原子结构无法形成。熔融的玻璃是粘滞的，当冷却时其分子单元很难使自己呈规则、晶质有序的排列。

玻璃的成分

生产许多不同类型的玻璃，它们的化学成分有一定变化。最常见的商业玻璃是**冕牌玻璃**（无铅玻璃）和**燧石玻璃**（铅玻璃）。这两类玻璃主要由硅酸盐材料与钠或钾以及铅或钙组成。

冕牌玻璃用二氧化硅与氧化钠和氧化钙制成的。用于批量生产玻璃，包括模制的宝石和装饰品。

燧石玻璃用二氧化硅与氧化钾和氧化铅制成的。加入氧化铅是为了提高折射率、色散和亮度，但一般也会使硬度降低。这种玻璃用于刻面的钻石仿制品和刻面的玻璃宝石制品。除这些基本成分外还可添加其他的氧化物以改变玻璃的性质，也包括产生各种各样的颜色。

以上这两种类型的玻璃都用于宝石光学仪器，譬如棱镜式分光镜。

“斯洛坎姆石”、石榴石为顶的二层石以及其他使用玻璃的宝石材料将在第十六章中连同其鉴别方法一道介绍。

塑料

塑料不能提供令人信服的坚硬宝石仿制品，因为它们的物理性质与它们所仿宝石的物理性质明显不同。

然而，有重要的用于模仿有机宝石和欧泊的塑料仿制品。

塑料是通过把较简单的分子碳基化合物连接起来形成极长分子而制造出来的，该过程被称为聚合作用。关于它们的类型、仿制用途和鉴别见第十六章。塑料也用于宝石材料的涂层和灌注，见第十七章。

第十五章　人造宝石材料

第十五章强化题

1. 说出一种是人造的但又不算是合成品的宝石材料。
2. 要算是真正的合成品，宝石材料应具有哪 3 个标志？
3. 说出 3 种生产合成宝石的不同方法。给出能用每种方法生产的一种宝石的名称。
4. 假如一颗无色合成蓝宝石被用来仿钻石，它能被叫成合成钻石吗？是/否
5. 维尔纳叶法合成尖晶石与天然尖晶石有何不同？
6. 如果你检测一颗淡蓝色钴致色维尔纳叶法合成尖晶石，你预期（a）正交偏光下和（b）查尔斯滤色镜下会得到什么结果？
7. （a）维尔纳叶炉的大致工作温度是多少？（b）用这种方法长成一个晶体大约要用多长时间？（c）用这种方法合成的维尔纳叶红宝石和蓝色蓝宝石的主要内部特征是什么？
8. 说出在（a）助熔剂法合成红宝石和（b）水热法合成祖母绿中的一种特征包裹体。
9. 为何人造“塑料欧泊”能如此逼真地仿天然欧泊？
10. 什么类型的人造材料是（a）最适用于仿有机宝石材料的和（b）最古老的但迄今仍广泛使用的仿制品？

第十五章家庭作业

1（a）讨论在天然和人造宝石中能见到的包裹体类型。在你的回答中要解释宝石学家能从检查包裹体中获得些什么。（14 分）
（b）你被要求检查一个有 3 颗祖母绿的戒指。估计其中有一颗是合成的。解释你要观察到什么才能帮助你确定这 3 颗祖母绿是天然的或合成的？（6 分）

2（a）说出石榴石族的 3 个成员的名称。列出每个的化学组成。（6 分）
（b）描述能帮助你区分和鉴别你在（a）中所列 3 种石榴石的最重要性质和特征。（6 分）
（c）给出能帮助你快速区分裸式爪镶在同一项链上的明亮红色刻面石榴石和外观相似的刻面红宝石的 3 种方法。（8 分）

3（a）借助良好标注的示意图描述红宝石的维尔纳叶焰熔合成法。（10 分）
（b）你如何用显微镜区分天然红宝石和维尔纳叶法合成红宝石。解释你预期会看到什么和你会使用什么类型的照明。（6 分）
（c）你看到的什么特征能帮助你识别合成星光蓝宝石？（4 分）

第十六章　仿制和拼合宝石材料

第十六章　仿制和拼合宝石材料

16.1　仿制材料及其检测

宝石的瑰丽和稀有使之被众人所向往，但某些宝石昂贵的价格使大多数人无法得到它们。因而总是需要有一些能模仿珍贵宝石的外观而价格又便宜许多的材料。

仿制宝石的记载可追溯到 5 000 多年前。古埃及时代，上釉的块滑石和陶瓷以及上釉的石英为底的拼合石就曾用来仿绿松石和其他不透明宝石。随后采用的也是最持久的仿制品是**玻璃**，它经适当着色后可模仿任何透明或不透明的宝石。玻璃也是从古埃及时代开始使用，随后又著称于 2 000 多年前的古罗马时代。

玻璃现今仍用来仿宝石和装饰材料。用于仿宝石的玻璃也称为 paste（玻璃宝石）。

天然宝石材料也用作仿制品。譬如锆石常用来仿钻石。

仿制宝石材料（仿制品）　是用于模仿其他宝石材料的效应、颜色和外观的天然或人造的材料。这些材料不具有所仿材料的化学和物理性质。

人造材料诸如合成尖晶石和合成刚玉，常用于仿**其他宝石种**。当这样使用时，它们是仿制品，也是人造的和合成的宝石材料。

由两种或更多种天然的和（或）人造的组分拼合成的宝石也用作仿制品。

大多数仿制品是用来替代更贵重的宝石。

16.1.1　玻璃及其鉴别

玻璃可用于仿具各种颜色和效应的许多透明、半透明和不透明的宝石。它是最老的仿制材料之一，早在 4 000 多年前就已广泛使用，现在仍广泛使用。

玻璃的物理性质随化学成分而变化。用于仿宝石的玻璃常具如下性质：

硬度	摩氏硬度通常为 6 或低于 6
相对密度	通常在 2.0 和 4.2 之间
折射率	通常在 1.50 和 1.70 之间

在这个折射率范围内没有常见的天然或人造的单折射(立方晶系)晶质宝石材料。这个事实连同观察特征使得能容易地把玻璃宝石与晶质宝石材料区分开。

玻璃几乎能制成任何颜色并显示各种结构。所以，它能模仿所有的透明宝石种以及半透明到不透明的微晶质宝石，譬如玛瑙和其他玉髓以及玉和绿松石。燧石玻璃含铅高，这增加了它的色散，使它适合于制作切割的玻璃装饰品和透明无色的刻面仿钻制品。

由于没有规则的原子结构，所有玻璃宝石材料都是各向同性的，不会拥有任何的方向性晶体特性。譬如解理、双折射或多色性。然而，许多玻璃宝石显示用偏光镜可检测出的异常消光效应（见本章下文和第十章）。

由于具非晶质结构，玻璃导热的能力明显低于晶质材料。用嘴唇接触宝石就可发现这种差异，由于玻璃传热慢，故相同温度下玻璃比晶体感觉暖。

10×放大镜观察

用两个模子压制成形的人工制品有“铸模痕”可作为这种生产方法的证据。铸模痕是在模子边沿形成的薄的线状脊，出现在未经随后抛光的玻璃和塑料模制品中。在切磨或模制的玻璃宝石上常可看到圆的刻面棱。

当热的模制的玻璃冷却时产生收缩和内应变。收缩会导致一些或全部刻面稍稍下凹（使得在折射仪上难获得清晰的读数）。如果刻面随后经过抛磨，将不会看到这一现象。

其光泽可能与所仿的宝石不一致。譬如，绿松石的玻璃仿制品总是显玻璃光泽，而未经处理的绿松石则显蜡状光泽。经过处理或灌注的绿松石也可有玻璃光泽（见第十七章）。

玻璃是较软和较脆的。经过一段时间佩戴后表面会出现大量划痕。这些划痕以及刻面棱和腰棱上的缺口都是玻璃的特点，但这些特征只是表面性的，任何时候都不应作为鉴定的依据。

玻璃的断口面为典型的贝壳状。玻璃破裂面显示玻璃光泽，而微晶质宝石破裂面常显示较暗淡的或蜡状的光泽。

组分的不完全混合几乎总会导致折射率稍稍不同的宽的旋涡纹。这在无色和有色玻璃中都可看到。玻璃中颜色的分布也常呈旋涡纹状。

空气常被捕获于熔融的玻璃中并以气泡的形式出现在仿制宝石中（图 16-1）。

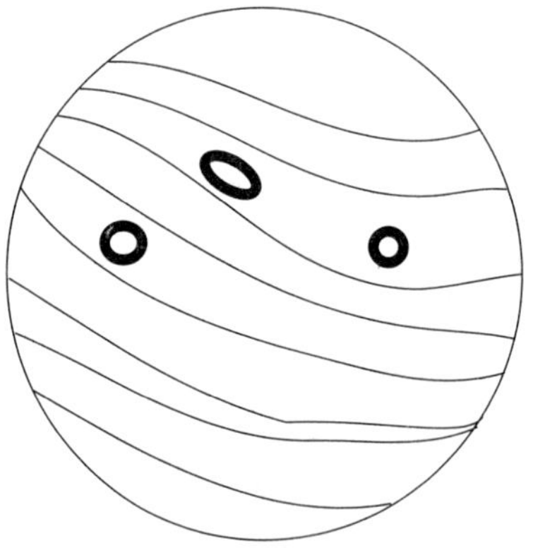

图 16-1　玻璃中的旋涡纹和气泡

玻璃中的气泡通常是球形的，但也有在模制过程中沿流动方向拉长的。气泡可以很大。由于被捕获的空气与圈闭它的玻璃的折射率差别很大，气泡的边界总是十分清晰。根据清晰的边界或高的突起以及光滑的外观可把玻璃中的气泡与天然宝石中的圆的晶体和液体充填的孔洞区分开。圆的晶体和液体充填孔洞的折射率非常接近于宿主材料，因而突起较低，看上去不那么明显。加工过程中气泡可能被切开，从而在玻璃表面留下凹坑。

偏光镜

当玻璃在正交的偏振滤光片之间转动时，它始终是暗的。然而，有些玻璃当转动并从许多方向观察时可显示变化的宽的暗带和亮带，或有时显示黑的十字。当转动玻璃时，这些带或十字会“扭动”。这是由玻璃中的应变所导致的异常消光效应。

吸收光谱

由钴致色的蓝色玻璃在光谱的橙、黄和绿区显示 3 个带（见第九章）。这种类型的玻璃在**查尔斯滤色镜**下呈红色。含硒的红色玻璃在光谱的黄到紫区显示宽的吸收。这是两种最易识别的吸收光谱，有助于把玻璃和所仿的宝石区分开。

一些常见的玻璃品种

半透明微晶质宝石材料如玛瑙或玉的玻璃仿制品可根据正交偏光下的表现来识别。组成玉髓和玉的各向异性晶体是随机定向的。当转动这些材料时，有些晶体会产生消光，但大部分晶体并不消光，因而材料将始终是亮的。玻璃是各向同性的，因而在所有位置上都将是暗的或显示明显的应变消光效应，还常含气泡。

玛瑙中的颜色条带也是弯曲的，但条带通常是平行成组出现，而玻璃中的条带则有序度差。

砂金玻璃含明显三角形或六边形轮廓的铜片晶。这些铜片晶使玻璃呈显著的闪烁外观。褐色的砂金玻璃被称为金星石，用于仿天然日光石。天然日光石中包裹体的形状不那么规则。

猫眼效应是由平行的玻璃纤维或拉长的气泡产生的。用 10×放大镜沿光纤玻璃的纤维方向观察，可看出“蜂窝状”效应。

在有些玻璃中可看到星光效应，这是由在弧面宝石底部刻划的或嵌入的细交叉线产生的。这样的玻璃宝石有可能在底部衬有色的箔。

多年来一直通过在半透明玻璃弧面宝石底部衬有色箔的方法制作欧泊仿制品，但样子不能让人信服。一种较为让人信服的仿制品叫**斯洛坎姆石**，是以发明者的姓名命名的。斯洛坎姆石制作成各种体色的，其变彩是由薄层状玻璃的薄膜状包裹体所产生。这些包裹体的折射率高于宿主玻璃，从而导致光的衍射。显微镜下可见气泡和旋涡纹。晕彩色斑有时会产生褶皱箔效应。

玻璃，特别是含铅高的燧石玻璃，有时被称为“crystal”（晶体）或“crystal glass”（晶体玻璃）。这是商贸用语。玻璃按其定义是非晶质的，任何时候都不会有晶体结构。

16.1.2　塑料及其鉴别

塑料因其物理性质与其所要仿的宝石差别很大，故不能提供使人信服的仿制品。然而，有机宝石和欧泊则是重要的例外。

塑料的物理性质

化学成分	将相对简单的碳基化合物分子连接起来形成极长的分子可生产出塑料。这个过程叫聚合作用
硬度	摩氏硬度 $1^1/_2$ 到 3
可切性	塑料具不同程度的可切性，当用刀刃小心地在塑料不显眼的部位切割时，会切下薄片。而当用刀切割时，除牙类和龟甲外的几乎所有宝石材料将会裂开、崩口或刮下粉末
相对密度	纯塑料在 1.05 和 1.55 之间变化。如果有高密度添料，相对密度会增加
偏光镜测试	各向同性；有时显示异常消光效应
透明度	透明到不透明
颜色	可改变以与所要仿的材料的颜色和结构相吻合

品种

赛璐珞是最先采用的塑料，但因其危险的可燃性（见下文中的警告），很快就被取代掉了。它的硬度是 2，易切。曾用于仿琥珀、牙类和龟甲。

电木是酚醛树脂的商业名称。这些树脂曾用来仿不透明和透明宝石，包括有机宝石。它们是可切的，但因具韧性，只能切成大的片。燃烧时有一股强的苯醛防腐剂气味。加入填料可生产出各种颜色和结构的产品。电木曾用来仿琥珀、龟甲、玉、玛瑙和其他许多宝石和装饰材料。它被加工成珠子、弧面宝石、盒子和雕件。电木较硬和较脆。

酪蛋白塑料是来自牛奶中的蛋白质。当一小块酪蛋白在火焰中加热时会有牛奶烧焦的气味。它是可切的。

有机玻璃（甲基丙烯酸甲酯）是一种丙烯酸类树脂。它可被丙酮侵蚀，燃烧时有果香味。它是透明的，可用来制作便宜的珠子和首饰，还可用作仿制珍珠的核。

聚苯乙烯可模制成外观为刻面型的宝石，但它易溶于多种有机液体，包括二碘甲烷。

注意：当加热或用热针检测塑料时要特别小心。赛璐珞塑料是极度可燃和爆炸性的。在观察时首先要小心地使用其他测试方法。

塑料的导热性情况能为区别塑料和其要仿制的宝石提供有效的线索。塑料的导热性比玻璃还差，更与晶质材料显著不同。所以，当触摸时，塑料比晶质宝石材料有暖感。令人信服的塑料仿制品只有仿欧泊制品和仿某些有机成因宝石特别是琥珀的制品。

仿欧泊的制品

贵欧泊的一种极具欺骗性的塑料仿制品是通过复制**贵欧泊**的结构而制成的。使用的不是二氧化硅而是聚苯乙烯球体，通过灌注折射率不同的另一种塑料将它们胶结。塑料的相对密度是 1.9，而欧泊是 2.10。塑料的硬度低，故用针尖轻轻地、谨慎地试探，针可刺入这种仿制品中，而当用针刺探天然或合成欧泊时针将滑开。此外，塑料中可有气泡，正交偏光下可见异常消光效应。

仿有机材料的制品

有些塑料仿制品的物理性质与有机材料相近，但大多数有机材料的构造与塑料仿制品有显著差别。

第十六章　仿制和拼合宝石材料

牙类的仿制品包括填充的赛璐珞和其他塑料，它们有非常相似的物理性质。尽管在塑料中通过将薄的片粘结到一起也可产生纹路，但各种牙类的构造可作为鉴别的最佳指南。象牙和化石猛玛牙可根据特征和规则的弯曲交叉线构造（见第十四章）来鉴别。这种样式在长牙的横截面上看得最清楚。纵截面上将只显示平行线的纹路。所以，可能的牙类制品应从各个方向检查。塑料仿制品从不会显示这种弯曲交叉线样式。

琥珀的相对密度低于酚醛树脂和赛璐珞等大多数塑料，也在较小程度上低于酪蛋白塑料，可能也低于有机玻璃和聚苯乙烯。饱和盐水溶液（大致 10 茶勺盐和 600 毫升冷蒸馏水，不需加热）可提供相对密度为 1.12 的液体，在这种液体中未镶的或从珠串上取下的琥珀刚好浮起（珠孔中不应有气泡），而大多数塑料将下沉。

大多数塑料是可切的，而琥珀则不可切。当用刀刃小心地切割不显著的部位时，琥珀会崩裂，而塑料则可切下小片。当燃烧或用热针触探时，琥珀和其塑料仿制品会有非常不同的气味。注意纤维素塑料有起火危险的警告，并要注意这些测试是破坏性的。

16.1.3　晶质集合体

目前见于市场的这类宝石材料包括所谓的“合成”绿松石、青金岩和珊瑚。这些都是人造产品。在它们的生产中可能采用了制陶技术，包括粉末原料在温度和（或）压力下重结晶的作用。原料可由化学反应物或粉碎的天然材料组成。在这两种情况下都可形成小晶体的集合体。这些材料通过仔细检查它们的构造可以识别。更详细的介绍见证书课程。

“吉尔森造青金岩”

此材料有时被错误地称为“合成”青金岩，但它是由人工生产的佛青和其他物质经制陶过程生产的。它不能称为合成的，因为它不具备青金岩的矿物成分。其颜色与最佳的青金岩相似，而且可显示某些斑点。“吉尔森造青金岩”可有黄铁矿颗粒，也可没有。它是不透明的，而青金岩是稍微半透明的。它总是细粒的，在查尔斯滤色镜下无特征的颜色，而青金岩则显红褐色。

16.1.4　用作仿制品的天然材料

一些天然材料与更贵重的宝石有非常相近的外观，可提供非常令人信服的仿制品。譬如，淡蓝色的锆石常仿冒较贵重的海蓝宝石销售。有些矿物通过染色或贴箔后镶嵌以仿各种各样的宝石。在放大镜和好的照明条件下仔细检查，通常能识别这些材料。下面给出一些较知名的天然仿制品及其有效的鉴别特征。

用于仿钻石的锆石、石英（水晶）和托帕石的无色品种将在本章稍后部分讨论。

晶质石英

水晶在衬适当的有色箔后可用于仿各种有色宝石，譬如祖母绿、红宝石和蓝宝石。用放大镜检查可发现受损的箔。被仿的宝石有诊断性的吸收光谱，而用分光镜检查贴箔的水晶时看不到这些光谱。染色石英也可用作仿制品，譬如用染绿的石英仿祖母绿。

黄晶被用作黄色和樱红色托帕石的替代品。根据不同的折射率和相对密度可容易地把黄晶和托帕石区分开。黄晶的光泽不如托帕石明亮。用放大镜检查可发现在由紫晶热处理产生的某些黄晶中有典型的色带等内部特征。与黄晶不同，托帕石可有明显的多色性，并可显示初始解理。

石英猫眼是最常用来仿金绿宝石猫眼的。石英猫眼的浅绿、浅褐和浅黄褐色与金绿宝石猫眼中所见的颜色相似。用放大镜检查会发现，在许多石英猫眼中导致猫眼效应的构造常显著地粗于金绿宝石猫眼中所见到的，金绿宝石猫眼中的构造很难或甚至不可能分辨出。因此，反射产生的亮带通常比金绿宝石猫眼中所见的细的亮线要粗。如果宝石未镶的话，可据相对密度区分石英（2.65）和金绿宝石（3.72），金绿宝石在二碘甲烷中下沉。

石英猫眼可染色以仿其他宝石猫眼，譬如碧玺。用放大镜可检测出染剂沿纤维状包裹体的浓集。

多晶质石英

玉髓和碧玉是可渗透的，故可染色以仿各种材料。淡灰色的玉髓可用铬盐染绿以仿绿玉髓、半透明祖母绿和翡翠的最珍贵品种“特级玉”。染色玉髓和天然铬致色玉髓（如铬玉髓）在查尔斯滤色镜下显粉红色。祖母绿在查尔斯滤色镜下常显粉红色，可根据它特征的吸收光谱来区分。大多数未染色的翡翠和绿玉髓在查尔斯滤色镜下呈绿色。

玉髓是多晶质的，正交偏光下在所有位置都是亮的。据此可把染色玉髓与由单晶切磨的宝石区分开，但不能与其他的半透明多晶质材料如翡翠相区分。

如果是未镶的，玉髓很容易根据相对密度与翡翠相区分。玉髓（2.6）在二碘甲烷中上浮，而翡翠（3.33）则下沉。较大的宝石最好用静水称重法测定(见第五章)。

碧玉/玉髓可染蓝以仿青金岩(叫“瑞士青金”)。然而，颜色从来未达到青金岩那么蓝，也没有大多数青金岩中见到的黄铜色的黄铁矿。仿制品通常具玻璃光泽，这不同于青金岩较弱的光泽。

用放大镜检查染色碧玉，可发现未被染剂影响的透明石英区，或因不同层的差异性染色而使玉髓的带状构造变得更明显的部位。在“瑞士青金”中见不到青金岩的粒状结构。

石英岩因其粒状结构，可被染色以模仿各种半透明到不透明的宝石材料。根据结构和物理性质的不同，通常不难把石英岩与青金岩和玉区分开。用放大镜可看到染剂在粒间和沿裂缝的浓集。也见下文关于玉的仿制品。

红宝石的仿制品

包括铁铝—镁铝榴石和天然红色尖晶石在内的各种红色材料被用于仿红宝石。

	RI	双折射率
红宝石	1.76 到 1.77	0.008
尖晶石	1.717	无
铁铝—镁铝榴石	1.74 到 1.81	无
红色玻璃——硒玻璃	1.50 到 1.70	无

石榴石和红宝石可根据吸收光谱来区分。红色尖晶石的光谱有些像红宝石，但也有明显的差别，这将在证书课程中讨论。如果是刻面宝石，红宝石则根据 RI 和双折射率很容易区分出。

尖晶石和石榴石是各向同性的，偏光镜可揭示尖晶石的单折射本质，但石榴石通常显示异常消光效应。二色镜可揭示红宝石明显的多色性。大多数红宝石和尖晶石在查尔斯滤色镜下呈红/粉红色，而石榴石则是暗的。分光镜有助于鉴别红色宝石，特别是当宝石小而且已镶在首饰上时。

玉的仿制品

鲍文玉是蛇文石的半透明品种，常用来仿玉。它通常是黄绿色并含云状斑块。

块滑石是块状形式的滑石矿物，有时用来仿玉。纯的块滑石为银白色，但许多块滑石含杂质并呈绿色到褐、黄或浅红色，脉和斑点常见。鲍文玉和块滑石都常用于首饰和雕刻。在外表上它们很像玉，但物理性质则与翡翠和软玉有显著差别。

材料	RI（平均）	相对密度	硬度	10×放大镜观察
翡翠	1.66	3.33	7	糖状到稍许纤维状结构；绿色区通常比软玉中的明亮
软玉	1.62	2.8 到 3.1	$6\frac{1}{2}$	“锯齿状”断口；常为暗绿色，纤维状
鲍文玉	1.55	2.6	$5\frac{1}{2}$	云状，白色斑块；通常半透明，油脂光泽
块滑石（皂石）	1.55	2.7	1 到 $2\frac{1}{2}$	油脂状外观和油脂感。破损处和雕刻处有粉状物。常有许多划痕
砂金石英	1.55	2.65	7	整体具粒状结构，绿色铬云母片分布在无色基质中。细的坑凹状表面
绿色玻璃	1.50 到 1.70	2 到 4.2	$5\frac{1}{2}$ 到 6	气泡、旋涡纹和铸模痕

相对密度测试能把鲍文玉和块滑石与玉区分开。翡翠和软玉可用二碘甲烷高密度液来区分。块滑石能被指甲划动并在日常使用中受损。鲍文玉通常能被钢针划动。硬度测试只能小心地在待测物品不显眼的部位进行，而后在 10×放大镜和强光下观察小的划痕。

绿色砂金石英（石英岩）常作为玉的仿制品销售。放大镜下能看出在大量无色石英颗粒中有导致绿色和特征闪烁效应的铬云母片，故易于识别。砂金石英在查尔斯滤色镜下呈粉红色，而未染色的铬致色绿色翡翠则在查尔斯滤色镜下呈绿色。因抛光时会下切到软的云母片，故抛光表面多为坑凹状（图 16-2）。

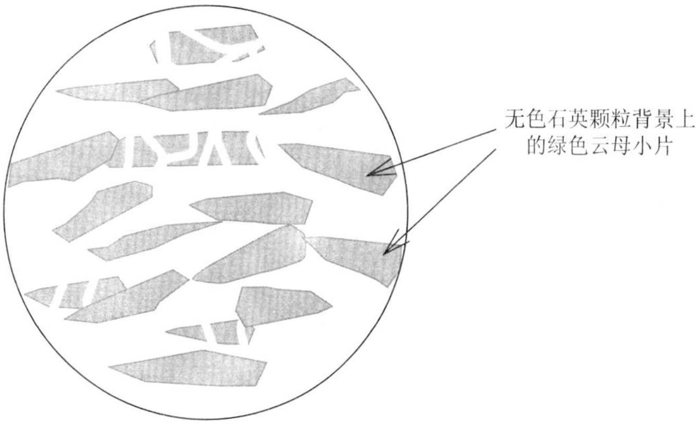

图 16-2　10×放大镜下所见的砂金石英

柯巴树脂（硬树脂）

柯巴树脂是现今地质时期的天然树脂，其外观、相对密度和可切性都与琥珀相似。与琥珀不同的是，当用一滴甲基化酒精测试时，最多 1 分钟时间，其表面会发粘。尽管一些琥珀的表面有时会有细裂纹，但柯巴树脂的表面则通常都有细裂纹和起粉。卡乌里树胶是产自新西兰的柯巴树脂。与琥珀不同，当摩擦柯巴树脂时常可察觉到强的树脂味。热针触探也会产生树脂味，这与琥珀非常不同。

16.1.5 用作仿制品的合成材料

合成尖晶石

多种颜色的合成尖晶石被用来仿其他宝石种。无色合成尖晶石被用在便宜的簇镶戒和永恒戒中仿钻石。

生产出了外观像海蓝宝石、锆石或蓝宝石的蓝色尖晶石；有些是钴致色的，显示在橙、黄和绿区有 3 个带的特征吸收谱。当用查尔斯滤色镜观察时，这些合成尖晶石呈红色。

大多数合成尖晶石在偏光镜下显示异常消光效应，其折射率在 1.727 左右。

合成刚玉

无色合成刚玉可用来仿钻石。尽管合成刚玉也是坚硬和耐久的，但可根据其不同的光学性质区分，这将在下节“钻石与其仿制品的区分”中更详细地讨论。

合成刚玉的**变色**品种被用于仿变石。它在日光下为灰蓝到蓝紫色，在钨丝灯下为红紫色。这是变石很差的仿制品，因为在优质的变石中看到的是从明显绿色到山莓红色的颜色变化。二色镜下，变石显示红、橙和绿色三色性，而合成变色刚玉只显示褐绿或浅黄和略带紫色的二色性。合成变色刚玉也可根据吸收光谱来区分，它在蓝区有一明显的线，这是由添加的用以产生变色效应的钒所致。用 10×放大镜或显微镜仔细检查，可发现气泡以及维尔纳叶焰熔法合成宝石所特有的弯曲生长线。

16.2 钻石与其仿制品的区分

鉴别钻石对于初学者会有一些困难，这是因为大多数的常规测试都不能提供结果，或只能提供非确定性的结果，也是由于已镶的小宝石很难检测。

用 10×放大镜仔细检查能为鉴别无色宝石提供一些有用的线索，而后在用常规测试来确认。本基础课程只讨论用这样的观察和测试方法如何区分钻石与基础课程大纲所列的下述无色宝石和人造材料：石英（水晶）、托帕石、锆石、合成尖晶石、合成刚玉、玻璃、立方氧化锆和合成莫依桑石。

20 世纪 80 年代设计生产出了反射仪和热导仪，用来区分钻石和数量不断增多的复杂的仿制品。这些仪器所检测的是钻石所拥有的远高于其他大多数透明宝石材料的反射率和热导率。

第十六章　仿制和拼合宝石材料

高的折射、色散和反射力以及极高的硬度都使成品钻石具有不一般的外观。高反射力和折射使钻石呈金刚光泽。明亮琢型的切磨比例要能最佳地显示光泽、亮度和火彩（色散）。明亮琢型宝石（如果切割角度接近理想的话，见第十九章）的简便测试方法是把宝石台面朝下放在打印的点上。由于全内反射（见第十七章），下面的图像将不能透过钻石。而除合成莫依桑石外的所有常见的钻石仿制品，如果是按钻石的比例切磨的话，均可让图像透过，故可看到小点。如果这些仿制品都按适合于自己的比例切磨以产生全内反射的话，那用作钻石仿制品就太厚了。

硬度决定了成品钻石的加工方法和随后的磨损特点。因钻石极高的硬度，故刻面的切磨只能靠用粉末状钻石的研磨来完成。这一研磨过程产生了**刀刃状的刻面棱**和**极平坦的**不歪曲反射像的**刻面**。如此完善的切磨在钻石仿制品中如果有的话也是极少见的。钻石是已知最硬的天然材料，故表面磨损的痕迹远少于仿制品。硬度使切磨的精确性和抛光的质量能保持几个世纪。大多数仿制品在经过一段时间的佩戴后会显示磨损的痕迹。钻石在粗磨过程中以及被硬物敲击时会受损，在腰棱上形成 V 形缺口和初始解理。初始解理也可环绕矿物包裹体发育，这是结晶过程中由内应力所致。

成品钻石腰棱上可有**原晶面**，它是天然晶面的一小部分并可显示三角凹痕等生长特征。

显示明显色散的仿制品

一些仿制品显示明显高的色散，当单独看时显得比那些具低和中等色散的仿制品更令人信服。

立方氧化锆（CZ）是商业上令人信服的钻石仿制品，从 20 世纪 70 年代开始使用，现今仍大量生产。它具明亮玻璃光泽，色散高于钻石。也和钻石一样，折射率超出标准折射仪的读数范围。其相对密度远高于钻石，这一特点可用于未镶宝石的检测。包裹体、小气泡和晶体少见。虽然硬度达到 $8^{1}/_{2}$，但刻面棱仍稍显圆滑，腰棱上会有因高速抛光产生的垂直条纹。反射仪和热导仪可把 CZ 和钻石区分开。CZ 在紫外光下常显示橙或浅黄色荧光。

合成莫依桑石的光泽几近金刚光泽，硬度为 $9^{1}/_{2}$，远比其他大多数钻石仿制品硬。色散极高，超过钻石一倍以上。常稍带绿到褐色调。尽管内部通常洁净，仍常有一些针状包裹体。合成莫依桑石通常可容易地根据其双折射与钻石区分开。你需转动宝石以避免沿光轴方向观察并获得最大的双折射效果。

锆石具亚金刚光泽和高色散，折射率超过标准折射仪的读数范围。和合成莫依桑石一样，无色锆石可容易地根据其双折射与钻石区分开，不要忘记转动宝石以获得最大的双折射效果。尽管有中等硬度，但锆石易脆性破裂，在日常佩戴中刻面棱上很快会出现崩口，使刻面棱呈“乳突状”外观，与此同时刻面中心仍是光滑的。锆石有明显高于钻石的相对密度。无色锆石的特征吸收谱是红区一条非常细的线，钻石在这个波长没有吸收。

玻璃可有相当高的色散，但通常根据切工差、硬度低和磨损程度可容易地与钻石区分开。玻璃常含气泡和旋涡纹。

具低色散（火彩差）的仿制品有合成尖晶石、刚玉、托帕石和石英（水晶）。这些宝石根据玻璃光泽、低色散、折射率和双折射（尖晶石除外）可容易地与钻石区分开。

紫外荧光

钻石对紫外光，特别是长波紫外光的反应变化极大，荧光主要为蓝色、黄色或黄绿色，也可呈惰性。这种变化性构成了含许多无色宝石的首饰的一种有效检测方法的基础。钻石显示变化的荧光色和强度。如果首饰中的所有宝石显示同样**均一颜色和强度的荧光**，这虽不能证明但却有力地暗示它们并非钻石。

譬如，无色合成尖晶石在短波紫外光下发稍带蓝色的荧光，而无色 CZ 在紫外光下则通常发橙色或浅黄色荧光。若所有宝石都呈惰性而无荧光反应，这虽不能证明却也指示它们可能是仿制品。

16.3 拼合宝石材料

拼合石这个术语用来描述由两个或更多个部分粘结（组合）到一起并给人以单颗宝石印象的任何宝石。

拼合宝石的组成部分可以是以任何组合形式存在的天然、合成或仿制的材料。拼合宝石的颜色可来自这些材料中的一种或多种，也可来自接合层内或胶内的染剂。

拼合材料　是指由两个或更多个天然或人造组分靠人工方法组合到一起并给人以单颗宝石印象的任何材料。

最常见的宝石拼合石是再造材料、二层石和三层石。

16.3.1 再造宝石材料

再造宝石材料是通过把材料粘结或熔结而成为单一宝石材料的人工产品。

再造宝石材料可由天然宝石材料制作，即把材料集合和重组成较大块的材料。它们也可由天然和人造材料的混合物集合起来成为与原始天然材料类似的仿制材料。

再造宝石材料的鉴别取决于材料的类型。放大镜和光照永远是最主要的鉴别手段，也会指示下一步应采用的测试方法。蓝铜矿—孔雀石混合物和压制琥珀是使用最多的再造宝石材料。

蓝铜矿—孔雀石混合物

借助树脂粘合剂把天然蓝铜矿和孔雀石碎屑在高压下压制成块。包括岩石颗粒在内的碎屑混合物以及存在树脂粘合剂使这种材料可与其较少见的天然对应物区分开。用这种再造宝石材料制作弧面宝石、珠子、雕刻品和圆盘。

压制琥珀

压制琥珀是由因太小或因别的原因而不适合单独使用的琥珀组合而成。加热到 200℃以上使琥珀变软而后挤压到一起，“再造”成尺寸足够加工的琥珀。较大的碎屑可组合产生相当清澈到非常清澈的大块，而粉状碎屑加热后挤压通过铸口，形成称为 ambroid 的再造琥珀的圆柱体。变软的粉末也可加压通过钢筛。这种再造过程从 1881 年开始就用于波罗的海琥珀。

压制琥珀通常可用 10×放大镜鉴别：从有明显边界的不同净度的区域可识别出原来的琥珀小片；许多材料显示出流动构造，一些清澈的小片沿一定方向排列在云状基质中；还可看到明显的“羽毛状”样式。气泡可沿流动方向拉长。压制琥珀通常是半透明到不透明的，但也可以是完全透明的。颜色可从极淡的黄色到极深的褐色。

16.3.2　二层石和三层石

如果天然宝石材料被用作刻面宝石的冠部或用作弧面宝石的拱，拼合石将很有欺骗性。随意地检查这种拼合石就可发现天然包裹体，以致使观察者觉得不必做进一步的测试。若拼合石的顶部是由拼合石所要仿的宝石制作，譬如天然刚玉的冠部和合成刚玉的亭部拼合以仿红宝石或蓝宝石，又如将贵欧泊薄片胶结到普通欧泊或泥铁矿的底座上，这种拼合石将特别具有欺骗性。

二层石指由两片材料组成的拼合石。三层石是由三片材料组成的拼合石。

常见的拼合石是石榴石为顶的二层石（GTD）和欧泊二层石和三层石。

石榴石为顶的二层石

石榴石为顶的二层石是把红色铁铝榴石和有色玻璃熔结后切磨成的刻面宝石（图 16-3）。铁铝榴石不是胶结到玻璃上的。石榴石提供了高的光泽、尖锐的刻面棱和可能的天然包裹体，使宝石具真宝石的外观。石榴石的较高硬度也使宝石有较好的耐磨损性能。

石榴石为顶的二层石的颜色完全来自其玻璃底，所以这种宝石能用来仿许多透明宝石。顶部的石榴石片是如此之薄，以致当从顶部观察时，石榴石的红色通常被掩盖，即便玻璃底的颜色很淡时也如此。

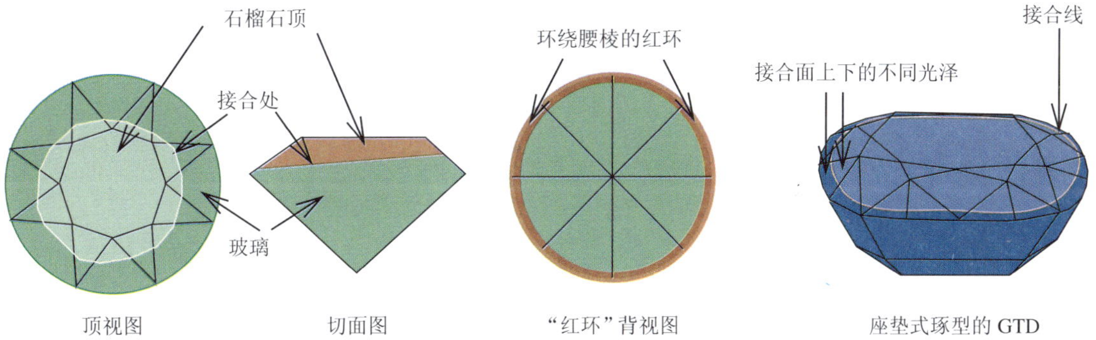

图 16-3　石榴石为顶的二层石（GTD）

石榴石为顶的二层石的鉴定

当把未镶的石榴石为顶的二层石台面朝下放在一片白纸上并在强光下观察时，石榴石常呈环绕腰棱的红环（红圈）。当把二层石浸在水中并在转动的同时对着亮的背景观察时，可容易地看出石榴石顶和接合面。许多石榴石为顶的二层石的玻璃底在短波紫外光下发明亮黄绿色荧光，而石榴石顶则是惰性的。

石榴石顶的较高光泽与玻璃底的光泽反差明显，用放大镜可容易地看出这种差别。二层石的接合面可斜穿冠部，但偶尔也有斜穿亭部的。当透过放大镜或显微镜观察宝石内部时，常会看到顶部的层中含石榴石特征的包裹体，譬如晶体和定向的金红石针。在接合面和接合面以下常可见气泡。接合面中的气泡通常是大量和非常明显的，而且在观察石榴石中的包裹体的同时就可看到这些气泡。

欧泊二层石

因太脆而无法用作宝石的贵欧泊薄片胶结到普通欧泊或铁岩底座上，或玉髓、玻璃和塑料等适用的其他黑色材料上（图 16-4）。有些贵欧泊呈薄层产出在带状的褐色铁岩中。由这种材料切磨成的“天然二层石”通常有平的上表面，部分脉石则保留作为底座。

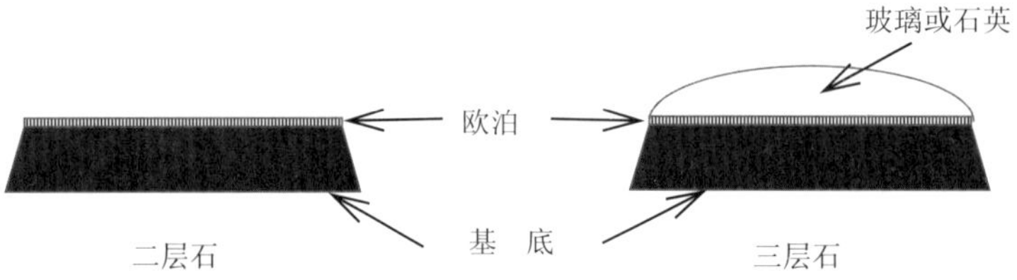

图 16-4　欧泊二层石和三层石的结构

合成欧泊也用于制作拼合石。譬如，有些大的浮雕是把合成欧泊胶结到铁岩底座上。但如果是从固体天然材料上切割下来的，其价值将高得多。

如果欧泊具平的或非常低拱的上表面，就应怀疑是二层石。当二层石未镶时，接合面容易看出。若宝石已镶在包镶或底部密封镶座中，可能看不到接合面。

由欧泊和铁岩层胶结成的二层石被用来仿从天然材料切割并保留天然脉石为底座的二层石。因铁岩底座中可含薄层的欧泊，故这种仿制品特别有欺骗性。使用的是褐色的胶，使接合面看上去不那么明显。欧泊薄片的底面通常故意不抛光，使接合面显得不规则。

欧泊三层石

有时把切磨成弧面型的无色的石英、玻璃或塑料胶结到二层石的顶部。这样就产生了一个弧面宝石，它既能保护欧泊薄层又放大了变彩效应。

当从侧面观察时，即便三层石已镶嵌，其透明顶层通常是可以看出的。当用放大镜观察时会发现变彩色不是在宝石的表面而是在内里。

欧泊二层石或三层石都应含一薄层的天然欧泊。然而，市场上也有欧泊三层石的仿制品。一种类型的仿制品是用鲍贝壳的薄片替代欧泊作为颜色层，另外的类型则是用欧泊的照相软片或图像如欧泊的全息胶片替代欧泊作为颜色层。

其他拼合石：鉴定和识别

每一部分都是切割自天然宝石材料的拼合石是特别有欺骗性的。这种拼合石使用的是通常方法无法加工的太薄的材料。欧泊常属于这种情况，但包括钻石在内的其他任何宝石材料也可以这种方式来利用。

一些拼合石由同种宝石材料的天然品的顶和合成品的底组成，譬如蓝宝石或红宝石二层石。在这种二层石中，冠部提供了正确的折射率和双折射率以及天然包裹体。好的颜色来自两种材料的组合。

一些刻面拼合石是把有色层夹在腰棱处接合的两块无色或淡色宝石材料之间（图 16-5）。这两种宝石材料可以是天然或人造的，可以和所要仿的宝石为同一种，也可属不同种。这些拼合石有时被称为**苏达石**，常用来仿祖母绿和橄榄石。

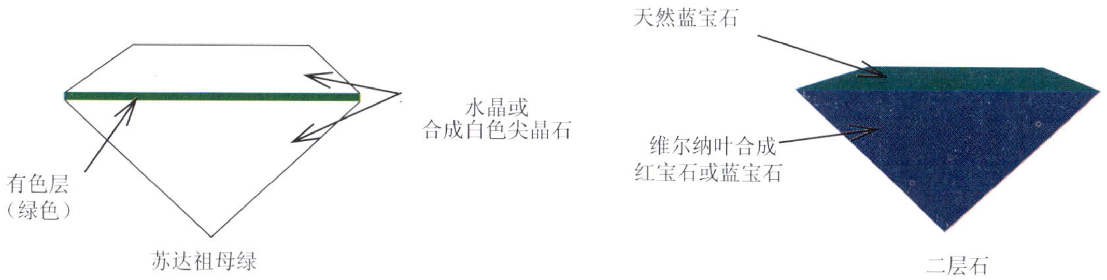

图 16-5　拼合石

将这种拼合石浸在水中并从侧面对着白色背景观察，常可看出拼合结构。当拼合石是把有色层夹在两块淡色或无色材料之间时这种观察方法的效果最好。除水外通常要避免使用其他浸液，因为这些液体有可能溶解粘结各部分的胶或粘合剂。

拼合石的各组成部分及胶可对紫外光有不同的反应。

放大镜或显微镜检查可揭示诊断性的内部特征。接合层中的气泡是拼合成因的可靠标志。在接合层中还可看到有色的盘状物或外观不自然的羽状体，这是由胶的变质或不完全粘结造成的。羽状体或其他包裹体在与接合面相交处会突然截断。调节焦距观察宝石有可能发现在拼合石的不同部分有不同类型的包裹体或生长构造。譬如，蓝宝石拼合石可在冠部显示天然包裹体，而在亭部则显示维尔纳叶型弯曲生长线或色带。

若斜视拼合刻面宝石，有可能在接合面上看到台面的映像。

拼合石的吸收光谱通常与所仿的天然宝石不一致。譬如，夹在两片绿柱石之间的绿色染剂层不会显示祖母绿的光谱。

拼合石的**折射率**和**相对密度**通常不同于所仿的宝石。相对密度测试通常是不得要领的。

用肉眼和 10×放大镜进行观察是检测拼合宝石材料的关键。

第十六章强化题

1. 当检测刻面玻璃宝石时，你通常会遇到的相对密度值和折射率值的范围是多少？
2. 为何知道这个折射率范围如此有用？
3. 当用（a）偏光镜和（b）10×放大镜检查透明刻面玻璃宝石时你会看到什么？
4. 哪两个相关因素确保了对宝石和装饰材料的仿制品有持续的需求？
5. 对属于（a）天然的、（b）合成的和（c）人造和非晶质材料的钻石仿制品各给出一个实例。
6. 说出有助于区分塑料和琥珀的 3 种测试。
7. 说出可用于制作仿翡翠饰品的 4 种材料。
8. 说出刻面钻石所显示的有助于与仿制品相区分的 4 种特征。
9. 说出用于仿祖母绿的两种类型的拼合石。
10. 给出有助于鉴别石榴石为顶二层石的 4 项观察。

第十六章家庭作业

1（a）合成品和仿制品这两个术语当用于宝石时有何区别？（4 分）
（b）你如何鉴别以石榴石为顶的二层石？（6 分）
（c）描述欧泊二层石和三层石的结构和外观。（6 分）
（d）你应如何设法鉴别裸式爪镶在小别针上的苏达祖母绿？（4 分）

2（a）说出能用来仿（i）海蓝宝石、（ii）变石和（iii）钻石的材料各两种。（6 分）
（b）说出一种可用于仿钻石的天然宝石材料。在镶有 10 个直径小于 2mm 的圆形无色刻面宝石的古代首饰中如何把这种材料与钻石区分。（10 分）
（c）当用紫外光检查玻璃宝石时你预期会看到什么？（4 分）

3 你如何能快速区分：
（i） 在一包供切磨刻面宝石的原石中的小的滚筒抛光的蓝色玻璃和水蚀的宝石级蓝宝石；
（ii） 在一包装有 50 粒刻面的 4mm 蛋形宝石中的辐照和热处理的托帕石和海蓝宝石；
（iii）金绿宝石猫眼和石英猫眼的弧面宝石；
（iv）绿色翡翠和绿色砂金石英的小珠子；
（v） 戒指上镶的一粒 2mm 圆形明亮琢型钻石和尺寸与琢型都与它相同的合成莫依桑石。
（20 分）

第十七章　经处理的宝石材料

第十七章　经处理的宝石材料

17.1　处理

人工处理包括通过改变宝石材料的颜色、光学效应或耐久性以改变其外观或性质的各种方法。

处理　是指人工改变或改善宝石材料外观和性质的过程。

优化一词有时被用来描述所进行的使宝石看上去质量更优或使其更易销售的那些处理。然而，这是一个不确切的术语。

严格说来，宝石的切磨和抛光也是处理。然而，因这种处理普遍应用于所有的成品宝石材料，故不适合放在本章中介绍。

术语“处理”仅限于那些导致成品宝石材料性质或外观产生变化的过程。

进行处理的原因有二：

（1）“改善”天然宝石；

（2）用较便宜的材料仿制更值钱的宝石种的外观。

有些处理效果是稳定的，永久的，或至少能保持很长时间。然而，另有些处理只会引起暂时的改变，其保持的时间取决于所处理的材料，处理的类型或强度以及宝石随后遇到的情况，譬如是正常磨损还是又在镶嵌、清洗或修理过程中受力。

这里描述的过程有些已采用了许多年。它们的效果较稳定，而且被商界认为是完全可以接受的，无需特地声明。另有些处理虽也是可接受的，但需公开声明（披露）。还有些处理是不被接受的。

处理的可接受程度和公开声明的必要性因地而异。一些宝石学权威机构发布了关于处理宝石可采用的描述、定名和代码的清单。本课程的目的是帮助你理解主要的处理类型并知道如何检测。

这里要介绍的处理类型是：

（1）涂色、贴箔和染色；

（2）灌注和充填——注油、注蜡、充填树脂和聚合物；

（3）热处理和表面扩散；

（4）辐照、退火；

（5）激光处理。

17.2 处理方法及其检测

17.2.1 涂色、贴箔和染色

这些表面处理是最古老的优化形式，许多都易于操作。但是，这些处理可很有欺骗性。

淡色的绿柱石和祖母绿常被涂上一层涂料或塑料，这种处理也可用于任何透明的宝石。黑色涂料可涂在半透明欧泊的底面。这些涂层不是很耐久的。在刻划或剥落处常会显露淡色的线或斑块。底部密封镶可用来掩饰这种处理。从涂色宝石所观察到的吸收光谱很可能是属于人工涂料而不属于同一颜色的天然宝石。

钻石也用同一方式处理。许多钻石稍带黄色。在钻石表面涂薄层蓝色可抵消黄色调，从而改善钻石的外观色。涂层有许多方式，从在腰棱处点上墨水到在亭部刻面上釉。高技术处理方法被用于较大的钻石以产生类似于照相机镜头涂层的超薄表面层。这种薄涂层用坚硬的针和丙酮都无法去除。涂层钻石无法准确评价色级。

对于所有颜色的钻石，在确认是真色之前都要注意从各个方向仔细检查看是否有这种处理的痕迹。

贴箔也是出于同样的原因。一小块有色箔被置于宝石的底部而后密封镶。以底部密封镶方式镶嵌的宝石都应受到怀疑。有些情况下透过台面会看到因箔和亭部刻面接触不紧而产生的褶皱效应。深色宝石可镶在抛光的镶座上或底部插上一个镜面，使宝石的颜色显得浅一些。

染色可用于把有色的材料注入浅色祖母绿和其他透明宝石的裂缝中。在透过半透明白色屏蔽譬如一片薄纱纸或塑料的漫射光下用放大镜或显微镜观察，可在这些宝石中检测到染剂。颜色浓集于裂缝中。

然而，染色主要用于半透明到不透明的宝石。任何有一定渗透性的宝石都可以染色，因而有大量的染色材料出现在市场上。这些染色的材料可很有欺骗性。用放大镜或显微镜在良好照明下仔细检查，会发现孔洞或裂缝中的染剂。

许多染色的材料有广泛使用。下列观察将帮助你鉴别这样处理的材料：

（1）颜色分布取决于宝石不同部分的相对孔隙度，在材料的裂缝和脉中可看出染剂的浓集（图17-1）；

（2）吸收光谱可揭示染剂的存在；

（3）紫外光下可有特殊的荧光；

（4）大多数有机染剂会使蘸有丙酮的棉签着色（这是破坏性测试）。

所有的宝石都应受到很挑剔的检测并观察上述的特征。

第十七章　经处理的宝石材料

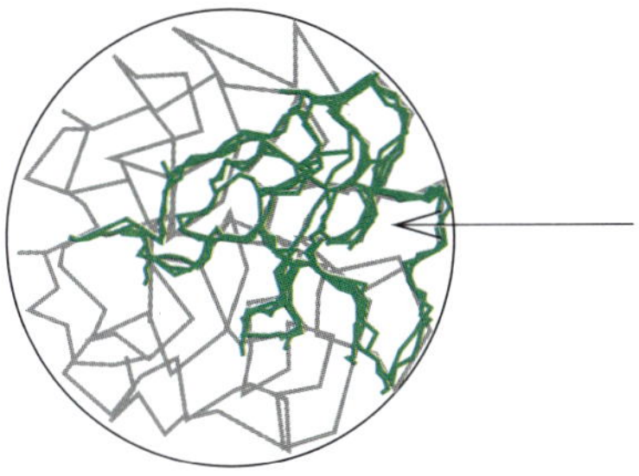

图 17-1　染色的材料

染色宝石材料实例

琥珀可染成深色，通常是红褐色、红色或绿色。

石英岩和**大理岩**是主要分别由石英颗粒和方解石颗粒组成的可渗透岩石。它们通常是雕琢或加工成珠子而后染色。它们可以这种形式用来仿天然宝石（譬如青金岩、绿松石或珊瑚），也可提供与任何天然宝石都不十分相似的彩色珠子。雪花石膏（块状石膏）与条纹大理石一样以这种方式利用。

水晶加热后在染剂着色的水中快速冷却。水晶产生裂隙，染剂进入裂隙中。这种方法可制造出粗看上去令人相信的祖母绿和其他明亮色宝石的仿制品。这种材料被称为“细裂纹石英”。

玛瑙、玉髓和碧玉等石英的微晶质品种都不同程度地含孔隙，故大量地被染色。使用不同的矿物盐以产生红、黄、绿和蓝色。在玛瑙中，有些层的渗透性不允许染剂充分进入，这样一来条带性在染色后变得更明显了。带状材料常用来制作浮雕。

几乎所有被描述为“**缟玛瑙**”的黑色玉髓都是由灰色玉髓染色而成的。先把灰色玉髓在糖水溶液中煮沸，而后用浓硫酸处理，小的碳粒沉积在孔隙中从而使玉髓成浓黑色。

碧玉—玛瑙被染蓝用来仿青金岩，称“**瑞士青金**”。没有青金岩的粒状结构，也没有黄铁矿，在材料的某些部位还能看出玛瑙的带状构造。颜色也不令人信服。“瑞士青金”为玻璃光泽，而抛光的青金岩则呈较弱的光泽。

欧泊也以同样方式进行处理以使其像黑欧泊。经过处理的欧泊在外观上表现为黑色斑驳背景上带色斑，色斑显得很靠近表面。被挑选出做这种处理的欧泊要有较明显的粒状结构，染剂呈不规则的条纹和斑块浓集于粒间。

翡翠是微晶质、可渗透的材料，能染成多种颜色。通常是染绿和染紫。许多染剂是有机质的，有褪色的趋势。

青金岩也可用有机染剂染色。不均匀的颜色分布或用醮丙酮的棉签可擦下染剂，都可表明有染剂存在。有时在染色宝石上再加上一层不易磨损的涂层以免染剂被蹭掉。

羟硅硼钙石和**菱镁矿**常染色用来仿绿松石和青金岩。这些仿制品常含有较深色的细网脉。许多染色的“羟硅硼钙石”实际上是菱镁矿。

珍珠可通过浸泡于硝酸银溶液而后再暴露于光下的方法染成黑色。硝酸银分解后，金属银沉淀在表层下，产生灰或黑色外观且不会褪色。把未钻孔的珍珠泡在适当的染剂中可染成浅色调。钻孔的珍珠可染成较深色。取决于所使用的染剂类型，有些染色珍珠会褪色。

17.2.2 灌注和充填

用油或其他物质进行处理以优化宝石外观或使多孔或多裂隙的宝石变得更牢固。

注油、注蜡、充填树脂和稳定化处理

绿松石、玉和**青金岩**常用石蜡化合物做注油或浸蜡处理。特别多孔的绿松石有时灌注塑料、树脂或胶态二氧化硅以改善其稳定性，称为**稳定化的绿松石**。常在此过程中同时进行染色处理。宝石的灌注处理很难检测，但用这种方法处理的绿松石常有过高的半透明感，就像一张卡片浸油后会变得更为半透明一样。

任何有内部裂缝延伸到表面的透明宝石都可注油处理以改善其净度和颜色。这是一种操作简单的处理方法，但甚至能骗过有经验的商家，使他们无法确切评价宝石的真正质量和价值。

注油能充分掩盖裂隙的反射以改善净度，并使宝石的天然色能充分显示。有时也在浅色宝石中注有色的油以加强它们的颜色。

欧泊、**祖母绿**和**红宝石**是必须检查有无这类处理标志的宝石。

欧泊有时注油以掩盖其裂隙。欧泊在采出后常自然地发育细的裂隙。出现裂隙可由于温度的变化，或由于不恰当的受热和（或）光照条件导致失掉水分。需要仔细地检查。

现今许多翡翠通过漂白、染色和灌注各种合成树脂来仿最优的祖母绿绿色翡翠。漂白去除了暗色矿物和铁染成分，但也使结构变松。灌注合成树脂是为了强化结构并改善颜色和外观，所产生的明亮的处理翡翠叫“翡翠 B 货”。在这个阶段也可同时染色，产生“翡翠 C 货”。

红宝石的裂隙充填

经过热处理，红宝石的裂隙和孔洞会被人造材料所充填。这些充填材料是用于红宝石热处理的熔融粉末熔剂和存在于原始红宝石中和周围的物质的非晶质混合物。在刻面宝石的抛光表面上，这些玻璃状残余物表现为与周围宿主红宝石较高光泽形成反差的较弱光泽区。玻璃充填的部分和全部表面证据可用强酸去除。然而，强酸不能去除愈合裂隙中的玻璃状残余物，它们可具有与助熔剂法合成红宝石中所见的熔剂充填裂隙相似的外观。

可用红色油来减低裂隙的可见度并改善红宝石的颜色。

天然钻石的裂隙充填

钻石中延伸到表面的裂隙可用玻璃充填。把钻石放在真空舱内以去除裂隙中的空气并把低熔点的玻璃充填到裂隙中。所使用的铅玻璃具有与钻石相近的折射率，这样一来裂隙的可见度降低，

染色翡翠
© GTL

究打蓝宝石原石和热处理成品宝石
© GTL

从钻石亭部看到的激光孔道
© DTC Research

玻璃充填红宝石，展示了玻璃中的不同光泽和气泡
© D Garrod

裂隙充填钻石中看到的粉红色闪光
© DTC Research

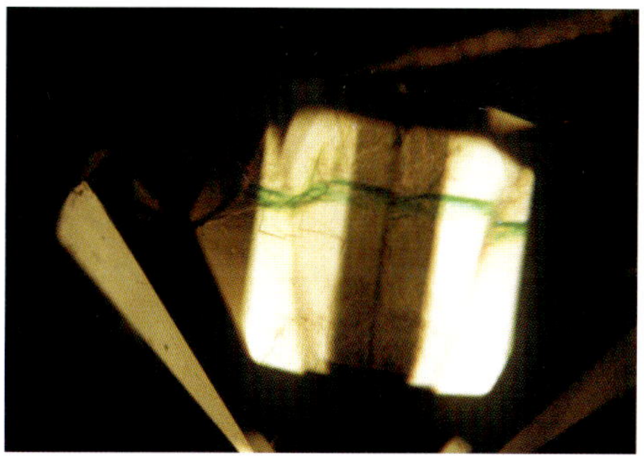

裂隙充填钻石中看到的绿色闪光
© L Stather

裂隙充填祖母绿中看到的黄色闪光
© D Garrod

裂隙充填祖母绿中看到的蓝色闪光
© D Garrod

净度改善。这种处理的效果是不持久的，受热（当修理首饰或重切钻石时）和接触酸及超声波清洗时会受损。

充填物有时带浅黄色调，从而降低了钻石所显示的色级。充填物通常是很难看出的，但放大观察时会看到特征的**干涉色闪光**，在暗域照明时为黄橙到红紫色闪光，而在亮域照明时为蓝到绿色闪光。这种闪光效应与初始解理中所见的晕彩色十分不同。空气可在处理过程中被捕获，这样在玻璃充填物中会看到扁平的气泡。充填物还会显示流动构造及处理区细裂的结构。

天然祖母绿的裂隙充填

祖母绿的注油过程是在真空条件下进行的。有时灌注有色油。油的折射率与祖母绿的十分接近。这降低了裂隙的可见度并改善了祖母绿的净度和颜色。关于注油处理效果的持久性有各种各样的声明，但实际情况表明，油在一段时间后会干涸，留下很明显的淡色裂隙。

祖母绿的裂隙也可用聚合物如商品名称为 Opticon 的环氧树脂来充填。充填后在表面涂上一层硬化剂。这样就形成了或是固体充填，或只是一个硬的盖。

因聚合物的折射率与祖母绿的非常接近，因而检测聚合物是不容易的。非常仔细的放大检查可看出裂隙。转动宝石，可看到由充填裂隙反射出的彩色闪光。取决于充填物，闪光可以是橙色、蓝色或其他颜色。在充填物中可看到气泡、流动构造和云状区。

17.2.3　热处理

热处理可产生或去除颜色。其机理是改变过渡元素的化学态或脱水（从材料中去除水分）。热处理也用于产生（出熔）或去除（溶解）刚玉中的金红石。

热处理与自然界发生的过程相似。有些处理结果是稳定的，有些已被宝石商界所接受，而有些是不持久的和不令人满意的。

宝石颜色的成因并不总是被告知，宝石的拥有者也不一定知晓，故要求宝石学家尽一切可能弄清宝石是天然的还是经过处理的。

刚玉

热处理被广泛用于改变几乎所有宝石级刚玉的外观。热处理可用于变浅和加深宝石的颜色，也可用于在某些宝石中产生星光和在另一些宝石中去除不希望的丝光。在一些宝石中，颜色是故意改变的。

刚玉的所有这些热处理，效果看来是稳定的。

在维尔纳叶合成刚玉中，热处理可减少应变和色带并诱发指纹状包裹体。

其他热处理的宝石

热处理可使**琥珀**产生较深色的老货外观。热处理还可使琥珀变得更透明。除非在冷却过程中非常小心，否则将会出现圆形的应力裂纹。但有时也故意诱发这种副产品，因为这些常被称为“百合叶”或“太阳光芒”的裂纹可能很吸引人。

现今宝石市场上的许多**海蓝宝石**都是热处理的。原始材料是浅黄或浅绿色绿柱石，处理后的颜色是稳定的蓝色。

紫晶常通过热处理产生黄晶。某些产地的紫晶会变绿，产生在市场上称为 prasiolite 的绿色石英。加热浅黄色和浅褐色的微晶质石英（譬如玛瑙和玉髓）可产生红玉髓的浅红色。

大多数粉红色**托帕石**是加热含铬黄色和褐色托帕石所得到的产物。据认为这是因热处理过程去除了黄色而留下了铬导致的残余粉红色。

某些绿色**碧玺**可通过加热使颜色变浅，使二色性减弱。效果是稳定的。来自巴西帕拉伊巴的许多强“摩擦带电”的蓝色和绿色碧玺是加热含铜的紫蓝色到灰蓝色碧玺产生的。

蓝色、金黄色和无色锆石品种都是由热处理红褐色锆石原石产生的。一些蓝色和黄色的过不久会褪色，但经再加热到炽热状态，颜色会有一定程度的改善。锆石在自然界呈多种颜色产出。

扩散处理

通过所需成分朝内的扩散可在红宝石和蓝宝石的外层诱发颜色和星光效应。表面扩散是这样进行的，即先将宝石表面涂上一层氧化铝和适当的化合物，而后加热到很高温度并持续几日。铁和钛的扩散产生蓝色，铬的扩散产生红色，而镍的扩散产生黄色。为产生星光需添加额外的钛。

扩散的贯穿深度很小，只有几分之一毫米。这是因为，即便是在所要求的极高温度条件下，作用过程也是受限的并且进行得异常缓慢。也许佩戴几年后你想重新抛光，但这是很危险的，因为这有可能磨掉部分或甚至全部的表层蓝色。

一种新近的扩散处理类型是给近无色或淡色的蓝宝石添加橙到粉红色。这种处理或只影响表面层，或贯穿整个宝石。

扩散处理将在证书课程中更详细介绍。

17.2.4 辐照加上热处理

原子粒子或来自放射性物质的射线的辐照都用来在淡色的宝石中产生颜色。这些处理通常是通过在宝石材料晶体结构中产生缺陷来改变颜色或诱发这种改变。

热处理被用来改善辐照产生的颜色。热处理是通过改变致色元素的电子价态或通过脱水（从材料中去除水分）而使颜色改善。

辐照和热处理都与自然界发生的过程相似。有些处理的效果是稳定的，有些处理的效果则是短暂的，因而不能满足要求。宝石颜色的成因通常并不申明，这就要求宝石学家必须尽一切可能区分哪些是天然成因的，哪些是人工处理的。

钻石

通过辐照加上热处理使钻石人工致色。辐照通过改变或破坏晶体结构产生颜色。随后的加热可使颜色改变。这种处理只能使钻石改变颜色，但不能使已有的颜色变浅。取决于钻石类型、辐照过程和随后的加热情况，可产生各种颜色。

含辐照在内的处理过程的若干实例

无色到淡黄色蓝宝石通过辐照可产生深黄到褐色，但受热或暴露于光下会褪色。处理产生的黄色蓝宝石与天然的黄色蓝宝石难区分。

无色石英有时含少量的铝，辐照会产生烟色，而含少量铁的材料经辐照会产生紫色，即紫晶品种。

无色托帕石经辐照会产生黄和褐色，但这些颜色是不稳定的，暴露在光下会褪色。辐照加上热处理可产生蓝色而且是稳定的。

无色 —辐照→ 褐色 —加热→ 蓝色
无色 ←光照— 褐色

处理产生的颜色通常比未处理宝石中的要强。处理的蓝色锆石与天然致色的无法区分。一些处理的托帕石像海蓝宝石，但可用查尔斯滤色镜来区分。托帕石在滤色镜下为淡肉色或浅黄色，而海蓝宝石为淡蓝或淡绿色。

碧玺因成分复杂，处理的效果也不同。辐照可产生或加强红/粉红色或黄色，有些效果稳定，有些则不然。

有些珍珠可通过辐照将颜色加深成蓝、灰或黑色。

17.2.5　高压和高温（HPHT）

高压和高温可用于改变钻石的颜色，而且除非使用实验室设备否则将难于检测。

原子结构中含很少或不含氮的褐色钻石可通过高压高温处理变成无色的。

如果钻石结构中有氮存在，那么经高压高温处理会产生明显的黄到黄绿色。这些钻石还会显示强的绿色荧光。

17.2.6 钻石的激光打孔

钻石常通过激光打孔以减少深色包裹体的视觉影响。用激光束钻直径小于 0.02 毫米的非常细的孔穿过钻石到达包裹体。包裹体可被激光灼烧掉或用酸漂白掉。激光孔道可用玻璃或环氧树脂封上以防污物进入。

大多数情况下，激光孔是穿过冠部钻入。用 10× 放大镜从钻石侧面仔细检查可看到激光孔（图 17-2）。孔口有可能被首饰镶嵌盖住，使检测激光处理变得困难。

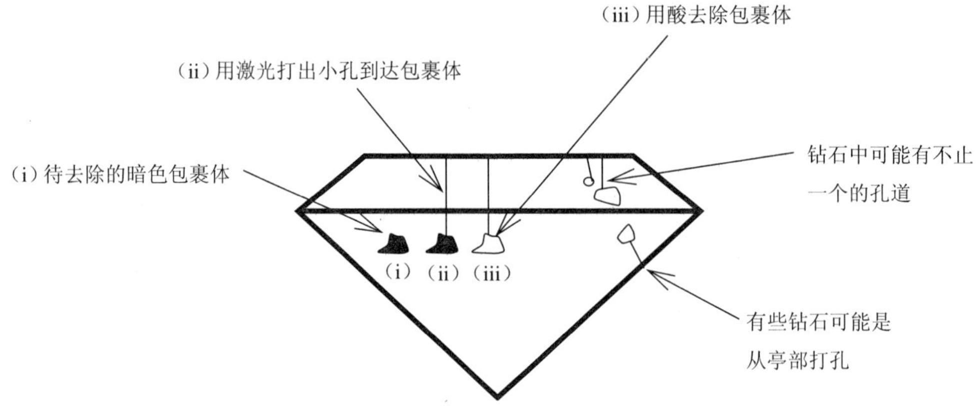

图 17-2　钻石通过激光打孔去除深色包裹体

第十七章　经处理的宝石材料

第十七章强化题

1. 给出对宝石进行处理的两个原因。
2. 说出 3 种能影响宝石表面或表面区域的处理。
3. 下述材料如何处理：
   （a）菱镁矿经处理仿绿松石；
   （b）不均匀颜色的珍珠经处理仿黑珍珠；
   （c）使破裂的祖母绿改善透明度和颜色。
4. 单个的翡翠饰品可经过一系列的处理。这些会是什么处理？
5. 哪些观察能揭示青金岩的染色碧玉仿制品？
6. 下列钻石可如何处理？（每项给出一个例子）
   （a）台面下有暗色包裹体的圆形明亮琢型钻石；
   （b）有裂隙达到表面的圆形明亮琢型钻石；
   （c）净度好但有不讨人喜欢的褐色的某些类型原石。
7. 大多数红宝石和蓝宝石是热处理的。这种处理能产生什么正面效果？这些效果稳定吗？
8. 说出另 5 种常进行热处理随后可辐照或不辐照的宝石。

第十七章家庭作业

1（a）解释为何要对宝石进行处理。（4 分）
（b）结合实例描述 4 种不同的处理或优化宝石材料的方法。解释这些处理的任何具体的优点或缺点。（16 分）

2　描述当你用 10×放大镜检查各种透明的天然、合成和处理的宝石时你预期会见到的 4 种表面特征和 6 种内部特征。
（作为完整的回答，你要给出总共 10 个特征）（20 分）

3　说出 5 种透明或半透明的黄色宝石。描述能用来鉴别并把这 5 种材料区分开的性质和特征。（20 分）

4（a）说出并详细描述常被称为玉的两种材料，给出它们的物理性质、产出和产地。（9 分）
（b）如何处理这些材料以改善其外观？
这些处理如何检测？（7 分）
（c）列出常用来仿玉的材料。（4 分）

第十八章　补充的宝石材料

第十八章　补充的宝石材料

18.1　导言

本章给出了在销售的新、老饰品和收藏品中你会见到的一系列常见和重要的宝石。尽管这些宝石在基础课程大纲中不是主要的，但你需要时时对这些材料有所了解。

在基础课程大纲第 18 项中指出要了解这些材料的“最重要的鉴别特征”。作为基础课程考试的一部分，你会被要求描述一颗宝石和它的某些最重要的特征，但不会要求你复述宝石的任一常数。

如果在任何时候你需要进行下列任何测试，请注意：

（1）一定要小心以确保安全地使用比重液和浸液。避免吸入其蒸气，避免其触及皮肤、眼睛和衣服。手边要有一眼药瓶的清洁的水。避免液体接触塑料。不要直视紫外光，也不要让皮肤暴露在紫外光下。

（2）硬度测试是破坏性的。对于宝石材料，很少有需要使用这种测试。只是当宝石不会留下可见的刻划标志或损伤的情况下才可使用。使用明亮的光照和 10×放大镜或显微镜将减少产生肉眼可见的刻划标志的必要性。

（3）某些矿物和装饰材料当被刻划时会产生特征的有色粉末，或当划过未上釉的白瓷板时留下可供鉴定的粉末“条痕”。这可作为鉴别原石的辅助手段。因为是破坏性测试，用于成品宝石时必须十分小心，譬如在雕件的底部或不透明弧面宝石的背面（见硬度测试）。

（4）当用一滴稀酸（譬如 10%的盐酸）测试宝石或装饰材料时，要小心地在雕件的底部或弧面宝石的背面而绝不可在抛光面进行。要注意防护眼睛和手，要防止酸溅出。手边要有充足的干净的水，一旦有酸溅出或触及眼睛时进行稀释。

在英国宝石协会的任何考试中不要求进行硬度、条痕、滴酸和相对密度测试。

使用的符号和缩写有：

折射率	RI
双折射	DR
正光性	+ve
负光性	−ve
相对密度	SG
查尔斯滤色镜	CCF
紫外光	UV
短波（254nm）	SW
长波（365nm）	LW
硬度	H

本章中涉及的宝石在证书课程中有更详细的介绍。

18.2 红柱石

红柱石为透明的绿到红褐色，有时为深绿色，极少为粉红色，具玻璃光泽。通常切磨成刻面宝石。

红柱石有非常强的多色性。当从上方用肉眼观察宝石时可看到两种颜色。当转动宝石时有时可看到三种颜色；用二色镜检测要容易得多。

红柱石有时会与碧玺混淆。主要区别特征是：

（1）当检测红柱石的多色性时能看到三种颜色；

（2）碧玺有较高的双折射率（红柱石的折射率为 1.63 到 1.64，双折射率为 0.007 到 0.013）。

18.3 磷灰石

尽管磷灰石是较软的矿物，硬度仅为 5，但因其明亮有活力的颜色，常用于首饰。它呈黄、绿、蓝和紫色，也有无色的。通常是透明和具玻璃光泽的。刻面和弧面宝石都常见，可有猫眼效应。容易被刻划和磨损，故使用时要小心。

许多磷灰石的一个主要鉴别特征是它们特征的“稀土”或“钕镨”谱。在光谱黄区有由极细线组成的带或“边”；有些磷灰石还在绿区中部有一个带。

18.4 方解石

方解石是常见矿物。它是结晶成三方晶系的碳酸钙。外观变化很大，一些特别瑰丽的形态被用于装饰已有许多世纪。漂亮的单晶和晶簇备受收藏家青睐。

方解石是**石灰岩**和**大理岩**的主要组成，也是珊瑚的组成（见第十四章）。

石灰岩是沉积岩。有各种各样的外观；有些类型因颜色而受到喜爱，有些则有由化石或矿物浸染物导致的各种图案。贝壳灰岩是一种不常见的含显晕彩的化石贝壳的石灰岩。在古代和现今宝石商贸中把装饰用石灰岩叫“大理石”。

大理岩是因温度和（或）压力而重结晶的石灰岩。著名的实例有意大利 Carrara（卡拉拉）附近和希腊雅典附近 Pendelikon 山所开采的雕塑用的白色大理岩。大理岩也被染色以模仿各种半透明和不透明的有色宝石。用放大镜检查可揭示染剂在大理石粒间和沿裂缝的浓集。

第十八章　补充的宝石材料

“条带状大理石”也是多晶质的，是在孔洞、水溪和泉中沉积的条带状方解石，其生成方式类似于水壶中灰垢的沉淀过程。其天然色从淡粉红色到黄和绿色。通常染色。条带状大理石是商业名称，矿物学家不采用。(条带状大理石的英文是 onyx marble，直译应是缟玛瑙大理岩，但缟玛瑙是完全不同的东西，而且该材料也不是大理岩——译者注)。

冰洲石是纯的、无色透明和结晶完好的方解石；用于光学仪器，也包括二色镜。

大理岩、石灰岩和“条带状大理石”产于世界各地，呈各种颜色和结构，见于建筑物、塑像、雕件、装饰品和珠串。

进一步的观察

颜色：大理岩、石灰岩和“条带状大理石”可以是白色或无色的，但也有许多颜色品种。条带和其他结构常见。有些品种是染色的。

透明度：大理岩、石灰岩和“条带状大理石”是多晶质的，半透明到不透明。

光泽：一些晶体和装饰用大理岩、石灰岩的抛光面显示暗淡玻璃光泽。大理岩和石灰岩表面显示蜡状、垩状或珍珠状光泽。

耐久性：大理岩和石灰岩虽然比较软，摩氏硬度只有 3，但因含杂质和具多晶质结构故韧性较高。在大多数方解石雕刻品、珠子和装饰品上可看到磨损的证据（划痕和缺口）。方解石有 3 个方向的完全解理，产生菱形碎块（图 18-1）。在晶体和颗粒中常有初始解理。在弧面宝石和雕件未抛光的底部以及在一些抛光表面可看到明亮反射的解理面。

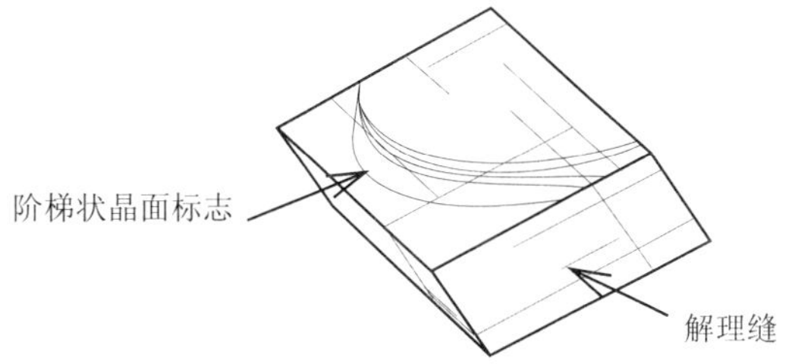

图 18-1　方解石的解理菱面体

结构和构造：真正的大理岩是均匀粒状的，在未抛光的表面显示“糖状”外观。石灰岩在颗粒大小和类型上有很大变化，譬如有贝壳碎屑分布在细粒的方解石基质中。在“条带状大理石”中，层与层之间的界线呈锯齿状，层状的构造因颜色、光泽和晶体取向的不同而变得明显。

双折射：在取向合适的冰洲石中可看到晶面棱和初始解理的重影，也可看到置于晶体后面的物品的双重影像（图 18-2）。在较大样品中用肉眼就可看出这种效应。

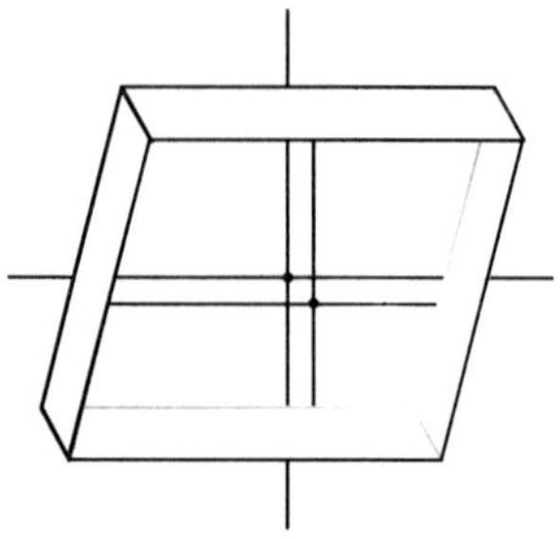

图 18-2　方解石中的双折射

与酸的反应：所有品种的方解石都与稀盐酸强烈反应，发出嘶嘶声并产生气泡。这在放大镜下很容易看出。这种测试应小心地在弧面宝石的背面和雕刻品的底部进行，但任何时候都不要在抛光面上进行这种测试。用蜡或树脂涂层或灌注的样品可能与酸不起反应。测试后应彻底地清洗样品，确保没有酸留下。见本章前文中所述的注意事项。

18.5　天然玻璃

当熔融岩石过速冷却致使矿物不能从熔体中结晶时就会形成各种类型的天然玻璃。最常见的用于加工宝石的天然玻璃是**黑曜岩**，它是快速冷却的火山熔岩。**玻陨石**是星体撞击地球表面产生的熔融岩石快速冷却而形成的小滴，偶尔也加工成宝石。最重要的宝石品种是绿色的**莫尔道玻陨石**。天然玻璃具玻璃光泽。

黑曜岩以各种颜色产出并显示多种装饰效应。重要的宝石品种可从透明到几乎不透明，有灰色、褐色和黑色的。黑色带白斑是**"雪花"**黑曜岩的特征。带状的褐色和黑色黑曜岩有与某些树木的纹路类似的条纹。**"彩虹黑曜岩"**可显示精细的晕彩，并可加工成猫眼宝石或球形和蛋形。当从特定方向观察时在大多数黑曜岩中可看到带状流动构造，这些带可以是直的、弯曲的或高度扭曲的。绿色、金黄色和银灰色的黑曜岩可含平行的发状管孔，其数量足以在切磨方向合适的弧面宝石中产生猫眼效应。

莫尔道玻陨石是对大都产于捷克 Moldau（现 Vitava）河附近的玻陨石的称呼。宝石材料通常是中等绿色和透明的，切磨成弧面宝石、珠子和刻面宝石。

进一步的观察

包裹体：黑曜岩可含圆形或拉长形气泡或微细的平行针状体。大量的气泡和晶体可导致内反射效应。晶体通常只在显微镜下可见。莫尔道玻陨石通常含圆形或拉长形气泡，其个体远比黑曜岩中所见的要大许多；还有具低突起的晶质材料包裹体，这些包裹体除非用正交偏光观察否则很

红柱石
© NHM, London

磷灰石晶体
© Gem-A

劈裂的方解石菱面体，
显示晕彩
© D Minster

雕琢的金黄色方解石香水瓶，
有黄晶和透花珐琅的瓶盖
© M Stather

条带状方解石
© R Huddlestone

大理石
© L Dykhuis

雪花黑曜岩
© Gem-A

莫尔道玻陨石
© P Daly

赤铁矿
© Gem-A

难检测出。旋涡状条纹常见，像是用棍子搅动的糖浆状。这种旋涡效应远比现代人造玻璃中通常见到的复杂，是莫尔道玻陨石的典型特征。

18.6　石膏

石膏是常见矿物，在一些地方大量产出。它用作装饰和建筑材料已有数千年历史。石膏的显著特点是硬度低（摩氏硬度为 2）。

雪花石膏是块状石膏，是石膏最重要的装饰品种。尽管硬度低但抛光性能好，故从古时起就被加工成雕刻品和装饰品。它通常是带状的，颜色的差别使不同的层更为明显。雪花石膏通常比大理岩更为半透明。根据低硬度和不与稀酸反应，可容易地和方解石区分开。当进行这些有潜在破坏性的测试时要十分小心。见本章前文中所述的注意事项。

雪花石膏渗透性好，易染色以仿其他材料。染成的颜色与所要仿的宝石材料相比显得粗糙和过分明亮，用放大镜观察可揭示染剂沿雪花石膏的裂缝浓集。雪花石膏可根据极低的硬度（摩氏硬度 2）和低的相对密度与更有价值的材料如青金岩、玉、菱锰矿和蔷薇辉石等区分开。它不具青金岩的粒状多矿物结构。雪花石膏常显示表面伤痕。

纤维石膏是有平行纤维状石膏晶体组成的，有诱人的丝绢光泽。它偶尔切磨成抛光板以及猫眼弧面宝石和珠子。低的硬度限制了它作为宝石的用途。

进一步的观察

颜色：大多数石膏是白色、粉红色、褐色或淡黄色，可有色斑和色脉。常染色，有时染的色粗糙、不自然。

光泽：垩状、蜡状或丝绢状，取决于多晶质集合状况和磨损程度。

耐久性：摩氏硬度为 2，可被指甲划动。雪花石膏在空气中会变坚固，耐久性稍有提高。然而，在大多数石膏制品上都可看到磨损的痕迹。石膏有极完全的解理，解理面明亮或具珍珠光泽并常见于雪花石膏的表面结构中。

18.7　赤铁矿

赤铁矿是常见的氧化铁矿物，常切磨成漂亮的以金属光泽、不透明度和高密度为特征的宝石。抛光的宝石呈深灰到黑色。

赤铁矿主要是加工成珠子和弧面宝石，也制成凹雕戒面。赤铁矿凹雕的图案必须研磨产生，而赤铁矿的一些很迷惑人的仿制品的图案则是压模的。用放大镜仔细检查赤铁矿凹雕，可发现有研磨条纹。

赤铁矿有特征的红褐色条痕。测试是很有效的，但是破坏性的，只能在宝石不显眼或未抛光的部位进行。在极亮的光照譬如光纤灯下，赤铁矿制品的极微小区域可反射出深红色的闪光。尽管赤铁矿看上去是不透明的，它实际上是极深红色的，非常薄的小片或破口的边缘是透明的。

18.8 青金岩

青金岩是一种岩石，因其强的佛青蓝色（深蓝色）而备受称赞。它由几种蓝色矿物组成并含不同数量的方解石和黄铁矿。来自阿富汗的材料用作装饰材料已逾 6 千年。现今主要用于加工弧面宝石和珠子，但也用于雕刻品和硬石镶嵌。

青金岩的特征蓝色可因在粗粒基质中含不同数量的白色或灰白色而呈斑杂状。半透明到不透明：光可从弧面宝石的边缘透过，而当光纤灯光正对着宝石表面时，可看到环绕光纤灯顶部有个蓝色晕圈。查尔斯滤色镜下青金岩呈红褐色。

青金岩组成颗粒的大小从粗到极细。在细粒材料中粒状结构不明显，但蓝色矿物的富集程度是变化的，故颜色总是在一定程度上呈斑块状。抛光面上的光泽为次玻璃光泽或树脂光泽，在放大镜或显微镜下观察光泽的变化可揭示其多晶质本质。

青金岩中几乎总是含有黄铁矿。如果材料中见不到黄铁矿就应引起怀疑。方解石也常见，在劣质青金岩中，方解石以明显的灰白色脉或斑块存在。大多数优质材料呈均匀的、浓的蓝色并带有黄铁矿晶体的亮点。

18.9 孔雀石

孔雀石是一种铜矿物，有特征的构造和绿色。弯曲的同心层或带是典型的，带由浅绿和深绿色交替的孔雀石组成。可见放射状纤维构造，纤维的延伸方向垂直于色带并产生丝绢到暗淡玻璃光泽。孔雀石可与化学成分与它非常相近的鲜蓝色蓝铜矿矿物共生。

孔雀石主要加工成弧面宝石和珠子，也用于雕刻品和其他装饰品。常用于硬石镶嵌。

孔雀石软，摩氏硬度只是 $3^1/_2$ 到 4。容易破裂，也容易和酸起反应。当检测时，特别是当检测雕件时要小心。

青金岩
© Gem-A

孔雀石
© NHM, London

黄铁矿，商业上把镶在首饰上的
黄铁矿叫白铁矿(marcasite)
© P Daly

黄铁矿晶体
© Gem-A

菱锰矿
© Gem-A

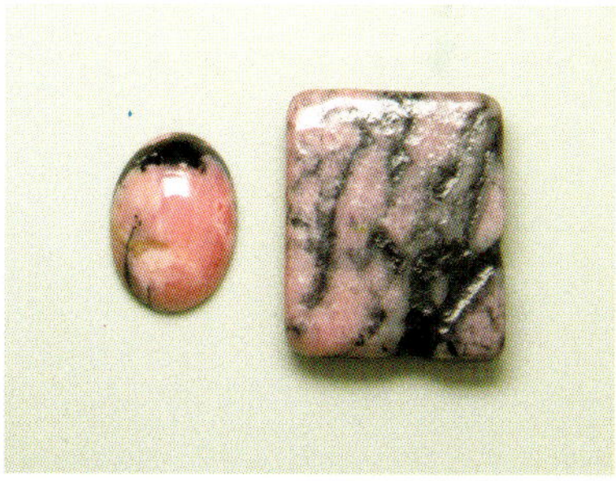

蔷薇辉石
© Gem-A

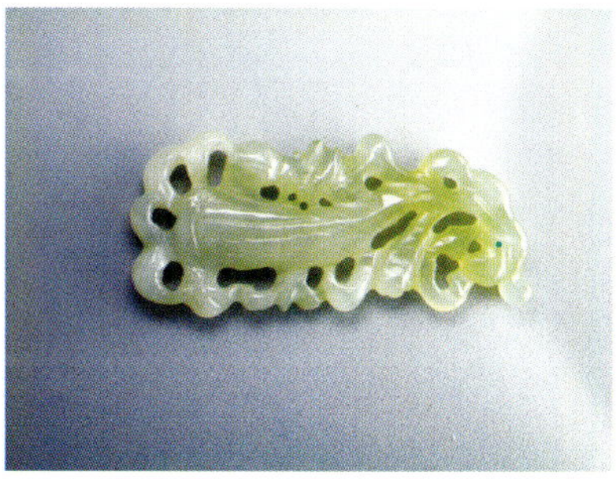

鲍文玉(蛇纹石)
© Gem-A

紫锂辉石晶体和成品宝石
© L Kuehn

绿松石
© Gem-A

第十八章　补充的宝石材料

18.10　黄铁矿

黄铁矿是常见的硫化铁矿物。显眼的组合晶体非常多见，可根据其晶形、高密度和铜黄色和金属外观来识别。黄铁矿常呈立方体或五角十二面体，后者有 12 个五边形的晶面（图 18-3）。晶面上有条纹。晶棱上常有由小的不均匀断口产生的缺口。黄铁矿是完全不透明的，其条痕是黑绿色。

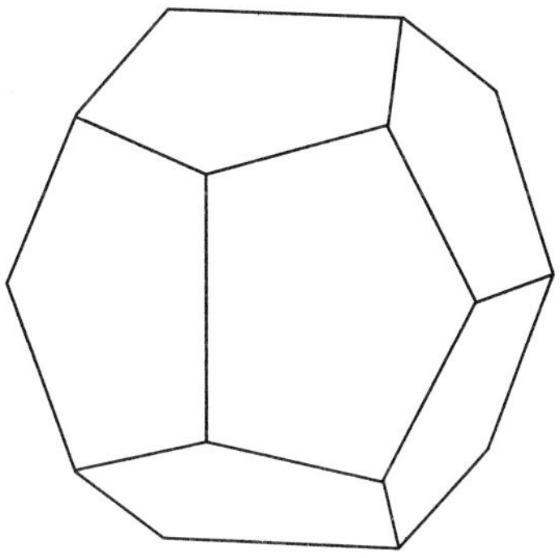

图 18-3　黄铁矿的五角十二面体晶体

黄铁矿在商贸中的名称是“白铁矿”（marcasite）。加工成小的圆形玫瑰琢型并通常是镶在银中。这些小宝石的黄铜色用 10× 放大镜看得最清楚。多晶质的黄铁矿也偶尔加工成珠子和弧面宝石，有暗的丝绢光泽到金属光泽，放大镜下可看出粒状外观。发育好的黄铁矿晶体偶尔也直接镶到首饰上。

18.11　菱锰矿

菱锰矿是碳酸锰矿物，因浓粉红色而受到喜爱。偶尔见到单晶体。块状的条带状材料加工成弧面宝石、珠子、雕刻品和盒子等装饰品。条带状材料中的颜色强度变化从粉红色到非常淡接近白色。半透明到不透明，蜡状光泽到玻璃光泽。层与层之间的界线多为锯齿状或尖头状。相邻层颜色、光泽和晶体取向的差别使条带构造变得明显。

单个晶体中有三个方向的完全解理。在由条带状材料制作的弧面宝石和雕刻品的未抛光底面上可看到明亮反光的解理面。在抛光的表面上也可见到明亮反光的解理面。因晶体取向的不同，抛光质量在宝石不同部位也有变化。一些解理方向几乎平行于宝石表面的颗粒看上去比较暗。

菱锰矿较软，摩氏硬度为 4 左右，易劈裂。不论是块状的还是单晶体，加工和使用时都要小心。作为碳酸盐，菱锰矿与稀酸起反应，产生 CO_2 气泡（见本章一开头的注意事项）。

18.12 蔷薇辉石

与菱锰矿颜色相似，但蔷薇辉石是更为耐久的硅酸锰矿物。通常是粉红色并经常有黑色的脉。通常为半透明到不透明。与菱锰矿不同，它具暗淡玻璃光泽。不与稀酸起反应。

摩氏硬度 6，这也不同于菱锰矿。蔷薇辉石可加工成弧面宝石、珠子和雕件。

18.13 蛇纹石

蛇纹石用于所有类型的装饰品，从珠子和精美雕琢的首饰到各种尺寸的雕刻品、碗和缸以及建筑物的装饰贴面。和玉一样，蛇纹石也是由大量微小的共生晶体组成，但蛇纹石族矿物较软，折射率通常也较低。

许多蛇纹石是绿色的，但也有带褐和红色调的，特别是那些产自英格兰 Cornwall 的 Lizard 区的蛇纹石。黑色蛇纹石也常见于某些产地。许多材料显示杂色的斑和脉。因外观似蛇皮故得名蛇纹石。大多数装饰用斑状蛇纹石是不透明到稍半透明的，具蜡状或油脂状光泽。

鲍文玉或“贵蛇文石”通常是淡绿到黄绿色。常有云状白色调斑块。半透明。用于首饰和雕刻。外观很像玉，常作为“新玉”销售。鲍文玉可根据其光泽、色斑、1.62 左右的较低折射率和 2.6 左右的较低的相对密度与软玉和翡翠相区分。鲍文玉的硬度为 5 左右，接近于软玉。其他品种的蛇纹石较软，硬度为 $2^1/_2$ 左右。

蛇纹石也呈不规则的块体或脉产于大理岩中，譬如产于爱尔兰的绿白斑杂的“康纳马拉大理石”和产于苏格兰的“Iona 石”。许多这种“蛇纹石大理岩”加工成珠子、弧面宝石、镶嵌品和小雕件，可根据其明显的黄绿和白色来识别。

18.14 方钠石

方钠石通常为中度蓝色，有时有白色调的斑块。近不透明到半透明，偶有几乎完全透明的。玻璃光泽。大多数半透明材料加工成弧面宝石、珠子和雕刻品，也用于硬石镶嵌。极少见的几乎透明的材料也加工成刻面宝石。

方钠石可用来仿青金岩。尽管方钠石是青金岩的组成矿物，但方钠石永远不会显示优质青金岩的那种浓的佛青蓝色。放大镜检查可揭示两者的不同构造。青金岩是由几种矿物组成的岩石，为明显的颗粒状。不同质量的青金岩含不同数量的白色方解石，但几乎都有黄铁矿的黄铜色斑点。方钠石是粗晶质的，通常可见一个或更多个方向的初始解理。常有白色或粉红色的脉，但极少有黄铁矿。

第十八章　补充的宝石材料

18.15　锂辉石

紫锂辉石是最常用于首饰的锂辉石品种，粉红色到紫色。其他品种有黄色锂辉石和翠铬锂辉石，一种铬致色的绿色品种。由铁而不是铬致色的绿色宝石不能叫翠铬锂辉石。锂辉石是透明的材料，硬度为7，玻璃光泽，两个方向的解理降低了它的耐久性。

锂辉石多呈单斜晶系的柱状晶体，常有三角形晶面标志。多色性是其重要特征之一，但多色性有强有弱。在粉红色锂辉石中，多色性颜色为紫色和无色；在绿色锂辉石中为黄绿和蓝绿色。

18.16　块滑石

块滑石是大部分由滑石矿物组成的块状材料。触摸块滑石时有明显的肥皂感，故也称为皂石。纯的滑石是白色到银白色的。杂质的存在产生了绿、褐、黄和浅红色，常有脉状和斑状外观。半透明到不透明，具蜡状光泽。几乎全部用于雕刻。

摩氏硬度仅为1（纯滑石）到$2^{1}/_{2}$（含杂质的），用指甲可划动。雕刻品常显示损伤痕，而雕刻品的底部可有许多划痕。硬度测试应小心地在饰品不显眼的部位进行。

一些块滑石在外表上像玉，但根据其极低的硬度和大致2.7到2.8的低的相对密度很容易区分。块滑石在物理性质上也与石膏相似。

18.17　绿松石

绿松石是铜矿物，因其天蓝到绿的颜色而被喜爱。用作宝石已有很久的历史。至少从古埃及时期的早期即已开始。在中美洲文化时期，绿松石用于制作珠子和镶嵌品。近代则大多数绿松石加工成珠子和弧面宝石，也加工成小雕件。结核状的可抛光并用作“异形的”（不规则状的）宝石。

宝石级的绿松石是呈结核和薄层产出的多晶质材料。常含有深褐到黑色基质材料的斑块或脉。绿松石的摩氏硬度为5到6，半透明到不透明，蜡状或暗淡玻璃“瓷状”光泽。

绿松石既有致密的，也有多孔和粉状的。许多绿松石经过处理以改善颜色和耐久性。绿松石也是一种被广泛仿制的宝石材料。

第十八章强化题

1. 给出下列每种宝石肉眼常能看出并能帮助你鉴别的一种特征：
   方解石
   紫锂辉石
   孔雀石
   黄铁矿
   块滑石
   绿松石

2. 分别给出这些材料的一种可供区分的测试：
   磷灰石
   赤铁矿

3. 你应测试或观察什么以区分下列宝石：
   红柱石和碧玺
   雪花石膏和大理岩
   菱锰矿和蔷薇辉石
   青金岩和方钠石

4. 说出天然玻璃的两个品种。

5. 什么是石灰岩的主要组成？

第十八章家庭作业

1 说出并描述在第十八章中提到并可用于下列每种目的的一种宝石材料；简述每种材料如何使用：
（i）光学宝石检测仪器；（ii）桌面的一部分；
（iii）雕琢高 600mm 的雕像；（iv）镶在银胸针上的小的玫瑰琢型的不透明宝石。（20 分）

2 对下列每个组别，给出能显示这些现象的两种宝石：
（i）透明刻面宝石中的火彩；
（ii）10×放大镜下易见的双折射；
（iii）透明宝石中的色带；
（iv）猫眼效应；
（v）金刚或亚金刚光泽；
（vi）晕彩；
（vii）肉眼可见的多色性（不使用二色镜）；
（viii）刻面棱在短期佩戴后受损。（16 分）
为何你认为非常必要在测试前先要观察这些现象？（4 分）

第十九章　宝石材料的加工

第十九章　宝石材料的加工

19.1　宝石和钻石的加工

石头的加工成形至少已有 250 万年历史。被用作个人装饰和作为装饰品已有几万年。宝石和装饰材料被加工和抛磨以使它们更适宜于这些用途。

随着时间的推移，宝石的加工已发展成为两项不同的工艺。钻石由钻石工匠加工，而所有其他宝石则由宝石工匠来加工。这两项工艺的技术方法有许多是相似的（特别是现今当宝石工匠更多地采用钻石粉料来切割、研磨和抛光宝石后）。但是，宝石工匠加工钻石和钻石工匠加工其他任何宝石的情况却极为罕见。

宝石加工（lapidary）是指除钻石外其他宝石的切磨和抛光工艺。但 lapidary 这个词也指切磨和抛光宝石的工匠，即宝石工匠。但雕塑师、雕工、石匠和其他专业人员也都制备和抛磨宝石和装饰材料。

钻石加工是指钻石的加工和抛光。这是一个完全不同的专业，故从不使用 lapidary（宝石加工）这个词。

除珍珠外所有的宝石材料当处在天然的未切割状态时称为**原石**。有些原石有美丽的晶体形态，但更经常的是无定形体或碎块，有时是水蚀卵石，有些显示晶面和解理等晶质特征。有些晶体原石，譬如钻石、尖晶石、石英和合成宝石等，可有明亮的反射性的晶面。偶尔有些好的晶体也直接镶到首饰上。

然而，为了用于首饰和装饰品，大多数宝石原石必须经过适当类型和款式的加工来改善。

从原石加工成宝石总会导致重量的显著损失。重量损失的多少取决于原石的形状和性质，也取决于由它加工出的宝石的款式（图 19-1）。

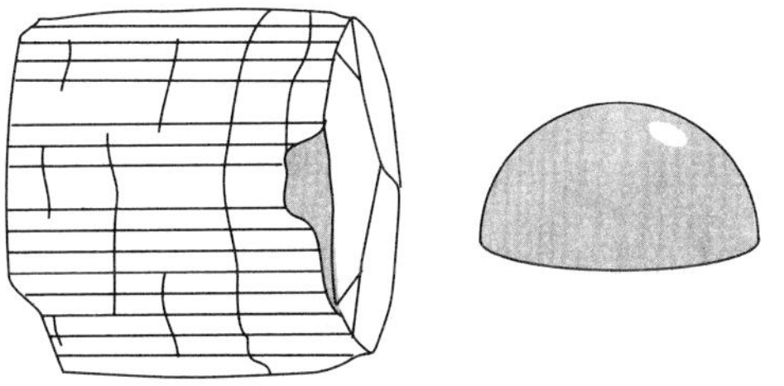

图 19-1　碧玺晶体和成品宝石，展示切磨过程中重量的损失

无明显包裹体的完好钻石八面体可切磨成两个圆形明亮琢型的钻石，这种情况下可有较高的成品率并卖出较高的价格（图 19-2）。在加工过程中原石的原始重量损失超过 50%的情况并不少见。

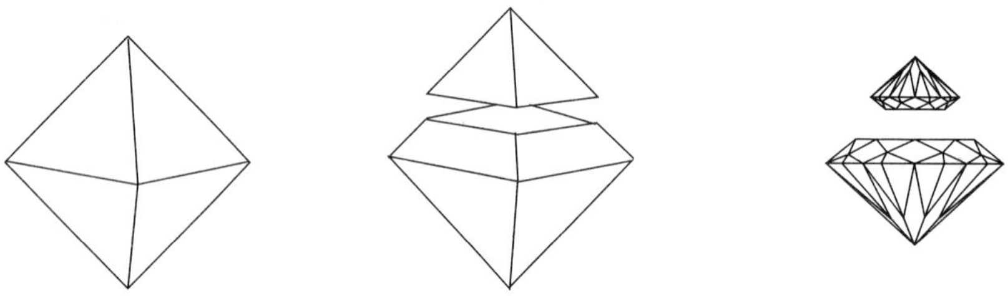

图 19-2 钻石八面体和成品钻石，展示切磨过程中重量的损失

19.2 切磨款式

宝石的切磨款式可划分为两大类：有称为**刻面**的平坦和高度抛光小面的以及不具这种刻面的（通常有弯曲的表面）。

以下是一些实例：

刻面宝石	非刻面宝石
玫瑰琢型	随形
明亮琢型	雕刻品
祖母绿琢型	珠子
剪刀琢型	浮雕
混合琢型	凹雕
公主琢型	弧面宝石

加工刻面宝石是宝石加工工艺相对较新的发展。

宝石加工的最早形式可能就是简单地把原石已有的表面抛光。开始时可能是用石头互相摩擦，后来开始用天然的磨料如砂子和刚玉粉。

19.2.1 非刻面宝石

用天然和人造的宝石和装饰材料制作雕件、碑石、珠子、浮雕（凸雕）和凹雕（内雕）已有数千年历史。

表面经过摩擦或抛光的未成型宝石叫**随形**宝石（图 19-3）。

弧面琢型

弧面宝石可能是使用最多的切磨款式。有一个或两个弯曲的表面。弧面宝石最简单的形式是有一个拱形的抛光的顶和平的未抛光的底。轮廓通常为椭圆形或圆形。

第十九章　宝石材料的加工

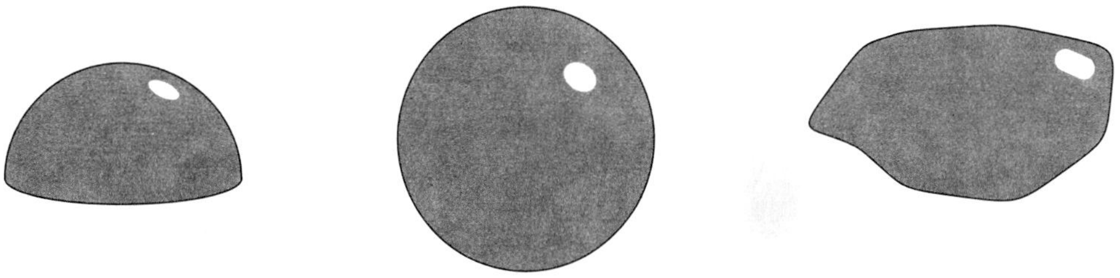

图 19-3　弧面宝石、珠子和随形宝石

突起的顶可以是高拱、中拱或低拱的。底部也可呈拱形，成为双凸弧面宝石。也切磨底部为内凹抛光的中空弧面宝石（图 19-4）。中空弧面琢型有使深色宝石譬如铁铝榴石的颜色看上去较浅的效果。这种琢型的铁铝榴石早先常被称为 carbuncles。

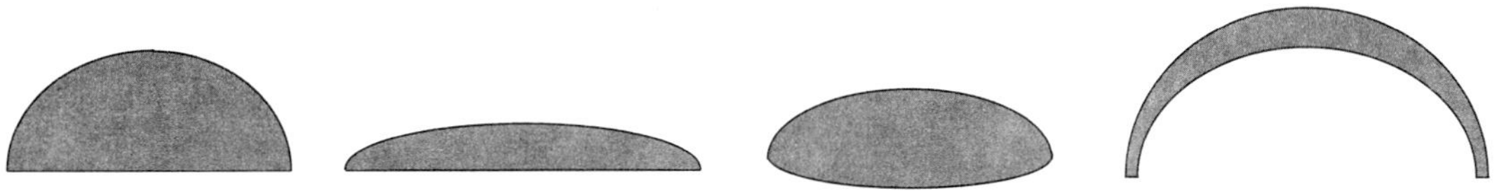

中拱　扁平　双凸　中空

图 19-4　弧面宝石的款式（剖面图）

弧面宝石远比不规则形状的宝石容易镶嵌，使得有可能使用简单的折边镶。

如今，加工弧面宝石通常是由于如下原因：

（1）有些透明宝石含太多的包裹体，以致切磨成刻面宝石不能发挥其优势。弧面琢型较简单，广泛用于低净度的红宝石、蓝宝石、祖母绿、石榴石和碧玺。

（2）显示不透明或半透明宝石如玉、绿松石、青金岩、孔雀石、珊瑚、琥珀和玛瑙等的颜色或颜色变化。

（3）揭示光学效应。这里也包括月光石、欧泊和拉长石的反射效应。猫眼和星光宝石切磨成弧面宝石以显示猫眼和星光效应。天然星光刚玉和金绿宝石猫眼常加工成双凸弧面型，其顶部为抛光的高拱，底部不抛光以保存成排的包裹体和保持重量。

（4）摩氏硬度低于 7 的宝石常切磨成弧面宝石，因为刻面棱在佩戴过程中易磨损。

（5）取决于首饰设计的趋势和时新，颜色好的高质量的祖母绿、红宝石和蓝宝石可切磨成弧面宝石。

商业上使用的自动化设备可用来生产任何受人喜爱形状的弧面宝石。这些机械用孕镶钻石的鼓作为磨轮。这种类型的设备用于生产固定毫米尺寸的弧面宝石。滚筒抛光用于最终修饰。用这种方法可产生稍凹的底和圆的腰棱。

自动化设备也用于生产蛋形和球形的装饰品。这些机械常与反向转动的孕镶钻石的研磨杯配套使用。

19.2.2 刻面宝石

这种切磨款式用于许多无色和有色的透明宝石。它由一系列具几何形状并完全覆盖了宝石表面的平坦刻面组成。

如果原石研磨和抛光成恰当的角度，它将显示出宝石最有价值的 4 个光学效应：

（1）**体色**：有色宝石的每个种，譬如祖母绿和红宝石，都有其最宜颜色饱和度。彩色钻石的价值最高。然而，对“无色”钻石而言，则是越白（即接近零饱和度）越好。

（2）**亮度**是当从上方观察时所看到的宝石反射光的明亮程度。亮度是由从亭部刻面反射的光和从冠部刻面表面反射的光造成的。

（3）**火彩**是由色散造成并因切磨好的宝石的全内反射而得到加强。进入宝石的白光色散成其组成色。如果宝石是无色的或淡色的（譬如钻石和锆石）光谱色将从冠部显示出，这一效应称为火彩。宝石的色散越高，火彩就越强。钻石的火彩强，而钛酸锶的火彩极强。但绿柱石、石英和托帕石只显示弱的火彩。在高色散但色深的宝石（譬如翠榴石）中，火彩将与体色混合或被体色所掩盖。

（4）**闪烁**是在宝石、光源或观察者移动过程中由宝石表面和内部反射造成的闪光现象。这个效应取决于冠部刻面的数量，还要求有移动。静态照相不能记录闪烁效应。火彩和闪烁在点光源下最明显，点光源下显示的效应优于日光灯或暗淡日光下。

所选择的切磨款式是一种折衷，目的是获得上述四种效应最理想的平衡。

不透明宝石诸如煤精和黑色钻石也加工成刻面宝石以展示其表面光泽。

还不清楚宝石是何时开始加工成刻面型的。已发现有极少量的刻面宝石是属于古罗马帝国时期的。公元一千年左右在伊朗和附近地区曾把煤精和石榴石加工成刻面宝石。

古印度和古罗马首饰中见到的许多钻石是简单的天然八面体钻石晶体，称为“尖钻石”。随后，在印度和欧洲，钻石工匠加工出了简单的桌琢型，也就是把八面体钻石晶体的一个角顶截切掉，形成一个方形的刻面，即台面（图 19-5）。在欧洲，最早记录的钻石加工是在 14 世纪。

自从早期起步以来，主要是在明亮琢型和阶梯琢型基础上开发出了一系列的刻面琢型。

通常是致力于从给定的原石获得尺寸尽可能大的成品，但这常常是以牺牲光学效应和切磨比例为代价。

第十九章　宝石材料的加工

图 19-5　钻石晶体的早期使用

明亮琢型（图 19-6）

这种琢型始见于 17 世纪。尽管从那时起有过许多改型，但明亮琢型对于钻石依然是最重要的。它充分利用了钻石的高色散，也产生了高亮度。它还充分利用了八面体晶形：从一个八面体可切磨出两个圆形明亮琢型钻石。

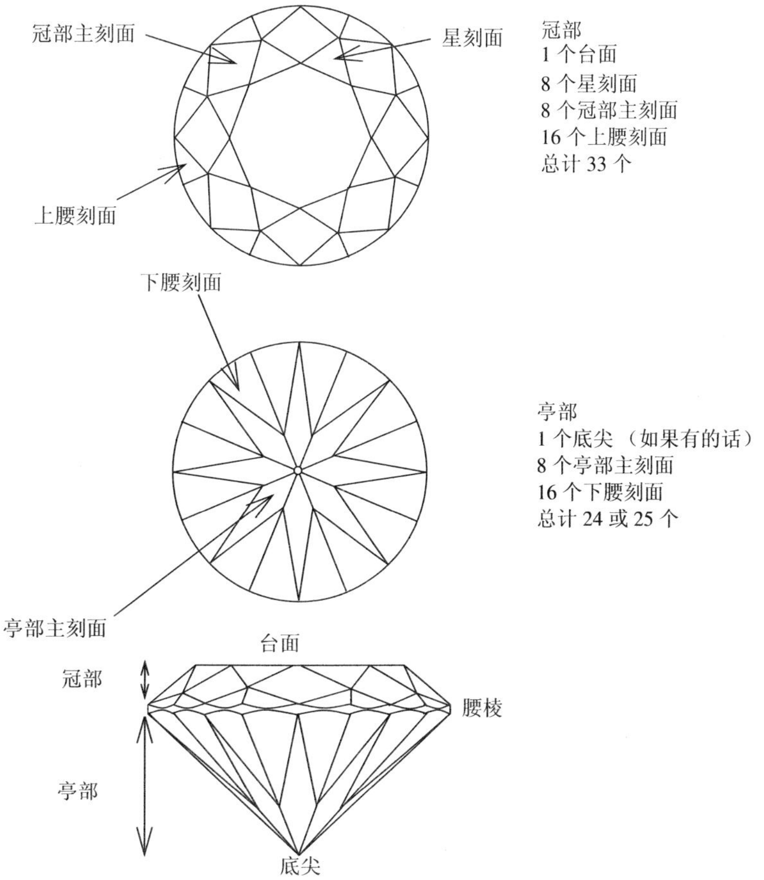

图 19-6　圆形明亮琢型

标准明亮琢型的轮廓是圆的，冠部有 33 个刻面，亭部有 24 个刻面。亭部的底端终止于一个尖，不论这个是否磨成刻面都称为底尖。底尖可磨成一个平行于台面的小的八边型刻面。如果有这个底尖小刻面，那么总共有 58 个刻面（图 19-6）。

变化

明亮琢型有许多改型，包括轮廓的变化，譬如蛋形、梨形（也称水滴形）、马眼形（水雷形或舟形）和坐垫形（古典琢型）。

对于较大的钻石，刻面的数目可以增加，譬如双明亮琢型、国王琢型、马格纳琢型（雄伟琢型）和皇家琢型。主刻面可垂直分隔以增加亮度，或水平分隔以增强有色宝石的颜色。除非是特殊的钻石，否则刻面数通常不超过 58 个。

阶梯琢型

也称为**陷阱琢型**。这种琢型的轮廓通常是长方形。冠部由一个长方形台面和环绕它的一系列平行刻面组成。阶梯琢型用于大多数透明宝石，但特别适用于那些其瑰丽主要依赖于颜色的宝石。4 个角顶被截去从而呈八边形轮廓的长方形被如此广泛地用于祖母绿，所以常称为**祖母绿琢型**。祖母绿是脆性宝石，截去角顶后不容易碎裂（图 19-7）。祖母绿琢型有时也称为**八边形琢型**。

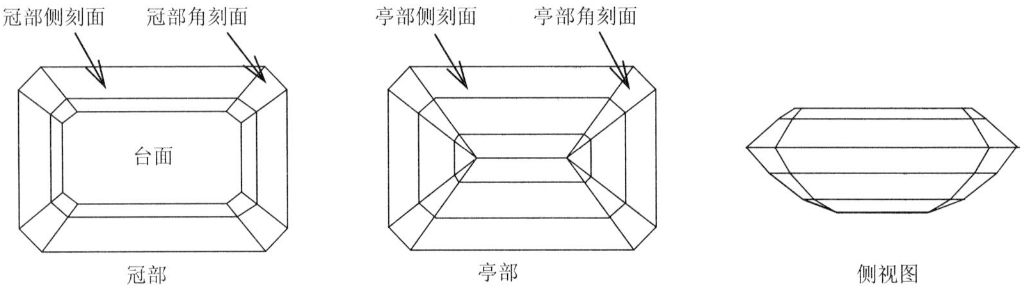

图 19-7　祖母绿（阶梯）琢型及其常见比例

因切磨成阶梯琢型主要是考虑颜色，故对于最大全内反射并不十分在意。控制切磨比例的因素通常是颜色的深度和原石的形状。

有些钻石也切磨成阶梯琢型。因为阶梯琢型不着重于亮度和火彩，故这些通常是有特别好的颜色和净度的钻石。

阶梯的数目取决于原石的大小。这种琢型的轮廓可有许多变化，包括方形、长方形、细长形、风筝形、菱形、梯形、三角形、六边形以及其他的多边形。

红宝石、蓝宝石、金绿宝石和碧玺等许多有色宝石有明显的多色性。理想的是使宝石的取向能让最佳的颜色透过台面显示出来。然而许多宝石的切磨并不考虑这个，而考虑如何保持最大重量。

第十九章　宝石材料的加工

一些宝石，如蓝宝石、祖母绿和紫晶，有明显的色带。其切磨办法通常是使色带平行于台面，这样一来透过台面就不会看到。对于淡色宝石，可把宝石色深的部分置于亭部的底部，因为这个区域对宝石整体颜色影响最大。

混合琢型

非常多的有色宝石是混合琢型的。这种琢型通常是变型明亮琢型的冠部与阶梯琢型的亭部的组合（图 19-8）。为保持宝石的重量，亭部可切得很陡。这样还可加强颜色，但由于亭部太深，这样的宝石很难镶嵌。

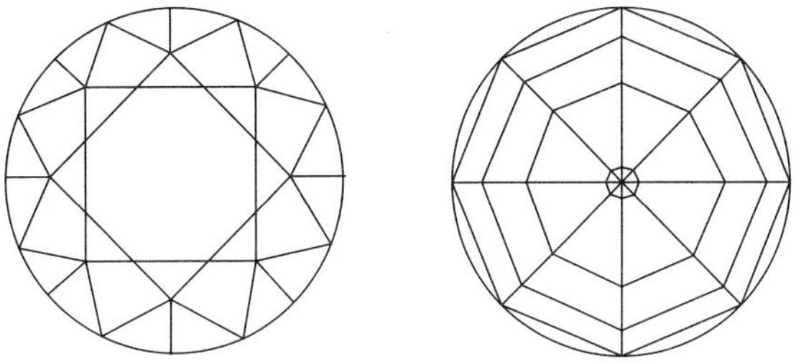

冠部　　　　亭部

图 19-8　混合琢型

19.2.3 一些常见琢型

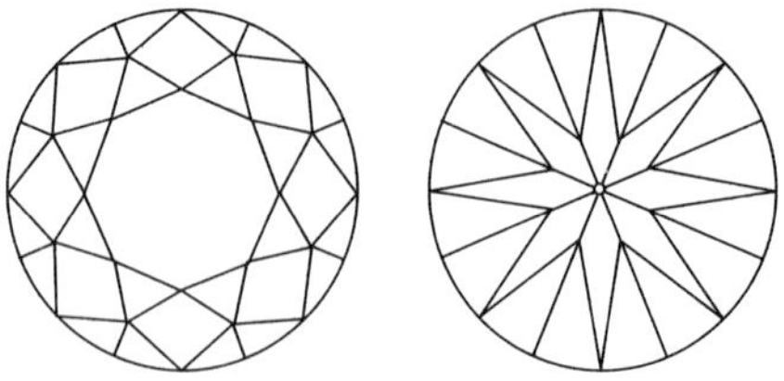

圆形明亮琢型

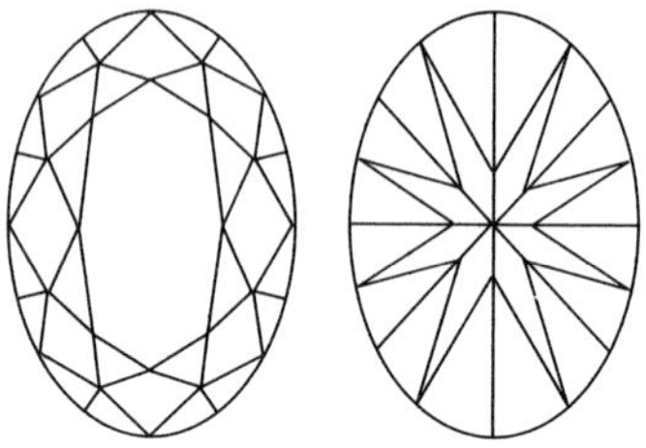

蛋形明亮琢型

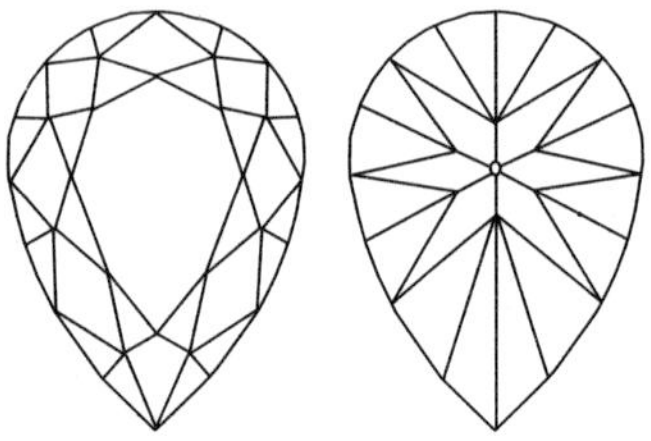

梨形明亮琢型

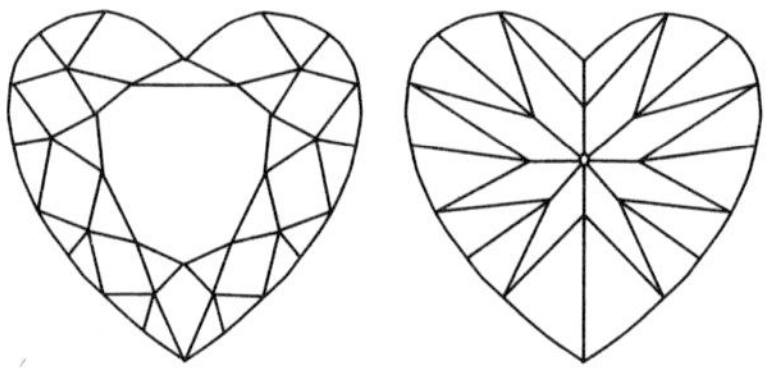

心形明亮琢型

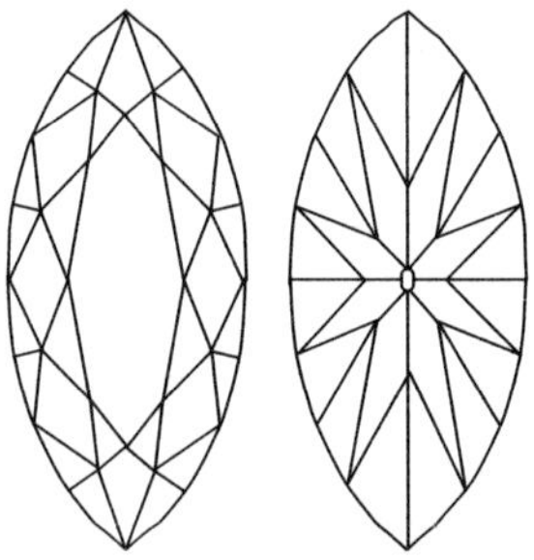

马眼形明亮琢型

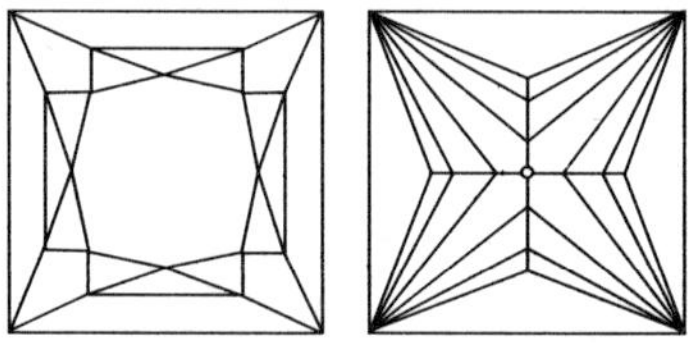

方形改型明亮琢型
（“公主琢型”）

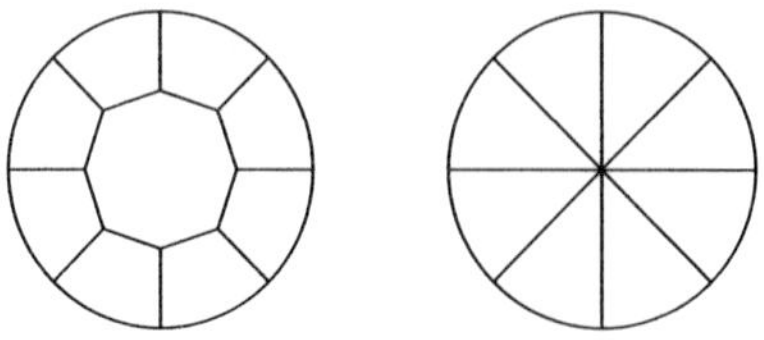

单琢型（八面琢型）

第十九章　宝石材料的加工

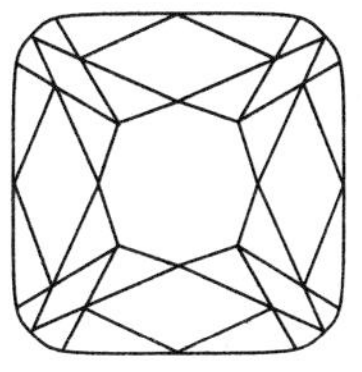

老矿琢型

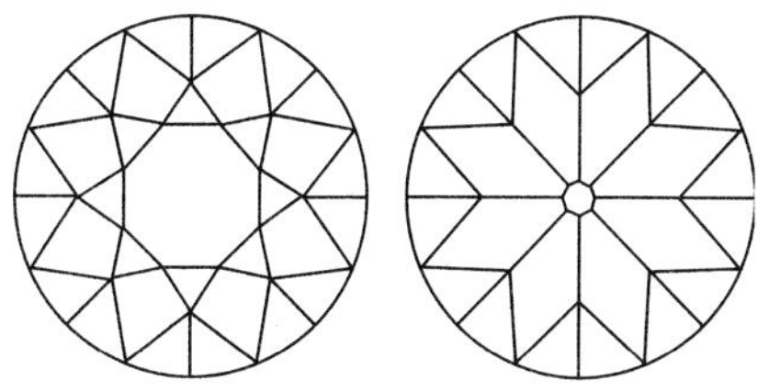

老欧洲琢型

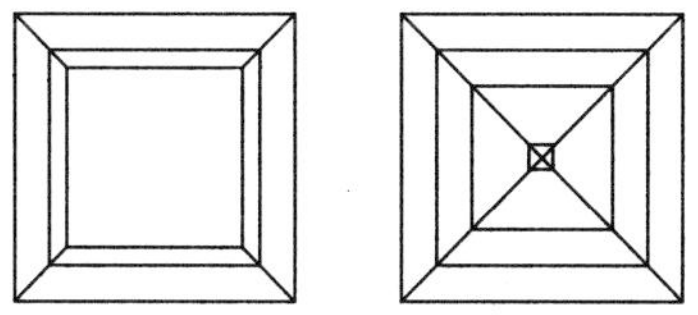

方形琢型 -Carré

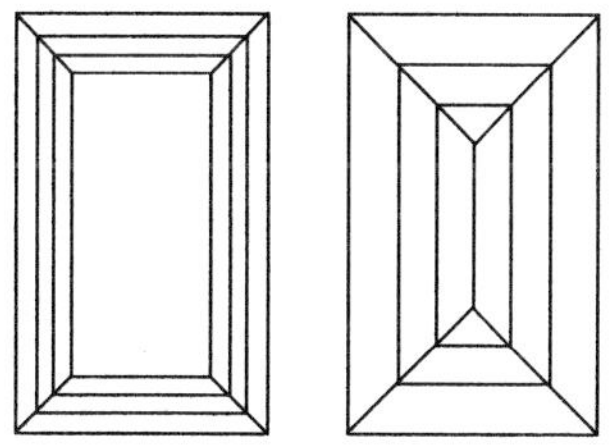

细长形琢型

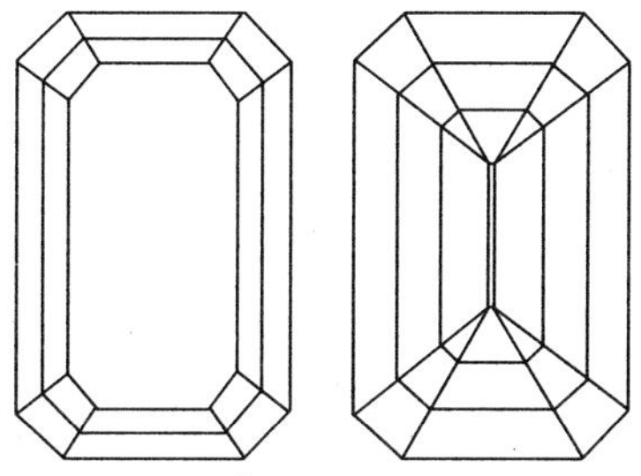

祖母绿琢型

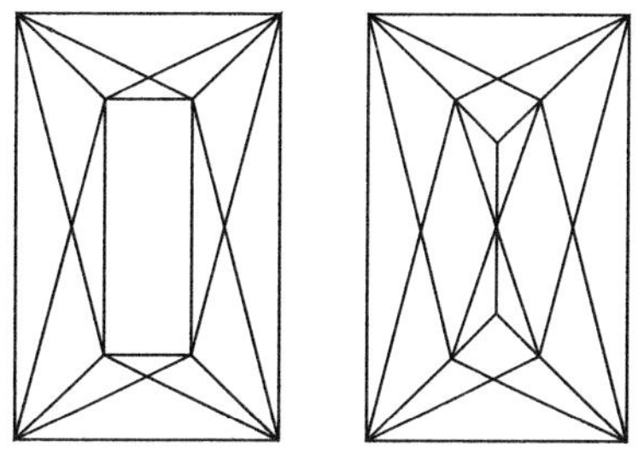

剪刀琢型

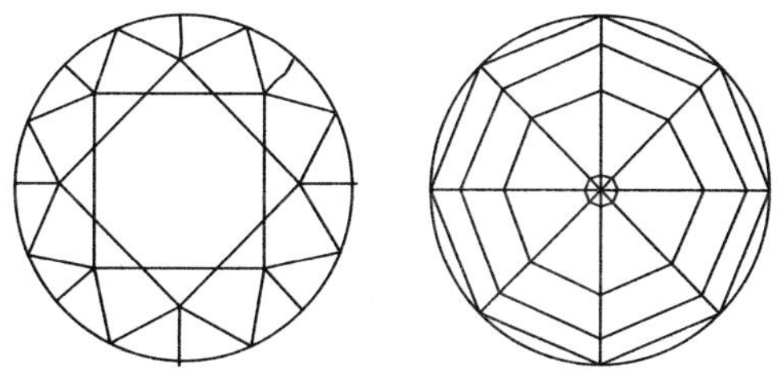

混合琢型

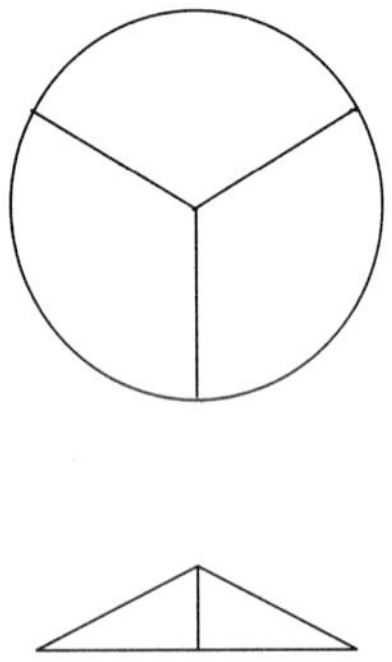

三刻面玫瑰琢型

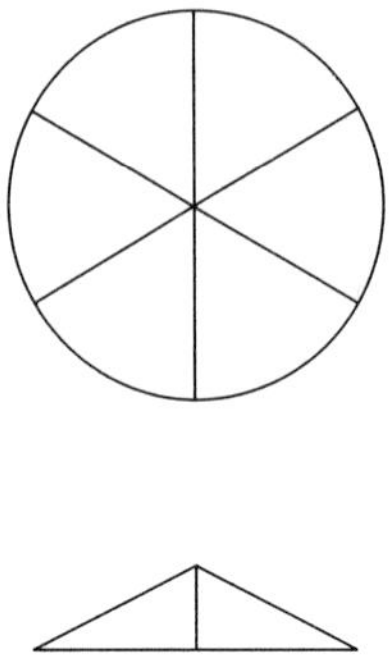

六刻面玫瑰琢型

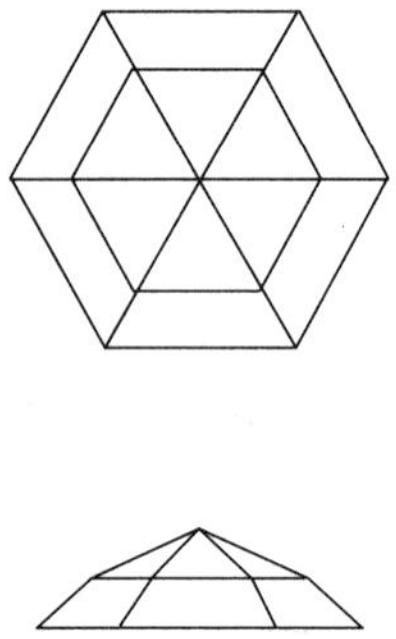

安特卫普玫瑰琢型

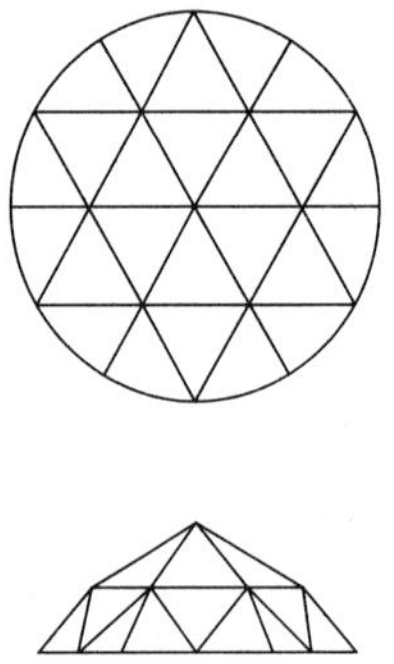

荷兰玫瑰琢型

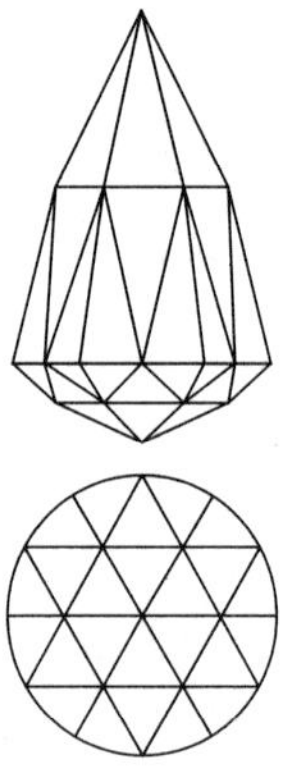

泪滴琢型

19.3 宝石的加工

多年来宝石加工的一般技术变化不大，但过去完全靠人工完成的某些过程现已越来越多地被机械所取代。

宝石的加工过程包括：
（1）选择原石；
（2）分割、标记和整平；
（3）上卡；
（4）研磨；
（5）抛光。

各种类型的锯被用来分割和整平原石和装饰材料。不同的锯使用圆的、直的、装在带上的或装在钢丝上的刀具。有些刀具是孕镶钻石粉并靠水冷的；有些锯使用含有氧化铝或碳化硅之类磨料的液态“泥浆”。“泥浆”锯使用时脏和慢，但替换刀具比孕镶钻石刀具便宜，特别是当锯非常大时。

用于研磨或抛光原石的磨刻面设备叫**磨盘**。磨盘是圆的，直径约 6 或 8 英寸。研磨轮也用于玛瑙等宝石的加工。

有许多类型的磨盘。两种主要的类型是用于切割的磨盘和用于抛光的磨盘。前者的功能是从原石上去除多余的材料，创造出形状和尺寸都合适的宝石，也就是预成型。后者的功能是抛光成品宝石，在抛光过程中去除的材料很有限。

抛光粉对获得最佳抛光也很关键，最常用的是氧化铈、氧化铝、氧化锡和钻石。

在某些加工中心，商业性的刻面切磨依然使用传统方法，譬如斜木桩法，但机械化的磨刻面刀具已被世界各地业余和专业切磨师所采用。

在一些加工中心，由计算机控制的机械可同时切磨许多宝石。像紫晶和黄晶这样的原石先预成型而后固定到机械上并加载。一台机械上可同时固定 50 粒或更多。所有的运动都由计算机控制以提供各种刻面琢型。

19.3.1 弧面宝石

选择原石

原石的形状和大小很不相同，从巨砾和块体到小的晶体和水蚀卵石。不易抛光的多孔材料和裂缝多的材料多弃之不用。有些宝石需正确定向以显示星光、猫眼和变彩等令人喜爱的光学效应或红宝石、碧玺等多色性宝石的最佳颜色。

标记、整平和上卡

在石板的适当位置标记出弧面宝石的轮廓形状。用锯修整掉不需要的材料，而后在研磨轮上磨出弧面宝石的大致形状。预成型的弧面宝石粘到称为**磨杆**（粘杆）的棒上。

研磨、砂磨和抛光

在垂直的研磨轮上加工所要求的弧面宝石的拱顶面。自动化机械可加工出固定尺寸以及蛋形和球形。用悬浮在水中的金属氧化物或油中的钻砂来抛光。

19.3.2 刻面宝石

选择原石

原石应是透明的，最好是没有裂缝和包裹体的。如果外表面是不透明的，应在宝石表面抛磨出一个窗口以观察内部。标出台面的合适位置。

整平、预成型和粘杆

用锯去除不需要的部分。用研磨轮将材料预成型，而后粘到磨刻面用的磨杆上。

切磨和抛光

平的刻面是将宝石对着一个水平旋转的平的磨盘切磨出来的。切磨介质可以是刚玉、碳化硅和钻石粉。现广泛使用孕镶钻石的磨盘。用斜木桩或磨刻面机械刀架来切磨刻面。为使刻面宝石具尖锐刻面棱所使用的抛光粉与抛磨弧面宝石时是相同的。在抛光时，根据要抛磨的材料选用不同类型的磨盘。

斜木桩法是磨宝石刻面的传统方法。宝石粘到一根长约150mm（6英寸）的木质磨杆上。磨杆的锥形尖端插入被称为斜木桩的木桩上众多小洞中的一个洞中（图 19-9）。通过选择不同高度的洞并将磨杆转动到不同位置，可切磨出所有不同的刻面。在斜木桩法中。除靠眼睛外没有设施用于测量刻面的角度。用这种方法可达到极高的切磨质量，但需要极好的技巧和丰富的经验才能获得切磨良好的宝石。

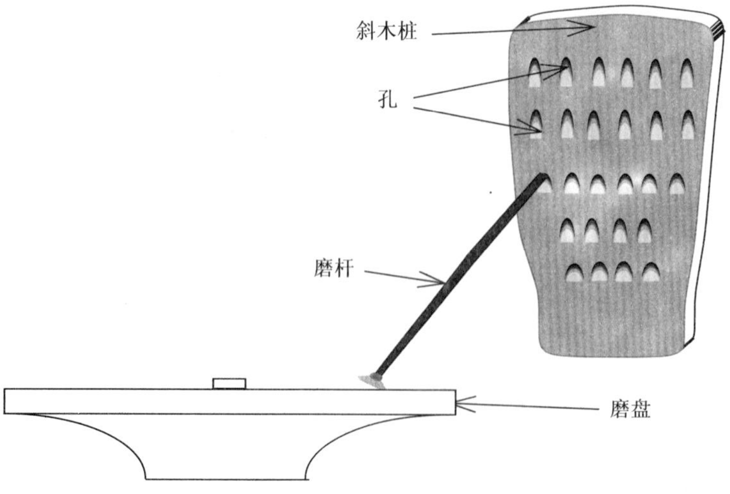

图 19-9　斜木桩法切磨刻面

去掉材料多余的部分

© I Mercer

绿松石原石和粘在磨杆上的弧面宝石

© I Mercer

雕琢一件玉器

© I Mercer

雕琢软玉猫头鹰的步骤

© NHM, London

E Pauly制做的浮雕

德国伊达—奥伯斯坦

© I Mercer

E Pauly制做的浮雕

德国伊达—奥伯斯坦

© I Mercer

抛光玛瑙

德国伊达—奥伯斯坦

© I Mercer

用斜木桩法磨刻面

© I Mercer

现代磨刻面机械

© I Mercer

第十九章　宝石材料的加工

当使用机械磨刻面刀具时，预成型的宝石粘到一个短的（30mm 到 40mm）金属磨杆（卡头）上，磨杆装在磨杆臂上。刻面（相对于腰棱）的角度由一个标有 0—90° 的刻盘上转动的指针来确定。刻面的旋转位置靠一个板柄来固定，板柄与齿轮上的一个刻槽铰合（图 19-10）。

如果放置正确，机械刀具能生产出切磨非常精确的宝石。然而，斜木桩法在一些国家依然用于高质量的切磨和批量生产。使用机械刀具较为费时，对保持重量和特殊切磨要求的适应性较差。

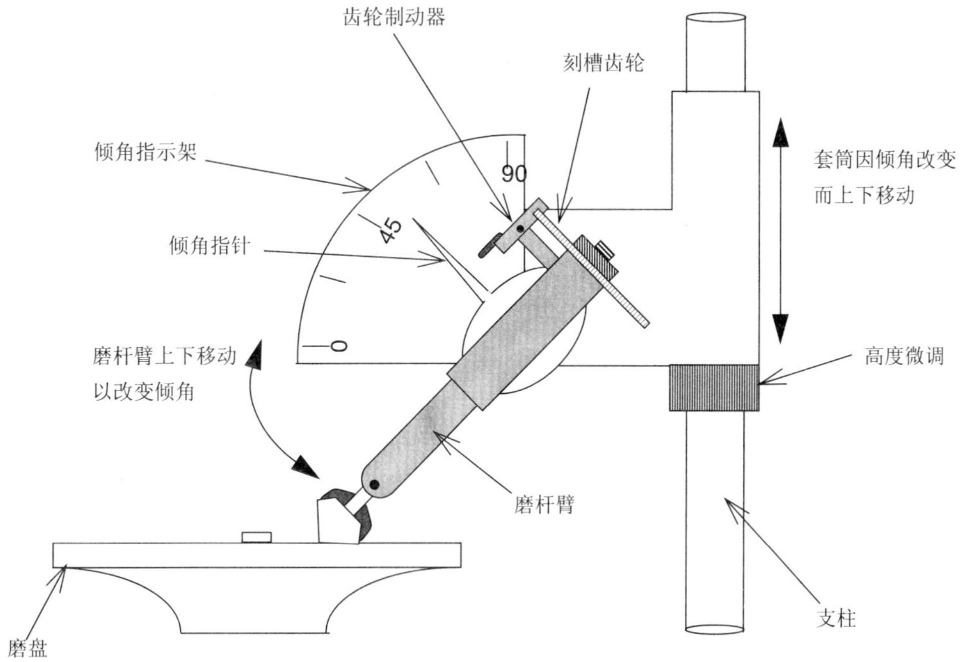

图 19-10　机械磨刻面刀具

19.3.3　钻孔

在宝石加工中钻孔被用于多种目的。譬如给项链用的珠子穿孔和在吊坠、耳环以及手链上穿孔以固定附件。用管壁孕镶了钻砂的旋转空心钻管做取心钻进，可获得圆盘和圆柱体以及手镯的预型件。小口径的钻孔使用实心的钻杆，其顶部有一层电镀镍将钻砂固定住。

一种商业上常用的钻孔法是使用能产生超声波振动的振荡器。在这种技术中，一个金属钻具以极高频率上下振动。磨料和冷却剂一道不断地添加到工具的顶部。用这种方法钻孔即便是在最硬的材料中也既快又精确。另一优点是可产生任何形状的孔。该方法还可用于加工宝石的外形。

钻孔的老方法是使用弓钻。弓钻附于一个木轴上，木轴上缠有弓弦。随着弓的前后移动，弓钻就旋转。这种方法迄今仍用于珍珠和珠子的钻孔。

19.3.4 雕刻

石头的雕琢已有几千年历史，使用的是用各种材料制作的各种工具。所雕刻的产品包括雕刻品（整个宝石材料被雕琢成一个图案或形状）和镂雕（(把图案雕刻在宝石材料上)。

浮雕是切磨掉不需要的部分以产生一个浮现于背景上的图案。雕刻品通常是用具有两种或两种以上颜色层的条带状材料，譬如玉髓的一些品种和贝壳，因而图案呈一种颜色，而背景呈另一种颜色。

凹雕具有刻入宝石表面的图案。通常是用不透明到半透明材料如赤铁矿和玉髓制作，用作图章石和印记。许多商业上的浮雕和凹雕现在是靠计算机控制的设备生产的，放入毛坯，在过程结束时已具有很好的外观。

19.3.5 滚筒抛光

宝石与各种磨料和水一道在旋转的圆筒中转动。分几个阶段使用越来越细的磨料。最后是与抛光介质一道转动。整个过程需要几天或几周时间。

从不规则形状的原石通常得到不对称的或随形的抛光宝石。商业上小的预成型的对称形状宝石和雕件可用这种方法抛光以提供便宜和规定尺寸的抛光和圆度都好的弧面宝石、珠子和其他制品。

19.4 钻石的加工

尽管钻石加工的某些过程现在效率已更高，但基本工具和方法在过去几个世纪中并没有变化。用涂了钻石磨料的青铜磨盘来锯钻石的方法被逐渐引入。机械磨杆取代了焊接磨杆，这使得钻石可以更快和更方便地转动以磨出刻面。与此同时，采用半自动化的机械磨小钻石的刻面。现今激光已用于加工传统的和新的琢型以及加工一些特殊的形状。

设计

从原石晶体开始，设计者检查钻石，考虑解理以及颜色和净度变化等因素，标出哪里能最有效地锯开或劈开。

分割

许多钻石原石在进一步加工前需要分割成两部分或更多个部分（图 19-11)。可以用锯开或劈开的办法。锯开 1 克拉的钻石可能要用几小时到一天时间。为劈开钻石，先要把钻石粘到一个圆棒上，而后按设计者标出的位置在钻石的晶面上磨出一个小的切口（切缝)。把一个钢刀放置在切口内，用短而重的铁棒猛击，晶体将沿所期望的解理面裂开。

第十九章　宝石材料的加工

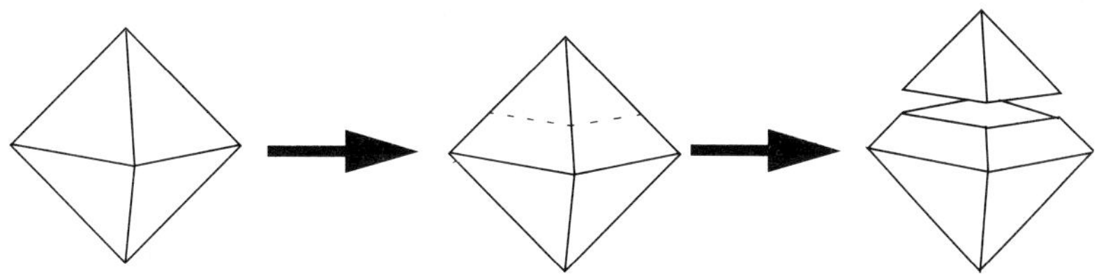

图 19-11　设计和分割

粗磨

把已锯开或劈开的钻石或整个钻石固定在一个机床上并转动。另一颗钻石被牢牢夹持对准转动中的钻石，使它产生下一步加工所要求的形状。在随后加工过程中，粗磨还要重复进行。

研磨和抛光

磨刻面的工作由交叉切磨工和多面切磨工完成。

刻面的研磨和抛光是在一个水平的快速转动的圆形金属磨盘上用油和钻砂的混合物来完成。

交叉切磨工研磨和抛光前 17 个刻面：台面、冠部的 4 个角面和 4 个斜面，而后是亭部的 4 个角面和 4 个斜面以及底尖（图 19-12）。

随后由多面切磨工添加上最终的 40 个刻面（图 19-13）。这项工作通常是从 8 个冠部刻面开始。

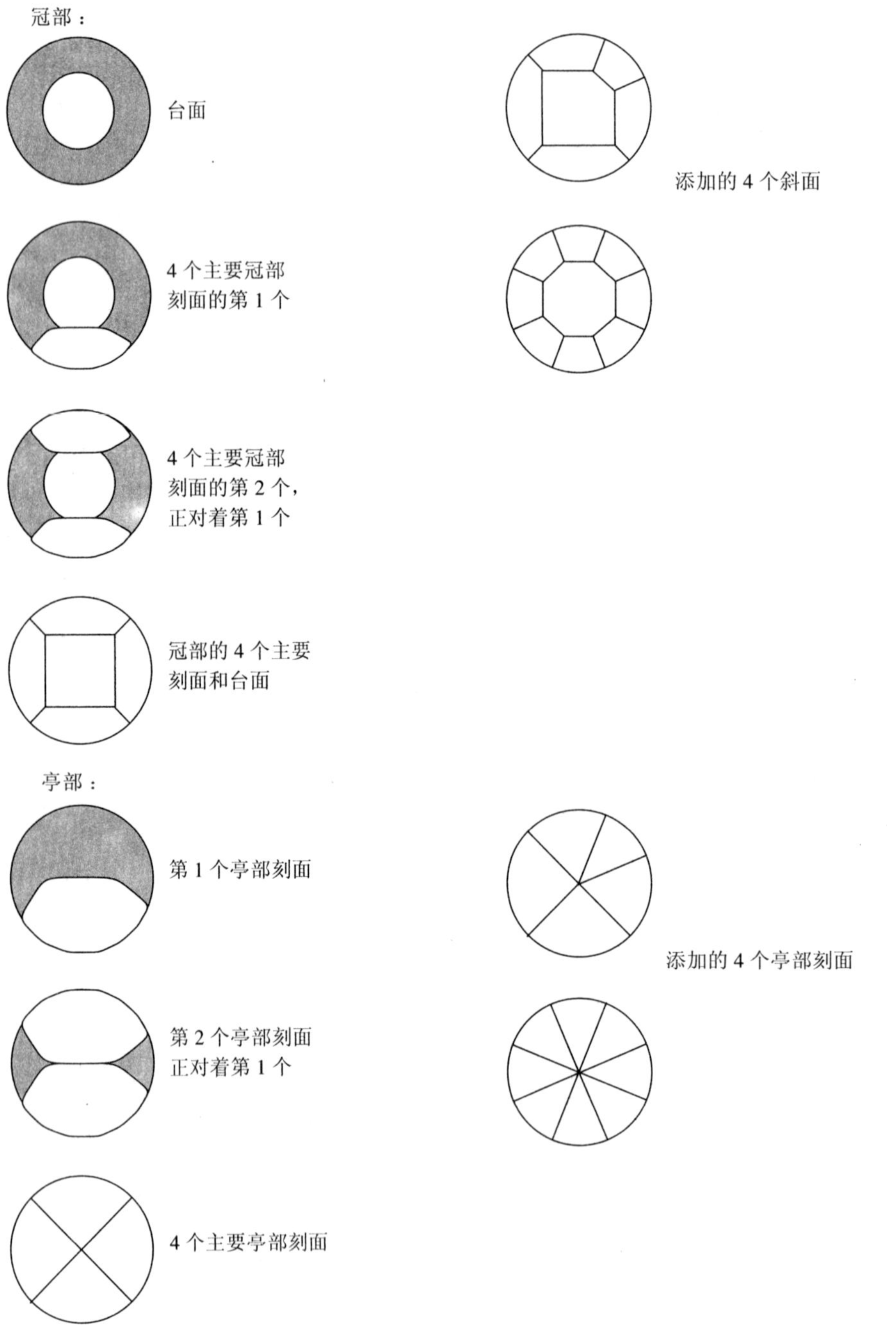

图 19-12　前 17 个刻面

钻石晶体和成品钻石

© DTC

钻石加工厂（安特卫普）

© D Garrod

钻石的划线

© DTC

劈开钻石

© DTC

锯开钻石

© DTC

钻石的粗磨

© DTC

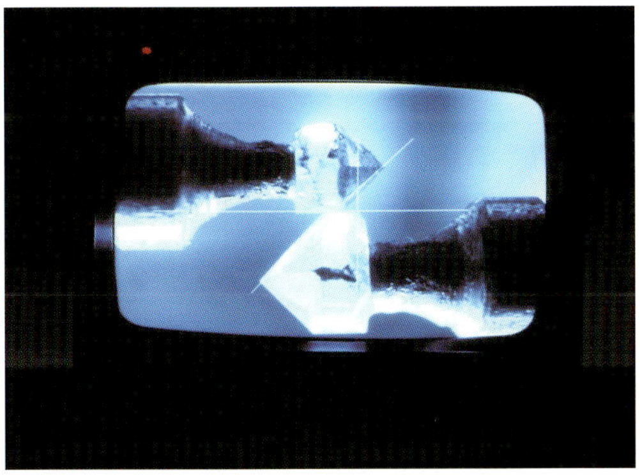

钻石的自动化粗磨

© DTC

钻石的抛光

© DTC

第十九章 宝石材料的加工

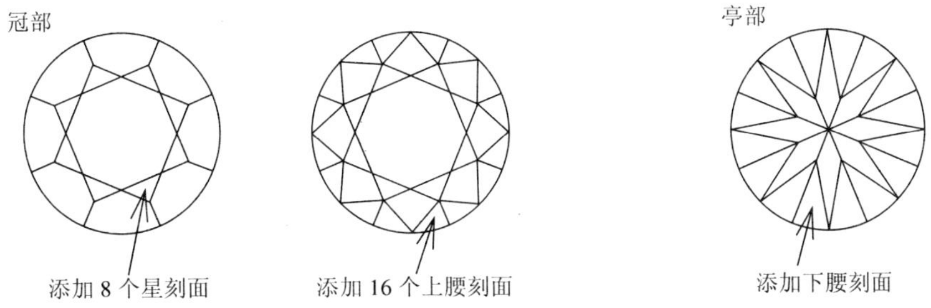

图 19-13 多面切磨

自动化抛光机

20 世纪 70 年代出现了第一台商业用自动化抛光机（Piermatic 型）。它与手工切磨机的基本过程相似，不同之处是在切磨星刻面之前先切磨上腰刻面。

大多数现代的机械能加工最终重量为 0.2 克拉到大致为 10 克拉的钻石。

对于大的贵重的钻石，手工切磨仍是最可取的，因为能有更多的控制并有最大的成品率。

激光的使用

用于生产成品钻石的许多过程现在由激光完成。

一束细的激光（直径为 0.001mm）用来在任一方向非常精确地“锯开”钻石，不论它是单晶还是双晶（三角薄片双晶）。钻石被强激光束“蒸发”。钻石的取向借助于闭路电视由计算机控制。激光可用于加工“问题”钻石，即用任何其他方法都很难或不可能加工的钻石，包括应力钻石和多晶质原石。

激光还用来加工华丽和异形的琢型。如花形、心形和马头形。可加工大的和小的孔，甚至圆珠。还可雕刻出字母或图案。激光也用于钻细孔以处理深色包裹体，改善钻石的净度（见第十七章）。

19.5 切磨质量

我们可从以下几方面对切磨质量做有效的描述：

（1）对称性——钻石的对称外观，譬如圆形明亮琢型钻石台面和底尖的同心位置；

（2）比例——各种刻面在大小和角度方面的相互关系（有时也称为钻石的量度）；

（3）抛光——指抛光的质量或修饰度。

19.5.1 对称性

钻石的切磨越对称，每克拉的价格越好。然而，如果好的对称性导致低的成品率，那么每克拉的整体价格将无法证明过分关注切工是合算的，因为重量降低了。

对称性因素（图 19-14）：
（1）腰棱轮廓对称吗？
（2）台面居中吗？
（3）底尖居中吗？
（4）刻面严格相交（刻面交点尖）吗？
（5）冠部和亭部刻面对得整齐吗？
（6）刻面畸形吗？

对于钻石来说，成品的对称性是比较重要的，因为这影响到钻石的整体亮度和火彩。而对于彩色钻石来说，颜色通常是更重要的，不对称的钻石仍可接受。

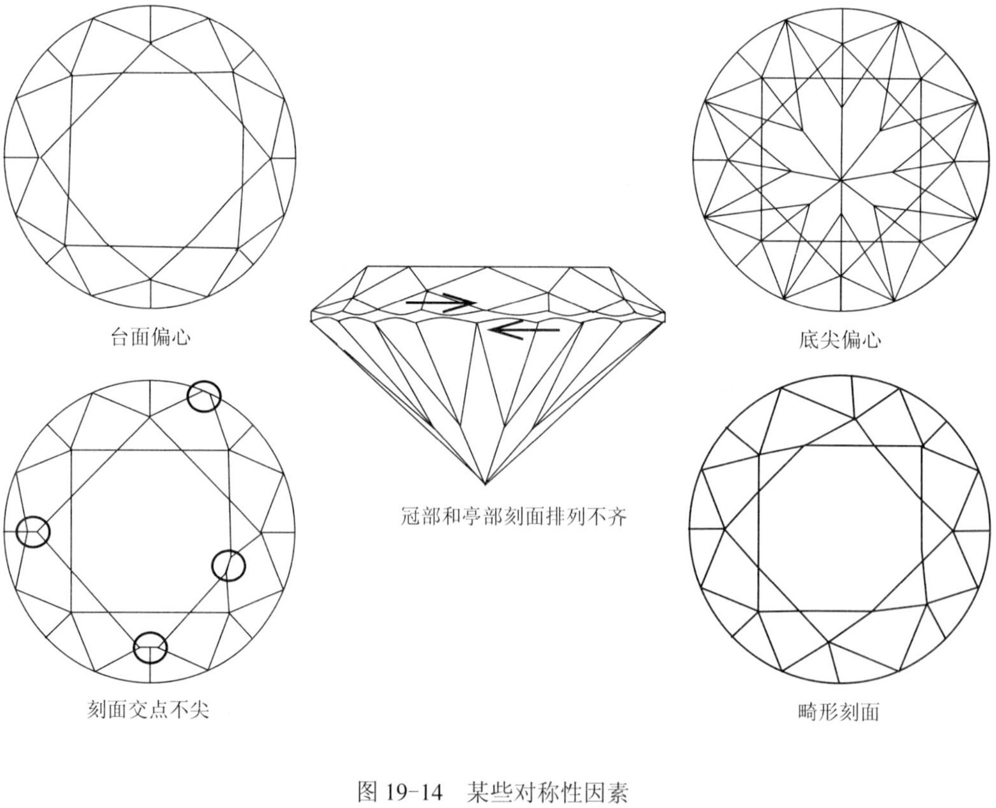

图 19-14　某些对称性因素

19.5.2　比例

钻石的理想比例（图 19-15）

在设计明亮琢型时要求有些刻面要反光以增强亮度，要求另一些刻面折射光以增加火彩。

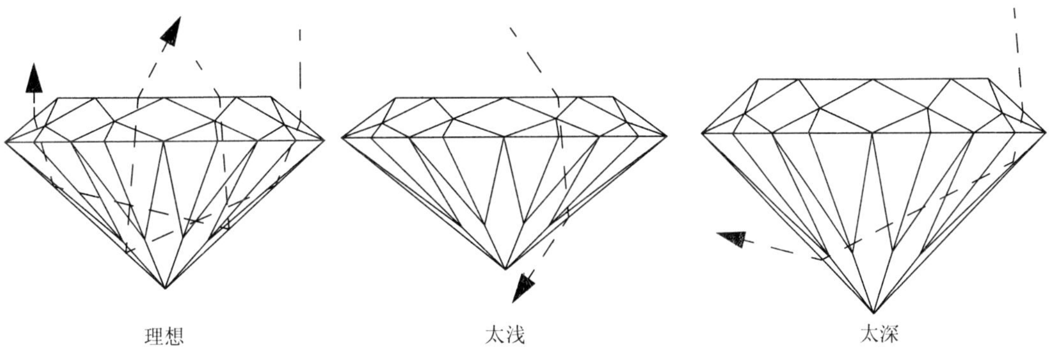

图 19-15　理想的、过浅的和过深的比例对亮度的影响：结果的简单示意图

亭刻面与腰棱之间的夹角是非常重要的，因为它控制了光由亭部刻面反射而产生的亮度。所以，这个角度必须正确以产生最大的内反射。对于钻石，亭角接近于 41°。这个角度与其他宝石种的不同，这是因为折射率不同，导致全内反射的临界角也不同（见第七章）。概括地说，折射率越低，宝石就必须切得越深才能产生内反射并使光最大限度地返回。

最终结果总是亮度和火彩的折衷。有几种“理想琢型”，其角度和比例稍有不同（图 19-16）。

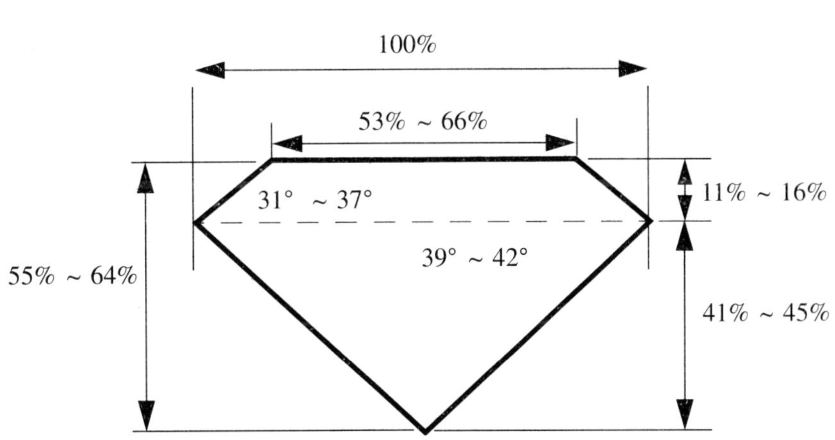

图 19-16　切工好的现代圆形明亮琢型钻石的容许比例范围

在所有的切磨中，偏离理想比例可能与原石状况有关。譬如，为从不规则形状的原石（或原石的颜色非常浅或非常深）获得最大的成品钻石，就要把钻石切得比理想比例的浅或深。明显包裹体的存在常决定了钻石的切磨。

19.6 琢型的选择

切磨款式和切磨质量都影响宝石的价格，对于切工极好的宝石，人们会多付钱。然而，选择哪种琢型总是有各种各样的原因。以下对影响不同原石切磨款式选择的若干最重要因素做一个归纳。

（1）成品率——原石材料的形状会使成品宝石的某些款式比其他款式最佳地保持重量；

（2）解理和硬度方向——沿解理方向抛光非常困难。譬如托帕石台面的切磨通常要与解理面有个小的交角。有些宝石沿某些方向切磨比沿其他方向要容易的多，譬如钻石；

（3）耐久性——祖母绿性脆，故不适合在成品上留下尖的角。又如较软的宝石，如琥珀和欧泊，沿刻面棱会极快地磨损。所以这些宝石通常切磨成弧面型；

（4）包裹体——含包裹体多的宝石若切磨成弧面宝石可产生更让人喜爱的外观。另一些宝石可切磨以炫耀特殊的或不寻常的包裹体；

（5）透明度——不透明宝石多切磨成弧面型；

（6）光学效应——弧面宝石可揭示猫眼和星光效应；

（7）火彩和亮度——钻石的切磨通常要揭示最大亮度和最大火彩的平衡；

（8）颜色——有些宝石当沿特定方向切磨时会有更好的颜色（见第十章关于多色性），譬如碧玺或堇青石。另有些宝石则因有色带故适合于不对称切磨，譬如蓝宝石这样切磨时透过台面会看到较均匀的颜色外观；

（9）被喜爱程度——有些款式因有需求而能有较好的价格。

第十九章　宝石材料的加工

第十九章强化题

1. 用于（a）宝石级钻石和（b）所有其他宝石加工的两个通用术语是什么？
2. 什么术语用来称呼所有适合于生产或宝石加工的材料？
3. 说出 4 种刻面宝石琢型。
4. 说出 4 种非刻面宝石琢型。
5. 说出各种不同宝石选择弧面琢型的 4 种理由。
6. 说出各种不同宝石选择刻面琢型的 3 种理由。
7. 说出圆形明亮琢型宝石从侧面看时看到的 5 个特征。
8. 说出手工切磨宝石过程的 5 个阶段。
9. 说出宝石工匠加工宝石刻面的传统和现代方法。
10. 说出用于小的和大的宝石雕件的两种特殊类型。
11. 说出加工宝石级钻石的 4 个可能阶段。
12. 哪 3 个术语用于描述钻石的切磨质量？亭部的理想角度是多少？

第十九章家庭作业

1（a）说出、图示并描述主要用于（i）祖母绿和（ii）欧泊的琢型。（10 分）
解释为何使用这些琢型。（3 分）
（b）简要解释为何圆形明亮琢型如此广泛地用于钻石。
说明亭部角度多少时能获得最大的内反射。（7 分）

2（a）尽可能多地列出并详述影响宝石工匠选择宝石材料加工款式的因素。（14 分）
（b）描述下列饰品的外观并举出可用于这些饰品的宝石实例：
（i）浮雕；（ii）凹雕；（iii）随形宝石。　（6 分）

3（a）列出并简述宝石材料拥有的 6 种方向性性质。（6 分）
（b）对于钻石加工而言，上述性质中哪些是重要的？简单解释为什么。（6 分）
（c）在有色的单晶材料和成品的检测中，上述性质中的哪些是重要的？简单解释为何并给出例子。（8 分）

第二十章　首饰中的宝石

第二十章　首饰中的宝石

20.1　首饰中的宝石镶嵌

尽管宝石也以晶体和成品宝石的形式收藏，但宝石的主要商业用途是镶嵌到首饰上。

镶嵌类型的使用或选择取决于时新、待镶宝石的性质和个人的喜好。以下是几种最常见的镶嵌（图 20-1）：

(1)　**爪镶**：这种常见的镶嵌类型有尖的、圆的、平的或 V 字形的称为镶爪的金属支架。通常采用的是 4 爪组合或 6 爪组合，但取决于款式和期望的效果，也可有更多的镶爪；

(2)　**包镶或折边镶**：在这种款式中一个金属带把宝石边棱包住。常用于弧面宝石；

(3)　**槽镶**（在我国有槽镶、夹镶、迫镶和轨道镶等多种叫法——译者注）：宝石镶在一个槽内，宝石与宝石之间无金属分隔。条镶与槽镶相似，但每颗宝石是靠两侧平行的条固定，宝石与宝石之间有条分隔；

(4)　**密镶**：在这种镶法中宝石靠得很近，从而掩盖了金属镶座。

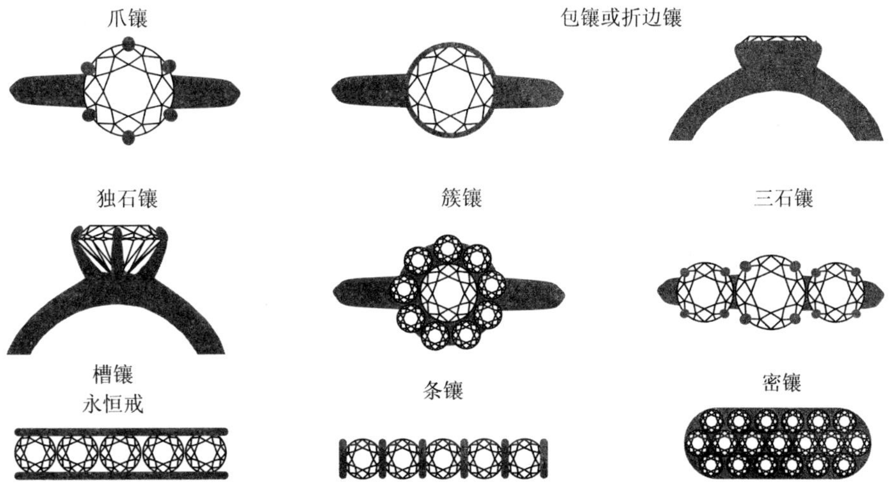

图 20-1　用于首饰的各种镶法

首饰中常见的宝石配置：

(1)　**独石戒**——戒指上只镶一颗宝石；

(2)　**三石戒**——三颗宝石并排排列，中心石通常稍大于两颗边石；

(3)　**簇镶戒**——若干颗较小的宝石镶到一起，可能是环绕一颗较大的中心石；

(4)　**永恒戒**——宝石沿整个戒环镶嵌。当所镶宝石只占戒环周长的一半时叫半圈永恒戒。

并非所有的宝石都是镶在金属上的；譬如，许多宝石是加工成珠子并串到一起制成项链。切磨的宝石也偶尔用于编织品和装饰品中。

项链长度

名　　称	长　度
短项链（贴颈项链）	13 到 15 英寸
标准短项链	16 英寸
标准长项链	18 到 20 英寸
玛蒂妮项链（日装项链、晨装项链）	24 英寸
礼服项链	30 英寸
长礼服项链	36 英寸
结绳长项链	40 英寸

1 英寸 = 2.54 厘米

20.2　首饰金属

有各种材料用于首饰，最常见的是银、金和铂。这里所给出的首饰金属的信息和数字不是基础课程考试大纲的组成部分。它们只作为背景知识以帮助你理解大纲的其他部分。

银合金

银合金的纯度以千分含量值表示的成色来度量。

成　　色
999
958（不列颠银）
925（史特令银、纹银）
800

金合金

金合金的纯度以千分含量值表示的成色来度量，也以 K 值（在英联邦国家大都用 ct，但这里的 ct 是表示含金的比例，与表示宝石重量的 ct 完全不是一回事——译者注）来度量。

K 值	成色
24K（纯金）	999
22K	916
21K	875
18K	750
15K	625
14K	585
12K	500
10K	416
9K	375
8K	333

爪镶单粒钻石铂金戒
© Hirsh London

六爪镶的钻石耳钉
© Cartier Ltd.

爪镶的帕帕拉恰蓝宝石和钻石的三石戒，镶座为铂金和18K粉色金
© Hirsh London

爪镶的蓝宝石和钻石的三石戒和簇镶戒
© Gem-A Instruments

钻石铂金永恒戒
© Hirsh London

折边镶的钻石和彩钻戒指，镶座为铂金和18K金
© Hirsh London

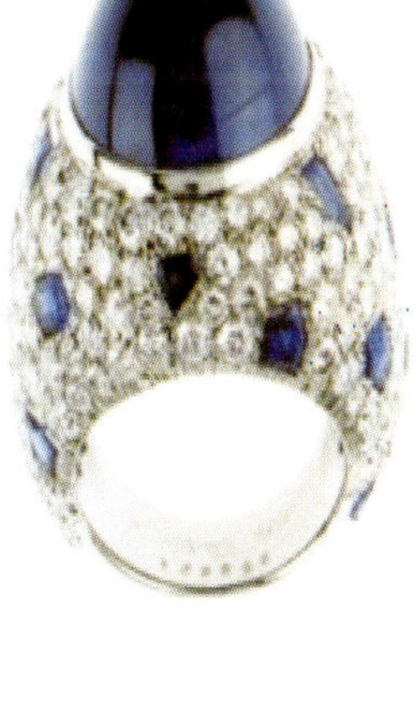

密镶的弧面型蓝宝石和钻石戒
© Cartier Ltd.

有使用各种合金金属譬如铜和锌的金合金。不同的合金提供不同颜色的金，譬如黄色、白色和粉色金，白色金还可镀铑以增强表面的硬度，使同一件首饰中的黄色金和白色金有更大的反差。

铂

铂也以千分含量值的成色来描述。

成　色
999
950
900
850

自 20 世纪初开始的铂在首饰业的应用着重于增加其强度。宝石可埋镶也可镶在更精巧且结实的镶托上。譬如，许多小钻可很容易地一道镶在一件重量轻但形状复杂的首饰上。

成色分析和纯度印记

许多首饰上冲压有一系列说明所用金属的类型和成色的标记。这称为试金或纯度印记。尽管上述的金属成色在国际上使用广泛，但不同国家有体现本国规则的不同的试金或纯度印记，有些已有悠久历史。

20.3　钻石和宝石报告

如今有越来越多的宝石（钻石、有色宝石和珍珠）是带实验室报告销售的。报告提供了对宝石本质（实况）的独立评价，从而也为顾客提供了一种保护。报告也被商界用于促销。

镶宝首饰的商业性估价或评估报告（见本章稍后部分）当伴有被认可实验室的钻石分级报告和宝石鉴定报告时其可信度将会提高。

对报告的检查

(1) 重要的是检查报告确系出自录用了有经验的宝石学家的声誉好的独立实验室。譬如，已在世界珠宝首饰联盟（CIBJO）注册的英国宝石协会宝石检测实验室；

(2) 要检查报告以确保它是真的：它应该有一系列的防伪标志。英国宝石协会宝石检测实验室提供的报告在紫外灯下会显示“VALID”（有效的）字样，还有金属安全箔和层纹纸报告上的钢印；

(3) 要检查报告上的日期。如果报告不是现在的，那么在报告编写后宝石可能受损或经过处理，而这会影响宝石的价格。

钻石分级报告

(1) 为提供精确的报告，钻石必须是未镶的（裸钻）;

(2) 要描述钻石的克拉重、以毫米为单位的尺寸以及切磨款式;

(3) 要指出钻石的色级、净度和切磨对称性;

(4) 已佩戴过的（譬如钻石戒面）钻石可能有损伤，原先报告中的分级已不能作为根据。

宝石鉴定报告

(1) 大多数已镶在首饰上的宝石是可以鉴定的;

(2) 报告中要鉴定宝石种，宝石是天然的或合成的以及是否经过任何处理;

(3) 有时可提供关于红宝石、蓝宝石和祖母绿产地的意见（为此项业务，宝石应该是未镶的）。

20.4 评价和估价

对一颗宝石或一件首饰的**评价**是许多因素的综合，包括评价者对宝石和首饰质量和款式的意见。进行大多数这类评价工作是为了使评价者能对物品的价值形成一种意见。

与这些意见一道构成评价组成部分的还应有对物品的客观和精确的描述，包括尺寸和任何必需的测试的结果。除宝石的鉴定外，还应有对宝石材料是否是合成的、处理的或拼合的说明。

对一颗宝石或一件首饰的**估价**是在商业和技术的了解和阅历基础上形成的对物品价值的意见。这种价值只对特定的评估目的和只在评估的时间和地点有效。法律的和其他方面的要求和限制在世界各地是不同的并随时间会有变化。

这是对评价工作的概略介绍，为的是说明它的重要性。估价对顾客和对物品的影响很大。重要的是记住当估价宝石和首饰时感情价值的重要性，尽管这并不构成估价的一部分。

综合考虑所有这些因素，一个负责任的评估师会懂得全面和继续的宝石学教育作为评估工作基础的必要性。

可由于以下任一原因而进行估价，譬如:

(1) 为保险而估价;

(2) 为转售或购买而估价;

(3) 为遗嘱查验而估价或“公允市场价值”;

(4) 为贷款担保而估价。

有几种类型的估价，譬如“新重置价值”、“相同物品重置”、“古物重置价值”和“复制品价值”。在评估师为客户解释了可提供的各种类型的评估和建议之后，客户应能够说明他所打算的估价用途，这将保证能提供最有效的服务。

客户应该明白当地流行款式、重置的人工成本和当地货币的汇率会影响给出的估价。取决于地区或国家，按每件或每小时的价格或按最终价值的一个百分数付给评估师服务费。

不论是哪种类型的估价，评估师的**经验**和他们对材料和市场的**最新了解**是最基本的。

下面介绍几种类型的估价。要注意的是，估价的名称、类型和要求在不同地区是有变化的。

为保险而估价

对首饰的保险估价可以是新重置价值或古物重置价值，它们是根据每件投保品的零售重置价确定的，也包括任何相关的税。用精确的复制品来替代（理赔）投保品，其价格可能比想象的要高许多，所以应按复制价值估价。是否要求宝石有标准的形状和尺寸会影响宝石的重置价。特殊切磨的宝石可能要更贵些。

为转售或购买而估价

这种估价可能是复杂的，因为它取决于销售目的：可能是一般性的零售，这样一来就要评价所付的价或开出的价是否公平合理。有些地方把这种价值叫“市场现金价值”。有几个问题必须问清楚：

(1) 是要求估价的本人要买或卖吗？
(2) 是要从谁那里买或卖给谁？
批发商；零售商；公众？
(3) 他们是否希望把物品卖给估价者？
(4) 是朋友之间的销售吗？

为遗嘱查验而估价或“公允市场价值”

在某些地区，譬如在英国，这是以物品因拥有者去世等原因而在拍卖行强行拍卖时能售出的价格为基础做出的估价。在一些地区，有专门的“公允市场价值”体系用于遗产分授。

为贷款担保而估价

这是物品的最低实际价值。对于某些物品，给出的可能是变卖价。譬如，一件首饰如被认为以现有形式是无销路的，那它就可能要分成宝石和金属单独销售以赔偿贷款价值。

在不同国家出版的越来越多的专门著作中有关于首饰评价和估价的进一步的更多的专门信息。强调对宝石学观察和测试的充分了解的重要性是绝不过分的。

在一些国家，特别是美国，有许多机构负责专业培训、鉴定、监控和评估服务。

20.5　已镶宝石的重量估计

估计已镶宝石的重量对评估和估价很有用。对于任何已镶的宝石，精确称重是不可能的。然而，通过度量尺寸并借助公式可获得近似的重量。

度盘量规和数显量规是度量尺寸的最精确手段。这些量规由一对钳牙组成，一个是固定的，另一个是弹簧承载的。这种设计使量规能够度量大多数镶嵌类型中的宝石的尺寸。

根据度量得到的宽度、长度和深度，利用专门的公式，可计算出大致克拉重（基础课程对此不作要求）。

重量计算

重量单位为 ct，尺寸单位为 mm。
W = 宽度，L = 长度，D = 深度，SG = 相对密度

刻面有色宝石：

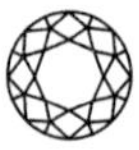 圆形	重量 = (平均直径)^2 × D × SG × 0.0018
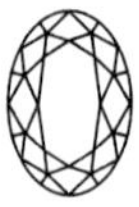 蛋形	重量 = $\left(\frac{L+W}{2}\right)^2$ × D × SG × 0.0020
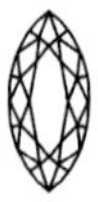 马眼形	重量 = L × W × D × SG × 0.0019
 梨形	重量 = L × W × D × SG × 0.0020
 心形	重量 = L × W × D × SG × 0.0019
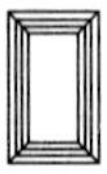 阶梯琢型	重量 = L × W × D × SG × 0.0030
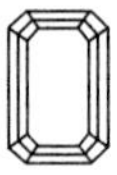 祖母绿琢型	重量 = L × W × D × SG × 0.0027
弧面琢型	重量 = L × W × D × SG × 0.0026 （如宝石很浅则使用修正系数 0.0029）

第二十章　首饰中的宝石

钻石：

 圆形明亮琢型钻石	重量 = (平均直径) ^{2} × D × 0.0061
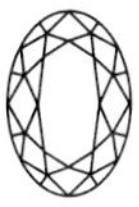 蛋形明亮琢型钻石	重量 = $\left(\frac{L+W}{2}\right)^2$ × D × 0.0062
 心形明亮琢型钻石	重量 = L × W × D × 0.0059
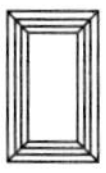 细长形琢型钻石	重量 = L × W × D × 0.00915

对于祖母绿琢型、马眼形明亮琢型和梨形明亮琢型的钻石，所使用的修正系数随长宽比而变化。

重量 = L × W × D × 修正系数

修正系数：

长宽比	马眼形 	梨形 	祖母绿琢型 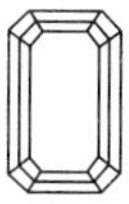
1.0 :1.0	0.0057	0.0062	0.008
1.5 :1.0	0.0058	0.0060	0.009
2.0 :1.0	0.0059	0.0059	0.010
2.5 :1.0	0.0060	0.0058	0.011

举例

要求你给出一颗蛋型刻面蓝宝石的大致重量。用度盘量规度量了宝石的长度、宽度和深度。

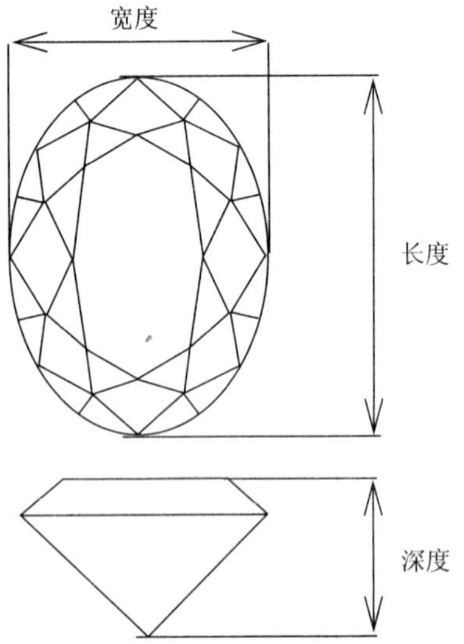

宽度 = 4.0 mm

长度 = 6.0 mm

深度 = 2.4 mm

相对密度 = 4

$$克拉重 = \left(\frac{6+4}{2}\right)^2 \times 2.4 \times 4 \times 0.0020$$

$$= 0.48\ \mathrm{ct}$$

注意：这些公式是用于获得宝石近似的克拉重，不应视为绝对值，特别是当宝石的切磨不均匀时。

20.6 价格指南

印制有各种价格指南，但大多数有色宝石的巨大范围和质量变化使这样一些指南很难保证最新的资料。了解现行市场状况对掌握宝石材料不断变化的价格是最基本的。

各种公司印制有**钻石价格指南**。最著名的一种是在纽约出版的**拉帕波特**（Rapaport）报价表，它有周报和月报两种，上面有圆形明亮琢型钻石和某些异形钻的以美元为单位的克拉价指南。

除使用价格指南外，重要的是使用者要对钻石市场的现行状况有所了解。

然而，无论是用哪个钻石指南，都需要知道表中所列钻石在当地的相关价格并与表中的零售或批发价格相比较。有些指南给出的是零售价，有些给出的则是批发价。

所以，尽管钻石价格指南是有用的工具，但正如名称所示，它终究只是个指南：它不会告诉你一颗特定的钻石的具体价格。最好是把它们视为商贸中现行价格的指南，而不是决定钻石价格或价值的指南。见第十三章关于钻石分级体系和分级与价值的关系。

20.7 宝石首饰的处置

当接受要修理或评估的镶宝首饰时，有几件事要查看或考虑：

(1) 在收条上要有对首饰的简要描述。譬如，用这样的词“镶一颗红色中心石和两颗较小的无色宝石的三石戒”；

(2) 宝石上有无缺口、解理或划痕，或首饰上有无别的损伤？如果发现有所述任一情况，应在收条上写明并告知客户；

(3) 所镶的宝石中有没有松动的？会不会从镶座上脱落？

(4) 有无对鉴别宝石有用的明显包裹体？这些也应注明并向客户指出。然而，这不应是一种否定，而只是当返还客户时认定确系同一宝石的一种途径；

(5) 如若首饰是送来修理的，应检查有无宝石会在修理过程中出问题。如果有的话，要提醒客户注意；

(6) 如果是多石首饰，应注明宝石的数目及它们的大致尺寸；

(7) 对于较大的宝石可有心地度量其尺寸，以便当返还客户时认定确系同一宝石；

(8) 在某些情况下还需要注明首饰的总重量；

(9) 所有的注释和说明都应在客户离开办公室前向他们指出，把收条的复印件交给客户作为交易的记录。

上述几项并不完全，但提供了关于需要做什么的一个总的概念。在世界各地，首饰商和评估师通常都有自己的准则，而且大都是服从于处置宝石和首饰的规则，以便使客户放心并保护客户利益，也尽量避免造假。

关于宝石的防护和保养请阅第四章的耐久性部分。

20.8 已镶在首饰上的宝石的检测

与未镶宝石相比较，已镶宝石给宝石学家的检测带来了一些限制。

观察、10×放大镜和显微镜

当涉及已镶宝石时，观察和使用10×放大镜是特别重要的，因为进一步测试的机会可能是有限的。如果机会许可，那些用10×放大镜无法确定的许多特征可用双目宝石显微镜在调控和变化的光照条件及不同放大倍数下来揭示。

一定要从**肉眼**可见的明显特征开始，譬如宝石的颜色、透明度和光泽。而后用10×放大镜观察宝石的表面。刻面棱是圆的还是尖锐的？有划痕或缺口吗？

譬如，当观察两颗透明无色的（“白色的”）宝石，一颗为钻石而另一颗为玻璃时，从钻石常会看到金刚光泽、尖锐的刻面棱以及极少有划痕，而从玻璃则常会看到玻璃光泽、圆的刻面棱以及许多浅到深的划痕和缺口。当然，钻石的刻面棱也会崩口或磨损。

只是当表面已全面检查完后才开始检查宝石的内部特征。然而，因镶座的遮盖，故即便是最好的宝石学家也不可能看到已镶宝石的所有特征。镶座有可能掩盖了重要的包裹体以及拼合或处理的证据。已镶宝石的另一缺陷是宝石底部堆积的尘粒即便是用超声波清洗也难去除。当试图照射宝石以观察包裹体时，镶座也会带来不便。

折射仪

能否用折射仪测试已镶的宝石完全取决于镶嵌的类型和款式。需要仔细检查宝石的顶部，认定确实有刻面是位于镶座的任何金属突出物之上。即便这时仍需十分小心以防止宝石的棱或首饰金属镶座的任一部分伤及折射仪软的玻璃台。首饰的形状、尺寸和重量可能会限制或妨碍折射仪的顺利观察。这显然限制了折射仪作为已镶宝石测试工具的使用。

分光镜

只要强光能透过已镶宝石或从宝石内反射，分光镜就是理想的检测工具。然而，能用分光镜给出肯定结果的宝石材料毕竟有限。

偏光镜

尽管某些情况下偏光镜能用来检测已镶的宝石，但通常难在偏光镜下使首饰的取向可给出有用的结果。如果是裸镶的而宝石的尺寸又适合在偏光镜下观察，那么偏光镜就非常可能用于检测已镶宝石。透明的珠串较易观察。某些小的透明的装饰品和雕件如鼻烟壶可用偏光镜检测。

二色镜

二色镜的使用取决于光能否透过宝石而与反射光无关。因为反射光会提供错误的结果。也和其他测试一样，重要的是宝石的取向。所以，光照角度和二色镜的角度以及宝石的位置都应尽可能地改变。

查尔斯滤色镜

对于已镶宝石，查尔斯滤色镜是容易使用的仪器。但它的用途是有限的，因为滤色镜的观察结果只能指示可能是什么宝石。对于由许多相同颜色的宝石组成的项链或首饰，查尔斯滤色镜可用于区分不同的宝石。

相对密度

已镶的宝石或穿在项链上的宝石不可能使用相对密度测试。

紫外光

紫外光可用于镶宝首饰，但需要小心，因为金属镶座也会反射某些紫外光而给出混淆的结果。也和滤色镜一样，这种测试有助于区分同一件首饰上相同颜色的宝石。

探测仪

常用于首饰商贸的探测仪是热导仪和电导仪。然而，这两种仪器只用于区分钻石和它的仿制品，因而它们的用途是非常专门的。

归纳

对于已镶宝石，通常但不总是能作出确定性的检测。为获得肯定的结果，有些宝石可能要从镶座上取下来。由于检测后还要重镶宝石，故经济上不一定合算。另外，有些镶嵌，譬如古代首饰的镶嵌，在此过程中有可能受损，从而影响到价格。在把宝石从镶座取下之前一定先要把可能出现的任何问题向拥有者解释清楚，使他们理解并征得他们的同意。

第二十章强化题

1. 哪三个因素影响宝石镶嵌类型的选择？
2. 说出适用于小宝石的两种镶嵌类型。
3. 用铂金镶嵌宝石的一种好处是什么？
4. 给出由实验室提供宝石检测报告会带来的两个好处。
5. 说出提供钻石分级报告时应注意的一个问题。
6. 说出提供宝石鉴定报告时应注意的一个问题。
7. 说出对镶宝首饰要进行评价的两个原因（目的）。
8. 给出评估师能提供的一种评价类型。
9. 说出当接收一件要修复的镶宝首饰时你必须注意或记录的两点。
10. 说出因镶嵌而给宝石检测带来的 3 个困难。
11. 说出与笔式手电筒配套、可用于检测已镶宝石的 4 种袖珍仪器。

第二十章家庭作业

1（a）借助示意图说出并描述最常用于钻石的琢型。解释为何这种琢型被广泛使用。（8 分）
（b）给出这种琢型的钻石如何镶嵌到戒指上的两个实例。（2 分）
（c）给出能用于这种镶嵌的两种类型金属的实例。（2 分）
（d）如果要你给出这颗已镶钻石的价值，你应掌握哪些必要的信息？为何弄清估价的目的是如此重要？（8 分）

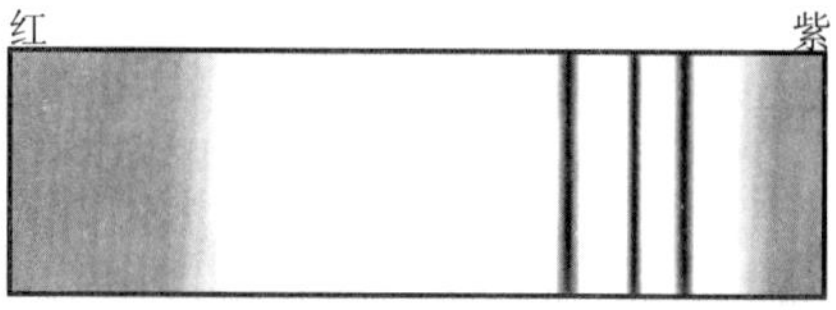

2（a）画出并描述图中所示的光谱（这是用衍射光栅式分光镜所看到的线性光谱）。（4 分）
（b）根据光谱图，你认为这是什么材料？（4 分）
（c）借助示意图描述棱镜式分光镜并解释如何使用。说出使用分光镜时应注意些什么。（12 分）

3 讨论下列 5 种宝石材料用于镶宝戒指时各有什么优点和缺点：

（i）	堇青石；	（4 分）
（ii）	萤石；	（4 分）
（iii）	月光石；	（4 分）
（iv）	金绿宝石；	（4 分）
（v）	坦桑石。	（4 分）

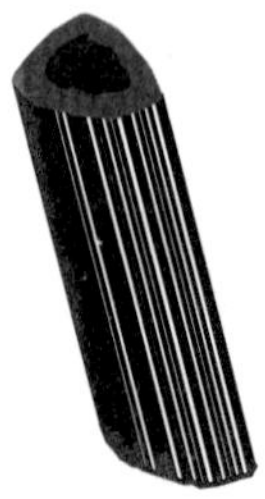

4 观察右边这张图
（i） 说出这是什么材料；（4 分）
（ii） 描述你预期在这种材料的晶体上能看到的主要特征；（4 分）
（iii） 这种材料应属于什么晶系？（4 分）
（iv） 借助示意图描述该晶系，展示其晶轴和对称性；（4 分）
（v） 说出这种材料是光学各向同性，还是光学一轴晶或二轴晶。（4 分）

课程和考试指南

课程与考试指南

1 基础课程

不论你是通过函授学习本课程，还是在英国宝石协会伦敦总部或英国宝石协会设在世界各地的任一联合教学中心学习本课程，我们都建议你详细阅读本章。这里所提供的信息能使你最佳地完成你的宝石学学习。

宝石学是一门非常吸引人的科目。多接触宝石、首饰、矿物收藏品、珠宝展、陈列室、商店和珠宝商对改善你的知识和观察能力会很有帮助。你要利用机会尽可能多地观察和欣赏宝石。

还有许多人是为了他们个人的收藏而喜欢钻研宝石的。含许多类型天然和人造宝石的收藏品不论其质量和尺寸如何，都会帮助你更加熟悉如何摆弄和观察宝石。

1.1 实践环节的认可

作为本课程的一个部分，要求学生要获得实践环节的认可。这包括指导教师的评价和完成规定实践环节和掌握测试方法的证明。基础课程考试中也包括了某些实践题。

《**宝石观察指南**》提供了课程实践环节的指南：

(1) 使用10×放大镜和正确照明来观察原石和晶体；观察成品宝石的表面特征和内部特征；观察处理宝石、合成宝石和仿制宝石的特征；

(2) 写观察报告的方法；

(3) 使用显微镜和不同类型照明的入门；

(4) 折射仪；各向同性和各向异性材料；

(5) 手持式分光镜；

(6) 偏光镜；

(7) 二色镜；

(8) 查尔斯滤色镜；

(9) 紫外荧光；

(10) 相对密度。

完成实践环节的认可

可在每个联合教学中心或在伦敦的英国宝石协会辅导中心完成实践环节的认可。

不在哪个学校学习的函授生可到伦敦的英国宝石协会总部和英国宝石协会的辅导中心或到联合教学中心参加实践培训。你可从英国宝石协会教育办公室或从www.gem-a.info 网页上获得关于提供实践培训的各个中心的资料。

你不一定要在一个学期内完成实践环节的认可。如果需要的话，你可分几个学期完成实践环节的学习。

使用《宝石观察指南》最后一页的认可表可以记录完成的实践环节。

注意这个表一定要由指导教师签字。

返回实践环节认可表

如果你能在递交基础课程考试报名表之前完成实践环节，那就将实践环节认可表连同考试报名表一道返回。

参加实践环节培训的函授生应在完成培训课程后立即返回认可表。

如出现在参加文字考试前不能完成实践环节的极特殊情况，请务必在考试前尽早与英国宝石协会教育办公室联系。

英国宝石协会教育办公室在未收到实践环节认可表之前将不会给通过考试的考生颁发基础课程证书。

每个学生都有责任保证将实践环节认可表寄到英国宝石协会教育办公室。

2 课程指南

我们在本章复习部分提出一些建议，不论你是函授方式学习本课程还是在教学中心参加课程学习，这些建议将帮助你：

(1) 强化你所掌握的知识；
(2) 学会如何回答家庭作业题；
(3) 提高回答考题的技巧；
(4) 以良好的实践技巧为考试之后的工作奠定基础；
(5) 巩固你的知识和良好的编写报告的技巧。

2.1 课程复习

为帮助你在学习本课程过程中巩固已学过的内容，你可使用我们所建议的快速复习以恢复记忆的方法。这种方法可随后成为一种习惯，一直延续到考前的总复习。

记忆和理解

你们中有些人可能习惯于正规的学习和合理地安排学习时间，另有些人可能经过相当长的时间间隔后才开始复习。

你也许希望用你原先曾使用过并认为有把握的方法进行复习，以强化自己的知识和确保能记住重要的内容和数据。然而，如果你需要一些指导的话，下面这个复习流程会对你很有帮助。

“注入式”快速复习法

人的大脑具有实际上是无限量的储存和回忆信息的能力。你可使用一种复习方法帮助大脑在需要时尽可能多地释放出这些信息，而这又将使你有余地进一步拓宽你的宝石学知识。

你会发现，在学习、书写、画图、观察和检验过程中你会吸收大量信息。

当你初次学习几个相关的事实和数据时，你的大脑将综合并吸收这些信息。如果几分钟后就开始回忆，你能想起许多刚学过的东西。

如果你把这些信息丢在一边而不是强化学习，那么两天后你可能忘掉 80%左右的信息。

有一个简单的办法能帮助你的大脑保存和释放信息，从而保持你艰苦学习的成果。你可在一连串的固定时间里用“注入式”的复习方法。这将防止你的大脑丢失这些信息，并使这些信息转变成长久的记忆。在你使用这种复习方法时，你可将由所复习问题各相关要点引出的大量信息加以链接（关联）。这使你每次需要利用你的事实和实践知识时，能最有效地综合这些信息。

注入

（1）在用 1 到 2 小时阅读一个章节并休息 10 分钟后，或在一堂课结束后尽可能快地开始复习有关的资料、事实和数据。只用 10 分钟的时间把它们摘记下来。而后对照笔记检查你所复习的内容并做必要的改正。记下你一时不能理解的地方以便随后请教别人或下次再复习；

（2）大致 24 小时后，花几分钟时间仔细地查看你的摘记。确保你已弄明白了难点并复习这些内容；

（3）一周之后或下一堂课之前，再用几分钟时间复习这些摘记；

（4）一个月后再进行一次复习，这将强化你能长久记忆的信息。此后，每个月再进行一次短时间的“注入式”复习。

信息的链接（关联）

有些学生发现用一种流程图把信息加以链接要比做摘记更易于记忆。当你把所有宝石材料以有效方式归并成若干组后，这种方法也是记忆和使用同组内宝石的各种特征、常数和其他信息的好方法。如果你有定期复习的习惯，这种方法在考试期间和考试后都对你有帮助。记住，在基础课程考试时会提供给你一张大纲所列宝石材料的典型折射率、双折射率和相对密度值表（见本章末尾）。利用课程中和考试时提供的这张常数表来补充你复习的信息。

以下以多色性这个宝石学问题为例展示如何链接其各个要点的方法（图 1、图 2 和图 3）。

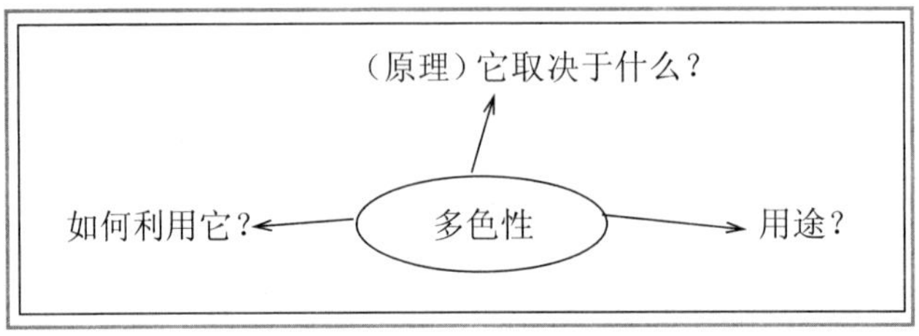

图 1　起始做链接图

在上图中添加最明显的主要链接。

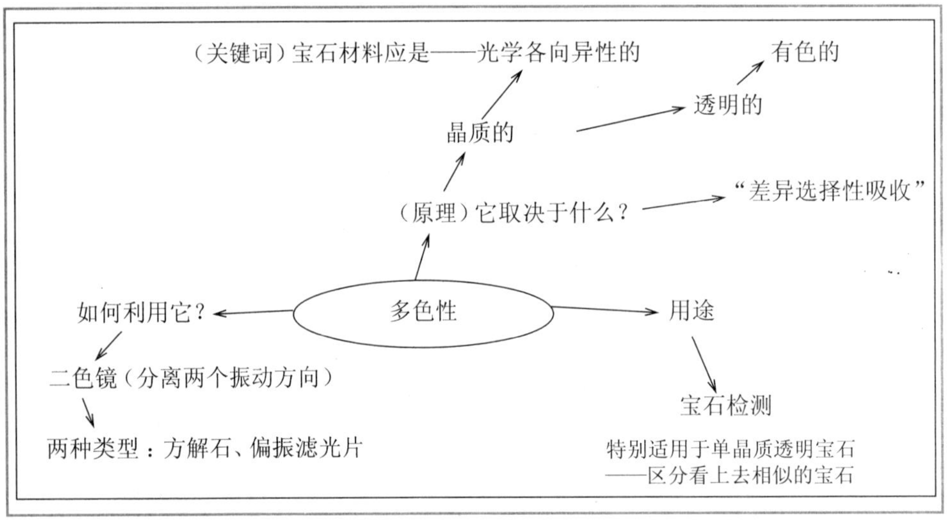

图 2　添加上主要链接

在这些要点上再添加你学习过的任何信息。要尽可能地简单明了。要假设是给一位非宝石学家看的，这样你就不会忽略一些要点。

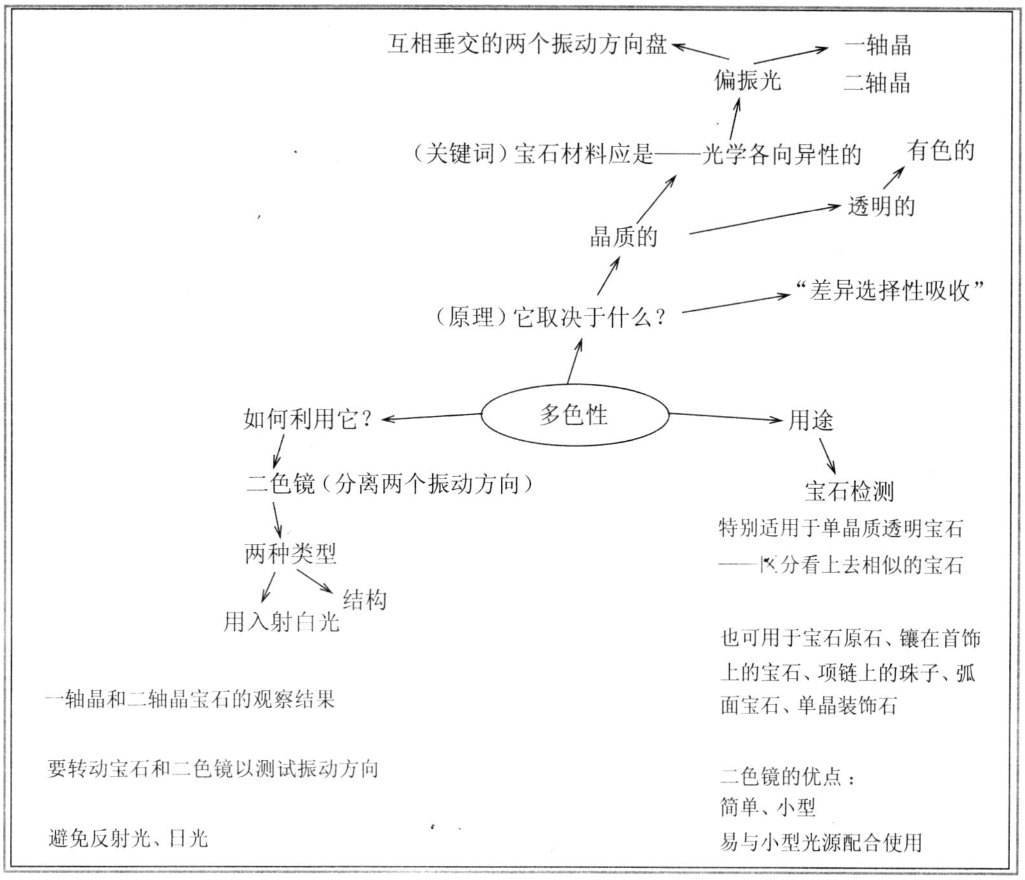

图 3　最终的链接图

为复习和测试你的回忆和理解，并训练你在考前和考试中回答问题的技巧，你可以用草稿纸如上例所示做信息链接。

本教程第十章的末尾也有这种方法的讨论。

2.2　写报告

以上述方法进行的复习过程可用于准备回答家庭作业题、考前总复习、对付考题以及准备“现实生活中”的任何任务，譬如为杂志写文章，为展示会写说明或为首饰评估做准备。记录观察结果是实践和理论宝石学的基本内容，在《宝石观察指南》中有专门说明。

所有这些过程都涉及到所复习的信息。不论你因何原因涉及这些信息，你都要以某种形式作出有效的报告。

所以，你要从复习中获得信息并将它转化成报告。报告使你能进行交流。

首先，你复习中的哪些部分是手头任务所需要的：包括哪些链接？注意任务的要求，譬如考试题的回答要求用词准确。

在计划如何写时，你不必要求精细和整齐。快速地打草稿和画示意图。列出你为回答问题或复习信息所需要的各要点。花上 5 分钟时间在脑子里或草稿纸上把这些要点相链接。

在回答题目时，你必须对题目所要求的每个要点给出报告。链接法使你能快速地确定你未遗漏任何要点，也能帮助你不去回答无关的内容。

这个方法用于随后的考试指南部分。

2.3 强化题

在本教程每章的末尾我们提供有强化题和家庭作业。在你做家庭作业之前，或即便你在准备考试之前未曾做家庭作业，你都可以利用所列的强化题进行复习。

如你已进行复习，那么回答这些强化题将会提醒你，有哪些内容你忽略了或没有很好地理解。据此补充你复习中遗漏的部分。你还可利用这些强化题来保证总复习取得好的进展。

强化题的回答见附录 2。

2.4 家庭作业

本教程中有精选的家庭作业。如果你是函授生，你可在英国宝石协会指定的指导教师的指导下完成家庭作业。各联合教学中心的学生也会发现这些作业对复习知识和训练考试技巧非常有用。

这些作业题可用于各联合教学中心。学生应把作业交给联合教学中心的指导教师，而不要交到英国宝石协会。

注册的函授生应将家庭作业寄给英国宝石协会指定的指导教师。

每道家庭作业题大致要求用 25 到 35 分钟时间给出经过认真思考的合理的回答。当然，在课程刚开始时所用时间会稍长些。在答题中，在需要的地方要有用铅笔画的大的清楚标示的示意图。在回答每个要点时要举例。

本节中给出的建议对你准备考试也很重要。

对第一章家庭作业第一题的回答见附录 2。

当你做前边几章的作业时，你可能有必要再次复习有关的内容。在重读教程前，你要尝试进行链接以便练习从你的记忆和实践经验中提取相关的信息。

2.5 作业和考试中的关键词

在基础课程作业题和考试题中使用了一些关键词。这些词提示你所需信息的类型和深度。

描述……，详述……

当描述某个东西像什么，你如何做某件事或某个仪器如何工作时，你必须确保所提供的是题目所要求的专门信息。要明确回答并说到点子上。以下建议能帮助你做到这一点：

(1) 首先，要清楚地写出各点。指导教师和考官只给这样的信息打分。说宝石有典型的包裹体，你将得不到任何分数。你必须表明你知道是什么包裹体。快速地画出示意图并标注可得到可贵的分数。

(2) 只要可能就画示意图并标注。对于大多数要求描述的题目，你可以认为示意图是必要的。示意图可提供许多所需要的信息，也能节约用于长篇描述的时间。我们建议你用铅笔画图，这样有错时可擦掉。要清晰和充分地标注。对绘图能力将不会评价。当描述仪器时要非常注意题目要求的是什么：可能要求你描述。

① **结构**：一个简单和很好标注的示意图能够回答这类问题的许多方面。不要省略仪器的轮廓或外壳。再用几句话描述一些细节，譬如仪器必须使用的材料的类型，或仪器某些可能的变化，如可调的机械或可选择的附件。

② **原理**：简要说明仪器如何运行。如画图有帮助就画个图，譬如全内反射。

③ **使用**：如果题目是问如何使用仪器，你就要说明你如何利用该仪器来完成它设计用于的检测。题目也可能问及专门的检测。你要报告当你被问及这项检测时看到了什么，如画图有帮助就画个图。当你被问及如何使用时，你无需画整个仪器（譬如显微镜）。记住，**照明**是描述包括 10× 放大镜在内的许多仪器的使用时不可少的部分。

如问的是仪器的用途，那就是问该仪器可有哪些宝石学应用。当描述合成方法时，要画一个设备简图并说明它的使用，还要说明起始组分、所需温度和产品回收。

当描述切磨款式时，示意图是必须有的，用以展示形状、比例和刻面（如果有的话），在合适位置标出刻面名称和数目。

当描述宝石种或品种时，不要忘记颜色和透明度等重要特征。描述并图示重要的包裹体。给出成分、晶系和物理性质（包括光学性质）以及任何相关的光学效应。

对于宝石和仿制品的鉴别，你需要描述应注意的特征并说明所需要的仪器或测试。你可先从列表开始。一定要给出所进行的任何测试的结果。

当描述晶体及其晶系时要画出并标注晶轴，指出相对长度和角度，列出基本对称性，常见晶形和习性。

只要可能就画出实例，特别是当题目中有要求时。

记住，答案是写给一位假设不懂宝石学的人看的：当你描述时，要想“我做了什么或看到了什么”。

给出……名称

譬如所要求的只是给出一个宝石种、一种切磨款式或一种合成材料生产方法的名称。但这通常只是题目的一部分，随后通常会要求描述和图示要你给出名称的那个品目。不要给出多于要求数（通常只要求一个）的名称。你可能想多列几个名称，其中或许有一个是对的，但考官只根据第一个名称打分。

定义……，给出……的定义

简单的定义就是全部要求。这通常涉及一个度量单位，或一种现象，譬如多色性或色散。切记要给出明确的答复：譬如当问到“纳米”时，要回答它是长度单位，给出它的规定长度，还可说明它的用途，这有助于说明定义。

指出……之间的区别

这类题目通常是要求你区分在某些方面相似但在成因或另一些方面不同的两种现象。譬如，解理和断口都是用来描述宝石破裂方式的。你需要知道它们与晶体结构的关系（或没有关系）以及它们每个所具有的可资鉴别的典型特征。答案要求不只是给出定义和描述它们的外观。如果你首先说出它们的相似性，而后再解释这些现象或材料怎样不同，这对你选择所需的资料会有帮助。

解释……，什么是……，……的含义是什么，请解释……的含义

通常是问一种现象，譬如全内反射或多色性。你将发现，答案通常要求综合的信息，譬如，你需要解释如何识别多色性以及多色性的成因。

简述……的化学成分和物理性质

这道题用列表方式回答要容易得多。你只需列出宝石所有重要的性质而无需进一步的润色。如果你记不得化学式，用文字说明化学成分即可。列出颜色、光泽、透明度、晶系、硬度、相对密度、折射率、双折射率（如果有的话）、光性和其他的重要特征，譬如多色性。不要回答产地、成因、仿制品或处理，因为这些不是材料的性质。

给出……在宝石学中的用途

所询问的是诸如显微镜这样的专门仪器。想一想为何要设计这样的仪器，不要忘记它的最基本的功能，譬如10×放大镜或显微镜的放大功能，滤色镜限制某些光波长通过的功能。又如放大在宝石鉴定中能如何应用——内部和外部特征能告诉你些什么？你能把该仪器与其他仪器配合使用（譬如照相机、分光镜、浸槽）以更好地观察或记录检测结果吗？

2.6 提前总复习

本章对你完成下述过程会有帮助：
⑴ 在课程进行过程中复习你的知识和回忆取得的学习成果；
⑵ 总复习并准备考试；
⑶ 考后在工作中继续收集和提供信息。

这些都是同一过程的基本部分。也就是说，如果你在课程学习过程中注意经常复习，你就自动开始了总复习——你做得很对！随着考期的临近，你的提前总复习会更加有效。

3 考试指南

本节是前节中已介绍的**复习方法**和**写报告方法**的进一步扩展。这里将介绍如何把这些方法和过程应用于**总复习**和**考试方法**。如果你觉得对复习和写报告的方法还不太清楚的话，我们强烈地建议你仔细地阅读前节“课程指南”部分，特别是如果你还没有训练过回答家庭作业和往年试题方法的话。

考试能否成功很大程度上取决于是否充分注意了在复习部分和写报告部分强调的那些要点。在**考试指南**这一节中将结合实例进一步强调这些要点。

3.1 总复习（revision，校正，改正，意指考前对自己的知识和理解做系统的自我检测——译者注）

总复习是巩固你所学知识和检验你的理解的一个途径。它是你经常性复习的扩展。如果你忽视复习和总复习，你所学到的一部分知识有可能随着时间变得模糊或丢失。

如果你在课程进行过程中已积累了大量的复习札记或复习草图（见复习方法），你就已自动地开始了总复习。你在总复习中可充分利用这些复习草图。检查这些资料，确保你已记下了任何尚存的问题：你可能忘掉了某些内容，也可能对某些原理和过程或测试方法没有把握。回过头来再次阅读本教程和《宝石观察指南》以及你自己的笔记，利用这些来填补你的复习札记和复习草图中的任何空缺。

利用课程指南中介绍的方法训练如何回答考题和作业题。这将帮助你关联和强化对信息的记忆和理解，快速把握其宝石学意义并能在给定时间内回答问题。

重要的是要对本课程中所提供的宝石学基本原理和方法有较好的理解。

在适当的时机开始你的总复习

在总复习过程中要在考试条件下准备回答问题或部分问题的要点。这也就是说在答题时不要参阅教程或笔记本。

3.2 考试技巧

如你愿意，答题可以是报告式而不是叙述式的。请记住，一个报告中可含一个或几个表，或报告就是由一个或几个表组成。用铅笔画的示意图是受欢迎的，也是许多试题所要求的。叙述式的答题也完全可以接受，但除非你擅长于组合信息并以这种方式写出，否则要多花许多时间才能完成。

编写报告的注意事项能自动地防止考生常遇到的一些困难。五点注意事项有助于你掌握快速和有效地回答试题的技巧。

考试技巧举例：2002 年 6 月试卷 2 第 4 题

（a）说出并描述 5 种黄色透明宝石材料。（5 分）

（b）哪些因素影响这些宝石在首饰中的用法？（5 分）

尽管“现实生活”中你面对的类似材料可能不止 5 种，但对于这道题，你不要给出多于 5 个的名称。

尽管这道题包含 2 个部分，你安排回答时要把这 2 个部分统一考虑。

利用 5 点注意事项进行安排

（1）仔细阅读整道题。再仔细重读。	（1）读题
（2）确定整道题中的关键词。	（2）关键词
（3）从关键词确定标题或要点。	（3）要点
（4）对于每个要点注明能有多少分钟时间用于回答。	（4）时间
（5）把答题的对象定为你的一个朋友，用自己的话回答。	（5）对象

1. 仔细阅读整道题。再仔细重读

为使你对仔细阅读试题每部分用词的必要性有个概念，现以（a）为例进行分析。这道题问的是黄色透明宝石。

⑴ 这个关键要求排除了黄色碧玉或牙类等材料，因为它们无论何时都不会是透明的。

⑵ 这个关键要求并未排除黄色透明的人造或处理的材料或有机成因的材料。所以，你的选择中可包括透明玻璃、合成蓝宝石和琥珀。关键词告诉你需要包括哪些。

⑶ 重要的是在确定回答要点之前要通读全题，即（a）和（b）两部分，因为你对 5 个实例

的选择会部分地取决于你准备在（b）部分描述什么以及你回答（a）部分的知识水准。

2. 确定整道题中的关键词

根据刚刚在你读题时所指出的，确定关键词以保证你的回答能覆盖这道题的所有方面。

确定和使用这些关键词还能保证你不浪费时间去回答与本题无关的方面，后者是考试失败的主要原因。强调这个建议的重要性绝不过分。训练这种技巧不只是对你参加考试有帮助，而且对你其他方面的工作也有帮助。

对于（a）部分，大多数词都是关键词，如

说出（名称）　**描述**　**5种**　**黄色**　**透明**　**宝石**

对于（b）部分，关键词是

哪些因素　**影响**　**用法**　**在首饰中**

3. 从关键词确定要点

快速地在草稿纸上写下这些关键词所要求的标题或要点。在可利用的时间里，哪些要点是考题所要求回答的？对（b）部分的回答会否影响你对（a）部分答案的选择？

你应考虑的要点有多少？还有没有次一级的要点：要求的详细程度如何？你应注意试题的准确用词，还要注意一道题每个部分的分值。在这道题中，（a）部分和（b）部分的分值是相同的，所以你应提供相同详细程度的回答。

重读试题和你列出的关键词，检查一下你可从多少个要点开始。一定要这样做。而后想一想第4和第5个注意事项：你有多少时间用来回答这一部分？你答题的对象是谁？

对于（a）部分，你可先在草稿纸上写出几个相关材料的名称。哪些是熟悉的或许你在首饰商店橱窗中常见的宝石？你可写下：

黄色蓝宝石
黄晶
托帕石
玻璃
钻石
锆石
琥珀
金绿宝石
碧玺

现在再看一看试题（b）部分的用词，而后勾掉多余的而只留下对回答（a）部分和（b）部分都比较容易的5个。

可能你会选择：
黄晶　托帕石　玻璃　钻石　琥珀

再次检查你所选择的都是透明和黄色的！一定要再次检查，这花不了多少时间，而如果不检查的话，很容易一开始的回答就是错的。

“描述”是个关键词。有哪些要点需要描述？可观察的特征和性质是你能用来描述和区别宝石材料的。只列一张常数和特征表是不够的，“描述”这个关键词所要求的比一张简单的对比表要多。请再看一看我们在**课程指南**一节中关于**作业和考试中的关键词**的建议。

还要考虑使用表格和示意图作为答题的一部分。要利用考试时提供的数据表！

对于（b）部分，关键词可以是：
哪些因素　影响　用法　在首饰中

你对从这些关键词能直接导出的要点有何想法？以这道题为例，要点可包括表中的如下因素，诸如硬度和有无韧性和稳定性。颜色、光学性质和诸如火彩、光泽等光学特征以及净度也都影响它们在首饰中的应用。所有这些因素都如何影响宝石在首饰中的应用？

譬如，这些因素如何影响镶嵌类型以及首饰的类型或用途。还有一些因素，它们通常不视为性质，但的确回答了本题的关键词，这包括了诸如现实的价值，被喜爱的程度或时新程度以及便宜程度，可能的切磨或雕琢款式和能否有大的尺寸或特殊形状等。这些因素对宝石在首饰中的应用有重大影响。所以，可把这些包含到答案中！假设你是在和一位顾客交谈，而他需要确认一件特定的镶宝首饰。

再次小心地读题以检查所有的要点。

有些你在（a）部分答案中列出的性质与（b）部分并无关系，所以当回答（b）部分时不要简单地罗列或重新讨论所有这些性质。重读试题或关键词以最终确定。

我们以这道试题为例详述了如何准备报告式的回答。实际上采用5点注意事项并不需要花很多时间。如果你用叙述式回答，在写答案前先列出要点是个不错的主意。

4. 对于每个要点注明能有多少时间用于回答

在考试中每道题的平均时间是 36 分钟。当你已确定了要点后，你的回答已差不多安排好了。检查一下还剩下多少时间，把时间按不同部分划分一下以确保能涵盖所有部分。

你可能为安排花掉了 5 到 10 分钟，对于平均 36 分钟的一道题，你至少还剩下 26 分钟。在分配时间时，你要考虑问题每个部分的相对重要性。关键词和分值是应考虑的因素。

在上例中，两部分的分值是相同的。然而，当你已做好答题准备后，你会感觉到，根据你的知识水准和准备程度，回答（b）部分所花的时间要多于（a）部分。尽管更详细的回答很有吸引力，但你不可这样做。可先留下一些空地方，如果最后有多余时间再回过头来补充文字或示意图。很显然，如果你是以表格形式回答，你就可省略掉重复的文字和标题，这样一来可节约许多时间。

你对这 5 个注意事项的训练越多，你就能更快和更容易地回答任何问题。在练习考试答题时，你要把答每道题的时间从开始读题到完成限制在 30 分钟到 35 分钟。

5. 选定答题对象，用自己的话回答

当你答题并按要求给出文字答案和示意图时，始终不要偏离你已列出的关键词和要点并注意已用掉的时间。如果你的答案是写给你的朋友和亲戚的，那么当安排和书写答案时你就会自然地保证你的答案只包括明显的各项主要内容。因为这些内容正是考题所要求的，所以你能得到主要的分数。利用这种方法，你也会自然地保证不会花时间去回答试题所不要求的内容。确定对象后，这 5 点注意事项能帮助你确保易到手的分数并节约宝贵的时间。这是一个非常重要的信息。忽略这一点是考试中也是日常工作和写报告中失败的主要原因。

考官对如何回答这道题的建议

我们可结合考官报告再看以下试题的（b）部分。编写考官报告的目的是展示什么是答题和反映日常工作中实际所需要的，并告诉一些学生在哪些地方需要调整思路和方法。

这道题是“哪些因素影响这些宝石在首饰中的用法？”。考官报告对这道题的说法是：“有些考生看来对确定 5 种黄色宝石还有问题。许多考生列出了黄色尖晶石，但没有指出这极可能是合成宝石。在（b）部分，考生通常没有回答**用法**，而只是说宝石具脆性或具玻璃光泽等。有趣的是，一些较好的考生提到价格是一个影响因素。”

注意。“用法”是个关键词。答案应告诉你答题的对象，什么因素“影响在首饰中的用法”。如果你只是说材料具脆性，你并未告知你答题的对象，脆性作为一个因素有何影响或该材料在首饰中的用法。你的答案应能表明你懂得这种影响。

譬如，你对于一种材料的答案可包括如下报告式的陈述：“性脆，易受损，要避免裸镶或用于每日佩戴的首饰，特别是戒指。”这样就解释清楚了一个因素，即说明了是什么因素，也表明你知道该因素对在首饰中用法的影响。这并不需要写很多，特别是利用表格时。

考官报告中还有一般性评述，譬如“有些答卷非常好，但另有些答卷相当令人费解。拼写和标点符号的错误惊人，甚至连试题中都已有的词，譬如仿制品，也拼写错了。示意图大都是清楚的，仪器的示意图比前有改进。但应强调指出的是，用圆珠笔画的很小的示意图还不尽人意”。尽管拼写如何在打分时并不考虑，但如书写时不细心，一些词可能会导致误解，譬如小心不要把 reflection*（反射）和 refraction（折射）搞混。

劝告和建议

不要简单地重复教程中的整段文字而要用自己的话回答。要保证你答题的对象能理解你所述的每个要点而不必去猜想。虽然你的回答看似知识渊博，但对于你在答题中忽略了关键的事实，考官不会假设你是懂得的。

在你的回答中，可用一些直接相关的例子来说明每项内容。譬如，你在给出定义时很容易有小的错误，但一两个实例能表明，尽管定义不是很完全，你是懂得这个概念的。

为有助于描述或解释一项内容，一定要画图！

(1) 用铅笔和尺画图；

(2) 通过思考，把图中该标注的地方都标注出；

(3) 在适当的地方画圆圈来素描包裹体；

(4) 画长方形框以图示吸收光谱的带和线，标出红端和紫端。

考前要用铅笔练习画图。

考试将检验你使用宝石常数的能力，所以不要忘记使用考试时提供的数据表。至少记住少数重要常数是有益的，因为某些相似的宝石具有诊断性的常数，值得记住它们以备随时引用。

长篇叙述并不一定是答题的最佳形式。为提高有效性，要训练报告式的回答，即短的文字陈述、表格和很好标注的示意图。用铅笔快速画出并有标注的示意图能节省许多时间。用大的表格来陈述是快速和有效的办法。

少回答一道题就意味着你考试通过的机会大大降低。回答每道题的要点不会占用你很多时间，但这些要点通常是最主要得分的地方。你要确保回答出每道题的要点。

希望得到好成绩的考生不仅要回答所有的题，而且要答每道题的所有部分。

标准答案

前文的告诫应能揭示为何在宝石领域的考题和要求中并无“标准的”或“完全的”答案。日常工作中每颗宝石，每项鉴别，每个解释或描述都需要单独地进行，故实际生活中并没有“标准的”或“完全的”答案。在考试后，你也许有需要考虑如何快速地提供一个回答或一个报告，或根据你的经验提供一些建议。如果你只是学到了应付考试的“标准的”或“完全的”答案，那你将无法应对这种形势。一定不要掉入这种陷阱中。只有很好地复习和训练写报告才能有好的结果。

3.3 报考

在课程进行过程中，你必须决定你想在何时参加考试并填写由英国宝石协会教育办公室提供的报名表。

英国宝石协会教育办公室会将空白报名表寄到各联合教学中心和函授生个人。填好的报名表可邮寄或传真到伦敦的英国宝石协会教育办公室。

考期	从何时起能得到报名表	返回报名表的最终日期
1 月	8 月	10 月 31 日
6 月	1 月	3 月 31 日

晚于上述时间的报名将不予受理

如果你在 2 月底前（参加 6 月份考试者）或 9 月底前（参加 1 月份考试者）未收到报名表，请询问你的指导教师或与英国宝石协会教育办公室联系。

电话：020 7404 3334 （国际：+44 20 7404 3334）
传真：020 7404 8843 （国际：+44 20 7404 8843）
电子邮件： edu@gem-a.info

收到报名表后，英国宝石协会教育办公室会寄回注册表,通知你考试日期、时间和地点以及你的考号。注册表通常会在 5 月（参加 6 月份考试者）或 12 月（参加 1 月份考试者）到达你的手中。

你可在我们的网页 www.gem-a.info上找到关于考试日期等有关考试信息以及课程、会籍、课程辅导和销售信息。

考试费用通常作为函授课程费用或联合教学中心费用的一部分来缴纳。

递交补考报名表的同时要缴纳补考费。

一旦你交回了报名表，你的申请将被受理，你缴纳的费用将被用于考试；这时你缴纳的费用已被用掉而不能用于以后的考试。

注意保管好注册文件并携带到考场，包括需要由注册文件上撕下你的考号并贴到答题本封面上。

这就是你为报名参加考试应做的事情，要确保你已获得有效的注册文件并携带到考场。

3.4 考试当天

基础课程考试包括在同一天内考完的两份试卷。每份试卷包括 5 道必答题。一份试卷中会有供 10×放大镜观察和使用分光镜的标本以及照片或示意图。没有任选题；没有选项或判别正误题。会需要示意图和表格。每份试卷的答题时间为 3 小时。

要求考生携带 10×放大镜、笔式手电筒、分光镜和擦宝石布进考场。这些物品都是随基础教程提供的。建议考生使用新电池并带上备用电池。

注意：考试中只能使用手持式分光镜。所提供的用分光镜检查的标本只能使用手电筒照明，不允许也不要求较大型的光源。

你应阅读报名表和注册表上的说明。

我们建议你不要一直复习到考试前夜，特别是如果你需要较多睡眠的话。

你可带罐装、瓶装或纸盒装的饮料到考场。

检查一下注册表上参加考试的地点和时间。每年都有极少数考生到了错误的地点或记错了时间或日期。最好是适时到达考试中心并安排和准备一下你的用品。进入考场时要带上注册表。要准备展示另外一些证件。

除注册表外，不要把任何书写的或印刷的材料，或任何电子装置带到考桌上。把所有这些都放在监考人指定的地方，否则就要冒取消考试资格的危险。

将注册表放在桌上能看到的地方。如果你迟到了，向监考人出示你的注册表。

⑴ **尽最大努力认真听取监考人宣读的所有考试指南；**
⑵ **不要在答卷本的封面或里面的任何地方写你的姓名；**
⑶ **在任何添加的答题纸上只能写自己的考号。**

阅读答卷本和试卷上的指南，这些指南都是很重要的。

要携带的物品的清单：

注册表和其他的证件（见报名表上的说明）
赴考试中心的交通指南或地图（如果需要的话）
钢笔和铅笔（带上备用的钢笔和铅笔）
尺子（6 英寸/15 厘米或 8 英寸/20 厘米的尺子用起来较方便）
橡皮
圆规和（或）用来画圆圈和其他图形的模板
手持光源，譬如英国宝石协会提供的笔式手电筒
手持式分光镜（棱镜式或衍射光栅式或两种都带上）
10×放大镜和擦宝石布

做好准备：检查需携带的物品，想一想在考试中需注意听什么和做什么。

你可以用圆规也可用模板来画圆圈和其他简单形状。你要事前练习如何使用这些，还要练习使用可能会用到的彩色钢笔或铅笔。

不要试图把任何书写或打印的单子或信息放到你桌上的任何容器内。监考人员要进行检查。

需要做的事情的检验单：

(1) 阅读整个试题——共 5 道题；
(2) 确定回答问题的顺序。你不一定要从第一题开始；
(3) 记下开始每道题的时间；
(4) 你必须用钢笔或圆珠笔书写全部文字；
(5) 可用于每道题的平均时间是 36 分钟；
(6) 重读你准备答的第一道题；
(7) 计划你的答案。打草稿。确定要用的时间；
(8) 开始回答：不要担心已过了几分钟。不要写题外话；
(9) 过几分钟后再看一下试题。你确实是回答所问的问题吗？
(10) 每道答题从新的一面开始。在答题纸的上方写上考题号；
(11) 留出空白地方画示意图和标注。每道答题的后尾留些空白地方——也许随后你想补充些什么；
(12) 上午考试中使用过的草稿纸不允许下午考试时再用；
(13) 在任何添加的答题纸上写上自己的考号（不要写姓名）。

努力的目标是：

字迹清楚的书写
短的句子
相关的信息
能表明你确实弄懂的直截了当的回答
答案书写的位置合适，留有需要时可补充资料的空间
大的用铅笔画的示意图
图上有标注
摆布合理的资料表，表的下方可有补充的资料
列出的资料，一项一行
针对试题的回答，没有无关的内容

<u>作弊</u>

考试期间当任何考生被怀疑有作弊行为时，你的监考人员有非常明确的指南可遵循。请注意，当任何考生被发现有作弊行为时，极可能被取消资格而且是永久的。

3.5 考试后

考试结果

英国宝石协会是在相关的英国政府机构注册的国家**颁证实体**，要求有独立的外部的考试委员会。

考试系统独立于联合教学中心和函授课程体系，没有指导教师或英国宝石协会工作人员能成为考官。

英国宝石协会的考试在世界各地几十个考试中心进行。考试后，答卷本送到外部的考官手中。

随后就开始了翻译、打分、核对、检查、重新打分、比较、划定分数线、输入计算机、双重检查、最终确定、决定奖励和结果打印这样一套程序。所有这些都完成后，发出成绩单是比较快的。为帮助我们尽可能快地完成这些工作，以便能在 3 月中（参加 1 月份考试者）和 8 月中（参加 6 月份考试者）将结果寄给你：

请不要打电话询问考试结果和何时有考试结果。
考试结果从不通过电话通知。
要确保我们能有你的最新地址，使成绩能通知到你！

3.6 基础课程试题举例

下面所列的试卷样题展示了英国宝石协会基础课程考试试题的样子。你可与英国宝石协会教育办公室联系以获得往年的考题。

F1

英国宝石协会及宝石检测实验室
宝石学考试 样题 2084
基础课程考试（1）

样题 **3 小时**

每道题都要回答。

请用钢笔书写，用铅笔画图。

你的考号必须贴在答题本的封面上。

每道题的满分值是 10 分。请考生在分配用于每道题的时间时要注意到这一点。

在开始答题前应仔细地读题以确保能正确理解试题的要求。

欢迎考生将资料列表和使用示意图。

答完题后请将试卷所附的任何标本或照片连同你的答题本一道留在考场。

转到下页

样 题 F1

（标本 A——石英）

1 （a）仔细观察标记为 A 的标本。画出并描述其主要特征。（$3^{1}/_{2}$ 分）

（b）你认为这是什么材料？（1 分）

（c）你认为该材料属何晶系？借助示意图描述该晶系并画出晶轴。（3 分）

（d）说出该材料常用于首饰的另 3 个品种。（$1^{1}/_{2}$ 分）

（e）说出这种材料是光学一轴晶、二轴晶或各向同性的。（1 分）

（标本 B——合成红宝石、光谱、弯曲线）

2 （a）用手头的两个仪器仔细观察和测试标记为 B 的标本。图示和描述其主要特征。画出和描述你的测试结果。（5 分）

（b）根据这些资料，你认为这是什么材料？
它是天然还是合成的？说出你得出这个结论的理由。（2 分）

（c）为确认这个标本的鉴定结果，你还需进行其他什么测试？你预期测试结果为何？（3 分）

3 （a）检查编号为 1 的照片并描述你的观察。（$2^{1}/_{2}$ 分）

（b）照片展示的是什么性质？解释是如何形成的。（$2^{1}/_{2}$ 分）

（c）说出明显显示这种性质的一种宝石材料的名称和一个产地。（$2^{1}/_{2}$ 分）

（d）为确认（c）中定名的材料的鉴定结果，你还需进行哪种或哪些种测试？你预期测试结果为何？（$2^{1}/_{2}$ 分）

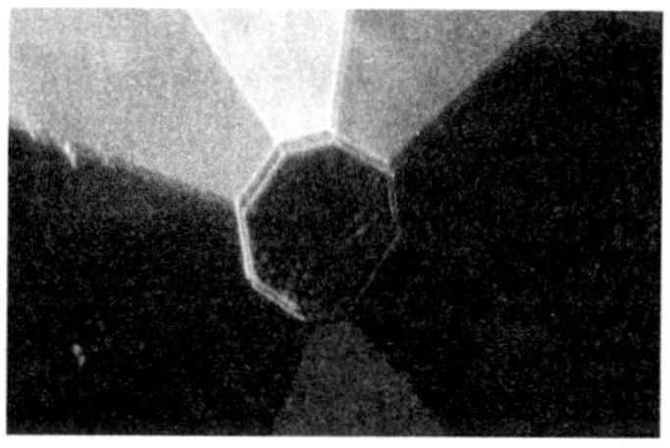

照片 1

4 （a）借助示意图描述偏光镜的结构。（4 分）

（b）简述如何在偏光镜上检测一颗宝石。（2 分）

（c）图 2 展示了一颗具玻璃光泽和刻划表面的亮绿色透明蛋形刻面宝石在偏光镜下获得的结果。你认为这是什么材料？（2 分）

（d）当在偏光镜下检测⑴铁钙铝榴石和⑵蓝色托帕石时，你预期通常能看到什么结果？（2 分）

图 2

（标本 C——白色欧泊）

5 （a）仔细观察标记为 C 的标本。描述其主要特征。（3 分）

（b）你认为这是什么材料？（1 分）

（c）在这块标本中看到的是什么光学效应？简述这种效应的成因。（2 分）

（d）说明（b）中所定名的材料是晶质还是非晶质材料？结合实例说明如何区分这两类材料？（4 分）

F2

英国宝石协会及宝石检测实验室
宝石学考试 样题 2084
基础课程考试（2）

样题 3 小时

每道题都要回答。

请用钢笔书写，用铅笔画图。

你的考号必须贴在答题本的封面上。

每道题的满分值是 10 分。请考生在分配用于每道题的时间时要注意到这一点。

在开始答题前应仔细地读题以确保能正确理解试题的要求。

欢迎考生将资料列表和使用示意图。

答完题后请将试卷所附的任何标本或照片连同你的答题本一道留在考场。

样　题　　F2

1 （a）**人造的**和**仿制的**这两个术语当应用于宝石材料时有何不同？结合实例给出你的回答。（5分）

（b）借助示意图描述两种不同的拼合石。在你的全部回答中至少有 1 种天然材料和 1 种人造材料。为何要生产这些拼合宝石？（5 分）

2 给出下列术语的定义

（i） 公制克拉；　　（2 分）
（ii） 解理；　　（2 分）
（iii） 色散；　　（2 分）
（iv） 纳米；　　（2 分）
（v） 平面偏振光。　　（2 分）

3 （a）详述你如何获得大致重 1 千克的一件装饰雕件的相对密度。（8 分）

（b）简述你的度量如何能帮助你确定这个雕件是玉还是玉的仿制品。简述还有什么特征或测试能帮助你确认这是翡翠雕件。（2 分）

4 讨论下列 5 种宝石用于镶宝戒指时的优点和缺点：

（i） 天然珍珠；　　（2 分）
（ii） 托帕石；　　（2 分）
（iii） 钻石；　　（2 分）
（iv） 金绿宝石；　　（2 分）
（v） 坦桑石。　　（2 分）

5 结合实例讨论如何利用宝石显微镜观察宝石材料。（10 分）

4 基础课程考试大纲

大纲的说明

(1) 基础课程考试包括安排在同一天上午和下午的 F1 和 F2 两份理论试卷；
(2) 每份试卷包含需在 3 小时内完成的必答题；
(3) 每道题的满分值是 10 分。通过分是 66%；
(4) 分数和等级是把 F1 和 F2 合到一起计算；
(5) 等级的划分是 A：100—80；B：79—66；C：65—50；D：49—0；
(6) A 和 B 级是通过，C 和 D 级是不通过；
(7) 通过考试并提交实践环节认可表的考生将被授予基础课程证书；
(8) 这份大纲指出了在基础课程考试中可能考到的领域；
(9) 实践观察技巧是考试的重要组成部分；
(10) 在大纲的某些部分指出了要求回答的详细程度，你也可根据教程中信息量的多少来判断；
(11) 建议你参阅一些课外读物；
(12) 印在试题旁的分值也能提示你该题所要求的水准和信息量；
(13) 对于成绩特别好的和得分为 95 或更高的考生，经考官审慎研究后，会发给一封成就函；
(14) 对获得年度最高分的考生将给予奖励。奖励的类型不止一种。

基础课程考试大纲

1. 宝石材料

宝石和装饰材料的本质和属性。影响宝石价值的因素：瑰丽、耐久性、稀有性；可接受性。地球的物理活动。

2. 宝石材料的本质

化学元素和地球。
宝石矿物的形成和产出（基础的）。
宝石矿床的主要类型（一般描述）：伟晶岩、钻石岩筒、砂矿和水热矿脉。
采集：开采和回收方法（只要求概述）。
原子、元素和化学键（基础的）。

3. 晶质材料

晶体的本质：晶质材料。
多晶质（包括微晶质）材料。
对下列术语的基本理解：基准轴（晶轴）；晶体对称性；晶形；结晶习性；双晶。
七个晶系：每个晶系的基准轴（晶轴）；每个晶系基本的和重要的对称性。
每个晶系中晶体的常见的和特征的晶形。
非晶质和蜕晶质材料；同质多象变体；类质同象。

4. 宝石材料的耐久性

硬度：定义和意义；测试和摩氏硬度计；差异硬度。
韧性和稳定性。断口；断口的类型。
解理：定义、描述和重要性。

5. 相对密度（比重）

密度和相对密度（比重）。密度和相对密度的定义。
相对密度测试和静水称重：阿基米德定律。
高密度液在宝石检测中的简单应用。使用中应小心和注意之处。

6. 光的本质

光在宝石学中的重要性。
光的本质。
波长和频率。
电磁波谱。
颜色的可见光谱。
偏振化和振动方向。

7. 折射

折射；折射率（RI）：定义和描述。
单折射材料。
双折射材料：方向性特性；双折射，偏振化，光轴。
色散：RI 值随波长而变化。
折射率测定；折射仪：结构；全内反射原理。
用折射仪测双折射率。

8. 反射及其效应

外反射：光泽；光泽举例。
包裹体导致的内反射效应；猫眼和星光效应。
结构特征导致的内反射效应。
晕彩：干涉和衍射。
亮度。

9. 颜色、可见光谱和分光镜

光和宝石中的体色。
可见光谱。
色散，“火彩”和衍射。

体色和光的选择性吸收。
致色元素；他色和自色材料。
吸收光谱和分光镜。
分光镜的结构和使用。
下列材料的吸收光谱：

铁铝榴石	祖母绿	锆石
橄榄石	红宝石	蓝色蓝宝石

红色玻璃（硒致色） 红色玻璃（金致色）
蓝色玻璃（钴致色） 蓝色维尔纳叶合成尖晶石（钴致色）
滤色镜的使用；查尔斯滤色镜。
变色效应（“变石”效应）。

10. 偏振光、偏光镜和二色镜

偏振光的本质。
各向同性和各向异性表现；光轴。
偏振光的产生；偏振滤光片。“正交” 偏振滤光片。
偏光镜：结构和使用；典型结果。
异常消光：各向同性材料中的应变效应。
多色性；二色镜：结构和使用；典型结果。

11. 非可见辐射、能量和荧光

发光：荧光。
紫外灯（短波和长波）的使用。
X 射线在宝石学中的应用。
热导仪和电导仪；反射仪。
某些重要实验室方法的归纳。

12. 光学放大

放大：10×放大镜和显微镜；照明。
宝石材料的观察：内部和外部特征；将宝石浸没以利于观察。

13. 天然无机宝石材料的描述和基本鉴别方法

化学成分。
晶系和结晶习性。
常见的和典型的晶形以及晶面标志和特征。
解理和断口。
硬度。
相对密度。
颜色；颜色成因；多色性。

光泽。
内反射效应（包括晕彩、猫眼和星光效应）。
折射率（和双折射率）。
色散（只要求描述色散的相对程度）。
常见的和特征的包裹体。
主要地质产出。
商业性矿床在世界的主要分布。
开采和回收方法概述。

要求描述以上各点的包括如下宝石的所有品种：

绿柱石	石榴石	石英（包括玉髓）
金绿宝石	堇青石	尖晶石
刚玉	翡翠	坦桑石
钻石	软玉	托帕石
长石	欧泊	碧玺
萤石	橄榄石	锆石

一些材料的吸收光谱（见第9条）。

14. 天然有机成因宝石材料

天然和养殖珍珠的形成、结构和鉴别方法。
以下材料的形成、性质和鉴别方法的基本知识：
琥珀、珊瑚、牙类、煤精、贝壳和龟甲

15. 人造宝石材料

人造和合成宝石：定义。
概述维尔纳叶焰熔法、助熔剂法和水热法的生产方法和所生产材料的鉴别。
非晶质人造材料：玻璃宝石（人造玻璃）；塑料。

16. 仿制宝石和拼合石

宝石和装饰材料的仿制品；天然和人造宝石用作仿制品的情况。
宝石级钻石与其仿制品特别是立方氧化锆（CZ）的区分。
拼合的天然宝石和人造宝石；再造的材料。

17. 经处理的宝石

处理或优化方法和鉴别举例，包括染色、漂白、灌注、涂层、辐照、加热、激光处理、裂隙充填和扩散处理。

18. 补充的宝石材料

下列材料最重要的鉴别特征：

红柱石
磷灰石
方解石
（冰洲石、条带状和块状装饰品种；大理岩）
天然玻璃（包括黑曜岩）
石膏（含雪花石膏）
赤铁矿
青金岩
孔雀石
黄铁矿
菱锰矿
蔷薇辉石
蛇纹石（包括鲍文玉）
方钠石
锂辉石
块滑石（皂石）
绿松石

19. 宝石的加工

描述宝石琢型，特别是明亮琢型（包括圆形明亮琢型的比例）；阶梯（祖母绿）琢型；混合琢型；弧面琢型；玫瑰琢型。

简述其他常见琢型。

使用不同琢型的原因。

宝石和钻石的加工过程。

20. 首饰中的宝石

首饰中宝石的镶嵌。

宝石鉴定和钻石分级报告。

评价和估价。

已镶在首饰上的宝石的检测。

5 大纲所列宝石的常数

这张按宝石英文拼音顺序排列的常数表在基础课程考试开始时会提供给考生：

材 料	折射率（RI）	双折射率	相对密度（SG）
琥 珀	1.54 左右	—	1.05 到 1.10
绿柱石各品种	1.56 到 1.60	0.003 到 0.010	2.65 到 2.80
金绿宝石	1.74 到 1.76	0.008 到 0.010	3.71 到 3.75
刚玉各品种	1.76 到 1.78	0.003 到 0.009	3.80 到 4.05
钻 石	2.42	—	3.52
长石各品种	1.52 到 1.57	0.004 到 0.009	2.56 到 2.75
萤 石	1.43 到 1.44	—	3.0 到 3.2
铁铝榴石	1.76 到 1.81	—	3.8 到 4.2
翠榴石	1.89 左右	—	3.8
钙铝榴石	1.73 到 1.75	—	3.4 到 3.8
镁铝榴石	1.74 到 1.76	—	3.7 到 3.8
锰铝榴石	1.79 到 1.82	—	4.1 到 4.2
堇青石	1.54 到 1.56	0.008 到 0.012	2.57 到 2.61
翡 翠	1.66 左右	—	3.30 到 3.36
煤 精	1.66 左右	—	1.3 左右
软 玉	1.62 左右	—	2.8 到 3.1
欧 泊	1.40 到 1.46	—	2.0 到 2.2
人造玻璃	1.50 到 1.70	—	2.0 到 4.2
橄榄石	1.65 到 1.69	0.036	3.32 到 3.37
单晶石英	1.54 到 1.56	0.009	2.65 左右
多晶质石英	1.53 到 1.55	—	2.6 左右
尖晶石	1.71 到 1.74	—	3.58 到 3.61
维尔纳叶合成尖晶石	1.72 到 1.73	—	3.61 到 3.67
坦桑石	1.69 到 1.70	0.006 到 0.013	3.15 到 3.38
托帕石（黄玉）	1.61 到 1.64	0.008 到 0.010	3.5 到 3.6
碧玺（电气石）	1.62 到 1.65	0.014 到 0.021	3.0 到 3.1
锆 石	1.78 到 1.99	可达 0.059	3.9 到 4.8

这里给出的是折射率、双折射率和相对密度的典型变化范围。有些样品的数值超出所列范围。为回答基础课程考试中的具体考题，可能需要比这张常数表更详细的资料。

附录 1　不包括在大纲内的信息

请注意：本附录中的材料不是基础课程大纲的组成部分，它只是提供给学生参考。

附录 1　不包括在大纲内的信息

1　度量单位

重量:

1 克（g）= 5 克拉（ct）
1ct = 0.200g
1 分 = 0.01ct
1ct = 100 分
1 珍珠格令 = 0.25ct

长度:

标准国际单位是米（m）
1 米（m）= 100 厘米（cm）
1 厘米（cm）= 10 毫米（mm）= 10^{-2} 米（百分之一米）
1 毫米（mm）= 1 000 微米（μm）=10^{-3} 米（千分之一米）
1 微米（μm）= 1 000 纳米（nm）= 10^{-6} 米（百万分之一米）
1 纳米（nm）= 10^{-9} 米（十亿分之一米）

波长:

度量波长的标准国际单位是纳米（nm）。
1 纳米（nm）= 10^{-9} 米
1 纳米（nm）= 10^{-6} 毫米（百万分之一毫米）
1 纳米（nm）= 10 埃（Å）
（埃是原先用于度量波长的单位，现仍用于与 X 射线有关的研究）

压力:

标准国际单位是帕（Pa）
1 巴（b）= 10^{5} 帕 = 1 个大气压
1 兆帕（GPA） = 10^{9} 帕（Pa）= 10 000 巴（b）= 10 千巴（Kb）

2 斯涅耳反射定律

反射遵循**斯涅耳反射定律**（图 1）：

定律之一：光线的反射角与入射角相等。

定律之二：入射线、反射线和法线位于同一平面内。

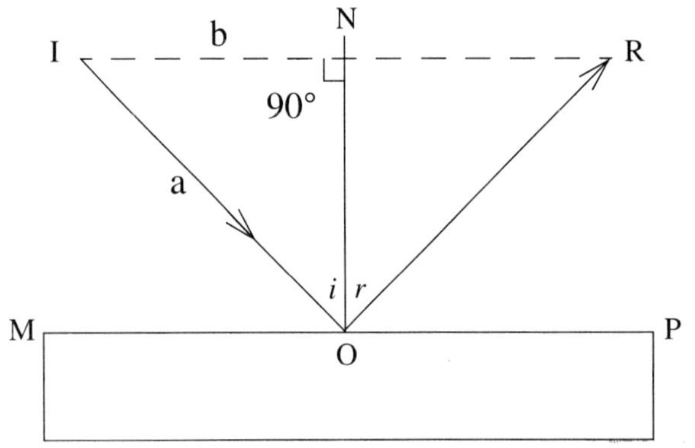

图 1　斯涅耳反射定律

入射角（*i*）和反射角（*r*）都参照称为法线（NO）的假想线来度量。法线位于入射点（O）并垂直于反射面（MP）。入射点是光线照射到反射面的位置。

3 斯涅耳折射定律

对于任何物质，入射光和其折射服从于一个简单的关系。这一关系被归纳为斯涅耳定律，而其比率则称为折射率。

斯涅耳是陈述折射定律者，他给出了两个折射定律（图 2）：

定律之一：对于任两个给定的相互接触的介质和给定波长的光，入射角的正弦与折射角的正弦之比为一常数。

定律之二：入射线、折射线和法线位于同一平面内。

在一个直角三角形中，一个角度的正弦是锐角和其两个边之间的数学关系。

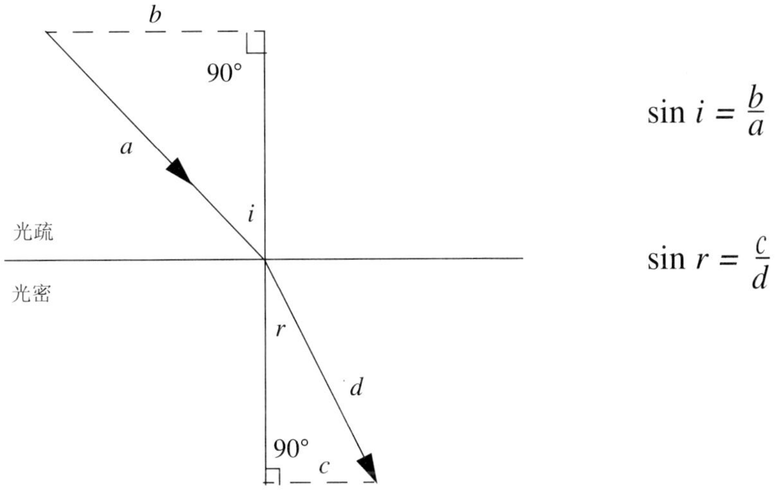

图 2　斯涅耳第一折射定律：入射角和折射角的正弦

相互接触的两个介质的光密度相差越大，折射线折向或偏离法线就越多。

入射角正弦和折射角的正弦的关系是一个比率，它对于任两个给定的相互接触的介质是个常数。

正是这个常数为我们度量折射率这一宝石鉴定的主要方法奠定了基础。

3.1　折射率（RI）

入射角正弦和折射角正弦之比为一常数。这个比率叫**折射率**。它能告诉我们介质相对于空气的光密度。

$$折射率 = \frac{\sin i}{\sin r}$$

入射角的正弦（$\sin I$）= 边长之比 $\frac{b}{a}$

折射角的正弦（$\sin r$）= 边长之比 $\frac{c}{d}$

（注意，角度的正弦之比与角度之比不是一回事）

这个数值与 $\frac{光在空气中的速度}{光在光密介质中的速度}$ 是相同的

所以，光在介质中的速度越慢，介质的折射率越高。

4 化学元素

元　素	符　号	主　要　产　出
铝	Al	在刚玉和其他许多宝石材料中
铍	Be	在绿柱石中
硼	B	使天然蓝色钻石和碧玺致色
钙	Ca	在方解石和其他许多宝石材料中，在碧玺中
碳	C	钻石和方解石；有机材料的主要成分
铬	Cr	红宝石和祖母绿等宝石中的致色元素
钴	Co	合成蓝色尖晶石中的致色元素
铜	Cu	在绿松石和孔雀石中
氟	F	在萤石和托帕石中
金	Au	在首饰中；玻璃的红色
氢	H	在水和有机材料中；最简单的元素
铁	Fe	致色元素；在石榴石和橄榄石等许多宝石中
镁	Mg	在镁铝榴石和橄榄石中
锰	Mn	锰铝榴石等的致色元素
镍	Ni	绿玉髓的致色元素
氮	N	钻石的颜色
氧	O	在大多数宝石中；在水和许多有机材料中
磷	P	在绿松石和磷灰石中
铂	Pt	在首饰中
钾	K	在长石中
硒	Se	玻璃的红色
硅	Si	在所有硅酸盐宝石中
银	Ag	在首饰中
钠	Na	在翡翠和长石中
硫	S	在黄铁矿中
钛	Ti	蓝宝石的致色元素（与铁一道）
铀	U	放射性元素，导致锆石结构的破坏
钒	V	绿色钙铝榴石等的致色元素
锆	Zr	在锆石和立方氧化锆中

附录 2　自我评价

附录 2　自我评价

1　你的第一个家庭作业

基础课程家庭作业题附在每章的末尾。这里我们准备了第一章作业题的答案。请仔细阅读：提供这份答案是为了帮助你提高回答所有家庭作业题和考试题的技巧。每道题的满分值是 20 分。

我们强调了答题中的 5 点注意事项。通过适当的训练，根据 5 点注意事项作出的答题安排将使你的回答能在给定的时间里达到必要的详细程度并展示出你的知识。

对资料和知识的复习是课程进行过程中不可缺少的环节。在本教程第一章中，我们两次提到了复习，在第十章中也提到过。在教程末尾的**课程指南和考试指南**一章中再次予以强调。

这些家庭作业题会涉及到先行章节的资料，而强化题则只涉及该章的内容。

强化题放在每章家庭作业题之前。对所有强化题的回答都出现在附录 2 本节之后。

我们恳切希望你定期地完成强化题和家庭作业题。定期地参阅对复习的建议和关于答题注意事项的详细劝告。

这些建议和劝告来自往届考生的反馈，也来自考官。所以，在你的学习过程中，它们对你要达到的目的特别有价值。

准备回答家庭作业 1 的第一题

这里我们给出第一题回答方法的详细举例。所使用的技巧是在前一章中提到的 5 点注意事项。

请记住，对任一问题都没有“完全的”或“标准的”答案。你要仔细思考这 5 点注意事项，并在你自己的知识、理解和经验的基础上给出适当的回答。

第一题是：

（a）一位朋友询问为何你把某种材料视为宝石。你在给出回答时会考虑哪些因素？结合实例解释这些因素。（14 分）

（b）你向顾客展示一个镶有大的黄色宝石的胸针。你被问及“这是真正的宝石吗？”和“这是半宝石吗？”。请解释为有助于回答顾客的问题，你应考虑哪些要点。（6 分）

你可使用在课程指南中详述的 5 点注意事项：

1. 读题　2. 关键词　3. 要点　4. 时间　5. 对象

1. 仔细读整道题，仔细重读整道题

在确定回答要点之前要阅读包括（a）和（b）两部分的整道题。这是因为你所选择的 5 个实例可能与你在（b）部分要描述的内容有部分关系，也取决于你回答（a）部分时的知识水准。

2. 确定全道题的关键词

为确保你的回答能涵盖题目的所有方面，要确定关键词。确定和使用关键词也能帮助你不会浪费时间去回答题目所不要求的内容。而这恰恰是考试失败的主要原因。我们再怎么强调这一点都不会过分。关于如何确定关键词的详细建议和举例，请阅**课程指南和考试指南**。

对于作业 1 的第一题（a）部分，关键词可写成：
为何材料 = “宝石”：因素？— 用实例解释

对于（b）部分，关键词可写成：
胸针镶大的黄色宝石： “真正的”；“半宝石”
解释回答要点

3. 由关键词引伸出要点

在草稿纸上快速地写出这些关键词所要求的要点的标题。

如果你已复习过第一章，而且也已回答了强化题，那么你可能对把什么作为回答要点已经有了好的想法。

你应该想到几个要点呢？你随后还应有什么次一级的要点，要求的详细程度如何？你要注意题目的准确用词，并注意题目每个部分的分值。本题中（a）部分的分值高于（b）部分，所以你对（a）部分的回答应更有深度。

要点来自你的知识和经验。根据关键词，要点可以是这样的：

（a）部分
关键词：

为何材料 = “宝石”： 因素？— 用实例解释

要点

瑰丽	**刻面的紫晶**
稀有性	**祖母绿、红宝石**
耐久性	**钻石、玉**
可接受性	**天然钻石；玉；象牙**
装饰用	**玉、玛瑙雕件**
首饰	**珍珠、成品托帕石、玻璃珠**
仿制品	**CZ 仿钻石**
天然/人造	**蓝宝石、合成蓝宝石**

附录 2　自我评价

（b）部分

关键词：

胸针镶大的黄色宝石：“真正的”；“半宝石”

解释回答要点

要点：

真正的？

—天然宝石经人工切磨揭示其瑰丽

—合成宝石：真正的化学成分和结构

—仿制品：天然锆石用于仿钻石

—贵重首饰中的玻璃宝石

半宝石？

—贵重的碧玺和便宜的祖母绿

—稀有性和质量因素的比较

—无分界线

—可接受性的影响因素：个人爱好，文化背景，譬如玉

请记住，你无须做非常细致的准备。在开始回答前，你可在草稿纸上或原先复习时用的草稿上潦草地写出关键词和要点。必要时可用缩写或符号。当安排要点时要尽可能地快。

按 5 点注意事项有计划地安排答题，其优点是显而易见的：你能自动地避免回答不相干的内容，而回答题目所要求的回答。

4. 对于每一部分要标出能用于答题的时间

对于前几个作业，你可能要用 40 分钟到 60 分钟时间来回答一道题。随着你更加熟悉答题技巧，你的速度会加快。

当你已确定要点后，你的回答已基本准备就绪。检查一下有多少可供书写的时间，将时间分配给题目的不同部分。

假设你为安排用去了 10 分钟。如果你感觉回答这道题需要 1 小时，那么你至少还剩下 50 分钟。评价一下题目每一部分的相对重要性并据此分配答题的时间：关键词和要点会对你有指点作用。譬如，在作业 1 的第一题中，两个部分的分值不同。从你对（a）部分的准备，你应决定用 35 分钟到 40 分钟来答题，而（b）部分则用 10 分钟到 15 分钟。尽管更详尽的回答很有吸引力，但你不要试图再用更多的时间。

在考试时每道题的平均时间是 36 分钟。

5. 确定答题对象，使用自己的语言

当你答题时，要始终注意你已列出的关键词和要点，并注意已用掉的时间。如果当你安排和

书写时，你假设是写给一位朋友或亲戚看的，你就会注意提供主要的、明显的各点。而这些恰恰正是题目所要求回答的，因而能够得到主要的分数。

你越多的练习使用5点注意事项，你就能越快和越容易地答题或准备报告。当考前训练完整地答题时，要把从读题到完成答题的时间缩短到30分钟至35分钟。

你的答案

在你根据5点注意事项作出安排并确定了要点和时间分配后，你已做好了答题准备。你已知道需要回答什么，需要画什么示意图和有多少可用的时间。你会避免写得太多。你会写出明显的直截了当的各点，而这些将得到主要的分数。你不会花时间去回答那些不要求的内容。你为自己提供了最大的成功机会。

从你为（a）部分准备的要点你可以解释这些因素并给出实例。

下面给出的例子展示了一种回答。请记住，没有“标准的”答案。你应想到现实生活中发生的情况，你应始终准备和完成自己的回答，这样一来，你就能为日后的工作或日常活动中的类似情况做好准备。

作业1答案举例

1（a）

宝石：金属之外的材料，常是贵重的、瑰丽的和耐久的。

用于首饰和装饰品。

主要属性：瑰丽、耐久性、稀有性和可接受性。

宝石常切磨和抛光以展示瑰丽。

大多数宝石是耐久的。这一属性被用于宝石加工。

举例：

—紫晶原石：其硬度足以切磨成刻面型并镶在首饰上以显示其颜色和光泽。是石英的较少见品种。有时若形状和颜色可被接受，也可把晶体镶在首饰上，依然有宝石的属性。

—祖母绿和红宝石：少见宝石，如果颜色和质量好会很美丽。还有罕见的非常大的宝石，大的宝石很珍贵和受喜爱。

附录 2　自我评价

—钻石和玉：非常耐久

钻石：最硬的宝石，总是加工成刻面型以最大限度显示瑰丽和硬度。非常流行。天然钻石比合成钻石更被人喜爱。

玉：在远东文化中最被喜爱。用于首饰和雕件。艳绿色的玉最美丽和珍贵。

—象牙：因使用象牙危及象群体，故现代西方已不再接受象牙，但象牙是瑰丽、稀有和耐久的。

—珍珠和某些未切磨的晶体：作为宝石用于首饰和串成项链。

—大多数硬的宝石用于首饰。其中大多数是切磨成珠子、弧面宝石和刻面宝石。镶在戒指、胸针、项链和其他首饰上，譬如托帕石常切磨成刻面型的黄色、蓝色或粉红色宝石用在首饰上。

—人造玻璃：切磨成刻面型或加工成珠子或弧面宝石用于首饰，或模铸、雕琢成饰品。可制作成各种颜色、结构或形状。因而，玻璃可分类为宝石。

—**CZ**：如果是无色的则通常加工成圆形明亮琢型，大量用于仿钻石。

—合成蓝宝石：较便宜的宝石材料，用于替代天然蓝宝石。其合成成因应该申明并以低于天然宝石对应物的价格销售。

如果你喜欢宝石材料，如果你知道自己买的是什么，如果你认为以开出的价格值得购买，那你就希望把所有这些材料视为宝石。

1（b）

大多数人认为天然宝石才是真正的宝石。尽管这些宝石通常要通过切磨和抛光以改善外观才能用作宝石。

合成宝石具有与其天然对应物相同的化学成分和结构，所以完全可以认为是真正的。譬如，合成钻石是真正的钻石。它是钻石。

假如天然锆石被用来仿钻石，它应该被申明为是仿制品。它是天然宝石，故尽管是仿制品，可分类为真正的宝石。

玻璃或塑料：用作仿制品。在申明是玻璃或塑料的情况下它也是真正的。

为把宝石分类为半宝石，你需要知道这个分类的界限。

在珍贵宝石和半珍贵宝石之间并没有分界线。

对于非常贵的碧玺和非常便宜的祖母绿，价值取决于特定颜色或质量或尺寸的瑰丽和稀有性

以及宝石类型的整体稀有性。

对宝石有多珍贵的感觉还取决于可接受性、各人爱好和文化背景。

譬如玉在西方被许多人视为半宝石，这部分是因为其较好的颜色和质量并不被大家熟悉。在远东，它被分类为珍贵宝石，价格很高，它因文化背景而被广泛接受。

所以，术语真正的和半宝石对于商界和顾客不是特别有用。

上述答题样式更像是报告式而不是叙述式。报告式、叙述式或表格式的回答都是可以接受的。你要训练你希望在考试中使用的方法。

记住，1（a）和 1（b）中使用的某些例子可取自你自己的经验和对你自己或其他人的首饰或雕件和装饰品的了解，也可来自你阅读过的关于宝石、首饰和工艺品的资料，以及你看过的收藏品和馆藏品。然而，本答案中几乎所有的因素和实例都是取自教程第一章中已经写到的。

2 课程强化题答案

基础课程强化题放在课程每章的末尾。下面给出的是答案，这会帮助你检验你从本章获得的信息和达到的知识和理解。你可在再次复习每章之前或开始家庭作业前先检查一下你对强化题的回答。

对强化题的回答是很短和很专门的。不要求一般的报告或叙述。你应尽可能快地回答所有问题，譬如用 10 分钟到 20 分钟时间。把没有把握或忘掉的地方先空下，而后再看教程的相关内容。

要通过自己完成每章的强化题使自己做好充分准备。只有在自己完成强化题后再来看答案。

为使你能更充分地理解每章的内容，我们非常希望你能遵循本附录一开头给出的关于准备作业方法的建议，然后回答作业题。这样一来，你会对遵循这些建议更有信心。

这里给出的某些强化题答案是举例性回答，用★★表示。可有替代的回答。请阅读相关章节，以确认有其他的答案。

附录 2　自我评价

第一章强化题和答案

1. 说出 4 种能使我们认为材料是宝石的属性。
   瑰丽、稀有性、耐久性、可接受性
2. 说出 2 种耐久的宝石材料。
   ****钻石、玉**
3. 我们把所有未加工的宝石材料叫什么？
   原石
4. 大多数宝石材料是如何使用的？
   用在首饰上
5. 说出宝石材料的 3 种装饰用途。
   ****雕刻装饰品、镶嵌的桌面、雕像**
6. 什么词用于描述具有序的规则重复原子排列的材料类型？
   晶质的
7. 合成蓝宝石、玻璃和琥珀能分类为矿物吗？是/否
   否
8. 术语“真正的”和半宝石在宝石分类中有用吗？是/否
   否
9. 用于度量宝石重量的国际单位叫什么？几个这种重量单位构成 1 克？
   克拉；每克 5 克拉（5ct = 1g）
10. 大多数宝石材料是在地球的哪个带中生成和发生的？
    地壳
11. 天然宝石材料迄今仍在形成吗？是/否
    是
12. 说出 3 个世界知名的宝石产地。
    ****巴西、缅甸、斯里兰卡**

第二章强化题和答案

1. 什么化学元素出现在大多数宝石材料中并构成地球体积的最主要组成？
   氧
2. 什么是岩浆？
   地球内部熔融的岩石
3. 说出两种从岩浆或在岩浆中形成的宝石。
   ****黑曜岩、橄榄石**
4. 变质岩是如何形成的？
   未熔融状态下的重结晶作用
5. 说出两种在变质过程中形成的宝石。
   ****翡翠、石榴石**
6. 说出宝石材料的两种重要的产出。
   ****伟晶岩矿床、砂矿**
7. 堆积在宝石砾中的矿物拥有哪两种重要性质？
   高密度、硬度

8. 钻石最重要的产出是哪两种？
金伯利岩筒、冲积砂砾层（砂矿）
9. 说出钻石拥有的能在矿山回收厂中把它与其他矿物分离开的两个特性。
钻石在X射线下发荧光，钻石亲油脂性
10. 什么是矿物？
天然、无机和晶质的材料
11. 从下列组别中各给出一种宝石或装饰材料的实例：
（a）氧化物；　　（b）碳酸盐；　　（c）硅酸盐
****（a）刚玉；　　（b）珊瑚；　　（c）锆石**
12. 什么是有机成因的宝石材料？
在植物或动物体内形成的材料或是植物或动物体的一部分构成的材料。
譬如珍珠、珊瑚和琥珀**
13. 固体材料中原子是连接到一起的。用于表述原子连接的术语是什么？
键合

第三章强化题和答案

1. 什么是晶体结构？
原子的规则重复三维排列
2. 晶体和光相互作用使光重组成只在单个平面内振动的两个部分。这种重组的光叫什么？
偏振光
3. 一些晶体结构比别的结构更“精细和整齐”：用于描述所有晶体结构中原子和键的排列重复性的术语是什么？
对称性
4. 绕一个方向转动晶体结构，转动一圈，相同的图形出现2、3、4或6次。用于描述这种转动要素的术语是什么？
对称轴
5. 晶体格架是代表晶体结构的三维样式。穿过格架并代表格架内重复方向和相对重复距离的方向叫什么？
基准轴（晶轴）
6. 任一晶体可根据其对称性和晶轴来分类。我们如何称呼这个分类体系？
晶系
7. 同一材料的不同晶体可呈不同形状，这通常是由于它们生长在不同的条件中。用于描述所发育的晶体形状的术语是什么？
结晶习性
8. 你观察的晶体是透明无色具珍珠光泽的，有阶梯状晶面标志和许多细划痕以及3个方向的解理缝和穿过晶体看到的重影。这是什么晶体？
方解石
9. 用于描述（a）非晶质固体（b）单一物质的两种或更多种可替换晶体结构中的一种和（c）具变化的化学组成但具有相同晶体结构的材料的术语是什么？
（a）非晶质；　（b）同质异象；　（c）类质同象

附录 2　自我评价

第四章强化题和答案

1. 说出耐久性在其中是重要因素的两种情况。
   宝石砾的形成；首饰的佩戴
2. 硬度和韧性是力作用于固体材料所导致的（a）表面上的和（b）穿过整个材料的效应。说出硬度和韧性各对应于哪个效应。
   硬度影响表面；韧性影响整个材料
3. 摩氏硬度为 7 的是什么矿物？
   石英
4. 给出可安全进行硬度测试并可有效放大观察的两个例子。
   ****在宝石原石上；在不透明弧面宝石的底部**
5. 断口能在晶质材料中发生吗？是/否
   是
6. 下列宝石材料能在几个晶体方向上劈裂？
   （a）萤石；　　（b）托帕石
   （a）4 个；　　（b）1 个
7. 为什么玻璃不能劈裂？
   它没有规则的晶体结构，所以它从不会有解理面
8. 说出具韧性的两种宝石材料。
   ****翡翠、玛瑙**
9. 有些材料虽然不是很稳定，但依然被作为宝石。给出 4 个这种宝石的名称。
   ****琥珀、欧泊、珍珠、锆石**
10. 为何有些宝石材料尽管耐久性差还用作宝石？
    它们瑰丽、稀有、受喜爱和时新，而且它们易加工
11. 钻石作为所有宝石材料中最硬的，为何能成型和抛磨？
    差异硬度使一颗钻石能切磨另一颗钻石

第五章强化题和答案

1. 红宝石比祖母绿致密。1 克拉的红宝石是比 1 克拉祖母绿大还是小？
   小
2. 密度涉及 2 个物理单位。质量（重量）是其一，另一个是什么？
   体积
3. 材料的相对密度（比重）是其密度与特定材料密度的比值。这个特定的材料是什么？
   水
4. 在工业和宝石检测中可用某些液体把混装的矿物和宝石快速分离。这些液体的总称是什么？
   重液或高密度液
5. 如果你把一个雕件完全浸没在水中，该雕件所失的重量相当于与雕件同体积的水的重量。陈述这一原理的定律叫什么？
   阿基米德定律
6. 为何这一定律对宝石学家有用？
   它使你能测定宝石的相对密度而无需确定它的体积
7. 一个红色雕件在空气中重 12 克，在水中重 9 克。与雕件相同体积的水的重量是多少？雕件的相对密度是多少？这个雕件可能是什么材料的？
   3 克　相对密度 ＝4　红宝石

8. 二碘甲烷对通过观察不同相对密度来区分宝石材料特别有用。这种液体的近似相对密度值是多少？给出能用这种液体区分开的两种相似材料的实例。
SG3.33　　**翡翠和软玉
9. 列出不能与有机液体相接触的 5 种材料。
****欧泊、琥珀、绿松石、二层石、注油祖母绿、牙类**
10. 重达几千克并可能是用软玉制做的雕件最适合用什么方法确定相对密度？
用大弹簧秤做静水称重

第六章强化题和答案

1. 光的研究在宝石学中为何重要？
光使我们能看到宝石并欣赏其瑰丽;光使我们能以各种方法检测宝石
2. 我们用什么术语来描述全部通过材料而未被吸收的光？
透射的
3. 我们用什么术语来描述透过它能清楚看到物品的宝石？
透明的
4. 什么是纳米？其缩写符号是什么？
它是用于度量光波长的单位。nm，1nm 是百万分之一毫米。1nm = 10^{-6}mm 或 10^{-9}m
5. 光进入材料后，其传播速度是比在空气或空间中要慢或快吗？
慢
6. 可见光构成能量谱的一小部分。整个谱的名称是什么？
电磁波谱
7. 蓝光的频率和能量高于红光。是否它的波长也大于红光？是/否
否
8. 光波的振动方向不同于它的传播方向。它们之间是什么关系？
振动方向垂直于传播方向
9. 如果来自光源的所有光的振动方向都是相互平行的，这种光该怎样称呼？
平面偏振光
10. 说出（a）一种波长大于（能量小于）红光的能量类型和（b）两种波长短于（能量高于）紫光的能量类型的名称。
****（a）红外辐射；**（b）紫外光和 X 射线**

第七章强化题和答案

1. 光线入射于表面的点叫入射点。在入射点所画的一条垂直于表面的假想基准线叫什么？它有什么用？
法线。用于度量光线的角度
2. 入射光是到达材料表面的光。如果空气中的入射光线以某个角度到达材料表面，而后穿过材料，当光线穿过材料时会发生什么变化？
光速减慢并以一定角度折向法线，这个角度小于入射光与法线的夹角
3. 当观察宝石时，你为何要把宝石浸在液体中？
因在液体中宝石的折射小于在空气中，故能使宝石内部看得较清楚

附录 2　自我评价

4. 一颗宝石在材料的所有方向上具相同的光学性质，我们把材料的这种特征描述为什么？这种材料是单折射的或是双折射的？
   光学各向同性；单折射的
5. 光学各向异性的和各向同性的晶质材料显示**方向性性质**。在这两组晶体中只有一组显示方向性光学性质。是哪一组？
   光学各向异性的
6. 下列性质中有一种是非方向性的。是哪一种？
   （a）双折射；　　（b）断口；　　（c）解理；　　（d）差异硬度
7. 当光的两个平面偏振组分穿过一个双折射材料时，这两个组分的振动方向彼此之间呈什么角度？
   90°
8. 刻面紫晶的两个折射率读数是 1.553 和 1.544。其双折射率是多少？
   0.009
9. 在一个具高双折射率的光学各向异性晶质材料中，当平行于某个方向观察时你只看到了单折射。穿过晶体的这个方向叫什么？
   光轴
10. 填写与 7 个晶系有关的下表：

晶系	单折射	双折射		宝石举例
		一轴晶	二轴晶	
立方晶系	**是**			**钻石
四方晶系		**是**		**锆石
三方晶系		**是**		**石英
六方晶系		**是**		**绿柱石
斜方晶系			**是**	**托帕石
单斜晶系			**是**	**月光石
三斜晶系			**是**	**某些长石**

11. 当使用折射仪时我们利用的是什么反射现象？
    全内反射
12. 在折射仪阴影边界处看到的光的角度叫什么角？
    临界角
13. 什么因素控制了折射仪上能获得的折射率读数的上限？
    接触液的折射率
14. 为何测折射率时要使用单色光？
    能产生清晰的而不是彩虹状的阴影边界
15. 当刻面放在折射仪台上转动时，你如何确定是否为各向同性宝石？给出单折射宝石的 3 个实例和在折射仪上得到的 RI 值。
    它将产生单阴影边界
    譬如天然尖晶石（1.71 到 1.73）、镁铝榴石（1.73 到 1.76）、玻璃（1.50 到 1.70）

第八章强化题和答案

1. 反射是光从表面返回。返回的光量影响宝石材料的光泽。说出光泽所依赖的一种特征或性质。
   ****折射率**
2. 说出描述为明亮光泽的两种宝石。
   ****石榴石、尖晶石**
3. 在解理面上最常见到的是什么光泽类型？
   珍珠光泽
4. 什么是内反射效应？
   由材料内部反射导致的光学效应
5. 说出由包裹体导致的两种反射效应。
   ****星光效应和猫眼效应**
6. 在猫眼和星光宝石中，反射光线方向与导致光线反射的包裹体方向之间是什么关系？
   相互垂直
7. 晕彩是由结构特征所导致的重要内反射效应。哪两种光学效应通常导致晕彩？
   衍射和薄膜干涉
8. 在贵欧泊中看到的是什么干涉效应？
   衍射
9. 哪两套反射有助于确定刻面宝石的亮度？
   从亭部刻面的内反射；从冠部刻面的表面反射
10. 为显示高亮度需要有哪些因素？
    合适的刻面角度，好的光泽，高透明度和净度，无色，抛光度高，无磨蚀痕

第九章强化题和答案

1. 什么使颜色对宝石材料如此重要？
   宝石瑰丽的关键组分；宝石鉴定的重要观察线索；用于光学测试
2. 为感受到颜色，需要有白光源和光的变化。此外还需要什么？
   眼睛和大脑
3. 大多数宝石的颜色是体色。这主要是由化学致色元素导致的。对致色元素构成结构中基本部分的宝石，在分类时使用什么术语？
   自色性宝石
4. 对人类来说，可见光的波长上限和下限以纳米为单位大致是多少？
   700nm（红色）到 400nm（紫色）
5. 当白光斜向进入透明无色物体时，什么颜色的光折射最少？
   红色
6. （a）通过折射把光谱色依次分离开的现象叫什么？（b）在许多刻面宝石中看到的什么效应是部分地取决于这一现象？
   （a）色散；　（b）火彩
7. 说出一种具高色散的有色宝石和一种具低色散的无色宝石。
   ****翠榴石；无色石英**

附录 2　自我评价

8. 说出 3 种铬致色的宝石。
★★红宝石、祖母绿、变石
9. 分光镜如何能帮助你把具相同体色的不同宝石区分开？
分光镜检测宝石特征的吸收样式（光谱）
10. 什么原因使分光镜对我们特别有用？
它小型和便于携带；能与笔式手电筒配合使用；能检测原石、成品宝石和已镶宝石；能帮助区分外观相似的品种；能对某些宝石作出结论性检测；通常无须度量吸收波长
11. 在宝石检测中使用滤色镜有何优点？
它小型和便于携带；能同时检测许多宝石；合适的滤色镜能帮助区分外观相似的宝石，或检测出项链上或一包原石中古怪的宝石
12. 为在宝石中看到变色效应，哪 3 个东西是必不可少的？
颜色适当的宝石；两种白色的或近白色的光源；用于感受这种效应的大脑

第十章强化题和答案

1. 什么是平面偏振光（PPL）？
所有的波的全部振动方向都平行于一个平面的光
2. 在穿过一轴晶的大多数方向上，光分解成振动方向相互垂直的两个组分：E 光线和 O 光线。它们有稍不相同的折射率。用什么术语来描述这两个折射率的最大数值差？
双折射率
3. 在具高双折射率的透明宝石中能看到什么光学效应？
双折射（DR）
4. 各给出一个（a）光学一轴晶宝石和（b）光学二轴晶宝石的实例。
★★（a）红宝石；　（b）橄榄石
5. 偏光镜能非常灵敏地检测光学各向异性。什么样的光学配置使偏光镜能做到这一点？
透射光下在正交偏光片间转动宝石并进行观察
6. 如果透明材料在偏光镜下转动时为全暗，这种材料的光学状态是怎样的？
光学各向同性的
7. 在偏光镜下转动各向异性单晶材料。在大多数方向上，材料将光分解成两个组分。这两个组分是（a）随材料的转动而转动，或是（b）保持与两个偏振滤光片的振动方向平行？
（a）随材料的转动而转动
8. 使用偏光镜时，特征的异常消光效应有助于宝石鉴别。这种异常消光效应有助于鉴别哪种常见的合成宝石？
维尔纳叶合成尖晶石
9. 多色性是透射穿过光学各向异性材料的两个平面偏振组分的差异选择性吸收。在（a）全透明晶体或（b）全透明有色晶体或（c）全透明各向异性有色晶体或（d）有些透明的各向异性有色晶体中能检测出多色性吗？
（d）有些透明的各向异性有色晶体
10. 当使用二色镜检查差异选择性吸收时，你必须在所有方向转动宝石。这是为什么？
你必须使材料的振动方向与二色镜组分的振动方向一致，这样才能检测到最大可能的效应
11. 有两种常见类型的二色镜。什么是它们基本的光学部件？
一种类型中是方解石，另一种类型中是两个偏振滤光片

第十一章强化题和答案

1. 宝石学家常用什么类型（范围）的电磁能来激发宝石材料的荧光？
   可见光、紫外光和X射线
2. 有两个波段的紫外光用于宝石检测。哪个波段有较高的能级？
   SWUV（短波紫外光）
3. 荧光是物体被电磁辐射激发时发射的“冷”光。所产生的荧光在波长和能量上不同于激发辐射。它们是什么关系？给出一个实例。
   荧光总是比激发源有较低的能量和较长的波长。长波紫外光（LWUV）能使钻石产生可见的蓝色荧光
4. 当宝石材料中有铁存在时会对荧光有何影响？
   能减弱或抑制荧光
5. 当使用紫外光时要注意些什么：
   （a）以保证好的检测效果；　（b）以保障使用者的安全？
   （a）洁净宝石，放到无反射的黑色托盘上；
   （b）防止紫外光接触眼睛和皮肤
6. 在一个“钻”镶项链上所有的无色圆形明亮琢型宝石在短波紫外光下都发出相同的垩白色荧光。它们在长波紫外光下都呈惰性。你认为这些可能是什么宝石？
   ****人造玻璃宝石**
7. 说出X射线照相在宝石检测中的两个用途。
   ****区分天然和养殖珍珠；检测钻石中的裂隙玻璃充填**
8. 给出使用红外光谱仪的一个例子。
   检测合成树脂充填物的存在，譬如在翡翠B货中
9. 当使用反射仪时要注意些什么？
   只检测洁净的宝石表面，避开有瑕疵的表面
10. 什么探测仪能把钻石和合成莫依桑石区分开？在用探测仪测试时应配合使用什么别的仪器？
   （a）电导仪；　（b）10×放大镜

第十二章强化题和答案

1. 为精确和顺利地进行观察，10×放大镜应拥有哪两个重要特性？
   应是经过颜色矫正和无畸变的
2. 当用10×放大镜和显微镜进行观察时，除宝石材料、眼睛和仪器本身外，还有什么是基本的？
   光和光的变化
3. 说出用10×放大镜可以进行的有助于鉴别的5种重要的观察。
   ****表面损伤；内部解理；不均匀颜色分布；双折射；晶面标志**
4. 显微镜的主要用途是什么？
   放大材料内部和外部那些用10×放大镜不易看出的特征
5. 说出实体（立体）显微镜与单筒显微镜相比较具有的两个优点。
   提供大的可供操作的工作距离和3维直立的图像
6. 暗域照明有什么用途？
   能在较暗背景上更清晰地显示细小的包裹体

附录 2　自我评价

7. 说出顶部照明能够有用的两个原因。
   当观察不透明材料时；当观察光泽差别等反射效应和表面损伤时
8. 解释为何浸液能与显微镜一道使用。
   因减少了折射率的差别而使宝石内部能看得较清楚
9. 说出用显微镜研究包裹体能从哪 4 个方面对宝石学家有帮助。
   ****帮助鉴别宝石材料；帮助检测合成材料；帮助检测处理；评价钻石的净度**
10. 说出除固体、液体和气体包裹体外另 3 种包裹体特征。
   ****解理缝、颜色生长带、双晶现象**

第十三章强化题和答案

1. 当你开始鉴别或检查一个宝石材料时，你要采取的第一个有用步骤是什么？
   用肉眼而后用 10×放大镜观察
2. 在英国宝石学教程中，折射率值以两种方式表示。譬如，一种宝石的折射率可写成 1.54 到 1.56。同一宝石材料还可写成 1.544—1.553。在这两组数值中哪个能用来计算双折射率？
   RI 1.544—1.553
3. 上述两组数值是否涵盖了该材料样品所有可能的折射率值？简要给出你的解释。
   不是。1.54 到 1.56 是石英折射率的通常范围。1.544—1.553 是石英特定样品的范围
4. 钻石是商业上最重要的宝石。最常见的款式是圆形明亮琢型。标准圆形明亮琢型有多少个刻面？在这种琢型中要设计开发的两个光学效应是什么？说出 3 种钻石仿制品。
   含底尖共 58 个刻面；亮度和色散；锆石、立方氧化锆、人造玻璃宝石**
5. 在下列组别中各说出 3 种宝石：
   **
   （a）常加工成弧面宝石或珠子的蓝色装饰材料
   青金岩、方钠石、绿松石
   （b）可完好劈开的黄色宝石级晶体
   钻石、萤石、托帕石
   （c）不能完好劈开的黄色宝石级晶体
   碧玺、绿柱石（摩根石）、锆石
   （d）有特征光谱的红色宝石
   红宝石、铁铝榴石、硒玻璃
   （e）硅酸盐
   锆石、橄榄石、翡翠
   （f）能通过裂隙充填改变或改善外观的宝石
   钻石（用玻璃）、祖母绿（用树脂、油）、欧泊（用树脂、油）
   （g）硬度等于或大于 8 的宝石
   钻石、金绿宝石、刚玉
   （h）采自巴西的宝石
   紫晶、钻石、托帕石
   （i）天然的刻面琢型的有火彩光谱闪烁的宝石
   钻石、锆石、翠榴石

(j) 天然、晶质和单折射的宝石
钻石、石榴石、尖晶石
(k) 一轴晶的
锆石、碧玺、刚玉
(l) 二轴晶的
托帕石、金绿宝石、坦桑石
(m) 常见到双晶的
金绿宝石、长石、钻石
(n) 能见到呈柱状结晶习性的
石英、碧玺、托帕石
(o) 呈玻璃光泽到暗淡玻璃光泽的
欧泊、砂金石英、萤石
(p) 当用 10×放大镜观察时能从合适方向显示双折射的
锆石、橄榄石、碧玺
(q) 总是绿色的
祖母绿、铬钒钙铝榴石、绿玉髓
(r) 能显示强多色性的
坦桑石、堇青石、碧玺
(s) 晶体原石表面常有条纹的
刚玉、托帕石、碧玺
(t) 可有特征的或诊断性的天然包裹体的
翠榴石(弯曲纤维)、碧玺(波状裂缝)、橄榄石(盘状应力裂缝)
(u) 可有诊断性光谱的
红宝石、翡翠、锆石
(v) 天然、无机、多晶质的
软玉、玛瑙、砂金石英

第十四章强化题和答案

1. 说出可用于琥珀的两种不同的处理。
加热使表面变暗;加热净化
2. 说出 3 种琥珀仿制品。
柯巴树脂、红玉髓、塑料
3. 珍珠、大多数珊瑚、方解石、孔雀石和菱锰矿都是碳酸盐，它们有什么共同的缺点？
它们溶于酸，如来自皮肤、食品、清洗液的酸
4. 说出两种煤精仿制品。你如何把它们与煤精区分开？
玻璃：重得多，有气泡和旋涡纹，铸模痕
塑料：无褐色条痕，用刀可切下小片
5. 什么生物能产生 (a) 海水囊珍珠和 (b) 淡水无核养殖珍珠？
(a) 牡蛎;　　(b) 河蚌
6. 马白珠有天然的吗？是/否
否

7. 说出 4 种能用于珍珠的处理。
   **抛光、染色、漂白、辐照致色
8. 说出 4 种白色或近乎白色，可磨成圆珠并串成项链的有机材料。
   **珍珠、珊瑚、贝壳、牙类
9. 说出 3 种淡黄或黄色，可用于装饰品或镶嵌品的有机材料。
   **琥珀、牙类、龟甲
10. 贝壳浮雕、碳酸盐珊瑚珠和象牙雕件都可用同一方法检测并与仿制品相区分。这是什么方法，每种材料中的主要特征是什么？
   用肉眼、10×放大镜和显微镜观察；有特征样式的生长线或内部纹理

第十五章强化题和答案

1. 说出一种是人造的但又不算是合成品的宝石材料。
   **立方氧化锆（CZ）
2. 要算是真正的合成品，宝石材料应具有哪 3 个标志？
   应是人造的；应具有与其天然对应物相同的成分和相同的结构
3. 说出 3 种生产合成宝石的不同方法。给出能用每种方法生产的一种宝石的名称。
   维尔纳叶焰熔法（红宝石）；助熔剂法（祖母绿）；水热法（石英）
4. 假如一颗无色合成蓝宝石被用来仿钻石，它能被叫成合成钻石吗？是/否
   否
5. 维尔纳叶法合成尖晶石与天然尖晶石有何不同？
   维尔纳叶法合成尖晶石含更多的氧化铝，使它比天然对应物有较高的相对密度和折射率
6. 如果你检测一颗淡蓝色钴致色维尔纳叶法合成尖晶石，你预期（a）正交偏光下和（b）查尔斯滤色镜下会得到什么结果？
   （a）转动时显示云状异常消光；　（b）呈粉红色
7. （a）维尔纳叶炉的大致工作温度是多少？（b）用这种方法长成一个晶体大概要用多长时间？（c）用这种方法合成的维尔纳叶红宝石和蓝色蓝宝石的主要内部特征是什么？
   （a）2000℃；　（b）几个小时；　（c）弯曲、平行的生长条纹和色带
8. 说出在（a）助熔剂法合成红宝石和（b）水热法合成祖母绿中的一种特征包裹体。
   **（a）各种形状的熔剂充填孔洞；　（b）锯齿状条纹
9. 为何人造“塑料欧泊”能如此逼真地仿天然欧泊？
   有与欧泊相似的结构，产生相同的光学效应
10. 什么类型的人造材料是（a）最适用于仿有机宝石材料的和（b）最古老的但迄今仍广泛使用的仿制品？
   （a）塑料；　（b）玻璃

第十六章强化题和答案

1. 当检测刻面玻璃宝石时，你通常会遇到的相对密度值和折射率值的范围是多少？
   相对密度 2.0 到 4.2；　折射率 1.50 到 1.70
2. 为何知道这个折射率范围如此有用？

能帮助区分人造玻璃宝石与晶质材料，因为在这各个范围内没有常见的天然或人造的单折射的立方晶系宝石材料

3. 当用（a）偏光镜和（b）10×放大镜检查透明刻面玻璃宝石时你会看到什么？
   （a）或是在所有位置全暗，或是呈异常消光效应；（b）气泡、旋涡纹和颜色（如果有色的话）、铸模痕、圆化的刻面棱、划痕和缺口、低光泽和高色散
4. 哪两个相关因素确保了对宝石和装饰材料的仿制品有持续的需求？
   它们满足了对与贵重宝石有相似外观的宝石的需求，而价格又低许多
5. 对属于（a）天然的、（b）合成的和（c）人造和非晶质材料的钻石仿制品各给出一个实例。
   ****（a）锆石；（b）合成尖晶石；（c）人造玻璃宝石**
6. 说出有助于区分塑料和琥珀的 3 种测试。
   ****可切性、相对密度、燃烧时的气味**
7. 说出可用于制作仿翡翠饰品的 4 种材料。
   ****砂金石英、鲍文玉、块滑石、玻璃**
8. 说出刻面钻石所显示的有助于与仿制品相区分的 4 种特征。
   ****宝石较少损伤；刻面棱很尖锐；无光透过，譬如从亭部看不到点的影像；金刚光泽**
9. 说出用于仿祖母绿的两种类型的拼合石。
   ****苏达祖母绿，譬如有充填物的绿柱石/绿柱石；绿色的石榴石为顶的二层石**
10. 给出有助于鉴别石榴石为顶二层石的 4 项观察。
   红框的腰棱、光泽差别、内部接合面、包裹体的差别

第十七章强化题和答案

1. 给出对宝石进行处理的两个原因。
   优化其性质；模仿更贵重材料的外观
2. 说出 3 种能影响宝石表面或表面区域的处理。
   ****涂层、贴箔和表面扩散处理**
3. 下述材料如何处理：
   （a）菱镁矿经处理仿绿松石；
   （b）不均匀颜色的珍珠经处理仿黑珍珠；
   （c）使破裂的祖母绿改善透明度和颜色；
   （a）用蓝色染剂；（b）用硝酸银和光处理；（c）用油或聚合物充填裂缝
4. 单个的翡翠饰品可经过一系列的处理。这些会是什么处理？
   ****漂白、灌注树脂、染色**
5. 哪些观察能揭示青金岩的染色碧玉仿制品？
   光泽、结构、蓝色调
6. 下列钻石可如何处理？（每项给出一个例子）：
   （a）台面下有暗色包裹体的圆形明亮琢型钻石；
   （b）有裂隙达到表面的圆形明亮琢型钻石；
   （c）净度好但有不讨人喜欢的褐色的某些类型原石；
   （a）激光打孔；（b）玻璃充填；（c）高压高温处理（HPHT）**
7. 大多数红宝石和蓝宝石是热处理的。这种处理能产生什么正面效果？这些效果稳定吗？
   能在天然宝石中使颜色加深、变浅或改变；产生星光；去除丝光；所有这些处理都是稳定的

附录 2　自我评价

8. 说出另 5 种常进行热处理随后可辐照或不辐照的宝石。
蓝色热处理和辐照的托帕石；蓝色优化的海蓝宝石；各种颜色的碧玺；由紫晶生成的黄晶；加热使琥珀变暗色

第十八章强化题和答案

1. 给出下列每种宝石肉眼常能看出并能帮助你鉴别的一种特征：

方解石	**强双折射**
紫锂辉石	**粉红/紫色到无色多色性**
孔雀石	**颜色变化显示的构造**
黄铁矿	**黄铜色不透明表面**
块滑石	**滑痕和粉状损伤**
绿松石	**分布在蓝色中的褐到黑色条纹**

2. 分别给出这些材料的一种可供区分的测试：

磷灰石	**光谱：特征的稀土谱**
赤铁矿	**红色条痕**

3. 你应测试或观察什么以区分下列宝石：
红柱石和碧玺
折射率、双折射率和多色性的 3 种颜色
雪花石膏和大理岩
观察透明度——通常雪花石膏比大理岩透明得多
菱锰矿和蔷薇辉石
蔷薇辉石常有黑色脉纹和暗淡光泽；用钢针不能刻划；菱锰矿多为浅粉红色，条带状，解理明显，用钢针可刻划
青金岩和方钠石
青金岩有小的蓝色、白色或灰色颗粒；常有黄铜色颗粒。方钠石大部分是蓝色，有大的晶质区并显示解理面
4. 说出天然玻璃的两个品种。
****黑曜岩；雪花黑曜岩**
5. 什么是石灰岩的主要组成？
方解石

第十九章强化题和答案

1. 用于（a）宝石级钻石和（b）所有其他宝石加工的两个通用术语是什么？
（a）钻石加工；　　　（b）宝石加工
2. 什么术语用来称呼所有适合于生产或宝石加工的材料？
原石
3. 说出 4 种刻面宝石琢型。
明亮琢型、玫瑰琢型、混合琢型、阶梯琢型
4. 说出 4 种非刻面宝石琢型。

****珠子、弧面宝石、浮雕、雕件**
5. 说出各种不同宝石选择弧面琢型的 4 种理由。
利用低质量原石；显示颜色或结构；揭示光学效应；利用不耐久的材料
6. 说出各种不同宝石选择刻面琢型的 3 种理由。
****最大程度地显示颜色或其无色性；显示亮度；揭示火彩**
7. 说出圆形明亮琢型宝石从侧面看时看到的 5 个特征。
冠部、亭部、底尖、台面、腰棱
8. 说出手工切磨宝石过程的 5 个阶段。
选择原石；分割、锯开和整平；上卡（粘杆）；研磨；抛光
9. 说出宝石工匠加工宝石刻面的传统和现代方法。
斜木桩法；机械磨刻面刀架法
10. 说出用于小的和大的宝石雕件的两种特殊类型。
****凹雕和浮雕**
11. 说出加工宝石级钻石的 4 个可能阶段。
设计；分割；粗磨；研磨和抛光
12. 哪 3 个术语用于描述钻石的切磨质量？亭部的理想角度是多少？
对称性、比例、抛光；大致为 41°

第二十章强化题和答案

1. 哪三个因素影响宝石镶嵌类型的选择？
****时新、宝石性质、个人爱好**
2. 说出适用于小宝石的两种镶嵌类型。
****槽镶、密镶**
3. 用铂金镶嵌宝石的一种好处是什么？
铂金的强度使宝石能够隐蔽和精致的镶嵌；镶座较轻
4. 给出由实验室提供宝石检测报告会带来的两个好处。
报告给出对宝石是什么的一个独立评价；可用于销售目的
5. 说出提供钻石分级报告时应注意的一个问题。
****为精确分级，钻石应是未镶的**
6. 说出提供宝石鉴定报告时应注意的一个问题。
****要鉴定宝石品种，说明是天然的、合成的或经处理的**
7. 说出对镶宝首饰要进行评价的两个原因（目的）。
****为保险；为再销售**
8. 给出评估师能提供的一种评价类型。
****新重置价值**
9. 说出当接收一件要修复的镶宝首饰时你必须注意或记录的两点。
****（a）清点宝石，记下其颜色、透明度和尺寸；（b）记下宝石有的损伤**
10. 说出因镶嵌而给宝石检测带来的 3 个困难。
****难于透过镶座观察；难于透过镶座中堆积的灰尘观察；使用折射仪受到限制**
11. 说出与笔式手电筒配套可用于检测已镶宝石的 4 种袖珍仪器。
****10×放大镜、二色镜、查尔斯滤色镜、分光镜**

词 汇 表

词 汇 表

本词汇表给出了教程中所使用的术语及其定义

A

阿基米德定律（Archmedes‘principle’） 当物体完全浸入液体中时所受到的上浮力相当于所排开液体的重量。

埃（Angström） 包括可见光在内的电磁辐射一定波段的波长度量单位，现大都已被纳米（nm）取代。10Å=1nm

X 射线（X-ray） X 射线是波长极短的（10^{-10}m）电磁辐射。X 射线能用来区分各种类型的珍珠。它能导致材料中的荧光。X 射线能用于某些宝石材料的人工改色。

暗域照明（dark field illumination） 不是从后面或顶部而是从侧面照亮透明材料并对着暗的背景进行观察（特别是显微镜下）。

凹雕（intaglio） 凹雕是刻入宝石材料表面的雕刻品。凹雕常被作为印章来使用。

B

白光（white light） 可见光所有频率（波长）的组合，如来自太阳的光。

斑纹状消光（tabby extinction） 见“异常消光效应”。

半透明的（translucent） 指透过它们完全看不到或看不清物品但光可透过的那些材料。

包裹体（inclusion） 已切磨和未切磨材料中的内部可见特征。包裹体可以是晶体、孔洞、气泡、碎块、裂隙、愈合裂隙、初始解理、旋涡纹和条纹。

贝壳状断口（conchoidal fracture） 具有与海生贝壳的脊相似的同心凸起表面标志的破裂面（参见断口）。

比重（specific gravity） 见“相对密度”。

变色效应（colour change effect） 当使用两种稍不同的入射“白”光源照射某些宝石时因大脑产生不同色觉而导致的颜色变化效应。

变质的（metamorphic）（岩石和矿物） 变质岩和变质矿物是指在温度和（或）压力作用下物理结构发生变化的那些岩石和矿物。

变焦（zoom） 指放大倍数可在一定范围内连续调整而不是分档次调整的显微镜类型。

波（wave） 是描述能量传播周期的一个术语（见“波长”、“电磁辐射”、“电磁波谱”、“频率”）。

波长（wavelength） 相邻波中相同的两个点之间的距离。电磁波的波长范围从长无线电波的 1 000 至 2 000m 到非常非常短的辐射，如 X 射线的百亿分之一米。用于度量可见光波长的单位是纳米（nm）（见“波”、“频率”）。

玻璃光泽（vitreous lustre） 在抛光的玻璃和大多数具中等折射率的透明宝石如祖母绿和碧玺中所见到的光泽。

不透明的（opaque） 指一点光也不能透过的那些材料。

C

差异选择性吸收（differential selective absoirption） 见“多色性”和“选择性吸收”。

差异硬度（differential hardness） 硬度依刻划方向而不同。这是由于晶体结构中原子键合的面和方向的结构排列。

产出（occurrence） 有天然材料在其中产生，因而有可能发现这些材料的地质环境。

产地（locality） 宝石矿床所在的地理区位（参见“产出”）。

常光线（ordinary ray） 振动方向与非常光线垂交的光线称为常光线或 O 光线。其折射率用希腊文字母 ω 表示。

沉积岩和沉积矿床（sedimentary rock and mineral deposits） 沉积矿床的地质成因包括早先形成的岩石因化学和机械风化作用而破碎及随后的搬运、沉积和压实，从而形成新的岩石和矿床。

冲积层（alluvial deposit） 原先的岩石在水的侵蚀和搬运作用下形成的沉积层。可从老的和现代的河床或湖泊冲积层中开采砂矿和“宝石砾”。

处理（treatment） 用人工方法改变宝石材料外观和性质的过程（见“优化”）。

初始解理（incipient cleavage） 材料内部以裂隙形式发育但尚未导致材料裂开的那些解理。

传播（propagation） 波的传送；单个光波或光线所取的直线方向称为它的“传播方向”。

粗磨（bruting） 用一颗钻石使另一颗钻石成形的方法。把已锯开、劈开的钻石或整颗钻石固定在一个车床上并旋转。另一颗钻石被牢牢地夹持住对准正在转动的钻石，使它产生为进一步加工所需的形状。

D

单色光（monochromatic light） 由单一波长或极窄的波长段组成的一种颜色的光。在宝石学中单色黄光（钠光）被用于精确测定折射率。

电磁辐射（electromagnetic radiation） 传播的电磁波谱任一部分（称为波或射线）的电磁能。

电磁波谱（electromagnetic spectrum） 电磁辐射的波长范围从最长的低频无线电波，经由波长不断变小的红外波、可见光、紫外波、X 射线和 γ 射线，直到波长最短的甚高频的宇宙射线（能量最高的波）。在宝石学中，“谱”这个词通常只用于表示可见光谱和吸收光谱。

电子（electrons） 电子是携带一个负电荷的非常小的原子的组成粒子。它们参与到化学键合中并与包括可见光在内的电磁辐射波相互作用（参见“原子”）。

断口（fracture） 断口是应力作用下在大多数宝石中出现的随机的无方向性的破裂。应力的产生可归因于温度的突然变化或剧烈敲击等内力或外力（也见“解理”）。

对称性（symmetry） 见“晶体对称性”。

对称面（plane of symmetry） 对称面是将晶体结构划分成两部分的一个假想镜面，任一部分可由镜面反射并显示与另一部分相同（见“晶体对称性”、“晶系”）。

对称轴（axis of symmetry） 是一条假想线，它指示了穿过晶体结构的一个方向，当结构围绕该方向转动一圈时，相同情况出现 2、3、4、或 6 次（见“晶体对称性”、“晶系”）。

多孔的（porous） 含有许多小的孔洞和空隙的材料。这些孔洞和空隙可能相互连通，也可能不连通，所以它们可能吸收流体，也可能不吸收；多见于某些多晶质材料（请与渗透性的相比较）。

多色性（pleochroism） 多色性是某些各向异性有色材料对光的差异选择性吸收。该术语用来描述在某些有色宝石中在不同方向上所见到的不同颜色。二色性（二种颜色）和三色性（三种颜色）是多色性的两种类型（参见“二色镜”）。

多晶质的（polycrystalline） 由许多集合的晶体组成的物质。多晶质材料不具有总的外部晶形（见“微晶质的”、“隐晶质的”）。

E

二层石（doublet） 由相同或不同材料的两个部分组成的拼合宝石，例如以石榴石为顶的二层石。

二色镜（dichroscope） 用于检测材料多色性的一种仪器。借助于方解石晶体或偏振滤光片，该仪器被制作成能检测和比较并排出现在同一视像中的两种多色性颜色或色调。

二色性（dichroism） 二色性是一轴晶结构中的多色性，穿过晶体结构的两个主振动方向显示不同的颜色或色调（见“二色镜”）。

二轴晶的（biaxial） 这类各向异性晶体具有两个平行于它时只发生单折射的方向（光轴）。这些晶质材料是光学二轴晶的并分属于斜方、单斜和三斜晶系。

词 汇 表

F

发光（luminescence） 指物质在入射辐射影响下发射可见光的现象。发光是包括荧光和磷光在内的一个总的术语。

法线（normal） 用于描述反射和折射时光线路径的术语。一个表面（或两个介质的界面）处的法线是在入射点垂直穿过表面的假想线。这条线有助于观察和度量角度。

反射（reflection） 反射是落在内表面或外表面的光有一部分从表面折回的现象（见“入射”、“光泽”、“棱镜”和“全内反射”）。

方向性特性（directional properties） 晶质材料显示方向性特性。这些性质是由材料的晶体结构控制的，其实例包括晶体的表面标志、硬度和多色性等。

仿制品（imitation） 仿制宝石材料是用来模仿其他宝石材料的效应、颜色和外观的天然或人造材料，但它们不具有所模仿材料的化学成分和物理性质。

放大镜（loupe） 用于放大的透镜。对于观察大多数宝石材料，理想的是 10 倍（10×）放大能力的。这是宝石学家在实验室外所使用的最重要设备。

非常光线（extraordinary ray） 所有光波的振动方向都平行于含有光轴的任一平面的光线称为非常光线或 E 光线（也见“常光线”）。

非晶质的（non-crystalline） 当矿物和其他材料不具有整体的有序内部晶体结构时，它们被说成是非晶质的。

分光镜（spectroscope） 这是一种靠棱镜或衍射光栅将光线分解成它的组成波长或光谱色，从而能观察到组成光线的一种或多种颜色的仪器（参见“吸收光谱”、“ 衍射光栅式分光镜”、“ 棱镜式分光镜”）。

分子（molecule） 通常认为分子是化学元素或化合物在自由状态下能存在的最小单位。分子可由一个化学元素的一个原子或更经常是两个或更多个原子组成或由构成化合物的两种或更多种元素组成。

浮雕（cameo） 图案浮起的雕刻品，常用贝壳或玛瑙制作，利用它们不同的颜色层以产生好的效果。

辐照（irradiation） 原子粒子的轰击或放射性物质的发射。辐照可改变宝石的颜色或在浅色宝石中产生优化的颜色。辐照可以是天然或人工的。

辐射（radiation） 见“电磁辐射”。

G

γ 射线（gamma ray） 波长短于 X 射线但长于宇宙射线的电磁辐射。γ 射线常用于某些宝石材料的改色。

干涉（interference） 这种效应发生在当两条光线在同一方向上传播或相遇时。如果它们波形的峰和谷各自吻合，它们将加强，因而光的强度增大。然而，若一条光线的波与另一条光线的谷重合，它们相互干涉，光的强度减弱或甚至被消除（见“晕彩”、“衍射”）。

各向同性的（isotropic） 光学各向同性材料在沿材料的所有方向上显示相同的光学性质。立方晶系和非晶质材料是各向同性的。然而，立方晶系晶体对于某些非光学力，如表面刻划，则是各向异性的（见“差异硬度”）。

各向异性的（anisotropic） 光学各向异性材料在沿材料的不同方向上显示不同的光学性质。除立方晶系外的所有晶体结构都是各向异性的。

格架（lattice） 见“晶体格架”。

格令（grain） 珍珠的重量单位。1 个珍珠格令等于 0.25 克拉。

共价键（covalent bonding） 共价键是由于原子间共用电子而导致的电子连接。

冠部（crown） 刻面宝石腰棱以上的部分。也就是宝石的“前”部或“顶”部（也见“亭部”和“刻面”）。

贯穿双晶（穿插双晶，interpenetrant twins） 是双晶的一种类型。在这种双晶中两个单晶看上去是以相互穿插的方式共生，有时形成十字形、星形或六边形。常见于萤石、尖晶石和钻石。

光（light） 见“可见光”。

光彩（sheen） 原先“光彩”一词曾作为描述内反射效应的术语，但现在在本教程中“光彩”一词作为描述性术语已不再使用。

光密度（optical density） 这是一种复杂的性质，表现为光进入比原先的传播介质更致密的介质后光速的减低。光密度越大，速度降低得越多（见“折射率”）。
光线（ray） 光线由沿同一方向一道传播的所有光波组成。
光学各向同性的（optically isotropic） 见“各向同性的”。
光学各向异性的（optically anisotropic） 见“各向异性的”。
光学性质（optical properties） 与可见光的行为有关的那些物理性质，如透明度、反射、折射、颜色和光泽（见“物理性质”）。
光泽（lustre） 光泽是表面反射，其明亮程度和质量在一定程度上取决于材料的折射率和抛光或表面条件。
光轴（optic axis） 光轴是穿过各向异性晶体结构且平行于它时只发生单折射的方向。
硅酸盐（silicate） 硅酸盐宝石材料具有由键合的硅和氧原子单元所构筑的结构。例如锆石具有由锆原子与硅、氧原子键合组成的晶体结构，形成硅酸锆化合物：$ZrSiO_4$。

H

含钻石岩筒（diamond pipe） 含钻石的火成岩在地壳中呈筒状的产出。
合成的（synthetic） 在实验室或工厂中生产的与其天然无机矿物对应物具有相同成分、结构和物理性质的人造宝石材料。
红外（infrered） 其电磁波谱的波长短于无线电波但长于可见光。红外（IR）辐射被用于反射仪，作为鉴别宝石的一种辅助手段。
化合物（chemical compound，compound） 化合物是由两种或更多种不同的化学元素经过化学键合形成的单一物质。
化学（chemistry） 化学是对化学元素和键合，即所发生的化学变化和所形成的化合物进行的研究。
化学键（chemical bond） 化学键是由于电子的相互作用而导致的相邻原子间的连接。
化学分子式（chemical formula） 化学分子式是采用国际公认的化学符号并按照组成化学元素所占比例来表示物质成分的一种方法。
化学元素（chemical element） 元素是由化学上完全相同的原子组成的物质。它不能用化学方法分开。
弧面琢型（cabochon cut） 基本上是由一个或两个拱形抛光面组成的非刻面的宝石琢型。
火彩（fire） 用于描述由高色散宝石显示的光谱色的通俗术语；在某些刻面宝石中能很好地观察到。
火痕（fire mark） 由于过速抛光导致过热而在刻面棱出现的小裂纹。在合成的维尔纳叶刚玉中尤其易见。
火成的（igneous） 当熔融的岩石或岩浆冷却并固结时，其产物称为火成岩。

J

基准轴（reference axes） 见“晶轴”。
激光处理（laser treatment） 用激光束在钻石中打出细孔以便使包裹体变得不那么明显。激光也可用于锯开钻石和用于劈开钻石的准备工作。
加工（fashioning）、**加工的**（fashioned） 宝石材料的加工是指切磨（通常也抛光）用于首饰或装饰品的材料。包括加工刻面宝石和雕刻品。
假象（pseudomorph） 通过对原有矿物的交替或化学交代作用从而呈现该矿物外形或结晶习性的另一种矿物。
键和键合（bonds and bonding） 见“化学键”。
结节（naat，knot） 钻石中的结节与木头中的结节相似，发生在纹路变化处。例如三角薄片双晶的接合处称为结节线。
结晶习性（crystal habit） 结晶习性是晶体所表现的总体的、天然的外部形状。结晶习性是一种单形的发育或两种或两种以上不同单形的相对发育。

词 汇 表

介壳质（壳角蛋白，硬蛋白）（conchiolin 或 conchin） 由包括珊瑚虫和产珠软体动物在内的某些活的无脊椎动物所分泌的暗色有机物质。介壳质是珍珠和贝壳的组成成分。

解理（cleavage） 某些晶质宝石所具有的沿某些清晰的晶体结构面裂开并留下或多或少平坦的面的能力。钻石在加工时可沿解理劈开。

金刚光泽（adamantine lustre） 由钻石所显示的典型的非常明亮和反射性的光泽。

金属光泽（metallic lustre） 由金和银等金属以及抛光的赤铁矿等宝石材料所显示的非常强的反射性光泽。

晶格（crystal lattice） 晶格是结点假想的规则性重复排列，代表了实际晶体结构中原子、分子和键的重复样式。

晶面（crystal face） 未受限晶体生长停止处晶体结构的平坦表面。晶面大都平行于那些原子最紧密堆积的晶体结构层。

晶体（crystal） 晶体一词用来描述具有平坦晶面的单个晶质材料，也用来描述具单一、连续的内部晶体结构但外形不规则的材料，包括人造单晶材料。这个词可用于成品材料和原石。

晶体对称性（crystal symmetry） 用于描述晶质材料中原子和键的结构排列重复性。它有助于晶体的描述和分类（见“对称轴”、“对称面”、“晶体结构”、“晶系”）。

晶体结构（crystal structure） 晶体结构是键合原子的规则、重复的三维排列。

晶系（crystal system） 根据基本对称性和晶轴对晶体结构进行的简单分类。

晶形（crystal form） 晶形是一组与对称性有关的晶面。

晶质的（crystalline） 指具有晶体结构的那些材料。

晶轴（crystallographic axes） 晶轴或基准轴是穿过晶体结构的一条假想线，它表明原子和键的特定的重复方向以及沿这个方向相对的重复距离。

晶轴架（axial cross） 三个或四个相交的晶轴（基准轴），代表了单晶结构中的重复方向和重复距离。

锯齿状的（hackly） 当像软玉这样的材料破裂时所出现的不均匀的，常常是参差不齐的表面。这是在穿过由交织纤维状晶体组成的韧性材料的断口处出现的典型的构造。

K

可见光（visible light） 波长在 400 到 700nm 之间人眼可察觉出的电磁辐射能。因为我们通常利用我们的眼睛来察觉光辐射，所以光为大多数宝石的各种检测和鉴定方法提供了有效手段（光学检测）。

刻面（facet） 在宝石上切割和抛磨出的平坦小面。

克拉（carat） 宝石材料的重量单位，1 克拉=0.200 克。

块状的（massive） 像玉髓和翡翠这样一些由许多小晶体组成的多晶质材料，不具有整体的晶体外部形状。

矿物（mineral） 矿物是由地质作用形成的通常为固体、无机和晶质的材料。

L

蜡状光泽（waxy lustre） 由某些微晶质宝石材料如绿松石和软的有机成因的宝石材料如煤精所显示的蜡状的光泽。

类质同象材料（isomorphous material） 类质同象的或等结构的材料是指在相同的基本晶体结构内可含有替换原子的那些材料。

类质同象替换（isomorphous replacement） 在晶质材料中一种化学元素被另一种所替换。晶体结构仍是原来的，但物理性质有变化，例如石榴石族。

棱镜（prism） 成形的固体透明的单折射材料，其形状应使光能透过并产生诸如色散或反射等光学效应。

棱镜式分光镜（prism spectroscope） 在这种分光镜中几个玻璃棱镜以直线排列方式粘结在一起用来产生可供观察的光谱（请与衍射光栅式分光镜相比较）。

离子（ion） 离子是获得或失去一个或更多个电子从而带电荷的一个原子或一组原子。

离子键（ionic bonding） 又称电价键（electrovalent bonding），是带电荷原子（离子）的电吸引导致的它们彼此间的电子连接。

立体（实体、体视）显微镜（stereoscopic microscope） 立体显微镜具有两个物镜透镜系统和两个目镜，能提供三维的放大图像。

亮度（brilliance） 当透过冠部刻面观察时所看到的光被宝石反射而导致的明亮程度。它由从亭部刻面反射的光和从冠部表面反射的光组成。

裂开（parting） 晶体结构沿页片（聚片）双晶的薄弱面裂开的趋势。

临界角（critical angle） 在两种不同光密度介质的界面处，当经由光密介质来的光线的入射角大到足以使折射光线沿界面通过时，这个角度就称为临界角（见“折射率”、“入射角”）。

磷光（phosphorescence） 辐射源关闭后具荧光性物体继续发光的现象，它是一种余辉。

滤色镜（colour filter） 用于观察宝石材料体色的具有特定选择性吸收的透明材料。具相同体色的不同宝石材料当透过滤色镜和宝石材料二者时，发生的总体选择性吸收是不同的，因而，滤色镜可用于区分宝石材料。

M

猫眼效应（chatoyancy） 当切磨成弧面型时在某些宝石表面所见到的从这一头到另一头的明亮光带，这是内反射效应。

密度（density） 密度是以材料的重量与其体积的比值来度量的。密度被定义为单位体积物质的质量（见“相对密度”、“比重”）。

明亮琢型（brilliant cut） 一种能产生高亮度的刻面宝石琢型。有利于充分利用钻石的色散。

磨盘（scaife） 水平的铸铁圆盘，在其上用钻石粉和油的混合物来切磨和抛光钻石的刻面。

摩氏硬度计（Mohs‘ scale’） 由德国矿物学家 F. Mohs 提出的刻划硬度计。它是以 10 种矿物为基础的非线性硬度计。按硬度增大的顺序编号从 1 到 10。每种矿物能刻划编号较低的矿物，它本身又能被编号高于它的矿物所刻划。

N

纳米（nanometre） 是度量电磁辐射波长的一个方便的单位。1 纳米是 1 米的 10 亿分之一（1 毫米的百万分之一）。这个长度可写成 10^{-9}m（或 10^{-6}mm）。纳米已取代了作为光波长单位的埃（Å），1nm=10Å（参见参数表）。

耐久性（durability） 是宝石材料硬度、韧性和稳定性的组合。

内凹角（re-entrant angle） 见于某些双晶表面的 V 形沟槽。它出现在当双晶每一部分的晶形发育导致两个部分晶面间的外角小于 180° 时。

内反射效应（internal reflection effect） 光从宝石表面以下的特征反射而导致的光学效应。“光彩”这个术语曾用来描述所有的内反射效应。然而，“光彩”这个术语现在除用来总地描述内反射效应外，还用来描述表面反射的质量。由于存在这种混淆，本教程中作为定义术语不再使用“光彩”一词。

能级（energy level） 电子环绕原子核的行为和运动可表示为与核呈不同距离的同心圆。这些轨道被称为电子能级或“电子层”。

P

偏光片（polarizer） 即偏振滤光片。作为更专门的用法，polarizer 一词则是指装配在偏光镜和某些类型显微镜上的下偏光片（见“偏振化”、“偏光镜”、“上偏光片”）。

偏光镜（polariscope） 一种光学仪器。用于检测透明宝石以区分各向同性和各向异性材料及检查材料中的应变（见“消光”、“异常消光效应”、“正交偏振片”）。

词 汇 表

偏振化（polarization） 描述包括光传播的变型在内的一个总的术语；例如平面偏振光的振动平行于一个平面。

偏振滤光片（polarizing filter） 导致光偏振化的物质。

拼合石（composite） 拼合宝石材料是指由两个或更多个天然、合成或人造的宝石材料人工组成到一起并给人以一整块印象的宝石。

品种（variety） 宝石种中的特定类型。品种可根据颜色或光学效应等标志来划分。譬如，翠榴石就是钙铁榴石这个矿物种的一个宝石品种；红宝石是刚玉种的一个品种（见“族”）。

平面偏振光（plane polarized light，PPL） 所有的波都平行于一个平面振动的光。

频率（frequency） 波或能量的“周”通过固定点的速率，以赫兹周数/秒表示（见“波长”、“电磁谱”）。

谱（spectrum） 赋予各种辐射频率或波长的名称（见“吸收光谱”、“电磁波谱”）。

Q

切口（切缝，kerf） 用另一颗钻石在钻石原石上磨出的小槽。切口也可用激光束燃烧的办法产生。在小槽中置一钝口钢刀片，然后用力敲击使钻石原石劈开。

球面象差（spherical aberration） 当透过简单的透镜或放大镜观察时所看到的图像畸变，直线看上去变成曲线。

全内反射（total internal reflection） 当入射光以大于临界角的角度与两个不同光密度介质之间的界面相遇时便产生全内反射（TIR）。光将留在光密介质中并遵循反射定律。

R

韧性（toughness） 材料抗拒沿其纵深发生断口或解理的能力（见“耐久性”、“硬度”）。

人造的（artificial） 不是天然的或天然形成的而是人工制造的。包括非天然的宝石材料和宝石颜色品种；即生产出的宝石材料（请与“合成的”比较）。

人造玻璃宝石（paste） 常用于仿各种各样的宝石和装饰材料。

入射（光、光线、辐照）（incident light，ray，radiation） 电磁波谱能与表面相遇称为入射。入射光在表面处或是反射、吸收，或是折射。“入射角”是入射光线与入射点处穿过表面的法线之间的交角。

S

三层石（triplet） 由 3 个部分接合在一起组成的任何拼合宝石，例如在苏达祖母绿中的无色的冠部和亭部及中间的有色夹层；又如欧泊的薄片靠缟玛瑙的底座和石英的拱顶而增强。

三角凹痕（trigon） 钻石晶体八面体面上的天然的三角形的凹痕。

三角薄片双晶（macle） 钻石或尖晶石的三角形的八面体双晶。

三色性（trichroism） 因在 3 个主振动方向上有差异选择性吸收从而产生 3 个基本体色变化的那些光学二轴晶宝石的多色性（见“光轴”）。

色散（dispersion） 色散是指因每个波长以不同角度折射致使白光分解为可见光谱组成色的现象。宝石中的色散值是以选定的两个不同波长下测得的光的折射率的差值来度量的（见“火彩”）。

色象差（chromatic aberration） 当用简单设计的放大镜观察时环绕图像所见到的以彩色边缘形式出现的色散效应。制作二合镜和三合镜以校正这种现象。

砂矿（placer） 因地质作用而富含宝石矿物和贵金属等有经济价值矿物的沉积砂砾层。通常称“宝石砾”的重要宝石矿床以砂矿出现（见“冲积层”）。

闪烁（scintillation，sparkle） 当成品宝石、光源或观察者移动时来自宝石表面和内反射的闪光。

上偏光片（analyser） 装配在偏光镜和某些显微镜上的上部偏光片（见“偏振化”、“偏光片”）。

渗透性的（permeable） 是指材料能被流体沿相互连接的孔洞或裂隙穿过。多见于某些多晶质材料（请与多孔的相比较）。

丝光效应（silk） 许多宝石，特别是刚玉品种，含有定向排列的细小针状包裹体，但其数量不足以形成星光。偶尔你会看到从一小群这类包裹体反射出的光。这一现象称为“丝光”。有时这种丝光会因衍射而显晕彩色。

丝绢光泽（silky lustre） 某些纤维状矿物，诸如石膏和孔雀石等所显示的光泽。

树脂光泽（resinous lustre） 由某些质软并具低折射率的宝石如琥珀所显示的光泽。

水热法（hydrothermal technique） 生产宝石级合成晶体的一种方法。在这种方法中，添料被置于密封容器内的水中并加热。所产生的高压使液体能溶解添料，而后添料在容器较冷的部分重结晶在籽晶片上。

水热矿床（热液矿床）（hydrothermal deposit） 从热水溶液中沉淀形成的矿床；一般充填在裂缝和孔洞中。

双晶（twinned crystal） 由结构连续性互不相同的两个或更多个部分组成的一个晶体。

双折射（double refraction，DR） 因光学各向异性材料将光分解成两个独立组分而产生的光学重折效应（见“双折射率”）。

双折射率（birefringence） 双折射率是各向异性材料两个折射率之间的最大数值差（见“双折射”）。

T

他色的（allochromatic） 凡体色是由不作为材料化学组成基本部分的元素所导致的材料就是他色材料（见“自色材料”）。

体色（body colour） 宝石中的体色来自观察它时的可见光，光的某些色谱（即某些波长）被宝石吸收，残余光被我们接收并被解释为单一色。这就是体色。

天然材料（natural material） 没有人类插手形成的有机或无机的材料。

条痕（streak） 当材料在白色无釉瓷板上刻划或画线时将看到特征颜色的粉末作为“条痕”留在瓷板上。

条纹（striations） 在晶体或琢型材料的内部或表面所见的多组细线或面，如生长条纹、双晶纹或抛光纹。

贴箔（foiling） 将闪光的金属箔贴在宝石的背面或宝石与密闭镶嵌底座之间。箔可以是有色的（见“处理”）。

亭部（pavilion）**刻面**（facets） 刻面宝石腰棱以下的部分。腰棱以下的刻面。

同质多象变体（polymorphs） 一个化学元素或化合物能具有两个或更多个可替换的晶质结构，每个就是一种同质多象变体，以碳为例就有钻石和石墨；又如碳酸钙就有方解石和文石。

透明的（transparent） 指物品透过它们清晰可见的那些材料（见“不透明的”、“半透明的”、“透射”）。

透射（transmit） 当光波通过一种材料而未被全部吸收时，这些光波被说成是透射的。光也能透射过真空（见“吸收”、“传播”）。

蜕晶质（metamict） 指那些因材料中的放射性活动使原始晶体结构被破坏而变成近乎非晶质的材料，如锆石所处的状态。

W

微晶质的（microcrystalline） 由集合的晶体组成的材料称为多晶质的；而如果其中的单个晶体只能靠放大才能看到，那么可使用术语“微晶质的”（见“隐晶质的”）。

伟晶岩（pegmatite） 通常由石英和长石组成的粗粒火成岩。伟晶岩可含较罕见矿物的大晶体，是宝石极重要的来源。

维尔纳叶法（Verneuil process） 合成宝石的一种方法。将合适成分的粉末下投经过极热的氢氧焰。粉末将熔化而后再固结为单晶。

稳定性（stability） 指材料抵抗由光、热或化学反应造成的物理或化学变化的能力（见“耐久性”）。

纹路（grain） 晶体内部的生长层和可见的结构面；这个术语主要用于钻石。

无定形的（amorphous） 即非晶质的。绝大部分由随机定向的原子、分子或微小的晶质区组成。材料不显示总体的晶形或（晶质）效应。

物理性质（physical properties） 指材料与内、外部物理能和力相关的可观察和度量的特征，如光学性质、密度、硬度。

词 汇 表

X

吸收（absorb，absorption）　当材料中的电子与光相互作用并将它转化为不可见热能时，可见光被吸收。所以光不以任何方式透射过该材料。

吸收光谱（absorption spectrum）　当透过分光镜观察来自某些宝石材料的光时在可见光谱中所看到的暗带和暗线的样式。

显微镜照相（photomicrography）　用照相（摄像）机和显微镜记录显微镜下所见细节的照相或摄像术。

相对密度（raletive density）　物体重量与同体积纯水重量之比。该比值是个无单位的数值（见“密度”）。

消光（extinction）　当在正交偏光下观察时在某些位置上没有可见光透过透明的各向异性材料的现象（见“正交偏光片”、“偏光镜”、“异常消光效应”）。

星光效应（asterism）　是指当沿一定的结晶学方向切磨成弧面宝石时在某些宝石表面产生的星状交叉光带反射。这是从两组或更多组平行的纤维状或管状包裹体的反射而产生的内反射效应（见“猫眼效应”）。

旋涡纹（swirl）　在琢型的人造玻璃宝石中能典型地看到的弯曲的内部条纹。这是材料中折射率的稍许差异造成的。

选择性吸收（selective absorption）　材料只对一定波长的光产生的吸收作用（见“体色”、“致色元素”）。

Y

亚金刚光泽（sub-adamantine lustre）　通常由具高折射率宝石如锆石和翠榴石等所显示的明亮光泽。

颜色（colour）　颜色是与到达眼底的可见光相互作用而在大脑中产生的效应。相互作用的信息传送到大脑，于是“看到了”颜色。在白光变型后大部分颜色是可以察觉的（见“差异吸收”、“体色”、“晕彩”）。

岩石（rock）　地壳中天然形成的矿物集合体。

岩浆（magma）　地球中发育的熔融或半熔融材料，遇冷后固结成火成岩。

衍射（diffraction）　当光波穿过边棱、狭缝或非常小的孔洞时发生的光的发散“效应”。它能引起白光中的干涉并产生晕彩。

衍射光栅式分光镜（diffraction grating spectroscope）　由在玻璃、塑料或金属片上印制或刻划出的许多微细、密集排列的平行线所组成的衍射“光栅”被用于这种类型的分光镜以产生可供观察的光谱。

焰熔法（flamefusion process）　通过将材料熔化（例如将粉末在极高温火焰中熔化）并形成单个晶质固体块的方法生产合成宝石级晶体，如维尔纳叶法合成刚玉。

氧化物（oxide）　由一种或更多种化学元素与氧一道组成的某些化合物，如刚玉：氧化铝。

腰棱（girdle）　刻面宝石的周边，它将冠部和亭部分开。

页片双晶（lamellar twinning）　也称聚片双晶（polysynthetic twinning），是晶体结构中平行薄层状的双晶样式。在金绿宝石或刚玉等这样一些晶体的内部可看到平行的页片双晶纹。

异常消光效应（anomalous extinction effect）　也称“异常双折射”。当在正交偏光下观察某些宝石时，在一些宝石内部可看到亮、暗的消光区、带或十字形的样式。这种效应是由于材料中的内部应变导致在其他方面为各向同性的结构中出现一定程度的光学各向异性。

一轴晶的（uniaxial）　这类的各向异性晶体具有一个平行于它时只发生单折射的方向（光轴）。这些材料是光学一轴晶的并分属于三方、四方和六方晶系。

隐晶质的（cryptocrystalline）　由因太小而无法用普通光学显微镜观察到的细小晶体物质组成的材料（见“微晶质的”、“多晶质的”）。

荧光（fluorescence）　宝石学家所利用的最重要的发光类型。荧光是个总的术语，用来描述当物质被较短波长（较高能量）的辐射照射时发出可见光的现象。照射通常是用可见光、紫外光或 X 射线（见“磷光”）。

硬度（hardness）　硬度是当被另一种物质的尖块刻划时该材料所具有的抵抗磨损的能力，但刻划时的压力应不足以产生解理（见“耐久性”和“韧性”）。

优化（enhancement） 为改善宝石材料的外观、耐久性或可售性而对其外观和性质进行的人工改造（见“处理”）。

有机的（organic） 至少由某些化学组分是由活的生物体形成的材料。

元素（element） 见“化学元素”。

原石（rough） 未加工状态的所有宝石材料，也包括单晶。

原子（atom） 是化学元素最小的能够保持该元素特性的单元。原子由中心的核和环绕它以电子云形式存在的能量组成。

原子核（nucleus） 由质子和中子占据的带正电荷的原子中心。原子核被电子环绕。

晕彩（iridescence） 也称变彩（play of colour）。晕彩是当可见光从薄层或从拉长石、贵欧泊这样一些宝石的内部结构反射时因干涉或衍射而产生的单一颜色或一系列颜色（见“内反射效应”）。

Z

再造的材料（reconstructed gem materials） 通过把材料粘结或熔结在一起而制成的人造材料。

造型（make） 对所制作的成品钻石的描述性术语。也用于描述由具体生产者所制作的成品钻石的切工。

折射（refraction） 当光从一种介质进入光密度不同的另一种介质时其传播方向的变化称为折射（除非入射光线与界面呈 90°）。“折射角”是折射光线与入射点穿过表面的法线之间的交角。

折射率（refractive index，RI） 表明物质“光密度”的一个比值。它与入射角和折射角的关系遵循斯涅耳折射定律并可通过度量临界角来确定。

折射仪（refractometer） 一种立足于全内反射原理并用来测量宝石折射率的仪器。

振动方向（vibration direction） 当垂直于传播方向观察时看到的单个光波（或一组平面偏振光波）的波动方向。

正交偏光片（crossed polarizers） 当把一个偏振滤光片摆在另一个的前面并旋转，直至透射到眼睛的光量为最小，这时两个偏振滤光片处于“正交”位置（见“消光”、“偏光片”、“偏光镜”）。

致色元素（colouring element） 材料内部能导致可见光选择性吸收的化学元素（见“体色”）。

种（species） 一个族内具非常相似特征的矿物或宝石。譬如，钻石是一个宝石种；钙铁榴石是石榴石族的一个种；刚玉是赤铁矿族的一个种。许多宝石种划分出品种。

轴（axis） 指示穿过材料的一个方向（不是位置）的一条假想线（见“对称轴”、“光轴”、“晶轴”）。

助熔剂法（flux-melt technique） 生产宝石级合成材料的一种方法，它利用热的、熔融的液体（助熔剂）来溶解生成宝石的材料，而后冷却、重结晶，形成所期望的宝石材料。

紫外（ultraviolet） 波长稍短于可见紫光的电磁辐射。紫外（UV）辐射在某些材料中产生荧光效应，有助于鉴别和检测。在实验室中使用分光光度计来测量某些宝石材料对紫外光的吸收。

自色的（idiochromatic） 凡体色是由构成材料化学组成基本部分的元素所导致的材料就是自色材料（见“他色的”）。

族（group） 某些具变化成分构成类质同象系列的宝石矿物，譬如石榴石族。矿物族可划分出若干矿物种（见“品种”）。